普通高等教育土建类系列教材

结构平法设计与钢筋算量

主　编　彭利英　刘孔玲

副主编　贺　玲　梁　桥　张　巍

机械工业出版社

本书是按《混凝土结构施工图平面整体表示方法制图规则和构造详图》(22G101-1、22G101-2、22G101-3)、《混凝土结构施工钢筋排布规则与构造详图》(18G901-1、18G901-2、18G901-3) 及《混凝土结构通用规范》《混凝土结构设计规范 (2015 年版)》《建筑抗震设计规范 (2016 年版)》等编写的，主要介绍混凝土梁、柱、板、墙、基础和楼梯等构件的平法施工图设计方法、构造要求及钢筋算量方法。本书主要内容包括绪论、柱施工图设计与钢筋算量、梁施工图设计与钢筋算量、剪力墙施工图设计与钢筋算量、现浇混凝土楼面板及屋面板施工图设计与钢筋算量、基础施工图设计与钢筋算量、现浇混凝土板式楼梯施工图设计与钢筋算量、结构施工图平面整体设计及钢筋算量示例。

本书用二维码集成了 13 个重点内容授课视频，23 个由西安三好软件技术股份有限公司制作的动画视频，以便读者学习和理解。

本书可作为高等院校土木工程、工程管理及相关专业本科生建筑结构平面整体设计方法、钢筋算量及相关课程的教材，也可作为土木工程、工程管理从业人员的参考书。

图书在版编目（CIP）数据

结构平法设计与钢筋算量/彭利英，刘孔玲主编．—北京：机械工业出版社，2021.7（2025.1 重印）

普通高等教育土建类系列教材

ISBN 978-7-111-68651-4

Ⅰ.①结…　Ⅱ.①彭…②刘…　Ⅲ.①钢筋混凝土结构—结构设计—高等学校—教材②钢筋混凝土结构—结构计算—高等学校—教材　Ⅳ.①TU375

中国版本图书馆 CIP 数据核字（2021）第 131530 号

机械工业出版社（北京市百万庄大街 22 号　邮政编码 100037）

策划编辑：马军平　责任编辑：马军平

责任校对：肖　琳　封面设计：张　静

责任印制：刘　媛

涿州市般润文化传播有限公司印刷

2025 年 1 月第 1 版第 6 次印刷

184mm×260mm · 15.25 印张 · 11 插页 · 409 千字

标准书号：ISBN 978-7-111-68651-4

定价：59.00 元

电话服务　　　　　　　　网络服务

客服电话：010-88361066　　机 工 官 网：www.cmpbook.com

010-88379833　　机 工 官 博：weibo.com/cmp1952

010-68326294　　金 书 网：www.golden-book.com

封底无防伪标均为盗版　　机工教育服务网：www.cmpedu.com

序

结构设计包括结构选型、结构布置、结构计算和施工图绘制等内容。结构设计人员的设计意图、选型布置、计算结果等，最终要通过施工图进行表达。因此，有人说“图是工程师的语言”。在结构设计诸多工作中，以绘制施工图耗费的时间最多，工作最为繁重。

2003 年，陈青来教授创立了“建筑结构平面整体设计方法”（简称为“平法”）。它把复杂的结构选型布置和配筋构造通过文字、符号和数学等方式在平面上加以表达，从而使图简单明了，使绘图工作和图样数量大量地减少，使结构设计人员有更多的时间与精力用于结构设计复杂问题的研究。“平法”是结构设计中施工图绘制的重大革新。因此，“平法”问世以后，受到广大结构设计人员的热烈欢迎，并在全国各建筑设计单位迅速地推广。

作为土木类专业的学生，为了在毕业后能尽快地适应工作，必须熟练地掌握“平法”的有关知识及钢筋算量。由湖南工程学院彭利英等编写的《结构平法设计与钢筋算量》一书系统介绍了“平法”结构设计表示方法及钢筋计算方法，内容完善，简单明了，条理清楚，每章结尾有小结，全书结尾有设计实例，是一本便于教师教学和读者自学的“平法”教材。

沈蒲生

前 言

本书按照我国新修订出版的《混凝土结构施工图平面整体表示方法制图规则和构造详图》22G101 等系列标准图集，以及现行的《混凝土结构通用规范》《混凝土结构设计规范》《抗震设计规范》，在《建筑结构平面整体设计方法》（彭利英主编，2010 年出版）的基础上重新编写而成。在内容上删除了箱形基础一章，增加了钢筋混凝土灌注桩和筏形基础的内容，以及梁、柱、板、墙、基础及楼梯的钢筋算量。

在编写过程中，我们力求做到简单明了、条理清楚，每一章都分三个模块：平法结构设计表达、构件构造、钢筋算量。在构造部分，增加了部分三维图形，以便读者更直观地了解各类构件的构造，方便自学。通过本书的学习，读者不但懂得混凝土结构平面整体表示方法制图规则和构造要求，而且能够用平法进行混凝土结构梁、柱、板、墙、基础等构件的设计，真正理解和掌握设计、构造及算量。

本书第 1、2 章由湖南工程学院彭利英、刘孔玲编写，第 3 章由湖南省邮电规划设计院杨刚、湖南工程学院刘孔玲编写，第 4 章由湖南工程学院龙鹏程、黄丽静编写，第 5、7 章由湖南工程学院张婵韬、贺玲编写，第 6 章由湖南工程学院梁桥、彭利英、龙鹏程编写，第 8 章由湖南工程学院汤丹、黄丽静和湖南工学院彭浩明编写。西安三好软件技术股份有限公司张巍、张广库参与了教材的编写，制作了相关的动画视频，为教材的编写提供了技术方面的支持。本书由彭利英、刘孔玲任主编，贺玲、梁桥、张巍任副主编。湖南大学沈蒲生教授对本书的编写提供了宝贵的意见，并为本书作序，在此表示衷心的感谢。

限于编者水平，书中不妥之处在所难免，敬请广大读者批评指正。

编　者

重点内容授课视频二维码清单

名　称	图　形	名　称	图　形
2-1　柱平法施工图设计及平法柱标准构造		5-1　板传统施工图及平法施工图设计	
2-2　柱钢筋计算		5-2　板钢筋算量	
3-1　梁平法施工图设计		6-1　独立基础平法施工图设计	
3-2　梁钢筋计算		6-2　基础部分标准构造与钢筋算量	
4-1　剪力墙列表及截面注写方式		7-1　楼梯平法施工图设计	
4-2　剪力墙墙身钢筋构造		7-2　楼梯钢筋算量	
4-3　剪力墙钢筋算量			

动画视频二维码清单

名　称	图　形	名　称	图　形
GZA 构造		抗震屋面梁钢筋构造	
GBZ 构造		斜梁钢筋构造	
YAZ 构造		机械钻孔灌注桩施工	
YBZ 构造		板式楼梯构造	
一级抗震楼层梁钢筋构造		框架柱钢筋绑扎	
分离式配筋板		梁式楼梯构造	
混凝土剪力墙构造		筏形基础（板式）构造	
双层双向配筋板		箱形基础构造	
后浇带构造		钢筋笼制作	

（续）

名　称	图　形	名　称	图　形
锥形独立基础构造		非抗震楼层梁钢筋构造	
阶梯形独立基础构造		非边缘暗柱构造	
非抗震屋面梁钢筋构造			

目录

附录

参考文献

第1章 绪 论

本章学习目标

了解建筑结构设计方法的基本类型；
了解建筑结构平法设计的发展历史；
了解建筑结构平法设计的主要内容；
了解建筑结构平法设计的适用范围；
了解平法钢筋算量的主要内容。

建筑结构施工图是整个建筑施工图的主要组成部分，是建筑施工、工程预决算等的重要依据。多年来，我国一直沿用传统的结构设计制图方法，即采用绘制结构平面布置图、构件详图一起来详细表达结构构件的相关信息。结构平面布置图表示承重构件的布置、类型和数量或钢筋的配置。构件详图分为配筋图、模板图、预埋件详图及材料用料表等。配筋图包括立面图、截面图和钢筋详图，着重表示构件内部的钢筋配置、形状数量和规格，是构件详图的主要图样。模板图只用于较复杂的构件，以便于模板的制作与安装。由于组成建筑结构的主要构件很多，按传统制图方法需要绘制的图很多，工作量很大，设计人员的工作强度也很大，图样量也很多，设计成本较高。

2003 年由陈青来教授主创的建筑结构施工图平面整体设计方法（简称平法），在传统结构设计基础上把结构构件的尺寸和配筋等按照平面整体表示方法及制图规则，整体直接表达在各类构件的结构平面布置图上，再与标准构造详图相配合。由于其采用标准化的设计制图规则和标准化的构造详图设计配套，使结构施工图的设计平面化、标准化、简单化，既减少了结构设计的图样量，提高了设计速度，降低了设计成本，又减轻了结构设计人员的工作负荷，因此迅速在全国推广使用。

从 2003 年至今，中国建筑标准设计研究所先后出版发行了 03G101-1《现浇混凝土框架、剪力墙、框架剪力墙、框支剪力墙结构平法设计》、03G101-2《现浇混凝土板式楼梯平法设计》、04G101-3《筏形基础平法设计》、04G101-4《现浇混凝土楼板与屋面板平法设计》、06G101-6《独立基础、条形基础、桩基承台平法设计》和 08G101-5《箱形基础和地下结构》、08G101-11《G101 系列图集施工常见问题答疑图解》七本标准图集，供全国建筑行业设计和施工采用，2016 年在原 11G101-1、11G101-2、11G101-3 基础上颁布了 16G101-1、16G101-2、16G101-3 等 29 册国家建筑标准设计图集，2022 年修订颁布了 22G101-1、22G101-2、22G101-3 等。

本书结合 22G101-1、22G101-2、22G101-3，18G901-1、18G901-2、18G901-3 等建筑标准设计图集，在原《建筑结构平面整体设计方法》教材基础上进行修正，简要介绍运用平法完成钢筋混凝土结构设计的基本方法和思路，以及根据平法设计图集如何对梁、板、柱、剪力墙、楼梯及基础进行钢筋算量。

钢筋混凝土结构平法设计主要包括：结构设计总说明、基础及地下结构平法施工图设计、柱、墙结构平法施工图设计、梁结构平法施工图设计、楼板与楼梯结构平法施工图设计五个部分。每册标准设计图集都是由建筑结构施工图平面整体表示方法制图规则和标准构造详图两部分组成，详细介绍现浇混凝土梁、板、柱、基础和楼梯等主要结构及构件的平面设计方法。

1.1 平法施工图设计文件的构成

平法施工图设计文件的构成包括三部分：第一部分为结构设计总说明，第二部分为平法施工图，第三部分为标准构造详图。通常出施工图时，第三部分标准构造详图以构造详图加文字说明的形式包含在第一部分设计说明中。

平法施工图的出图顺序为：结构设计总说明→基础及地下结构平法施工图→柱和剪力墙平法施工图→梁平法施工图→板平法施工图→楼梯及其他特殊构件平法施工图。

第一部分：结构设计总说明，通常包括结构概述，场区和地基，基础结构及地下结构，地上主体结构设计，施工所依据的规范、规程和标准设计图集五大部分内容。

具体来说，在结构设计总说明中应写明以下内容：

1）工程的自然条件。

2）设计依据。

3）设计活荷载标准值。

4）抗震设防烈度及结构抗震等级。

5）地基与基础。

6）材料强度等级。

7）钢筋混凝土结构构件构造。

8）砌体结构构造。

9）引用的图集。

10）电气、避雷做法。

11）其他。

第二部分：平法施工图，是在分构件类型绘制的结构平面布置图上，直接按制图规则标注每个构件的几何尺寸和配筋。

第三部分：标准构造详图，统一提供的是平法施工图中未表达的节点构造等不需结构设计工程师绘制的图样内容。

1.2 平法施工图的表达方式

平法施工图的表达方式主要有平面注写方式、列表注写方式、截面注写方式三种。一般以平面注写方式为主，列表注写方式和截面注写方式为辅。

平法的各种表达方式，有同一性的注写顺序为：

1）构件的编号及整体特征（如梁的跨数等）。

2）截面尺寸。

3）截面配筋。

4）必要的说明。

1.3 平法的设计依据

平法的设计依据同传统结构设计表示法的依据一样，那就是：

1）《混凝土结构设计规范（2015年版）》GB 50010—2010。

2）《建筑抗震设计规范》GB 50011—2010。

3）《高层建筑混凝土结构技术规程》JGJ 3—2010。

4）《建筑结构制图标准》GB/T 50105—2010。

5）《中国地震动参数区划图》GB 18306—2015。

6）《建筑结构可靠性设计统一标准》GB 50068—2018。

1.4 平法的适用范围

建筑结构施工图平面整体设计方法适用于各种现浇混凝土结构的柱、剪力墙、梁、板、基础及楼梯等构件的结构施工图的设计。

本书第1~7章将详细介绍梁、柱、板、楼梯及基础等主要构件的结构平面设计表示方法；在第8章以一个具体的四层框架结构的学生宿舍结构设计为例，详细介绍整个平法设计的全部内容，帮助大家理解平法设计，并掌握平法设计的方法，以利于工程实际的运用。

1.5 平法钢筋算量

平法钢筋算量主要是按照标准图集的构造要求，完成现浇钢筋混凝土构件梁、板、柱、剪力墙、基础及楼梯中的钢筋下料长度计算、根数计算及总用量计算。

1.6 本章小结

1）建筑结构平法设计包括结构设计总说明，基础及地下结构平法施工图设计，柱、墙结构平法施工图设计，梁结构平法施工图设计，楼板与楼梯结构平法施工图设计五个部分。

2）设计文件包括结构设计总说明、平法施工图和标准构造详图三部分。通常出施工图时，标准构造详图以构造详图加文字说明的形式包含在设计说明中。

3）平法施工图的表达方式主要有平面注写方式、列表注写方式、截面注写方式三种。一般以平面注写方式为主，列表注写方式和截面注写方式为辅。

4）平法的设计依据是现行有关的建筑结构设计国家规范及规程。平法适用于各种现浇混凝土结构的柱、剪力墙、梁、板、基础及楼梯等构件的结构施工图的设计。

5）平法钢筋算量的主要任务是完成六大构件中各钢筋长度、根数和重量的计算。

思考题

1-1　什么叫建筑结构施工图平面整体设计方法？

1-2　建筑结构施工图平面整体设计方法适用范围如何？

1-3　建筑结构施工图平面整体设计方法施工图包括哪些内容？

1-4　建筑结构施工图平面整体设计方法常见的表示方法有哪些？

1-5　如何编写结构设计总说明？

1-6　建筑结构施工图平面整体设计方法的设计依据有哪些？

1-7　建筑结构施工图平面整体设计方法有哪些优点？

1-8　平法钢筋算量主要包含哪些构件的钢筋？

柱施工图设计与钢筋算量 第2章

本章学习目标

熟悉柱平法施工图必备的内容；
熟悉柱平法施工图的表示方法；
掌握柱的截面注写方式和列表注写方法；
了解抗震框架柱与独立基础的锚固构造要求；
了解抗震框架柱各节点的构造要求；
熟悉抗震框架柱纵向钢筋连接构造；
熟悉抗震柱箍筋构造；
掌握抗震框架柱钢筋算量方法。

2.1 柱平法施工图设计

作为结构施工图的主体之一，柱的平法施工图设计分为两部分，一部分是结构设计表达方法，一部分是构造详图。本节主要介绍柱结构设计表达方法。

柱平法施工图设计是在平面布置图上采取截面注写方式或列表注写方式表达柱结构设计内容的方法。其设计内容主要包括柱平面布置图、柱编号、几何信息与配筋信息注写、特殊设计内容的表达等几部分。

2.1.1 柱平面布置图

柱平面布置图可采用“双比例”绘制。“双比例”是指轴网采用一种比例，柱截面轮廓在原位采用另一种比例适当放大绘制的方法。

在用双比例绘制的柱平面布置图上，再采用截面注写方式或列表注写方式，并加注相关设计内容后，便构成了柱平法施工图。

柱平法结构平面图上除了采用截面注写方式或列表注写方式所表示的柱的基本信息外，还应有其他的一些必备内容，如楼面标高及层高表、单位等。

（1）楼面标高及层高表 柱平法施工图中要求放入结构层楼面标高及层高表，以便施工人员将注写的柱段高度与该表对照后，明确各柱在整个结构中的竖向定位。

例如，注写的柱高范围是“××层—××层”，从表中查出该段柱的下端标高与上端标高；如果注写的是“××标高—××标高”，可从表中查出该段柱的层数。

（2）单位　柱平法施工图中标注的尺寸以 mm 为单位，标高以 m 为单位。

2.1.2　柱编号

根据《建筑结构制图标准》GB/T 50105—2010 的要求，柱平法施工图中各种柱按照表 2-1 的规定编号，同时对相应的标准构造详图也标注编号中的相同代号。

表 2-1　柱编号

柱类型	代号	序号	特　征
框架柱	KZ	××	柱根部嵌固在基础或地下结构上，并与框架梁刚性连接构成框架
转换柱	ZHZ	××	柱根部嵌固在基础或地下结构上，并与框支梁刚性连接构成框支结构，框支结构以上转换为剪力墙结构
芯柱	XZ	××	设置在框架柱、框支柱、剪力墙核心部位的暗柱

2.1.3　柱截面几何信息与配筋信息注写

柱截面几何信息主要指柱的截面尺寸及高度等内容。配筋信息主要指柱中纵向钢筋与箍筋的配置情况。柱截面几何信息与配筋信息注写方法有两种：一种是截面注写方式，另一种是列表注写方式。

1. 柱截面注写方式

柱截面注写方式是在相同编号的柱中选择一根柱，将其在原位放大绘制“截面配筋图”，并在其上直接引注几何尺寸和配筋，对于其他相同编号的柱仅需标注编号和偏心尺寸。

采用截面注写方式，在柱截面配筋图上直接引注的内容包括柱编号、柱总高（分段起止高度）、截面尺寸、纵向钢筋、箍筋等，如图 2-1 所示。

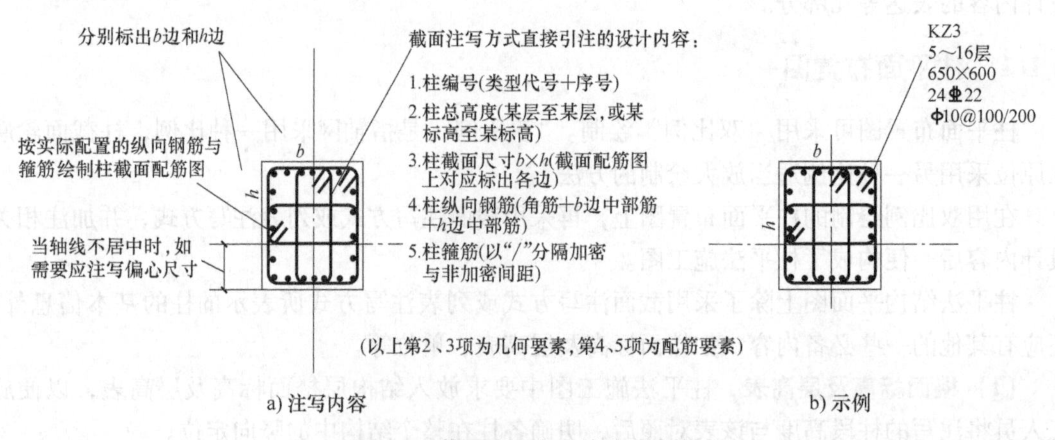

图 2-1　截面注写方式的注写内容

直接引注的一般设计内容如下：

（1）**注写柱编号**　柱编号由柱类型代号和序号组成。

（2）**注写柱高**　因柱高通常与标准层竖向各层的总高度相同，所以柱高的注写属于选注内容，即当柱高与该页施工图所表达的柱标准层的竖向总高度不同时才注写，否则不注，如图 2-2 和图 2-3 所示。

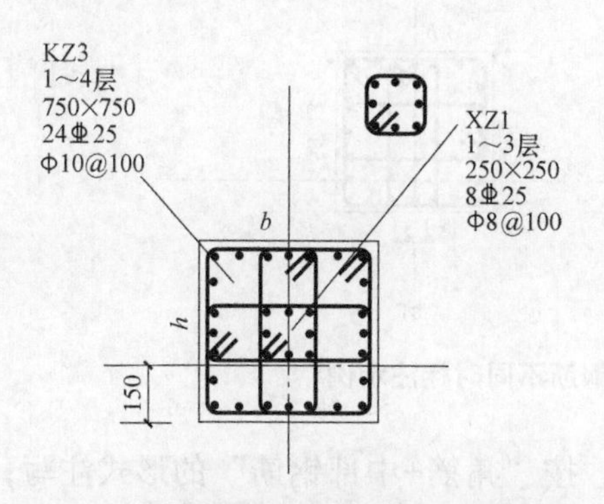

图 2-2　芯柱高度与该层柱标准层竖向高度不同示例

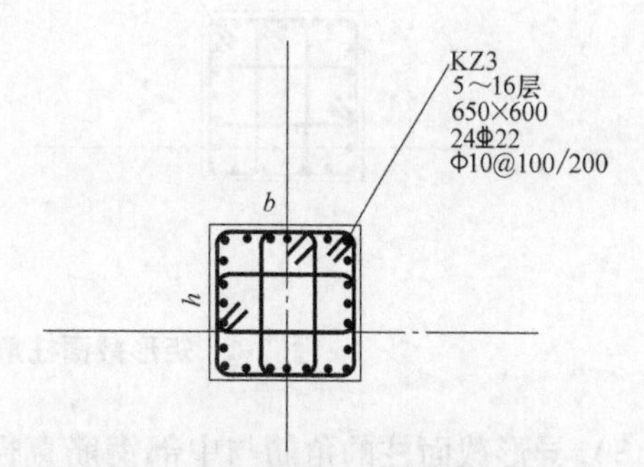

图 2-3　KZ3 在两个柱标准层段的几何尺寸和配筋示例

（3）**注写截面尺寸**

1）矩形截面注写为 $b\times h$：截面的横边为 b 边（与 x 轴平行），竖边为 h（与 y 轴平行），并应在截面配筋图上标注 b 及 h 以给施工明确指示。

2）圆形截面注写为 D=××，如图 2-4 表示直径 D=600mm 的圆柱。

3）异形柱需要在截面外围各个方向分别注写对应的尺寸，如图 2-5 所示。

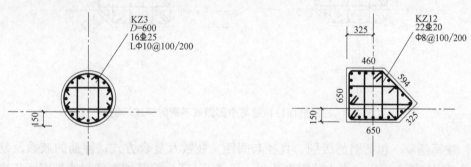

图 2-4　圆形截面注写示例　　**图 2-5　异形柱截面注写示例**

（4）**注写纵向钢筋**

1）当纵向钢筋为同一直径时，无论是矩形截面还是圆形截面，均注写全部纵向钢筋。图 2-2 中的 24Φ25 表示均匀分布的 24 根直径 25mm 的钢筋。

2）当矩形截面的角筋与中部钢筋直径不同时，按“角筋+b 边中部钢筋+h 边中部钢筋”的形式注写。图 2-6a 中 4Φ25+10Φ22+10Φ22 表示角筋为 4 根直径 25mm 的钢筋，b 边两中部钢筋为 10 根直径 22mm 的钢筋，h 边中部钢筋为 10 根直径 22mm 的钢筋。也可以在直接引注中仅注写角筋，然后在截面配筋图上原位注写中部钢筋，当采用对称配筋时，可仅注写一侧中部钢筋，另一侧不注，如图 2-6b 所示。

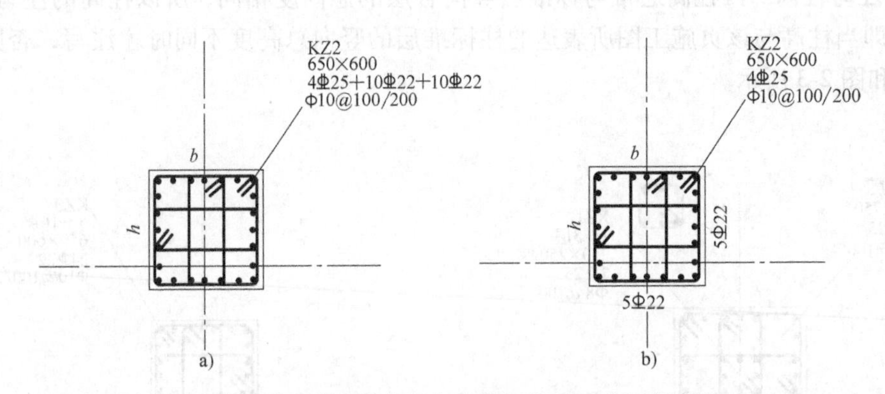

图 2-6 矩形截面柱角筋与中部钢筋不同时标注示例

3）异形截面柱的角筋与中部钢筋直径不同时，按“角筋+中部钢筋”的形式注写，见图 2-7a 中的 5⏀25+17⏀22；也可以在直接引注中注写角筋，然后在截面配筋图上原位注写中部钢筋，如图 2-7b 所示。

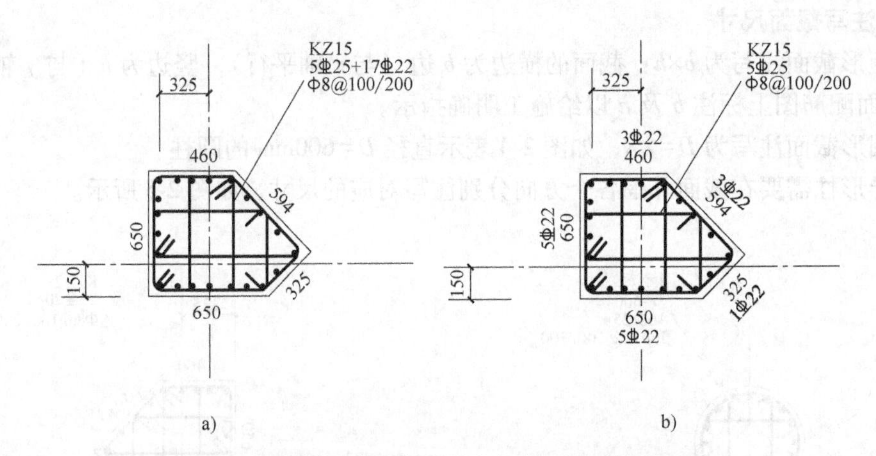

图 2-7 异形截面柱角筋与中部钢筋不同时标注示例

（5）注写箍筋 包括钢筋级别、直径与间距、肢数及复合方式，箍筋的肢数及复合方式在柱截面配筋图上表示。当为抗震设计时，用“/”区分箍筋加密区与非加密区长度范围内箍筋的不同间距；当箍筋全长为一种间距时（柱全高加密时），则不使用“/”（见图 2-2）。当圆柱采用螺旋箍筋时，需在箍筋前加“L”（见图 2-4）。截面注写方式适用于各种结构类型。设计时，可按单个标准层分别绘制（见图 2-8），也可以将多个标准层合并绘制（见图 2-9）。

2. 列表注写方式

在按适当比例绘制的柱平面布置图上增设柱表，在柱表中注写柱的几何元素与配筋元素就形成了柱列表注写方式平法施工图。

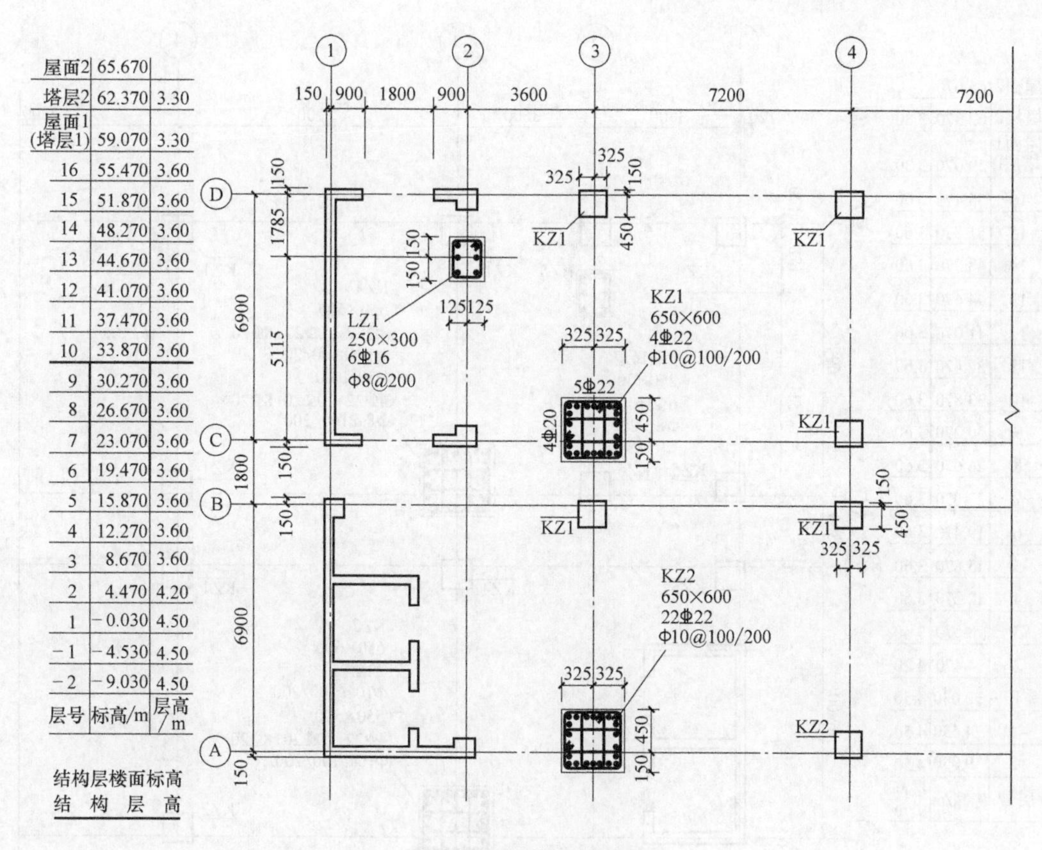

图 2-8　单个标准层截面注写方式示例

柱表中要注写的内容与截面注写方式相同，包括柱编号、柱高（分段起止高度）、截面几何尺寸（包括柱截面对轴线的偏心情况）、柱纵向钢筋、柱箍筋等。在柱表上部或表中适当位置，还应绘制本设计所采用的柱截面的箍筋类型，图 2-10 所示为柱表的表头格式示例。

在柱平面布置图上，需要分别在同一编号的柱中选择一个（有时需要选择几个）标注几何参数代号 b_1与 b_2（b_1、b_2分别为横边对轴线的距离）、h_1与 h_2（h_1、h_2分别为竖边对轴线的距离）。

（1）柱编号　与截面标注相同。

（2）柱高　自柱根部往上以变截面位置或截面未变但配筋改变处为界分段注写，分段柱可以注写为起止层数，也可以注写为起止标高。

（3）截面尺寸

1）注写截面横边和竖边与两项轴线的几何关系 $b_1/b_2(b=b_1+b_2)$ 和 $h_1/h_2(h=h_1+h_2)$，图 2-11a、b 分别为没有偏心和有偏心的矩形柱截面尺寸注写示例。

2）截面形状复杂的 T 形截面柱、十字形及 L 形截面柱的截面尺寸标注详见图 2-11c～e。

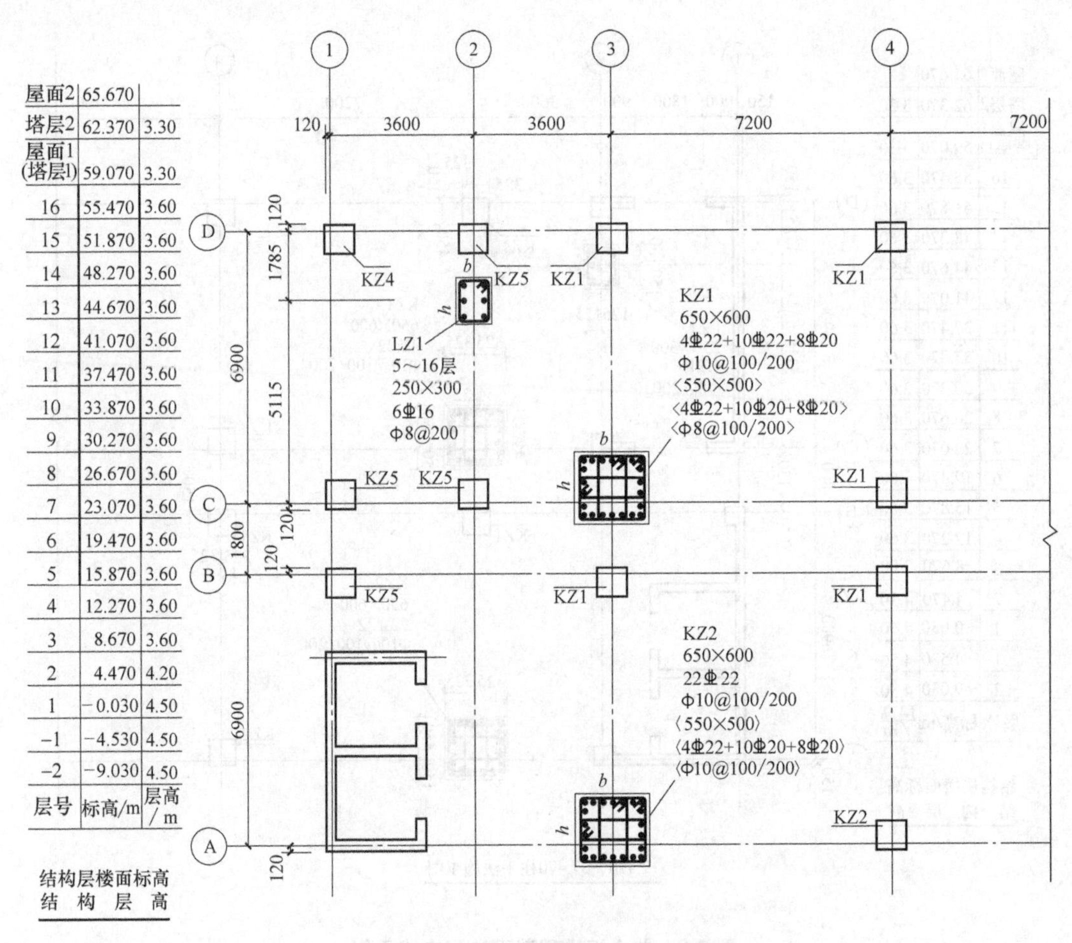

〈12～16层柱平法施工图(41.070～59.070)〉
5～11层柱平法施工图(15.870～41.070)

图 2-9 多个标准层截面注写方式示例

柱表（几何要素：柱高、$b×h$、$b_1/b_2, h_1/h_2$；配筋要素：全部纵向钢筋、箍筋）

柱号	柱高		$b×h$ (圆柱直径D)	$b_1/b_2, h_1/h_2$	全部纵向钢筋或角筋/b边一侧中部筋/h边一侧中部筋	箍筋	备注
KZ1	−0.030	−19.470	750×700	375/375, 150/550	24Φ25	Φ10@100/200, 1(5×4)	
	19.470	−37.470	650×600	325/325, 150/450	4Φ22/5Φ22/4Φ20	Φ10@100/200, 1(4×4)	
	37.470	−59.070	550×500	275/275, 150/350	4Φ22/5Φ22/4Φ20	Φ8@100/200, 1(4×4)	

图 2-10 柱表表头格式示例

(4) 全部纵向钢筋或角筋　注写方法同截面注写同。对于图 2-11c、d、e 所示特殊异形柱在列表注写法中填写的顺序为角筋、中部纵向钢筋、构造钢筋，注写全部数量，均匀分布。中部纵向钢筋填在 b 边栏下（角筋、中部纵筋及构造钢筋的区分详见图中的划分）。

(5) 箍筋配筋值和箍筋类型　注写方法同截面注写。箍筋复合类型如图 2-12 所示。

(6) 备注　备注栏中要注写必要说明。

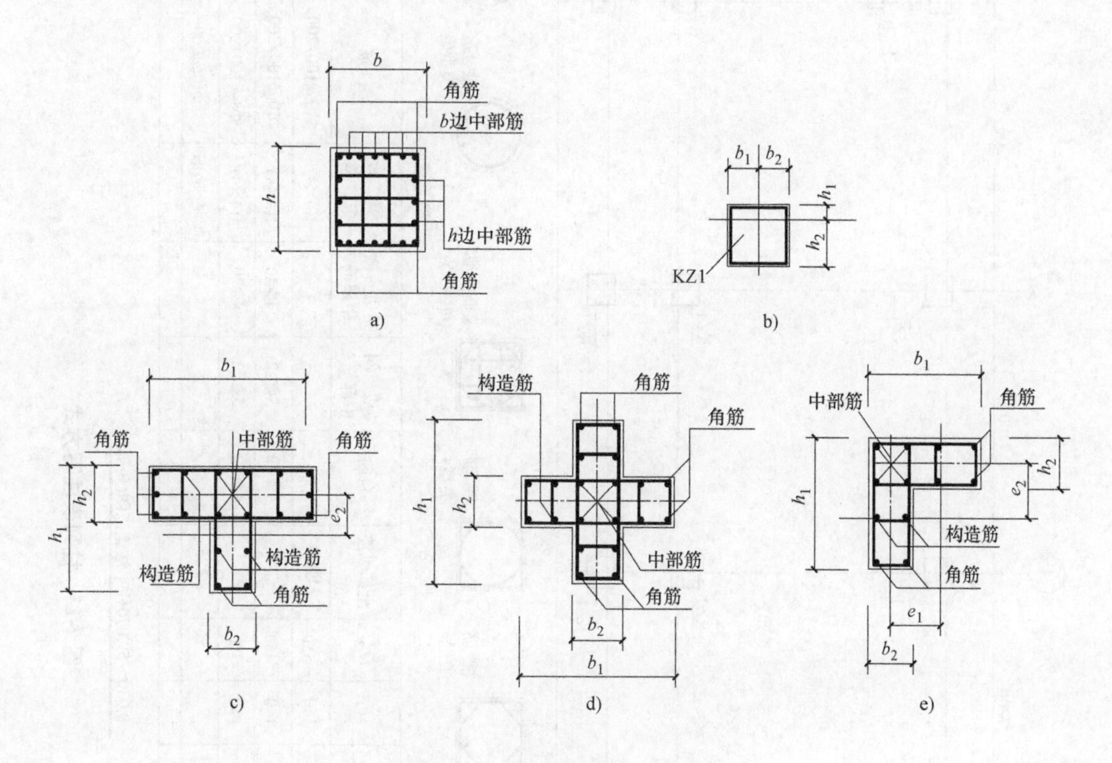

图 2-11　柱表截面尺寸标注

单项工程的柱平法施工图通常仅需一张图样，即可将柱平面布置图上的所有柱从基础顶到柱顶的设计内容集中表达清楚（见图 2-13）。柱列表注写方式适用于各种柱结构类型。

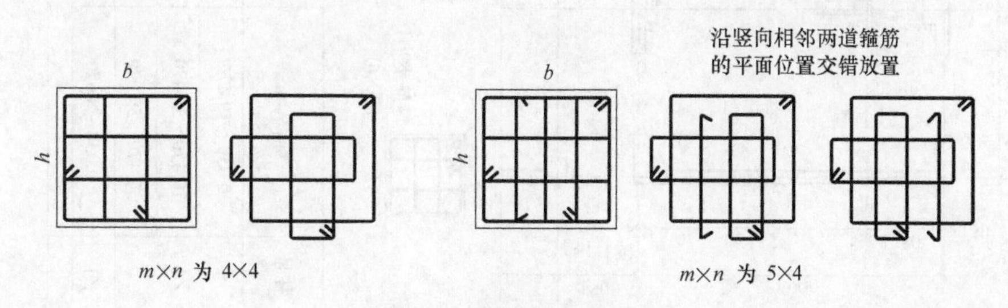

图 2-12　箍筋复合类型

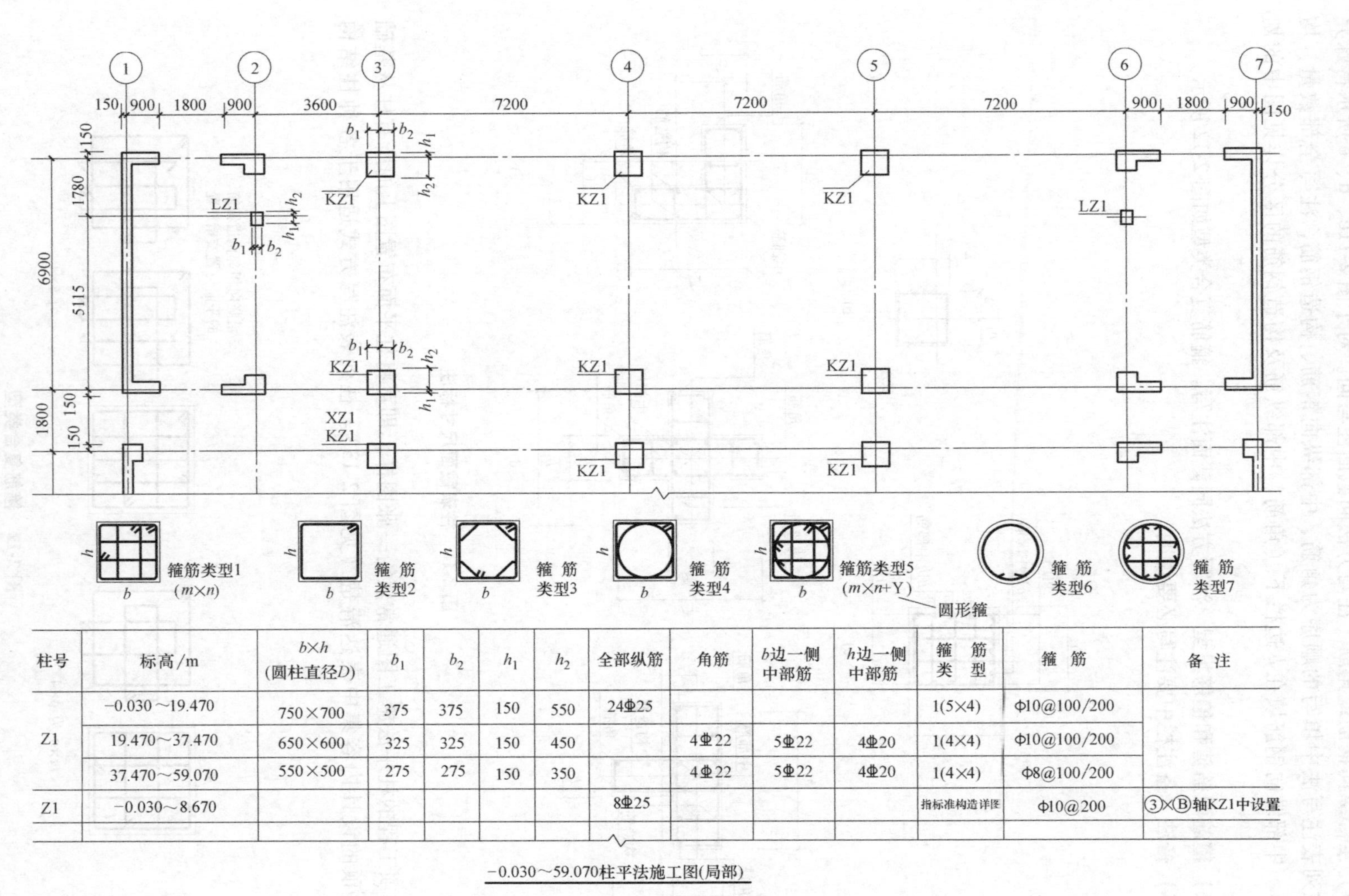

柱号	标高/m	$b×h$ (圆柱直径D)	b_1	b_2	h_1	h_2	全部纵筋	角筋	b边一侧中部筋	h边一侧中部筋	箍筋类型	箍筋	备注
Z1	−0.030～19.470	750×700	375	375	150	550	24Φ25				1(5×4)	Φ10@100/200	
	19.470～37.470	650×600	325	325	150	450		4Φ22	5Φ22	4Φ20	1(4×4)	Φ10@100/200	
	37.470～59.070	550×500	275	275	150	350		4Φ22	5Φ22	4Φ20	1(4×4)	Φ8@100/200	
Z1	−0.030～8.670						8Φ25				指标准构造详图	Φ10@200	③×Ⓑ轴KZ1中设置

−0.030～59.070柱平法施工图(局部)

图 2-13　柱列表注写方式

2.2　平法柱标准构造详图

平法将节点的构造详图以具体成果的方式编入了标准图集中，供设计施工人员选用，在选用之前，应掌握节点的构造要素和节点钢筋的通用构造规则。

1. 节点的构造要素

节点通常关系到多个构件的连接，是一个空间整体，我们把与节点相连的多个构件分为本体构件和关联构件。所谓本体构件就是把节点看作是某一构件的一部分，该构件为节点的本体构件，其他与节点相连的构件为关联构件。本节讲柱的节点构造，在节点中柱为本体构件，与柱在节点处相连的其他构件（如梁、基础等）都为关联构件。

根据本体构件和关联构件的宽度大小关系，平法把节点划分为A、B、C三类不同的节点构造供设计施工人员选用。A类节点的本体构件宽度大于关联构件的宽度；B类节点的本体构件宽度小于关联构件的宽度；C类节点的本体构件宽度与关联构件的宽度相等。

2. 节点钢筋的通用构造规则

（1）A类节点　其本体构件纵向钢筋和横向钢筋（箍筋）应连续贯穿节点，关联构件的纵向钢筋应锚固或贯穿节点，但关联构件的箍筋通常在节点内并不设置。例如，梁柱节点，柱为本体构件，梁为关联构件，柱的纵向钢筋和箍筋贯穿节点，梁的纵向钢筋锚固或贯穿节点，梁通常不在节点设箍筋。

（2）B类节点　其本体构件纵向钢筋和横向钢筋（箍筋）应连续贯穿节点，关联构件的纵向钢筋应锚固或贯穿节点，但关联构件的箍筋是否在节点内设置应根据具体情况确定。

（3）C类节点　其本体构件纵向钢筋和横向钢筋（箍筋）应连续贯穿节点，关联构件的纵向钢筋应锚固或贯穿节点，但关联构件的箍筋是否在节点内设置应根据具体情况确定。

本节根据节点的类型，以框架柱为例，介绍平法构造详图中抗震框架柱标准构造规则。

框架柱标准构造详图主要是指框架柱钢筋构造。框架柱钢筋构造分**柱根部钢筋构造、柱身钢筋构造、柱节点钢筋构造**三部分，见表2-2。柱根部钢筋构造主要指框架柱与基础节点钢筋构造锚固，柱身钢筋构造主要指上部结构二层以上柱身钢筋的连接构造，柱节点钢筋构造主要指柱顶、柱中间节点钢筋的锚固构造。

表2-2　框架柱钢筋分类

钢筋种类	构造位置			备　注
纵向钢筋	柱根部钢筋	基础插筋		
		梁上柱、墙上柱插筋		
		地下室框架柱		
	柱身钢筋	纵向钢筋绑扎连接		
		纵向钢筋机械连接		
		纵向钢筋焊接连接		
	柱节点钢筋	顶节点	边柱节点	
			角柱节点	
		中间节点	中柱节点	等截面和变截面
			边柱节点	
箍筋	箍筋			

2.2.1 柱根部钢筋构造

1. 抗震柱插筋独立基础锚固构造

抗震柱插筋独立基础锚固构造分两种情形：独立基础允许竖向锚固深度不小于 l_{aE} 和独立基础允许竖向锚固深度小于 l_{aE}。l_{aE} 见附录 E。这两种情况的抗震柱插筋锚固构造如下：

（1）独立基础允许竖向锚固深度不小于 l_{aE} 时的抗震柱插筋锚固构造 在抗震框架设计中，当独立基础允许竖向锚固深度不小于 l_{aE} 时，柱角插筋应插至基础底部配筋上表面并做90°弯钩，弯钩直段长度不小于 6 倍柱插筋直径且不小于 150mm，柱中部插筋可插至 l_{aE} 深度后截断，平法构造图集分为保护层厚度大于 5d 且基础高度满足直锚和保护层厚度不大于 5d 且基础高度满足直锚两种不同的构造，如图 2-14a、b 所示。

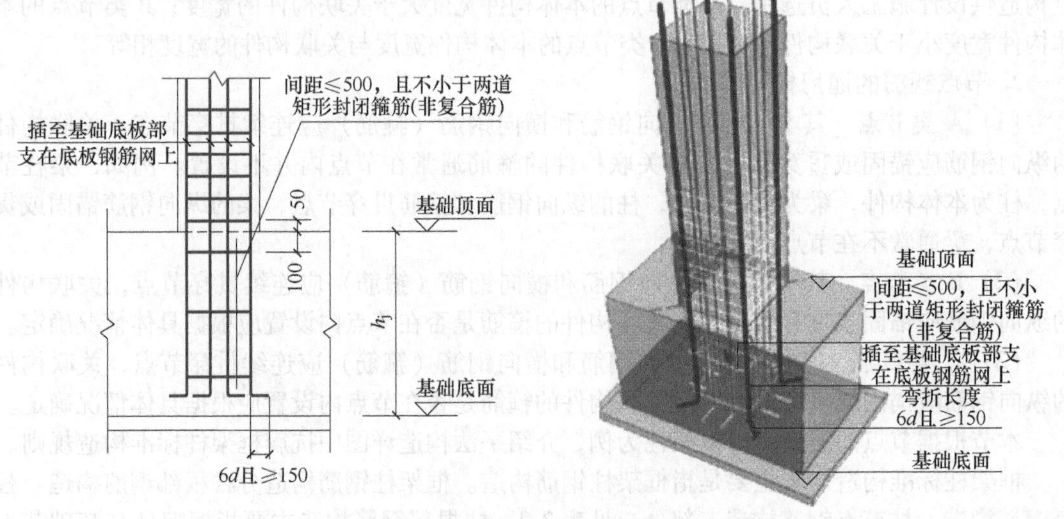

a) 保护层厚度大于 5d 且基础高度满足直锚

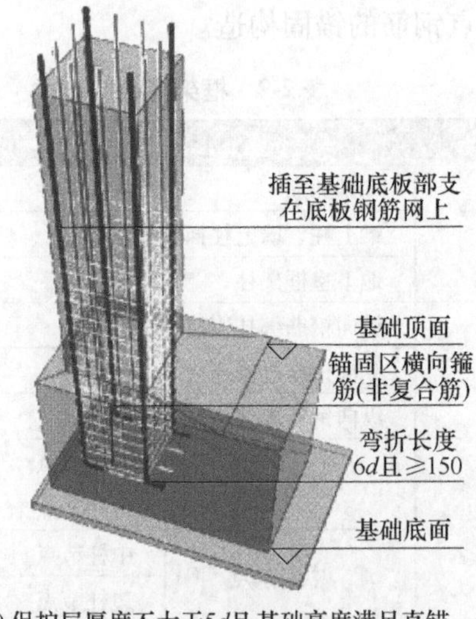

b) 保护层厚度不大于 5d 且基础高度满足直锚

图 2-14 基础高度满足竖向锚固深度≥l_{aE} 时的抗震柱插筋锚固构造

（2）独立基础允许竖向锚固深度小于 l_{aE} 时的抗震柱插筋锚固构造　在抗震框架设计中，当独立基础允许竖向锚固深度小于 l_{aE} 时，分两种情况：一是保护层厚度大于 5d，另一种是保护层厚度不大于 5d。所有插筋应插至基础底部配筋上表面并做 90°弯钩，直锚深度（竖直长度）不小于 $0.6l_{abE}$，弯钩直段长度不小于 15 倍柱插筋直径且不小于 150mm，如图 2-15a、b 所示。

2. 梁上抗震柱纵向钢筋在插筋梁中的锚固构造

梁上起柱，柱中所有插筋应插至梁底部配筋上表面并做 90°弯钩，直锚深度（竖直长度）不小于 20d 且不小于 $0.6l_{abE}$，弯钩直段长度不小于 15d（d 为柱插筋直径）且不小于 150mm，如图 2-16 所示。

3. 墙上抗震柱纵向钢筋插筋墙顶部的锚固构造

剪力墙上起柱，柱中所有纵向钢筋应插至剪力墙中，直锚深度（竖直长度）不小于 $1.2l_{abE}$，并向内做 90°弯钩，弯钩直段长度不小于 150mm，如图 2-17 所示。

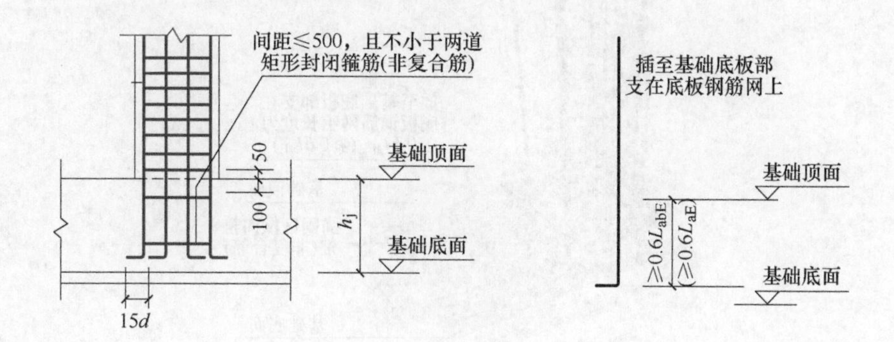

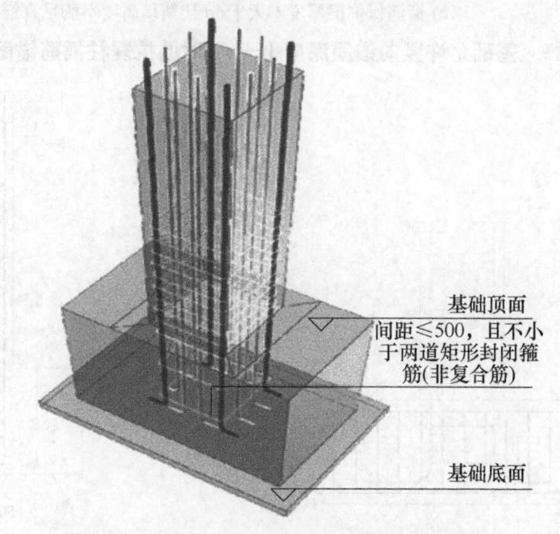

a) 插筋保护层厚度大于5d且基础高度不满足直锚

图 2-15　基础允许竖向锚固深度小于 l_{aE} 时的抗震柱插筋锚固构造

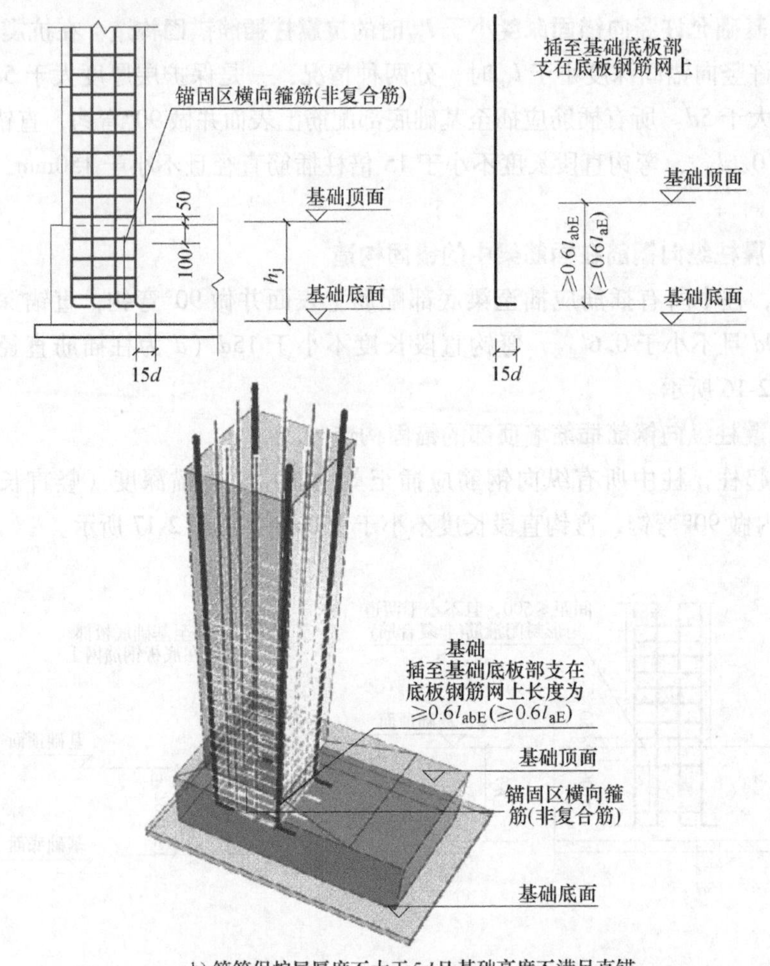

b) 箍筋保护层厚度不大于5d且基础高度不满足直锚

图 2-15　基础允许竖向锚固深度小于 l_{aE} 时的抗震柱插筋锚固构造（续）

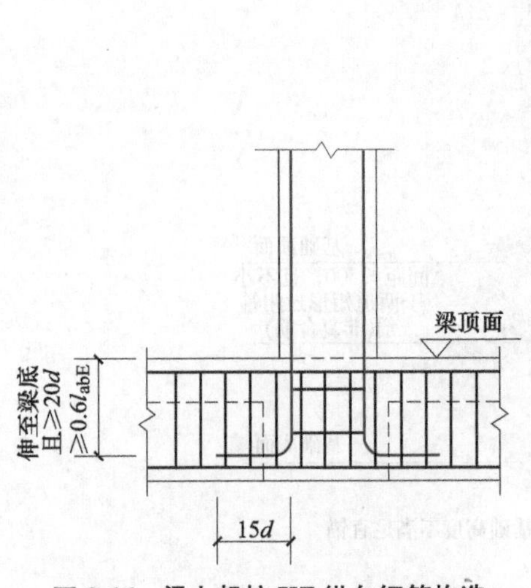

图 2-16　梁上起柱 KZ 纵向钢筋构造

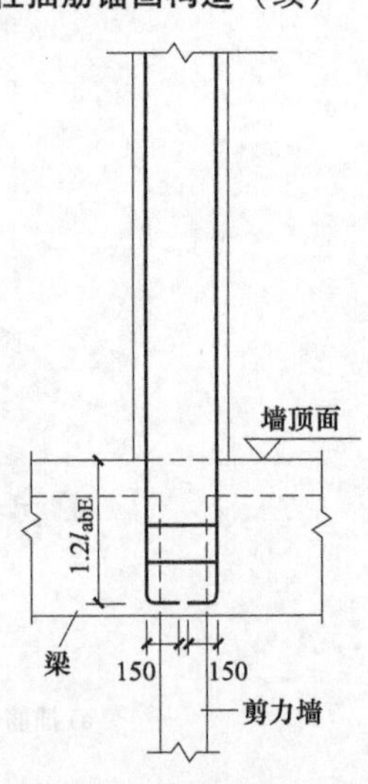

图 2-17　剪力墙上起柱 KZ 纵向钢筋构造

2.2.2 框架柱柱身钢筋构造

框架柱柱身钢筋构造主要指纵向钢筋连接构造和节点构造。

1. 抗震框架柱纵向钢筋连接

框架柱纵向钢筋连接方式有绑扎搭接、机械连接和焊接连接等方式，在非连接区不允许接头，搭接长度要满足混凝土结构设计及相关规范要求，连接区段长度范围内的接头率不能超过规范要求。

1）非连接区。地上一层柱下端非连接区为$\geqslant H_n/3$单控值；所有柱上端非连接区为$\geqslant H_n/6$、$\geqslant h_c$和不小于500mm（H_n为柱的净高，h_c为柱截面长边尺寸）三控值中的最大值。

2）搭接长度。纵向受拉钢筋采用绑扎搭接连接时的搭接长度l_l、纵向受拉钢筋抗震搭接长度l_{lE}详见附录F。

3）连接区段长度。绑扎搭接、机械连接和焊接连接的连接区段长度的划分如图2-18、图2-19所示。凡搭接接头中点位于该连接区段长度内的搭接接头均属于同一连接区段。同一连接区段内纵向钢筋搭接接头面积百分率，为该连接区段内有连接接头的纵向钢筋面积与全部纵向钢筋面积的比值。

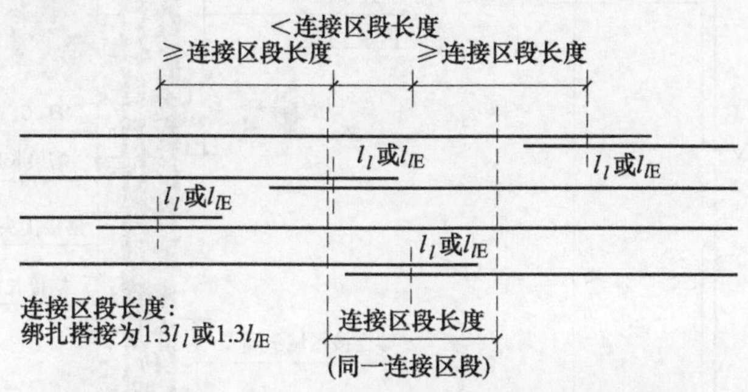

图2-18 同一连接区段内纵向受拉钢筋绑扎搭接接头

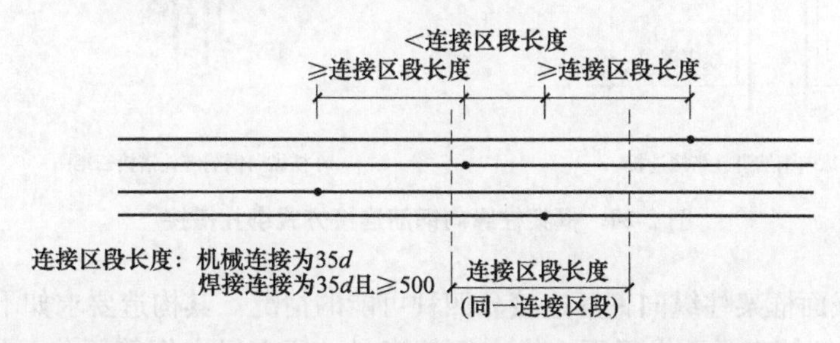

图2-19 同一连接区段内纵向受拉钢筋机械连接和焊接接头

抗震框架柱纵向钢筋连接详如图2-20~图2-22所示。其构造要求为

1）搭接连接范围可在除非连接区以外的柱身任意位置连接。

2）优先采用绑扎连接或机械连接。当受拉钢筋直径大于25mm、受压钢筋大于28mm时，不宜采用绑扎连接。

2. 节点构造

（1）中间节点 抗震框架柱纵向钢筋中间节点连接构造分等截面和变截面两大类。

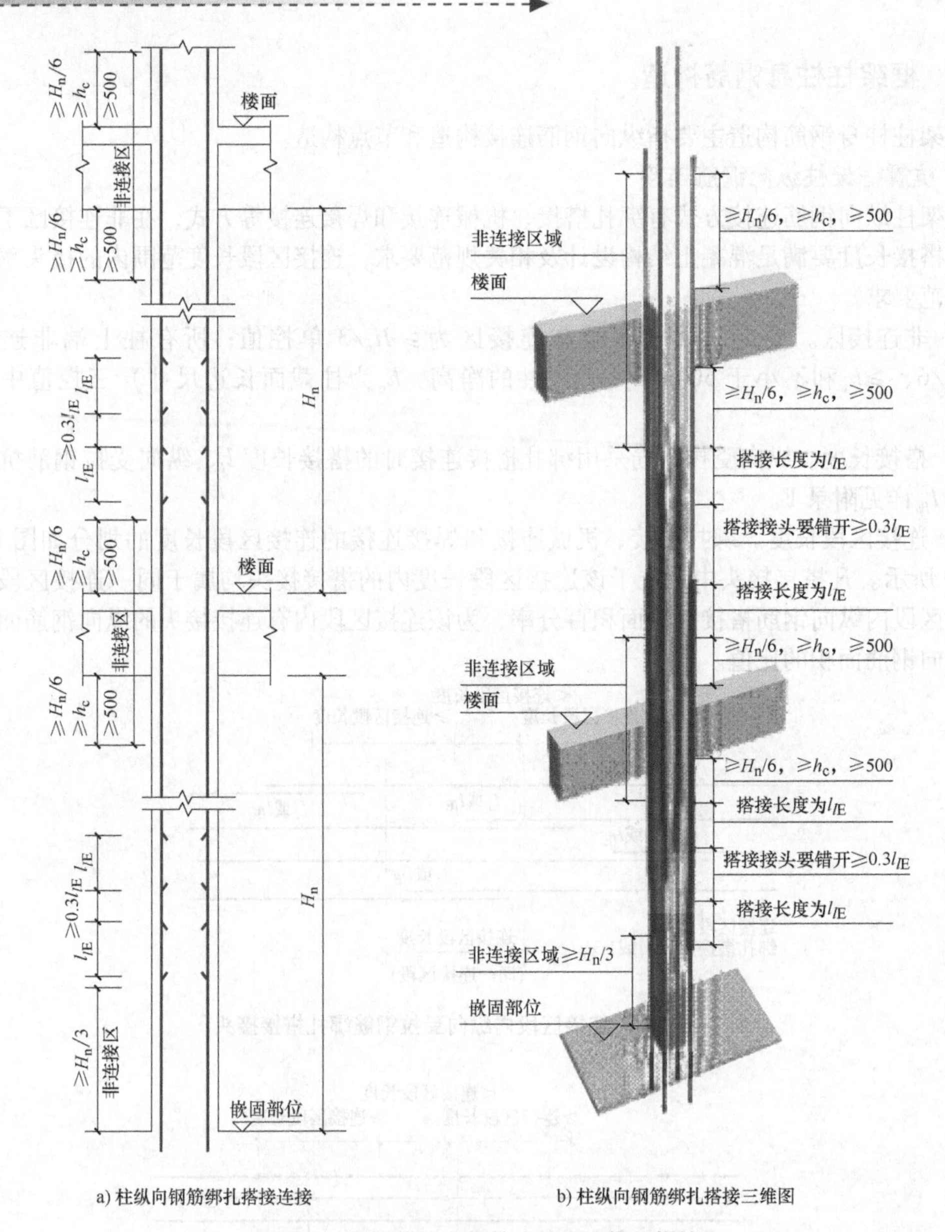

a) 柱纵向钢筋绑扎搭接连接　　b) 柱纵向钢筋绑扎搭接三维图

图 2-20　框架柱纵向钢筋连接方式绑扎搭接

1）抗震等截面框架柱纵向钢筋连接分四种可能的情况。其构造要求如下：

① 上柱纵向钢筋直径不大于下柱纵向钢筋直径，所有纵向钢筋要分两批交错搭接。搭接连接应按分批的搭接面积百分比并按较小钢筋直径计算搭接长度 l_{lE}。

② 上柱钢筋根数增加但直径相同或直径小于下层时，上柱增加的纵向钢筋锚入柱梁节点长度 $1.2l_{aE}$（见图 2-23a）。

③ 上柱纵向钢筋直径大于下柱纵向钢筋直径但根数相同，上层纵向钢筋要下穿非连接区，与下层较小直径钢筋连接（见图 2-23b）。

④ 上柱纵向钢筋根数减少但直径相同或直径小于下柱纵向钢筋直径时，上柱减少的纵向钢筋向上锚入柱梁节点 $1.2l_{aE}$（见图 2-23c、d）。

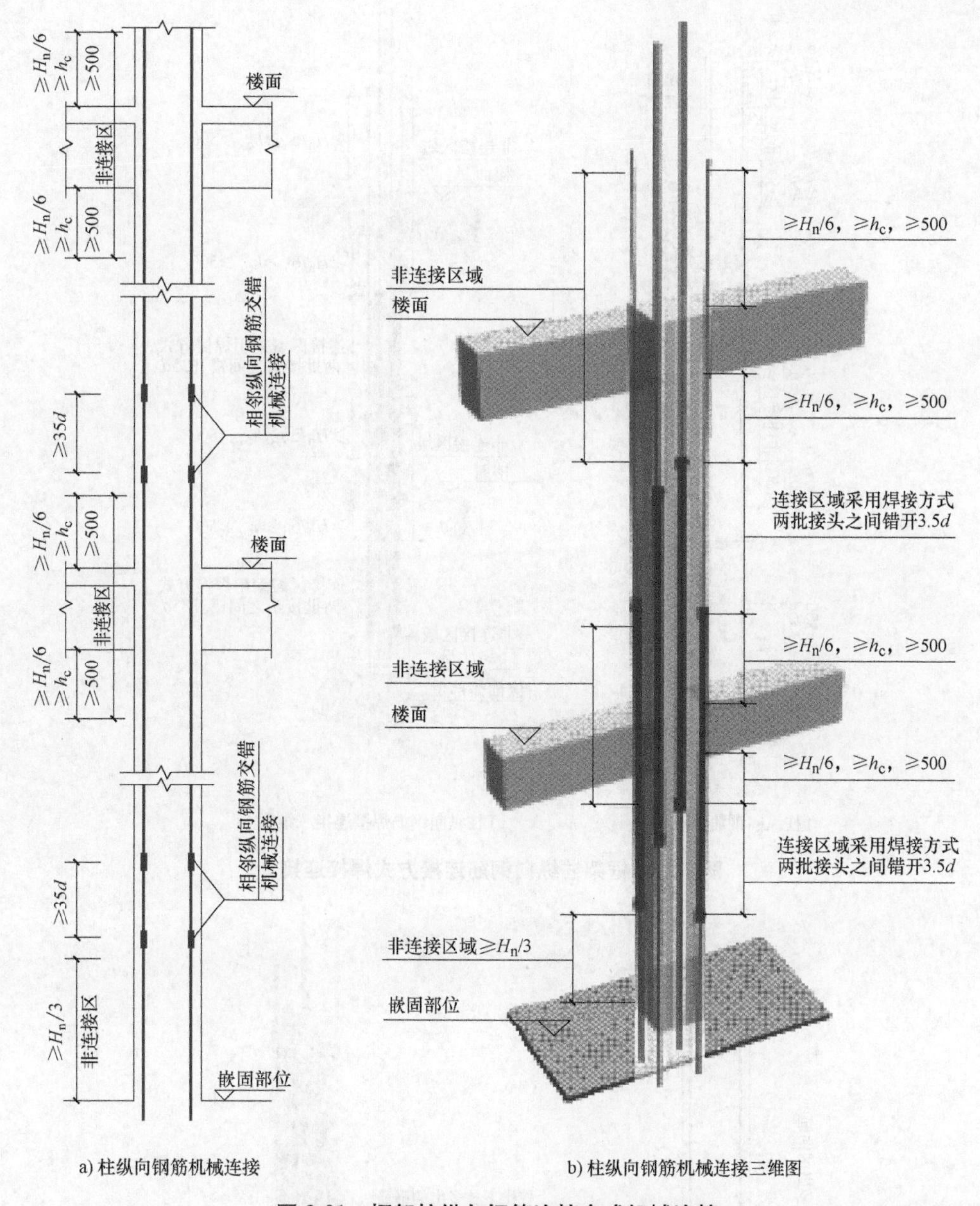

a) 柱纵向钢筋机械连接　　b) 柱纵向钢筋机械连接三维图

图 2-21　框架柱纵向钢筋连接方式机械连接

2）抗震变截面框架柱纵向钢筋连接。柱变截面通常指上柱比下柱截面小，向内缩进。其纵向钢筋在节点内有直通和非直通两种构造。

① 抗震框架柱变截面纵向钢筋非直通构造。抗震框架柱变截面当 $\Delta/h_b>1/6$ 时，应采用柱纵向钢筋非直通构造。纵向钢筋非直通构造有三种情况（见图 2-24a、b、c）。其构造要求：

a. 如图 2-24a 所示，中间层的中间节点，上柱两侧截面变小，且梁的高度不小于 $0.5l_{abE}$，下柱纵向钢筋向上伸至梁纵向钢筋下弯钩，深入梁中的竖直段长度不小于 $0.5l_{abE}$，弯钩与梁纵向钢筋的净距为 25mm，弯钩投影长度不小于 12d，且水平锚入上柱截面的投影长度不小于 200mm。上柱收缩截面的插筋锚入节点，与下柱弯折钢筋垂直搭接长度为 $1.2l_{abE}$。

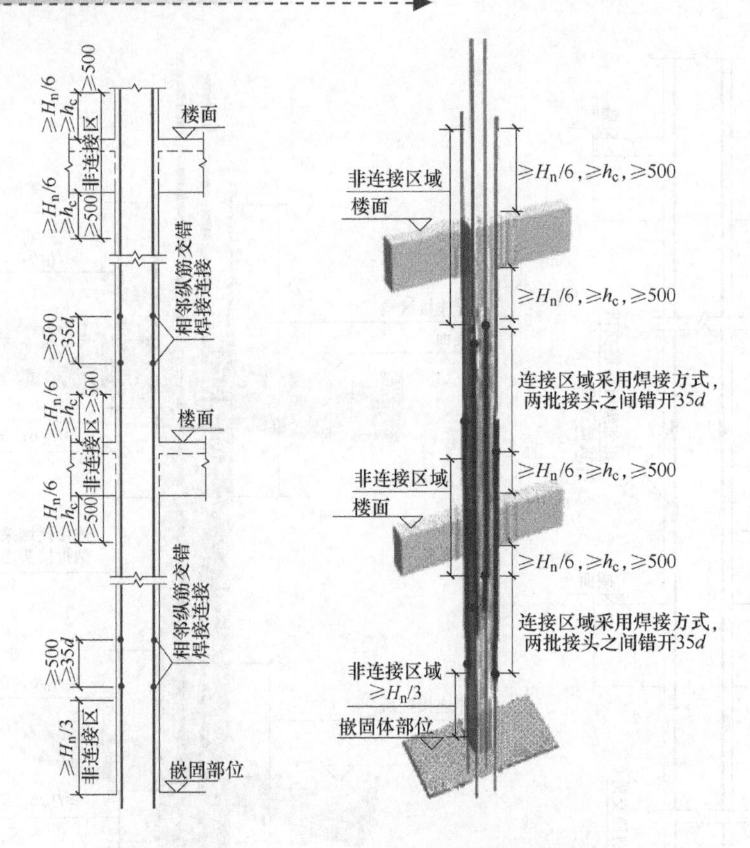

a) 柱纵向钢筋焊接连接　　b) 柱纵向钢筋焊接连接三维图

图 2-22　框架柱纵向钢筋连接方式焊接连接

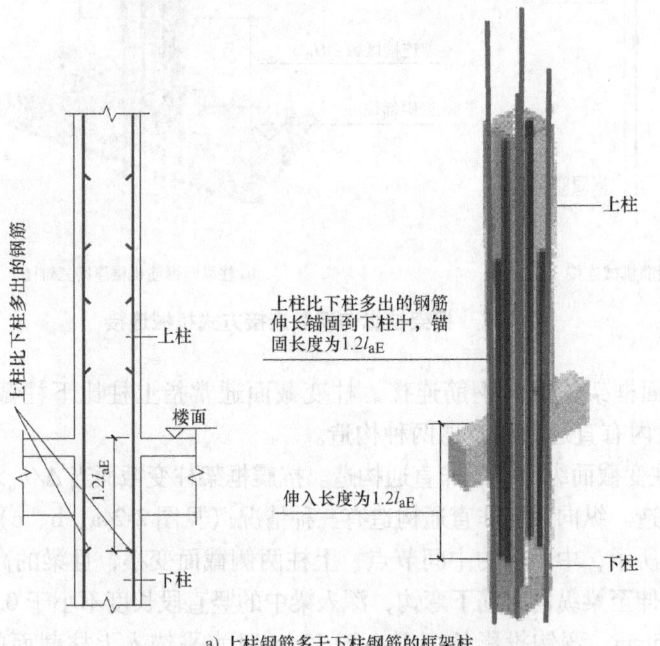

a) 上柱钢筋多于下柱钢筋的框架柱

图 2-23　等截面框架柱纵向钢筋连接构造

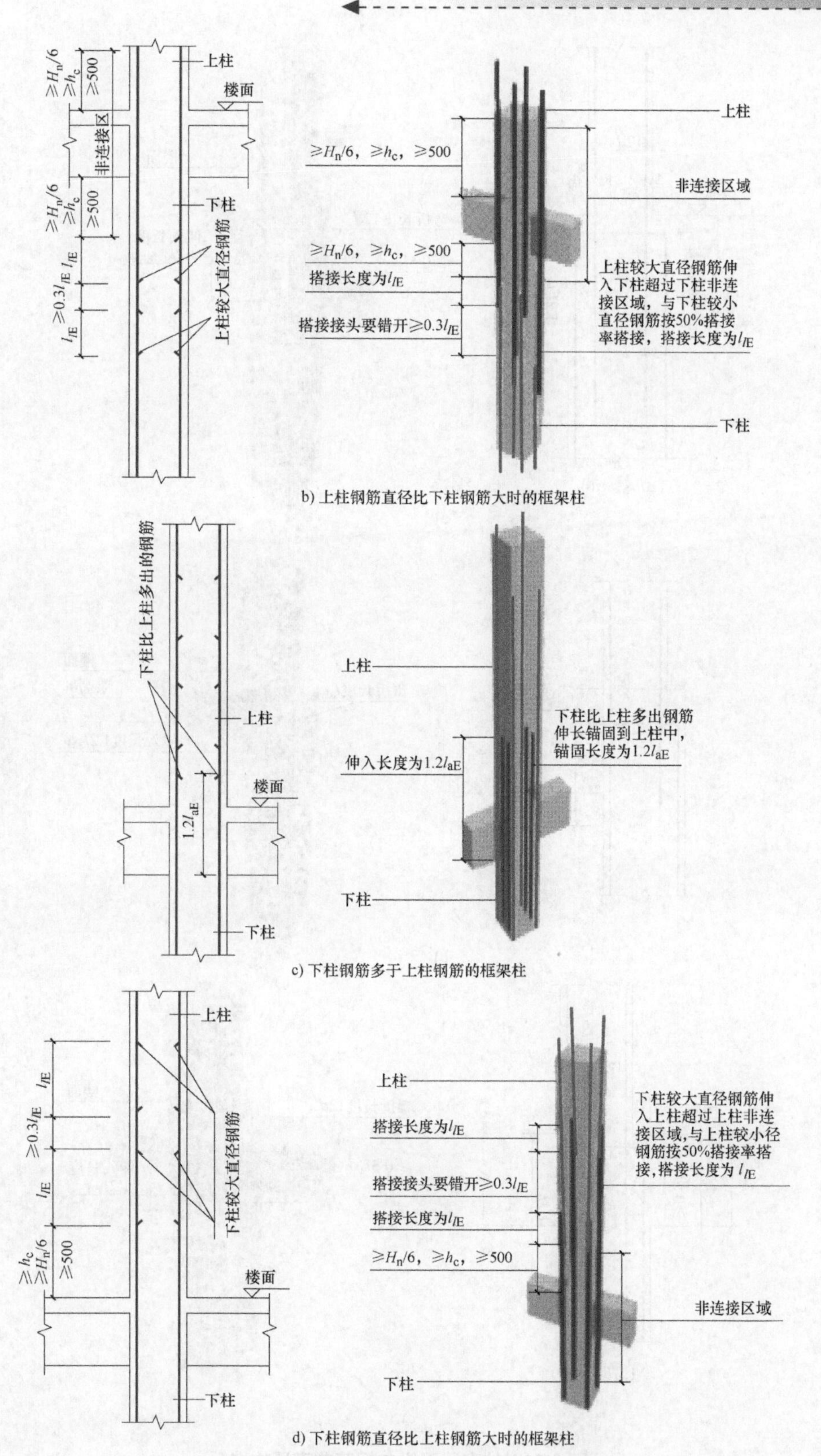

图 2-23 等截面框架柱纵向钢筋连接构造（续）

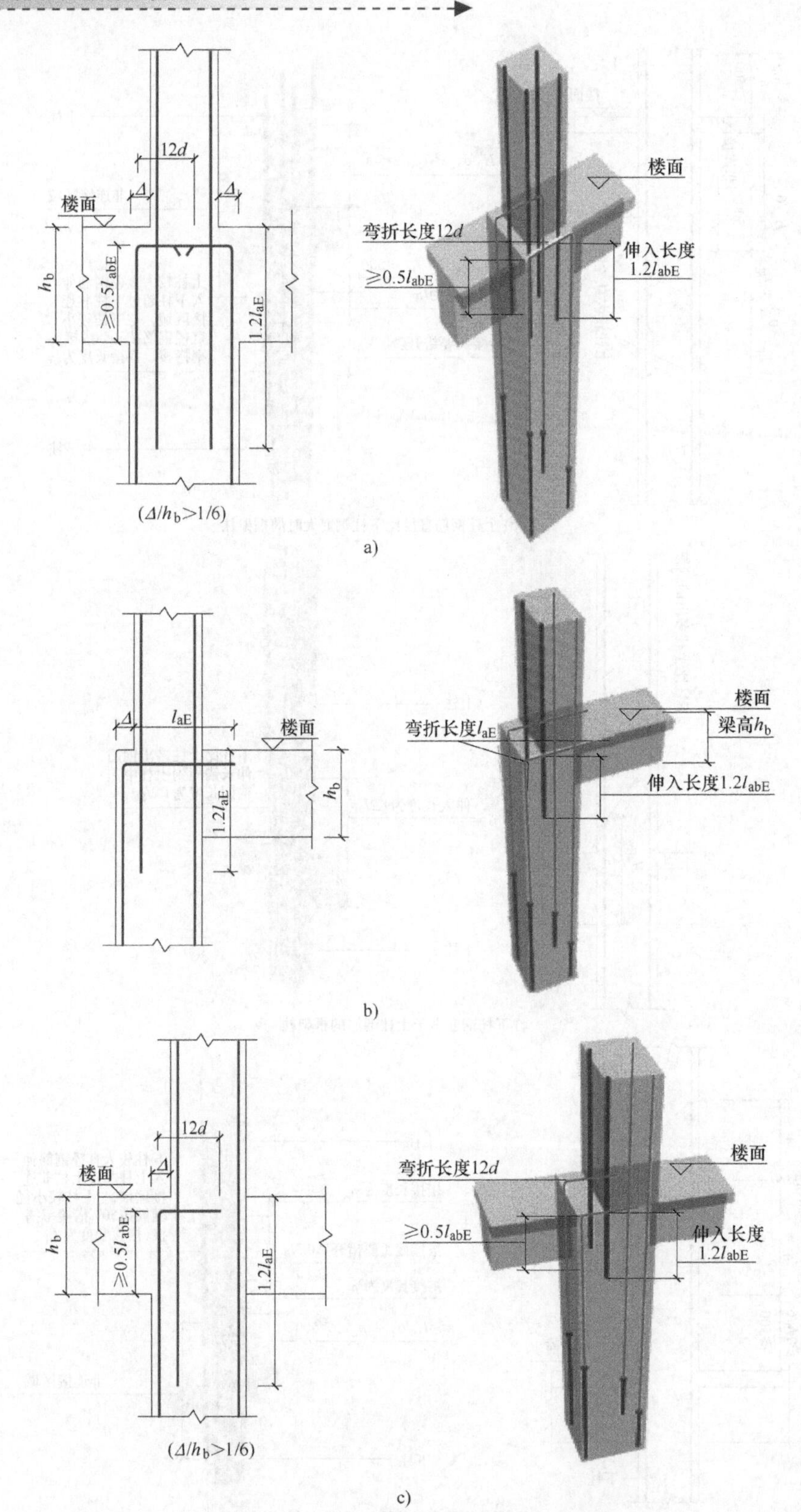

图 2-24　柱变截面纵向钢筋非直通构造

b. 如图2-24b所示，中间层的边节点，上柱一侧截面变小，截面发生改变一侧下柱纵向钢筋向上伸至梁纵向钢筋下弯钩，深入梁中的水平段长度不小于 l_{abE}，上柱收缩截面的插筋锚入节点，与下柱弯折钢筋垂直搭接长度为 $1.2l_{abE}$。

c. 如图2-24c所示，中间层的中间节点，上柱一侧截面变小，梁的高度不小于 $0.5l_{abE}$，截面发生改变一侧下柱纵向钢筋向上伸至梁纵向钢筋下弯钩，深入梁中的竖直段长度不小于 $0.5l_{abE}$，弯钩与梁纵向钢筋的净距为25mm，弯钩投影长度不小于 $12d$。上柱收缩截面的插筋锚入节点，与下柱弯折钢筋垂直搭接长度为 $1.2l_{abE}$。

② 抗震框架柱变截面纵向钢筋直通构造。抗震框架柱变截面纵向钢筋直通构造如图2-25所示。其构造要求：当 $\Delta/h_b \leqslant 1/6$ 时，可采用下柱纵向钢筋略向内斜弯再向上直通构造；节点内箍筋应顺斜弯度紧扣纵向钢筋设置。

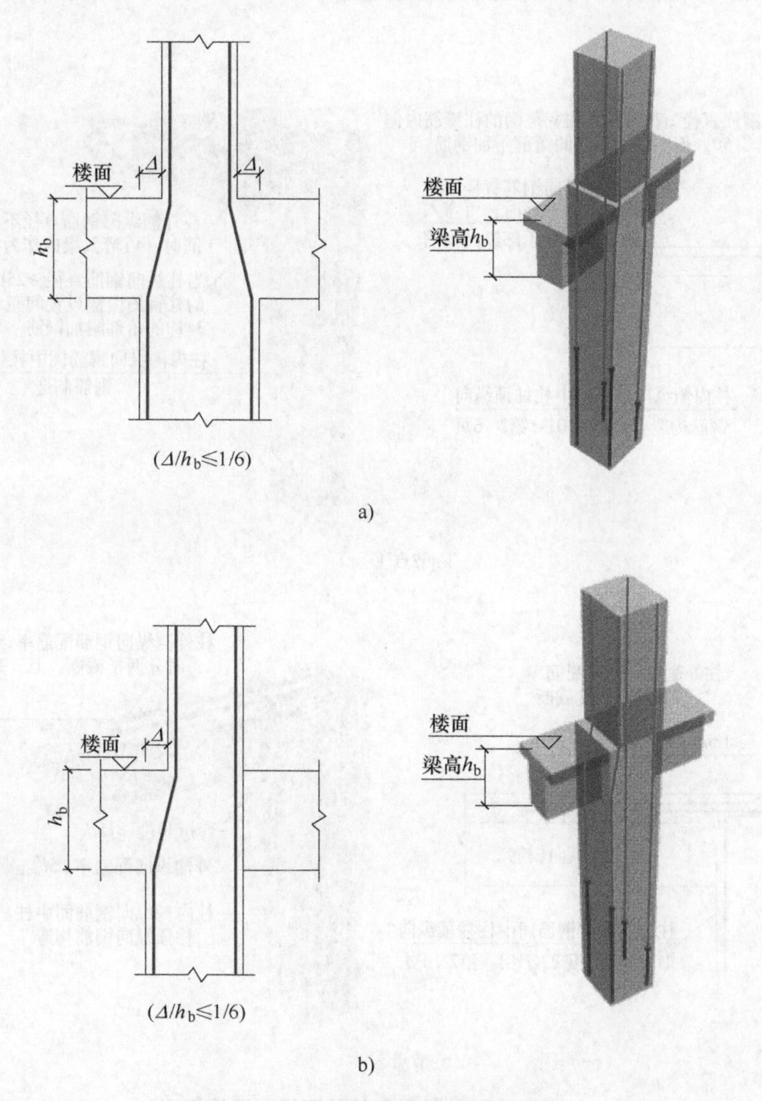

图2-25　柱变截面纵向钢筋直通构造

（2）抗震框架柱顶节点构造　平法给出了抗震框架柱 KZ 边柱和角柱柱顶纵向钢筋构造、KZ 中柱柱顶纵向钢筋构造及 KZ 边柱、角柱柱顶等截面伸出时纵向钢筋构造等。

1）KZ 边柱和角柱柱顶纵向钢筋构造。分五种不同的节点。

节点①：柱筋作为梁上部钢筋使用，此时作法如图 2-26a 所示。

节点②：从梁底算起 $1.5l_{abE}$ 超过柱内侧边缘，此时作法如图 2-26b 所示。

节点③：从梁底算起 $1.5l_{abE}$ 未超过柱内侧边缘，此时作法如图 2-26c 所示。

节点④：节点①、②、③未伸入梁内的柱外侧钢筋锚固，此时作法如图 2-26d 所示。当现浇板厚度不小于 100mm 时，也可以按节点伸入板内锚固，且伸入板内长度不宜小于 $15d$。

节点⑤：梁、柱纵向钢筋接头沿节点柱顶外侧直线布置，此时作法如图 2-26e 所示。

设计、施工人员应根据节点类型采用相应做法。

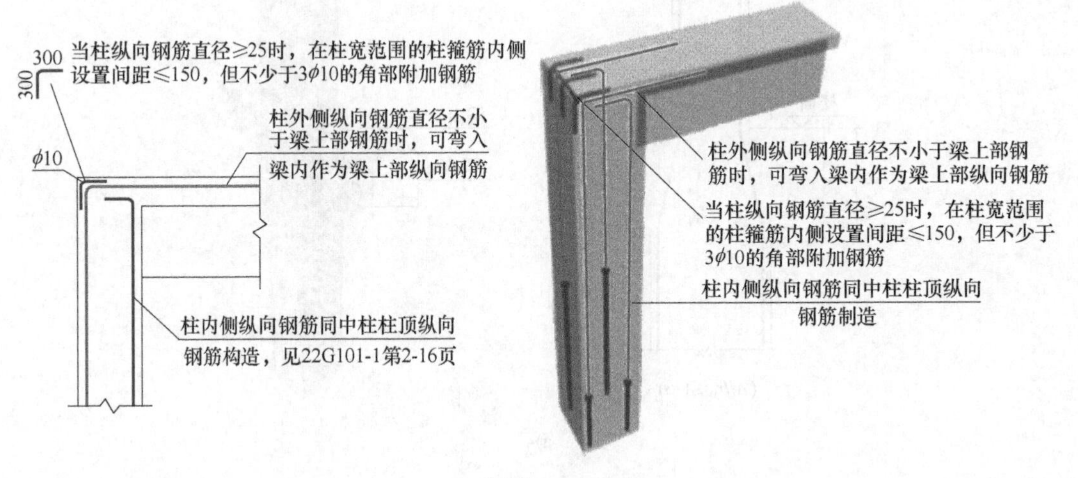

a) 节点①

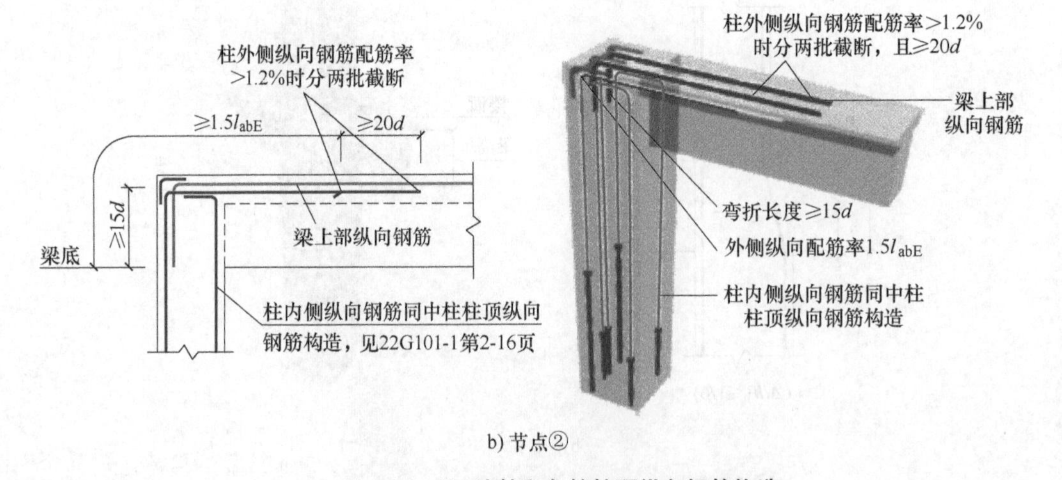

b) 节点②

图 2-26　KZ 边柱和角柱柱顶纵向钢筋构造

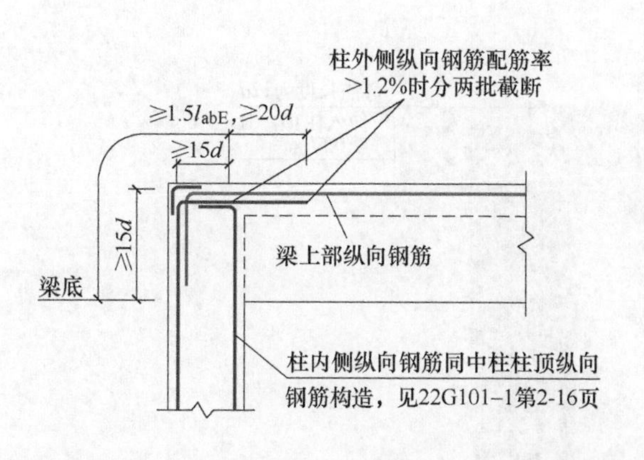

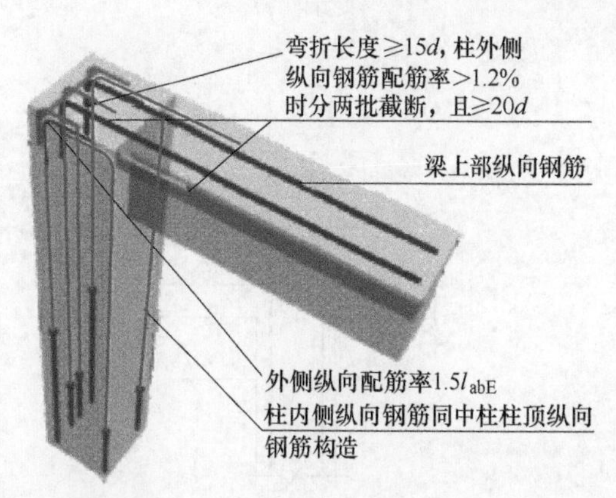

c) 节点③

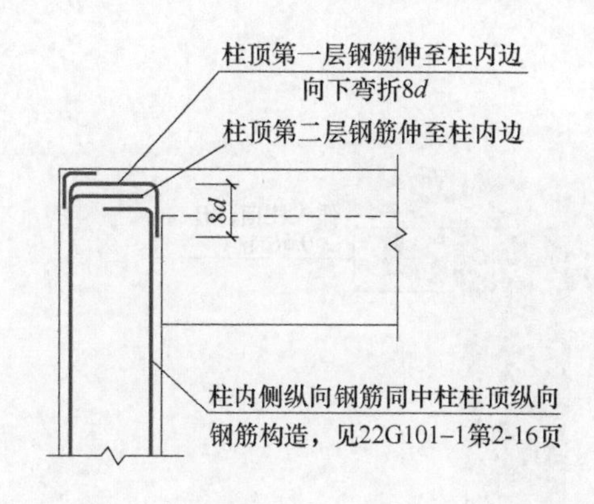

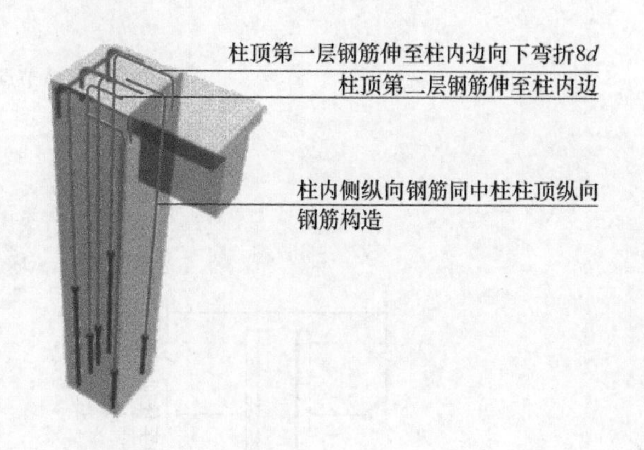

d) 节点④

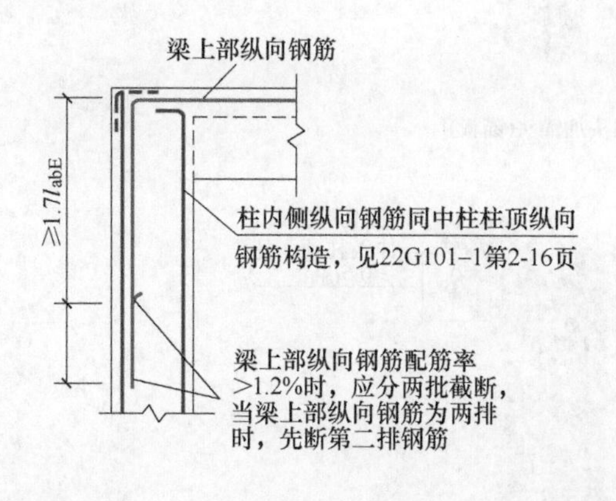

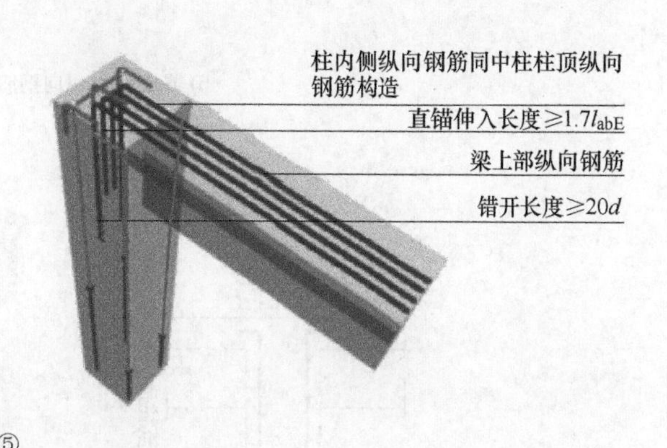

e) 节点⑤

图 2-26　KZ 边柱和角柱柱顶纵向钢筋构造（续）

注意：节点①、②、③、④应配合使用，节点④不应单独使用（仅用于未伸入梁内的柱外侧纵向钢筋锚固），伸入梁内的柱外侧纵向钢筋不宜少于柱外侧全部纵向钢筋面积的65%，可选择节点②+④做法、节点③+④做法、节点①+②+④做法或节点①+③+④做法；节点⑤可与节点①组合使用。

2）KZ 中柱柱顶纵向钢筋构造，如图 2-27 所示。

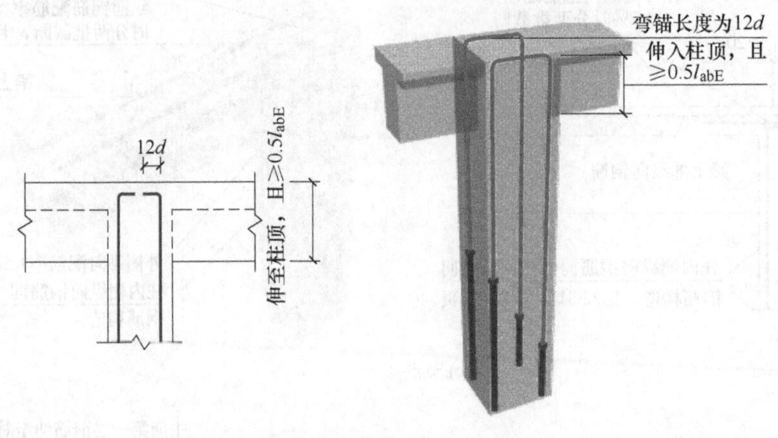

a) 节点①

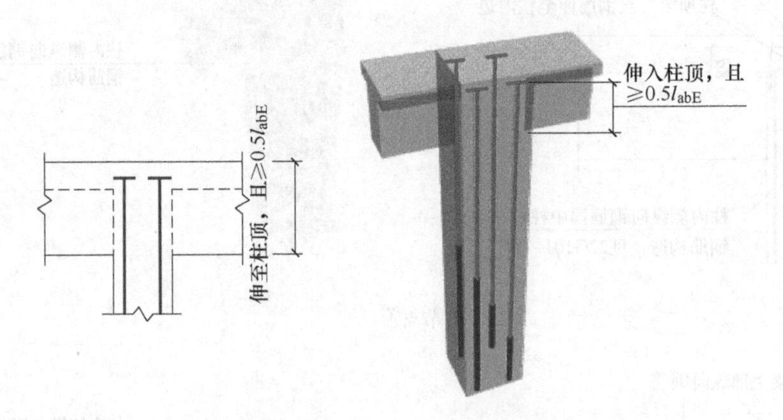

b) 节点②[柱纵向钢筋端头加锚头(锚板)]

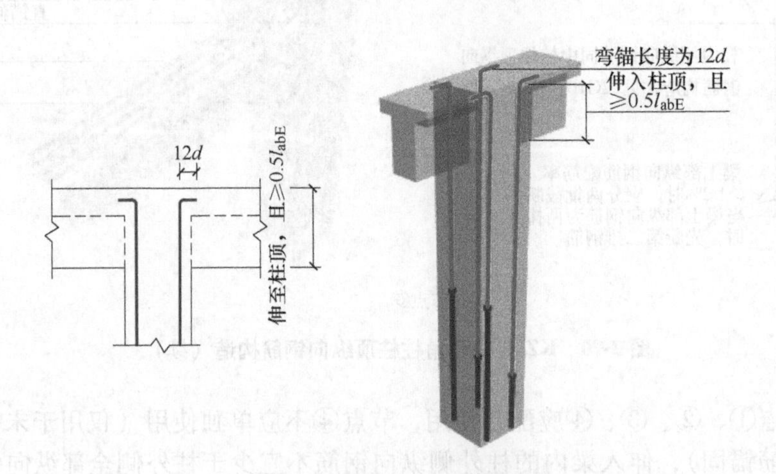

c) 节点③(当柱顶有不小于100厚的现浇板)

图 2-27 KZ 中柱柱顶纵向钢筋构造

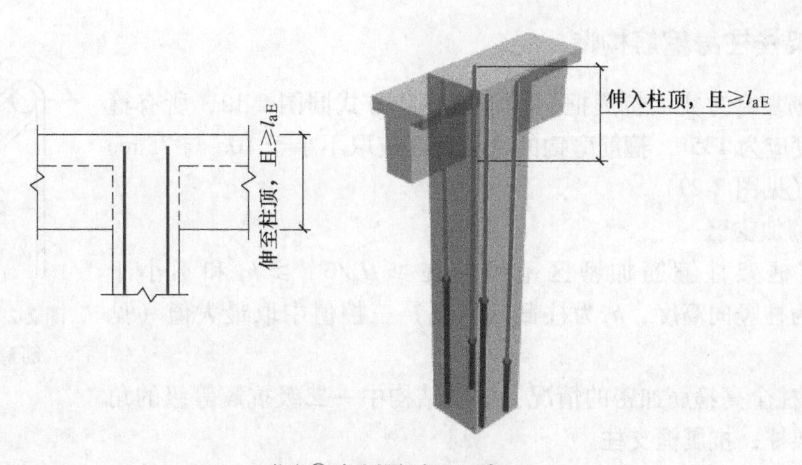

d) 节点④(当直锚长度≥l_{aE}时)

图 2-27　KZ 中柱柱顶纵向钢筋构造（续）

3）KZ 边柱、角柱柱顶等截面伸出时纵向钢筋构造，如图 2-28 所示。

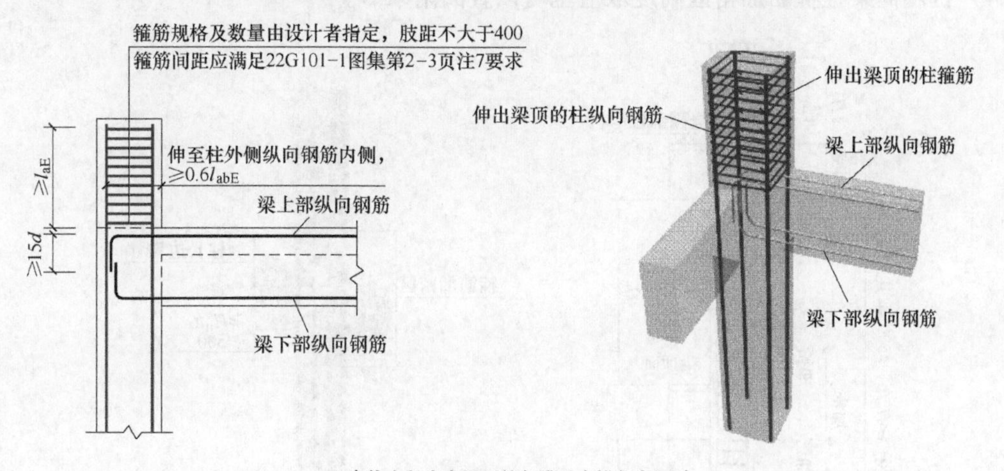

a) 当伸出长度自梁顶算起满足直锚长度l_{aE}时

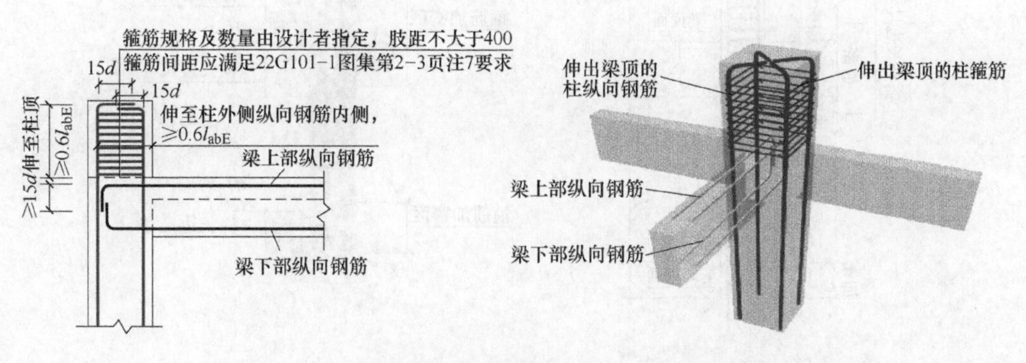

b) 当伸出长度自梁顶算起不能满足直锚长度L_{aE}时

图 2-28　KZ 边柱、角柱柱顶等截面伸出时纵向钢筋构造

2.2.3 框架柱柱身箍筋构造

（1）箍筋复合方式 抗震框架柱箍筋复合方式同图 2-12，所有箍筋的弯钩角度应为 135°，箍筋弯钩的直段长度应取不小于 10d 与 75mm 中的较大值（见图 2-29）。

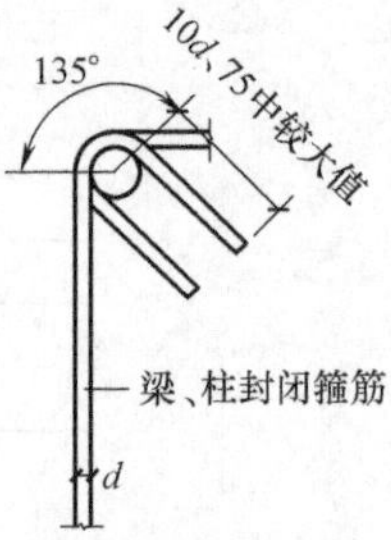

图 2-29 封闭箍筋弯钩构造

（2）箍筋加密区

1）抗震框架柱箍筋加密区范围应在 ≥ H_n/6、≥ h_c 和不小于 500mm（H_n为柱竖向高度，h_c为柱截面高度）三控值中取最大值（见图 2-30）。

2）应沿柱全高箍筋加密的情况：框架结构中一二级抗震等级的角柱；抗震框架柱；抗震框支柱。

3）抗震框架柱纵向钢筋搭接长度范围箍筋加密构造：当抗震框架柱纵向钢筋采用搭接连接时，应在柱搭接长度范围内按不大于 5d（d 为搭接钢筋的较小直径）和不大于 100mm 的间距加密箍筋。

4）抗震框架柱箍筋加密区高度取值也可以查阅附录 G。

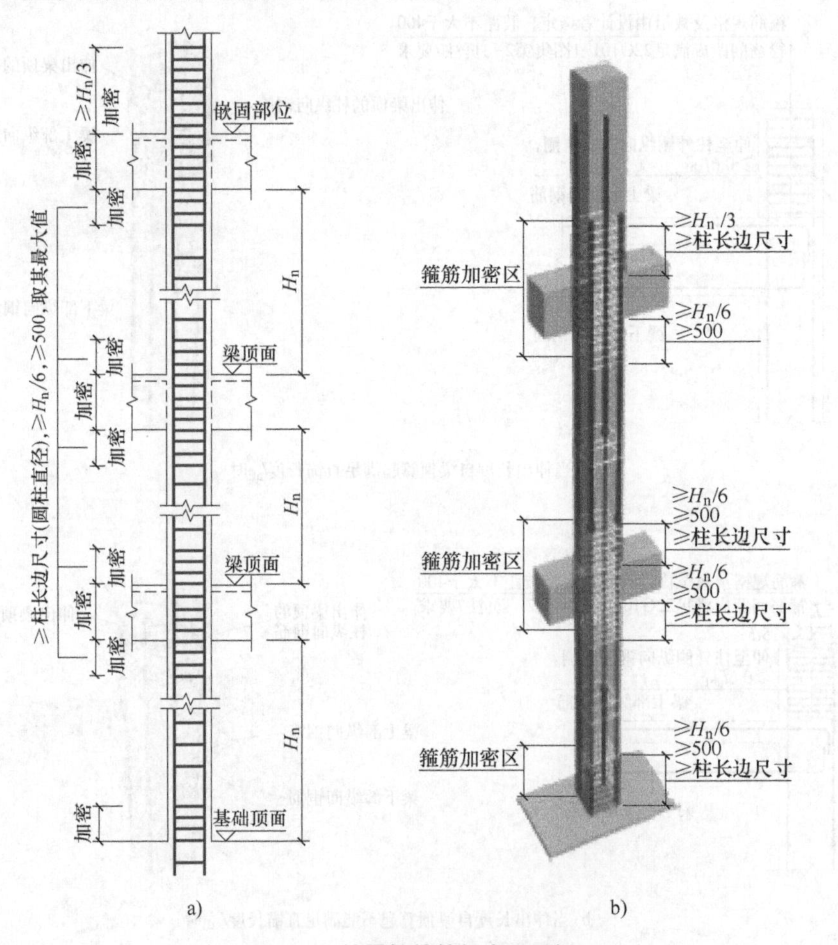

图 2-30 抗震柱箍筋加密区示例

2.3 柱钢筋算量

本节以等截面抗震框架柱为例讲解柱钢筋工程量计算。柱钢筋由纵向钢筋（简称纵筋）和箍筋组成。柱钢筋一般分层下料，分层施工。因此，每根柱纵向钢筋可从下至上分解为柱基础插筋、底层柱纵向钢筋、中间层柱纵向钢筋和顶层柱纵向钢筋，分层计算柱纵向钢筋量。箍筋算量主要包括单个箍筋长度和箍筋根数的计算。箍筋根数与箍筋加密区和非加密区分布范围相关。

2.3.1 柱纵向钢筋计算

1. 柱基础插筋

（1）构造依据 框架柱基础插筋构造参见平法图集中的“柱纵向钢筋在基础中的构造”“KZ 纵向钢筋连接构造”“地下室的 KZ 纵向钢筋连接构造”，如图 2-14、图 2-15、图 2-20~图 2-22 所示。

依据图集构造要求，结合第 2.2.1 小节的构造说明，柱插筋在基础内的锚固构造见表 2-3。

表 2-3 柱插筋在基础中的锚固构造

计算	条件	参数	构造
插筋	$(h_j-c) \geqslant l_{aE}$	弯折长度 a	$\geqslant 6d$ $\geqslant$150mm
	$(h_j-c) < l_{aE}$		15d
箍筋	保护层厚度>5d	不少于 2 根	间距≤500mm 不少于 2 根 非复合箍筋
	保护层厚度≤5d	加密	箍筋直径≥4d（d 为纵向钢筋最大直径） 间距≤5d（d 为纵向钢筋最小直径） 且 d≤100mm

注：h_j 为基础高度，c 为基础保护层厚度。

（2）钢筋计算 柱插筋伸出基础顶面后分两批截断，先截断的可称为低位钢筋，后截断的可称为高位钢筋。按照最低构造要求取值，柱基础插筋的长度公式如下。

当钢筋连接方式为绑扎搭接时：

基础插筋长度（低位）= 弯折长度 a+基础内高度（h_j-c）+非连接区长度+与上层钢筋搭接长度 l_{lE}

基础插筋长度（高位）= 基础插筋长度（低位）+错开长度（连接区段长度）

当钢筋连接方式为机械连接和焊接连接时，搭接长度为 0。

非连接区长度的取值，嵌固部位为 $H_n/3$，非嵌固部位为 max（$H_n/6$，h_c，500mm），H_n 为柱净高。底层柱净高为基础顶面至底层梁底面之间的垂直距离，非底层柱净高为本层结构楼底面到本层结构梁底面间的垂直距离。

绑扎搭接长度，按 $l_{lE}=\zeta_1 l_{aE}$ 计算或查表确定，ζ_1 为纵向受拉钢筋搭接长度修正系数。当纵向钢筋搭接面积为不大于 25% 时取 1.2，大于 25% 且不大于 50% 时取 1.4，大于 50%时取 1.6。

错开长度的取值，搭接连接为 $1.3l_{lE}$，焊接连接为 max(35d, 500mm)，机械连接为 35d。

【例 2-1】 某三层框架结构，其框架柱平法施工图如图 2-31 所示。抗震等级一级，所有混凝土构件强度等级均为 C30，基础底板保护层厚度 40mm，梁、柱保护层厚度 20mm，现浇板保护层厚度 15mm，现浇板板厚 120mm，层标高及相应梁高见表 2-4。计算 KZ1 基础插筋长度（钢筋按焊接连接）。

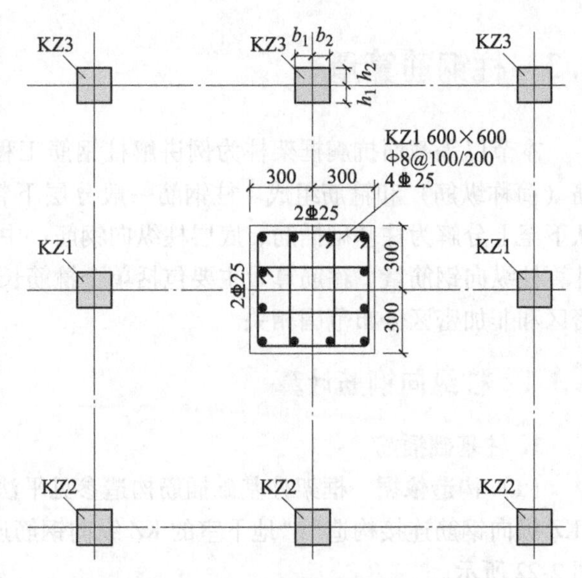

图 2-31 某三层框架结构柱平法施工图

表 2-4 层标高及相应梁高

层号	顶标高/m	层高/m	梁高/mm
3	12.3	3.6	600
2	8.7	4.2	600
1	4.5	4.5	700
独立基础	-0.8		基础厚度 800

解：KZ1 钢筋计算参数见表 2-5，KZ1 基础插筋计算过程见表 2-6。

表 2-5 KZ1 钢筋计算参数

抗震等级	基础混凝土强度	基础保护层厚度/mm	基础顶标高/m	基础厚度/mm	梁高/mm	钢筋级别	钢筋直径/mm
一级	C30	40	-0.8	800	700	HRB400	25

表 2-6 KZ1 基础插筋计算过程

序号	计算步骤	计算过程	备注
①	判断锚固条件	$l_{aE}=40d=40\times25\text{mm}=1000\text{mm}$ $h_j-c=$（800−40）mm=760mm<1000mm	不满足直锚构造
②	计算弯折长度	$a=15d=15\times25\text{mm}=375\text{mm}$	
③	计算基础内高度	$h_j-c=$（800−40）mm=760mm	

（续）

序号	计算步骤	计算过程	备注
④	计算非连接区长度	$H_n/3=（4500+800-700）mm/3=4600mm/3=1534mm$	
⑤	计算低位钢筋长度	基础插筋长度（低位）= 弯折长度 a+基础内高度（h_j-c）+非连接区长度+搭接长度 l_{lE} $L_{低位}=(375+760+1534)mm=2669mm$	6 根
⑥	计算错开长度	非连接区长度 $35d=35×25mm=875mm$	
⑦	计算高位钢筋长度	$L_{高位}=L_{低位}$+错开长度$=(2669+875)mm=3544mm$	6 根

2. 底层柱纵筋

（1）构造依据 底层柱纵向钢筋构造参见平法图集“KZ 纵向钢筋连接构造”“地下室的 KZ 纵向钢筋连接构造”，如图 2-20~图 2-22 所示。

（2）钢筋计算 依据图集构造要求，结合第 2.2.2 小节的构造说明，底层柱纵向钢筋的长度公式如下。

当钢筋连接方式为绑扎搭接时：

底层柱纵向钢筋长度（低位）= 底层柱高-底层下部非连接区高度+伸入上层非连接区高度+搭接长度 l_{lE}

底层柱纵向钢筋长度（高位）= 底层柱高-底层下部非连接区高度-错开长度+伸入上层非连接区高度+搭接长度 l_{lE}+错开长度

本层错开长度等于上层错开长度时，底层柱纵向钢筋长度（低位）与底层柱纵筋长度（高位）相等。

当钢筋连接方式为机械连接和焊接连接时，搭接长度为 0。

【例 2-2】 计算【例 2-1】中 KZ1 第 1 层纵向钢筋长度。

解： KZ1 第 1 层柱纵向钢筋计算过程见表 2-7。

表 2-7 KZ1 第 1 层柱纵向钢筋计算过程

序号	计算步骤	计算过程	备注
①	计算第 1 层非连接区长度	$H_n/3=(4500+800-700)mm/3=4600mm/3=1534mm$	
②	计算伸入第 2 层非连接区长度	$\max(H_n/6, h_c, 500mm)=\max[(4200-600)mm/6, 600mm, 500mm]=600mm$	
③	计算第 1 层柱纵向钢筋长度（低位）	底层柱纵向钢筋长度（低位）= 底层柱高-底层下部非连接区高度+伸入上层非连接区高度 $L_{低位}=(4500+800-1534+600)mm=4366mm$	6 根
④	计算第 1 层柱纵向钢筋长度（高位）	底层柱纵向钢筋长度（高位）= 底层柱高-底层下部非连接区高度-错开长度+伸入上层非连接区高度+错开长度 $L_{高位}=(4500+800-1534-875+600+875)mm=4366mm$	6 根

3. 中间层柱纵向钢筋

中间层柱纵向钢筋构造依据同底层柱纵向钢筋，其计算公式如下。

当钢筋连接方式为绑扎搭接时：

中间层柱纵向钢筋长度（低位）=中间层层高-中间层下部非连接区高度+伸入上层非连接区高度+搭接长度 l_{lE}

中间层柱纵向钢筋长度（高位）=中间层层高-中间层下部非连接区高度-错开长度+伸入上层非连接区高度+搭接长度 l_{lE}+错开长度

本层错开长度等于上层错开长度时，中间层柱纵向钢筋长度（低位）与中间层柱纵向钢筋长度（高位）相等。

中间层下部非连接区高度等于伸入上层非连接区高度时，中间层柱纵向钢筋长度（低位）与中间层柱纵向钢筋长度（高位）相等，且等于中间层层高与搭接长度 l_{lE}的和。

当钢筋连接方式为机械连接和焊接连接时，搭接长度为0。

【例2-3】 计算【例2-1】中KZ1第2层柱纵向钢筋长度。

解：计算结果见表2-8。

表2-8 KZ1第2层柱纵向钢筋计算过程

序号	计算步骤	计算过程	备注
①	计算第2层非连接区长度	$\max(H_n/6, h_c, 500\text{mm}) = \max[(4200-600)\text{mm}/6, 600\text{mm}, 500\text{mm})] = 600\text{mm}$	
②	计算伸入第3层非连接区长度	$\max(H_n/6, h_c, 500\text{mm}) = \max[(3600-600)\text{mm}/6, 600\text{mm}, 500\text{mm}] = 600\text{mm}$	
③	计算第2层柱纵向钢筋长度	中间层柱纵向钢筋长度=本层层高-本层下部非连接区高度+伸入上层非连接区高度 $L=(4200-600+600)\text{ mm}=4200\text{mm}$	12根

4. 顶层中柱纵向钢筋

根据柱所在位置的不同，柱可分为中柱、边柱和角柱。位置不同，其纵向钢筋在柱顶的构造也不同。

(1) 构造依据 顶层中柱纵向钢筋构造参见平法图集中的“KZ中柱柱顶纵向钢筋构造”，如图2-27所示。依据平法图集构造要求，结合第2.2.2小节的相关构造说明，顶层中柱节点构造见表2-9。

表2-9 顶层中柱节点构造

条件	构造特征	梁内构造长
（梁高-保护层厚度）$<l_{aE}$	顶部弯折12d	梁高-保护层厚度+12d
	端头加锚头锚板	梁高-保护层厚度
（梁高-保护层厚度）$\geq l_{aE}$	伸至柱顶	梁高-保护层厚度

(2) 钢筋计算 顶层中柱计算公式如下：

顶层中柱纵向钢筋长度（低位）=本层层高-本层下部非连接区高度-保护层厚度(+12d，弯折时)

顶层中柱纵向钢筋长度（高位）=本层层高-本层下部非连接区高度-错开长度-保护层

厚度（+12d，弯折时）

【例 2-4】 计算【例 2-1】中 KZ1 第 3 层纵向钢筋长度。

解：KZ1 第 3 层柱纵向钢筋长度计算过程见表 2-10。

表 2-10 KZ1 第 3 层柱纵向钢筋长度计算过程

序号	计算步骤	计算过程	备注
①	判断构造条件	$l_{aE}=40d=40\times25mm=1000mm$ $h_b-c=(600-20)mm=580mm<1000mm$	弯折
②	计算第 3 层柱纵向钢筋长度（低位）	顶层中柱纵向钢筋长度（低位）= 本层层高-本层下部非连接区高度-保护层厚度+12d $L_{低位}=(3600-600-20+12\times25)mm=3280mm$	6 根
③	计算第 3 层柱纵向钢筋长度（高位）	顶层中柱纵向钢筋长度（高位）= 本层层高-本层下部非连接区高度-错开长度-保护层厚度+12d $L_{高位}=(3600-600-875-20+12\times25)mm=2405mm$	6 根

KZ1 中柱纵向钢筋长度汇总见表 2-11。KZ1 中柱纵向钢筋连接如图 2-32 所示。

表 2-11 KZ1 中柱纵向钢筋长度汇总

纵向钢筋长度	基础插筋/mm	第 1 层/mm	第 2 层/mm	第 3 层/mm	合计/mm	钢筋根数	钢筋质量/kg
低位长度	2669	4366	4200	3280	14515	6	335
高位长度	3544	4366	4200	2405	14515	6	335

注：直径 25mm 的钢筋单位质量为 3. 85kg/m。

当不考虑钢筋的分层计算时，中柱纵向钢筋长度可以快速计算。

机械连接、焊接时：

$$
\begin{aligned}
中柱纵向钢筋长度 &= 柱高+基础高-基础保护层厚度-柱保护层厚度+15d+12d \\
&= (12300+800+800-40-20+27\times25)mm = 14515mm
\end{aligned}
$$

搭接连接时：

$$
\begin{aligned}
中柱纵向钢筋长度 &= 柱高+基础高-基础保护层厚度-柱保护层厚度+15d+12d+层数\times l_{lE} \\
&= (12300+800+800-40-20+27\times25+3\times46\times25)mm = 17965mm
\end{aligned}
$$

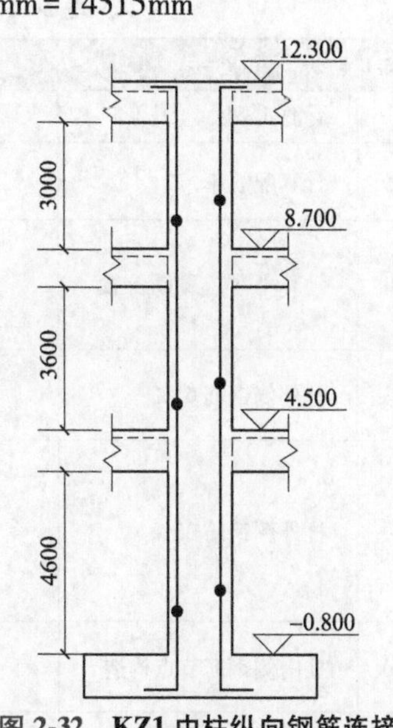

图 2-32 KZ1 中柱纵向钢筋连接

5. 顶层边柱和角柱纵向钢筋

(1) 构造依据 边柱和角柱构造依据见平法图集“KZ 边柱和角柱柱顶纵向钢筋构造”，如图 2-26 所示。边柱和角柱纵向钢筋分为外侧钢筋和内侧钢筋，所有内侧钢筋节点构造同中柱，外侧钢筋节点构造见表 2-12。

(2) 钢筋计算 “柱包梁”的柱外侧钢筋计算公式如下：

表 2-12　顶层边柱和角柱节点外侧钢筋构造

外侧钢筋构造形式	构造条件	柱外侧纵向钢筋构造
柱筋兼梁筋	柱外侧筋直径≥梁筋直径	可弯入梁兼作梁上部钢筋 增加角部附加筋长度为（300mm+300mm）
“梁包柱”	梁上部钢筋弯入柱内	伸至柱顶
		增加角部附加筋长度为（300mm+300mm）
“柱包梁”	柱外侧钢筋 65%弯入梁内构造	自梁底开始 1. 构造长 1 取 $1.5l_{abE}$ 2. 当外侧钢筋配筋率>1.2%时，构造长 2：当 $1.5l_{abE}$ 超过柱内侧时，50%钢筋取 $1.5l_{abE}$，另 50%钢筋取 $1.5l_{abE}+20d$；当 $1.5l_{abE}$ 未超过柱内侧时，构造长 3：50%钢筋取 max（$1.5l_{abE}$，梁高−保护层厚度+$15d$），另 50%钢筋再加 $20d$
	其余外侧钢筋第一层弯入柱	构造长=梁高−保护层厚度+柱宽−2×保护层厚度+$8d$
	其余外侧第二层弯入柱	构造长=梁高−保护层厚度+柱宽−2×保护层厚度
	角部附加筋	300mm+300mm

柱外侧纵向钢筋长度（低位）= 顶层层高−顶层非连接区长度−梁高+节点构造长度

柱外侧纵向钢筋长度（高位）= 顶层层高−顶层非连接区长度−错开长度 −梁高+节点构造长度

【例 2-5】 按“柱包梁”的节点构造来计算【例 2-1】中 KZ1 为边柱时的节点构造长度。

解：边柱 KZ1 纵向钢筋 12 根，其中外侧钢筋 4 根，内侧钢筋 8 根。内侧钢筋计算同中柱。外侧钢筋计算见表 2-13。

表 2-13　边柱 KZ1 第 3 层柱节点构造长度计算过程

序号	计算步骤	计算过程	备注
①	计算 $1.5l_{abE}$	$1.5l_{abE}=1.5\times40d=1.5\times40\times25\text{mm}=1500\text{mm}$	
②	计算配筋率	$\frac{(\pi D^2/4)\times4}{600\times600}=\frac{3.14\times25\times25}{600\times600}=0.55\%<1.2\%$	一批截断
③	计算 $1.5l_{abE}$ 截断位置	梁高−保护层厚度+柱宽−保护层厚度 =（600+600−20−20）mm =1160mm<1500mm	$1.5l_{abE}$ 超过柱内侧
④	柱外侧钢筋 65%	按构造长 1 计算 构造长 1=$1.5l_{abE}$=1500mm	3 根
⑤	柱外侧钢筋 35%	构造长=梁高−保护层厚度+柱宽−2×保护层厚度+$8d$ 构造长=梁高−保护层厚度+柱宽−2×保护层厚度+$8d$ =（600+600−20−2×20+8×25）mm =1340mm	1 根
⑥	柱内侧钢筋节点构造	同中柱 （600−20+12×25）mm=880mm	8 根
⑦	角部附加筋	（300+300）mm=600mm	5 根

2.3.2 柱箍筋计算

1. 箍筋根数

（1）构造依据　抗震框架柱箍筋加密区分布范围构造参见平法图集“地下室 KZ 的箍筋加密区范围”“KZ 箍筋加密区范围”“柱纵向钢筋在基础中的构造”及图 2-30。依据图集构造要求，结合 2.2.3 节的相关构造说明，抗震框架柱箍筋加密区分布范围见表 2-14。

表 2-14　抗震框架柱箍筋加密区分布范围

部 位	是否嵌固部位	加密区范围
每层柱的下部	嵌固部位的非连接区	$\geqslant H_n/3$
	非嵌固部位的非连接区	$\geqslant H_n/6$，$\geqslant h_c$，$\geqslant$500mm
	搭接连接部位	$2.3l_{lE}$
每层柱的上部	梁高范围	h_b
	非嵌固部位的非连接区	$\geqslant H_n/6$，$\geqslant h_c$，500mm
搭接连接部位		$2.3l_{lE}$
$H_n/h_c \leqslant 4$	柱全高加密	
基础内柱箍筋	见表 2-3	

注：每层柱的中部一般为非加密区范围。

（2）箍筋根数计算　柱身箍筋离开基础和楼面 50mm 开始配置，基础内的柱箍筋离开基础 100mm 开始配置。柱身箍筋根数计算公式：

基础内箍筋根数＝⌈（基础厚度－基础保护层厚度－100）/间距⌉（⌈⌉为向上取整符号）

柱身箍筋每层根数＝⌈（下加密区－50）/加密间距+1⌉+⌈搭接加密区/搭接加密间距⌉+⌈上加密区/加密间距+1⌉+⌈中间非加密区/非加密间距－1⌉

中间非加密区长度＝本层柱高－下加密区长度－上加密区长度

【例 2-6】　计算【例 2-1】中 KZ1 箍筋根数。

解：KZ1 箍筋根数计算见表 2-15。

表 2-15　KZ1 箍筋根数计算过程

楼层号	层高/mm	梁高/mm	H_n/mm	下部非连接区/mm	上部非连接区/mm	中部非加密区/mm	箍筋根数
3层	3600	600	3000	600	600	1800	28
2层	4200	600	3600	600	600	2400	31
1层	5300	700	4600	$H_n/3=1534$	767	2299	42
基础内	800						2

表中，非连接区的取值为 max（$H_n/6$，h_c，500mm）。

基础内箍筋根数=⌈(800−100)/500⌉=2

第 1 层箍筋根数=⌈(1534−50)/100+(767+700−50)/100+2299/200+1⌉=42

第 2 层箍筋根数=⌈(600−50)/100+(600+600−50)/100+2400/200+1⌉=31

第 3 层箍筋根数=⌈(600−50)/100+(600+600−50)/100+1800/200+1⌉=28

KZ1 箍筋加密区分布如图 2-33 所示。

本例中，KZ1 箍筋在基础内有 2 根，为矩形非复合箍筋。基础以上共计 101 根（42+31+28=101），均为 4×4 矩形复合箍筋。

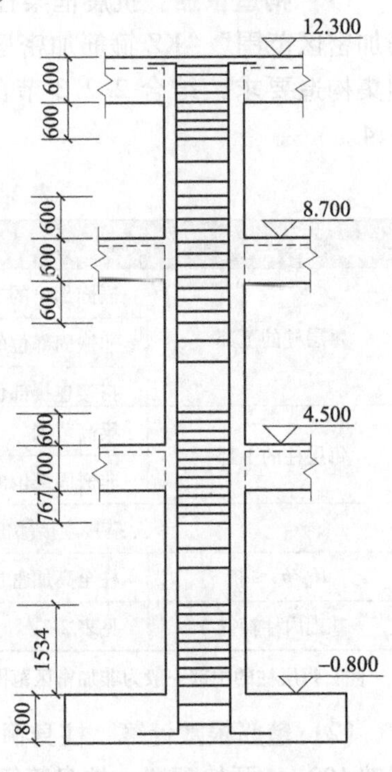

图 2-33　KZ1 箍筋加密区分布

2. 箍筋长度

柱箍筋一般为复合箍筋，矩形箍筋复合方式参见平法图集。下面以 4×4 矩形复合箍筋为例讲解柱箍筋长度计算。

4×4 矩形复合箍筋（图 2-34）由三个箍筋复合而成，分别为外大矩形箍、横向小矩形箍和竖向小矩形箍，箍筋长度算至箍筋外边线，箍住均匀布置的纵向钢筋，柱箍筋计算公式如下：

$$外大箍筋长度 = 2(b + h) - 8c + 2 \times [1.9d + \max(10d, 75\text{mm})]$$

$$横向小矩形箍筋长度 = 2(b - 2c) + [(h - 2c - 2d - D)/(h边纵向钢筋根数 - 1) \times 间距数 + D + 2d] \times 2 + 2 \times [1.9d + \max(10d, 75\text{mm})]$$

$$竖向小矩形箍筋长度 = 2(h - 2c) + [(b - 2c - 2d - D)/(b边纵向钢筋根数 - 1) \times 间距数 + D + d] \times 2 + 2 \times [1.9d + \max(10d, 75\text{mm})]$$

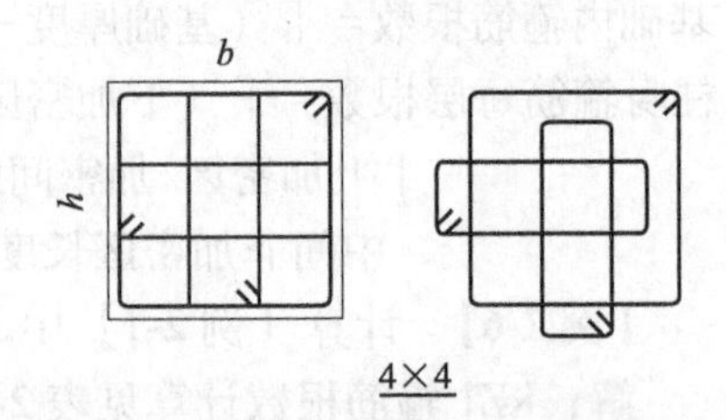

图 2-34　4×4 矩形复合箍筋

其中，D 为纵向钢筋直径，d 为箍筋直径，c 为柱保护层厚度。

【例 2-7】　计算【例 2-1】中 KZ1 箍筋长度。

解：KZ1 箍筋计算参数见表 2-16。

表 2-16　KZ1 箍筋计算参数

抗震等级	柱、梁保护层厚度/mm	柱截面尺寸/mm	箍筋直径/mm	纵向钢筋直径/mm
一级	20	600×600	8	25

$$\begin{aligned}外大矩形箍筋长度 &= 箍筋周长 + 2 \times 弯钩长度 \\ &= [2 \times (600 + 600) - 8 \times 20 + 2 \times 11.9 \times 8]\text{mm} \\ &= 2430\text{mm}\end{aligned}$$

$$横向小矩形箍筋长度 = 2 \times (600 - 2 \times 20)\text{mm} + 2 \times [(600 - 2 \times 20 - 2 \times 8 - 25)/(4 - 1) \times 1 + 25 + 2 \times 8]\text{mm} + 2 \times 11.9 \times 8\text{mm} = 1738.4\text{mm}$$

竖向小矩形箍筋长度 = 横向小矩形箍筋长度 = 1738.4mm

单个复合箍筋总长度 = (2430.4 + 1738.4 × 2)mm = 5907.2mm

KZ1 箍筋总长度 = (5.9072 × 102 + 2.43 × 2)m = 607m

KZ1 箍筋总质量 = 607 × 0.395kg = 240kg

2.4 本章小结

1）柱平法施工图是柱在结构平面布置图上采取截面注写方式或列表注写方式表达柱结构设计内容的方法。其设计内容主要包括柱平面布置图、柱编号规定、截面注写方式或列表注写方式、特殊设计内容的表达。

2）柱结构平面布置图一般采用双比例绘制，双比例是指轴网采用一种比例，柱截面轮廓在原位采用另一种比例适当放大绘制的方法。

3）柱截面注写方式，是在相同编号的柱中选择一根柱，将其在原位放大绘制“截面配筋图”，并在其上直接引注几何尺寸和配筋，对于其他相同编号的柱仅需标注编号和偏心尺寸。采用截面注写方式，在柱截面配筋图上直接引注的内容有柱编号、柱高（分段起止高度）、截面尺寸、纵向钢筋和箍筋。截面注写方式适用于各种结构类型。

4）柱列表注写方式需要在按适当比例绘制的柱结构平面布置图上增设柱表，柱表中要注写的内容与截面注写方式相同。在柱表上部或表中适当位置，还应绘制本设计所采用的柱截面的箍筋类型。它需要分别在同一编号的柱中选择一个（有时需要选择几个）标注几何参数代号 b_1 与 b_2、h_1 与 h_2。采用列表注写方式，单项工程的柱平法施工图通常仅需一张图样即可将柱平面布置图上的所有柱（从基础顶到柱顶）的设计内容表达清楚。列表注写方式适用于各种柱结构类型。

5）平法将节点的构造详图以具体成果的方式编入了标准图集中，供设计施工人员选用，在选用之前，应掌握节点的构造要素和节点钢筋的通用构造规则。平法根据本体构件和关联构件的宽度大小，把节点划分为 A、B、C 三类。

6）柱插筋与独立基础的锚固构造分非抗震和抗震两种，本书分别介绍了独立基础允许竖向锚固深度不小于 l_{aE} 时的抗震柱插筋锚固构造，独立基础容许竖向锚固深度小于 l_{aE} 时的抗震柱插筋锚固构造。

7）框架柱纵向钢筋连接方式有绑扎搭接、机械连接和焊接连接等方式，按抗震和非抗震分别满足不同的构造要求。

8）框架柱箍筋复合方式及箍筋加密区段按抗震和非抗震分别满足不同的构造要求。

9）框架柱柱身纵向钢筋按节点所处位置分别满足不同的构造要求。

10）柱钢筋算量包括纵向钢筋和箍筋的长度、根数及质量的计算。柱纵向钢筋的长度可分解为柱基础插筋、底层柱纵向钢筋、中间层柱纵向钢筋和顶层柱纵向钢筋来计算。箍筋主要计算单个箍筋长度和箍筋根数。柱钢筋算量的重点在于对相关钢筋构造的正确理解。

拓展动画视频

框架柱钢筋绑扎

思考题

2-1　何谓柱平法施工图？

2-2　如何绘制柱平法施工图？

2-3　柱平法施工图上有哪些必备内容？

2-4　如何对柱进行编号？

2-5　截面注写方式在柱配筋图上直接引注的内容有哪些？

2-6　列表注写方式包括哪些内容？与截面注写方式有何异同？

2-7　请分别用截面注写方式和列表注写方式对图 2-35 所示柱进行平法施工图表示。

2-8　何谓本体构件？何谓关联构件？

2-9　何谓 A 类节点？何谓 B 类节点？何谓 C 类节点？其节点纵横向钢筋应如何构造？

2-10　抗震框架柱插筋与独立基础锚固构造如何？

2-11　抗震框架柱顶层端节点如何构造？

2-12　抗震框架柱顶层中间节点如何构造？

2-13　抗震框架柱楼层节点如何构造？

2-14　抗震框架柱纵向钢筋连接如何构造？

2-15　抗震框架柱箍筋如何构造？

2-16　如图 2-36 所示，KZ3 混凝土强度等级为 C30，三级抗震，基础保护层厚度为 40mm，钢筋电渣压力焊。计算 1~3 层柱净高、低位基础插筋长度和高位基础插筋长度。

2-17　已知梁、柱保护层厚度为 20mm，基础保护层厚度 40mm，筏板基础混凝土强度等级为 C30，抗震等级为二级，嵌固部位为地下室底板，计算图 2-37 所示截面 KZ1 的纵向钢筋及箍筋长度和根数。

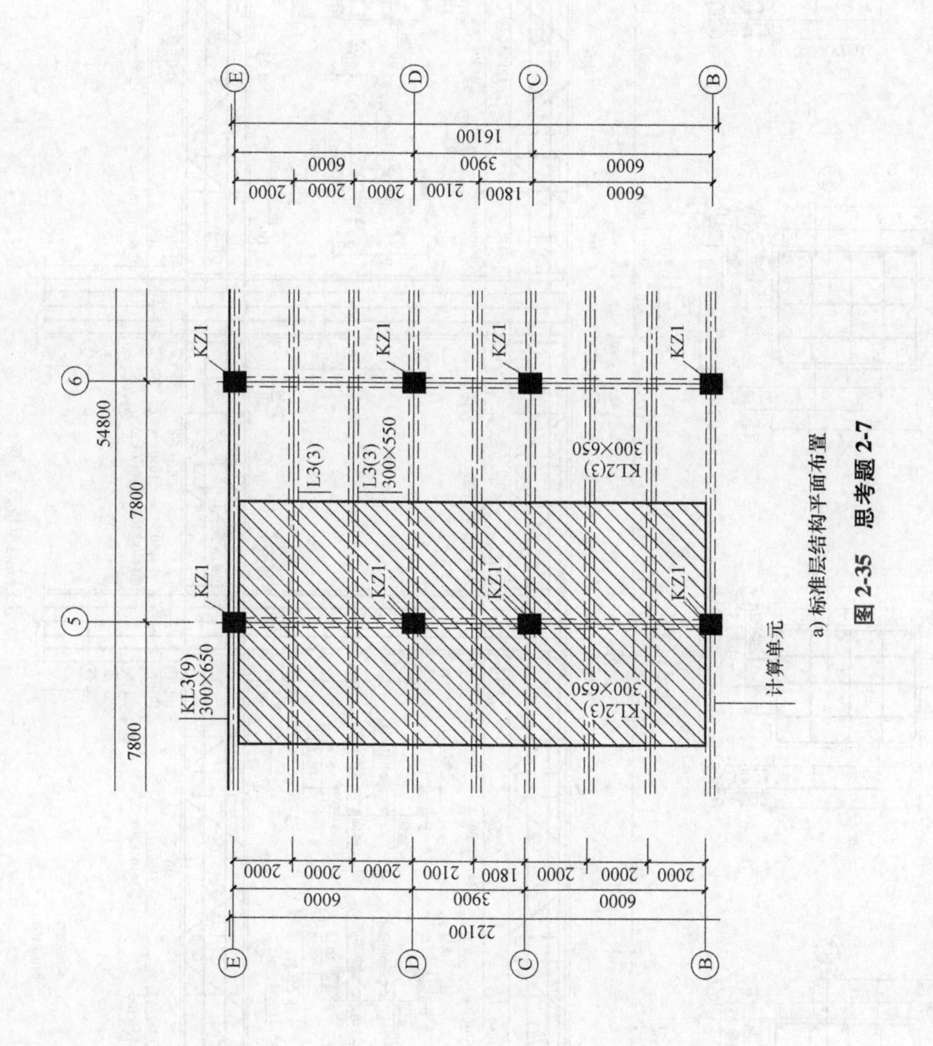

a) 标准层结构平面布置

图 2-35　思考题 2-7

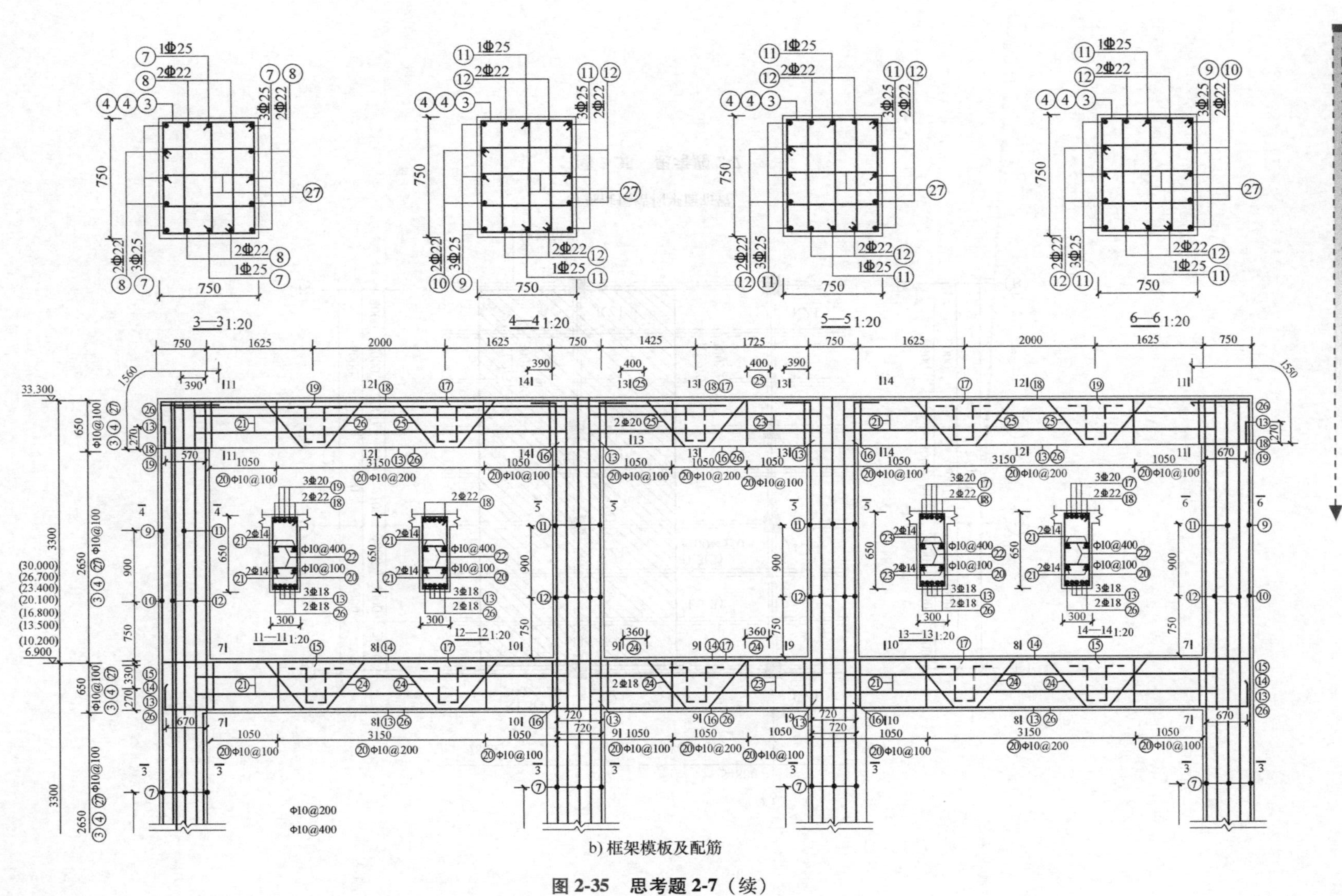

b) 框架模板及配筋

图 2-35 思考题 2-7（续）

层号	顶标高/m	层高/m	梁高/mm
3	12.0	3.6	600
2	8.4	4.2	600
1	4.2	4.2	600
独立基础	−1.0	基础厚度：800mm	

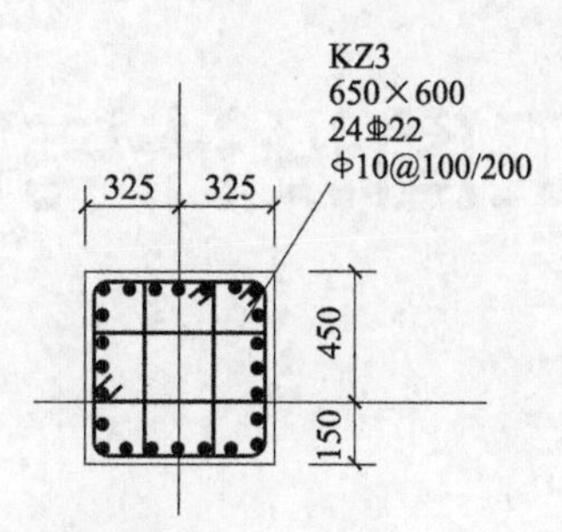

图 2-36 **KZ3** 平法施工图

层号	顶标高/m	层高/m	梁高/mm
3	9.600	3.200	600
2	6.400	3.200	600
1	3.200	3.200	600
−1	±0.000	4.200	600
筏板基础	−4.200	基础厚度：700mm	

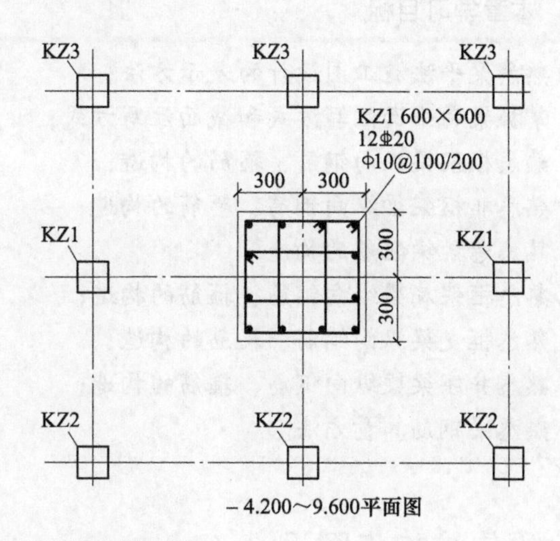

图 2-37 **KZ1** 平法施工图

梁施工图设计与钢筋算量 第3章

本章学习目标

熟悉梁平法施工图设计的表示方法；
掌握梁的平面注写方式和截面注写方式；
熟悉框架梁纵向钢筋、箍筋的构造；
熟悉非框架梁纵向钢筋、箍筋的构造；
熟悉悬挑梁配筋的构造；
熟悉框架扁梁纵向钢筋、箍筋的构造；
熟悉框支梁纵向钢筋、箍筋的构造；
熟悉井字梁梁纵向钢筋、箍筋的构造；
熟悉梁钢筋算量方法。

3.1 梁传统施工图设计

按传统的结构制图方法，对梁的结构施工图，我们往往采用的是通过绘制结构平面布置图、构件详图一起来详细表达梁的相关信息。

如图 3-1 所示，梁配筋图的立面图、截面图和钢筋详图，省略了结构平面布置图及材料用料表等，主要表示构件内部的钢筋配置、形状数量和规格。由于梁中钢筋的构造都要通过图来具体表达，制图工作烦琐、复杂、量多、强度大。

梁平法施工图采取在梁结构平面布置图上用平面注写方式或截面注写方式直接表达梁结构设计内容，如图 3-2 所示。省去了绘制立面图、截面图和钢筋详图的工作，而把梁节点的构造及锚固构造详图以标准图集的形式绘制成册，供设计、施工及相关技术人员直接查用。

显然平法较传统表示方法更为简捷、便利和经济。

3.2 梁平法施工图设计

3.2.1 梁平面布置图

梁平面布置图应分别按不同结构层（标准层）绘制，将全部梁连同与其相关的柱、墙、板一起采用适当的比例绘制。可以采用平面注写方式或截面注写方式，直接在梁平面布置图上表达梁的设计信息，一个梁标准层的全部设计内容可在一张图上全部表达清楚。实际应用

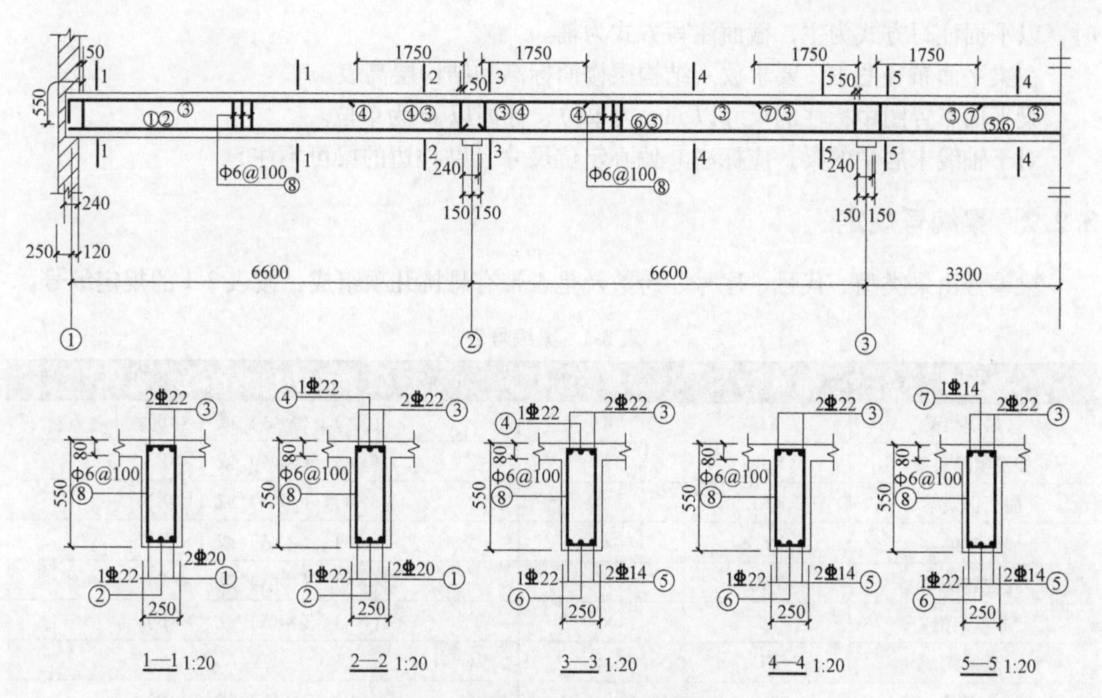

图 3-1　传统方法表示梁的配筋图

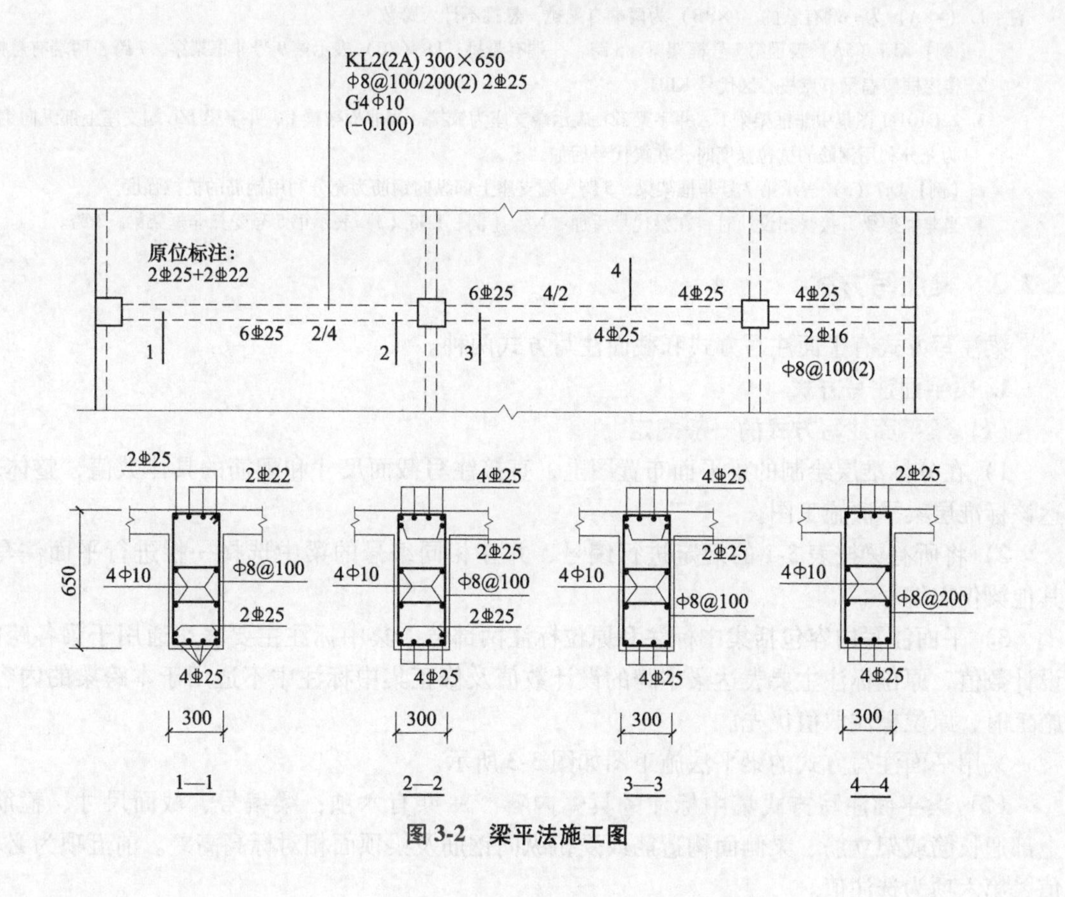

图 3-2　梁平法施工图

时，以平面注写方式为主，截面注写方式为辅。

在梁平面布置图中，要求放入结构层楼面标高和结构层高表。

梁平面布置图中标注的尺寸以 mm 为单位，标高以 m 为单位。

对于轴线未居中的梁，应标注其偏心定位尺寸（贴柱边的梁可不注）。

3.2.2 梁编号规定

梁编号由梁类型、代号、序号、跨数及是否带有悬挑几项组成，按表 3-1 的规定编号。

表 3-1 梁编号表

梁类型	代号	序号	跨数及是否带有悬挑
楼层框架梁	KL	××	(××)、(××A) 或 (××B)
楼层框架扁梁	KBL	××	(××)、(××A) 或 (××B)
屋面框架梁	WKL	××	(××)、(××A) 或 (××B)
框支梁	KZL	××	(××)、(××A) 或 (××B)
托柱转换梁	TZL	××	(××)、(××A) 或 (××B)
非框架梁	L	××	(××)、(××A) 或 (××B)
悬挑梁	XL	××	
井字梁	JZL	××	(××)、(××A) 或 (××B)

注：1. (××A) 为一端有悬挑，(××B) 为两端有悬挑，悬挑不计入跨数。

【例】KL7（5A）表示第 7 号框架梁，5 跨，一端有悬挑；L9（7B）表示第 9 号非框架梁，7 跨，两端有悬挑。

2. 楼层框架扁梁节点核心区代号 KBH。

3. 22G101-1 图集中非框架梁 L、井字梁 JZL 表示端支座为铰接。当非框架梁 L、井字梁 JZL 端支座上部纵向钢筋为充分利用钢筋的抗拉强度时，在梁代号后加“g”。

【例】Lg7（5）表示第 7 号非框架梁，5 跨，端支座上部纵向钢筋为充分利用钢筋的抗拉强度。

4. 当非框架梁 L 接受扭设计时，在梁代号后加“N”。[例] LN5（3）表示第 5 号受扭非框架梁，3 跨。

3.2.3 梁注写方式

梁注写方式有平面注写方式和截面注写方式两种。

1. 梁平面注写方式

(1) 梁平面注写方式的一般规定

1) 在分标准层绘制的梁平面布置图上，直接注写截面尺寸和配筋的具体数值，整体表达该标准层梁平法施工图。

2) 将所有梁按表 3-1 的规定进行编号，并在相同编号的梁中选择一根进行平面注写，其他梁仅需编号。

3) 平面注写内容包括集中标注和原位标注两部分。集中标注主要表达通用于梁各跨的设计数值，原位标注主要表达梁本跨的设计数值及修正集中标注中不适用于本跨梁的内容。施工时，原位标注取值优先。

采用平面注写方式的梁平法施工图如图 3-3 所示。

(2) 梁平面注写方式集中标注的具体内容 一共有六项：梁编号、截面尺寸、箍筋、上部通长筋或架立筋、梁侧面构造筋或受扭纵向钢筋及梁顶面相对标高高差。前五项为必注值，第六项为选注值。

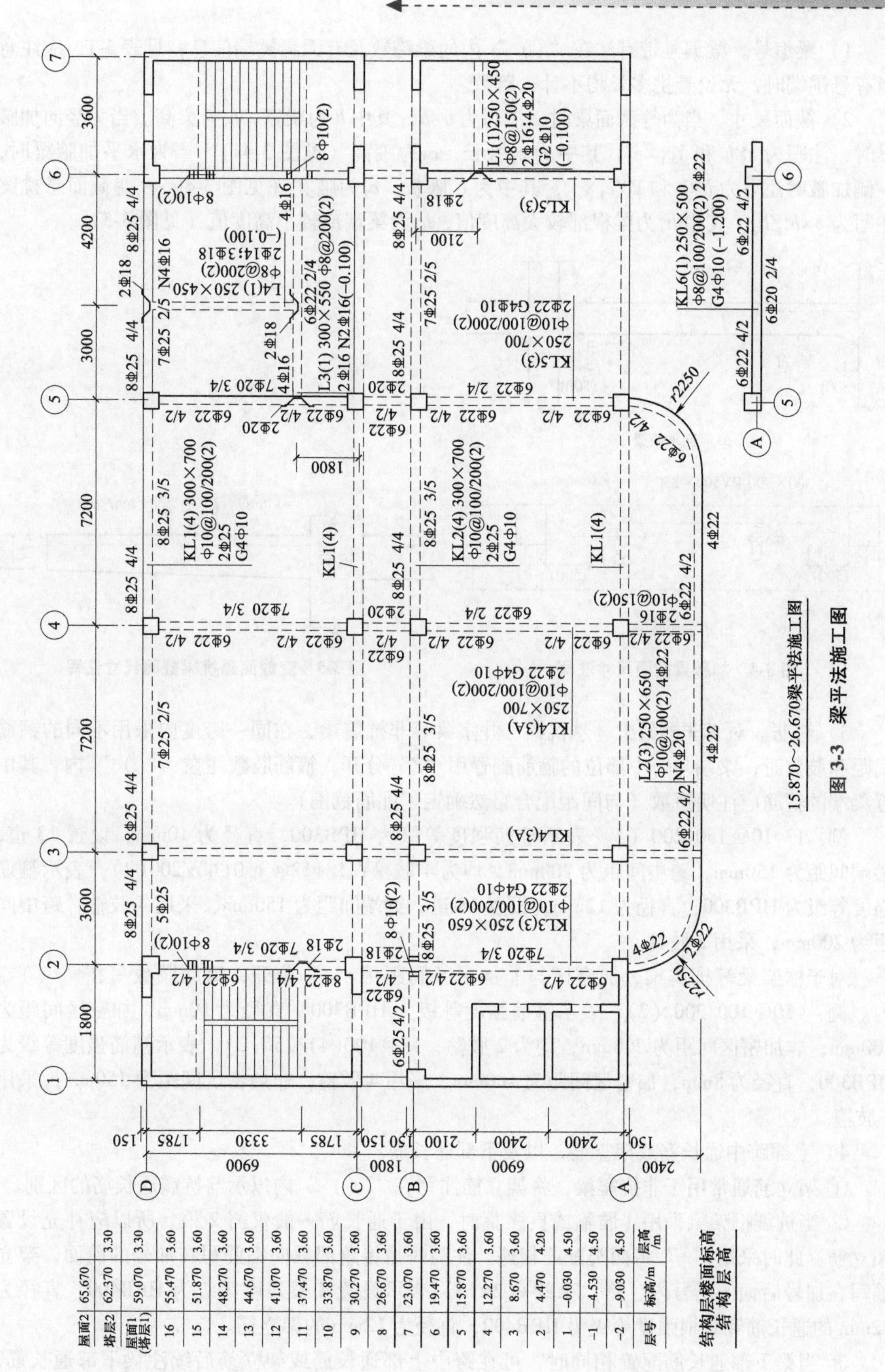

层号	标高/m	层高/m
屋面2	65.670	
塔层2	62.370	3.30
屋面1(塔层1)	59.070	3.30
16	55.470	3.60
15	51.870	3.60
14	48.270	3.60
13	44.670	3.60
12	41.070	3.60
11	37.470	3.60
10	33.870	3.60
9	30.270	3.60
8	26.670	3.60
7	23.070	3.60
6	19.470	3.60
5	15.870	3.60
4	12.270	3.60
3	8.670	3.60
2	4.470	4.20
1	−0.030	4.50
−1	−4.530	4.50
−2	−9.030	4.50

结构层楼面标高
结构层高

15.870～26.670梁平法施工图

图3-3 梁平法施工图

1）梁编号。梁编号带有注在“（）”内的梁跨数及有无悬挑端信息，见表3-1。应注意当有悬挑端时，无论悬挑多长均不计入跨数。

2）截面尺寸。当为等截面梁时，注写为$b \times h$，其中b为梁宽，h为梁高。当为竖向加腋梁时，注写为$b \times h$和$Yc_1 \times c_2$，其中为c_1腋长，c_2为腋高（见图3-4a）。当为水平加腋梁时，一侧加腋时注写为$b \times h$和$PYc_1 \times c_2$，其中为c_1腋长，c_2为腋宽（见图3-4b）。变截面悬挑梁注写为$b \times h_1/h_2$，其中h_1为梁根部较大高度值，h_2为梁端部较小高度值（见图3-5）。

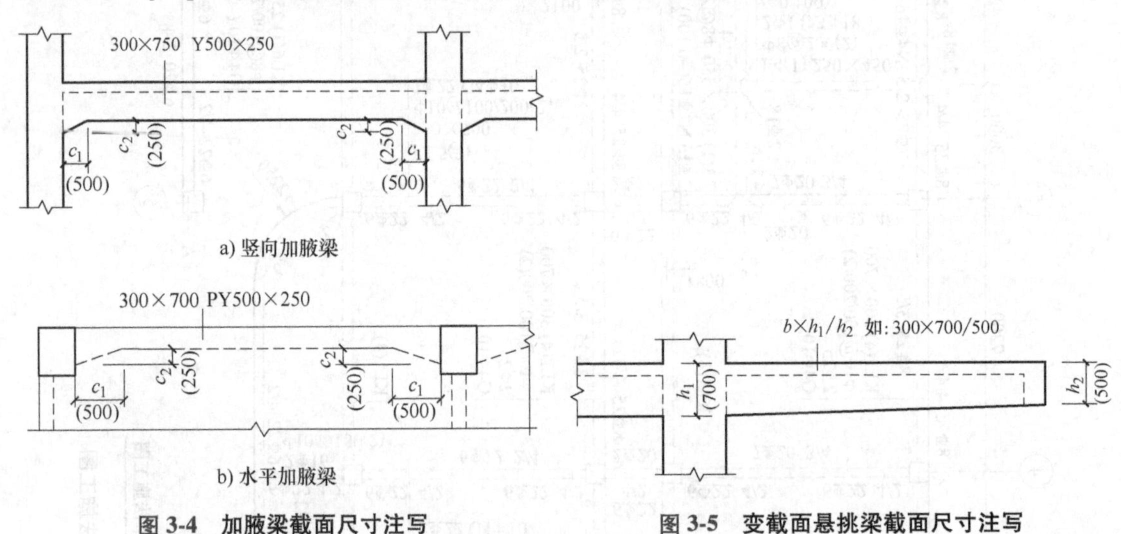

图3-4 加腋梁截面尺寸注写　　图3-5 变截面悬挑梁截面尺寸注写

3）箍筋。对于非框架梁、悬挑梁、井字梁等非抗震梁，在同一跨度内采用不同的箍筋间距和肢数时，梁端与跨中部位的箍筋配置用“/”分开，箍筋肢数注在“（）”内，其中近梁端的箍筋应注明道数（与间距配合自然确定了配筋范围）。

例：13Φ10@150/200（4）表示箍筋强度等级为HPB300，直径为10mm，设置13道，梁端间距为150mm，跨中间距为200mm，均为4肢箍；18Φ12@150(4)/200(2)，表示箍筋强度等级为HPB300，直径为12mm，设置18道，梁端间距为150mm，采用4肢箍，跨中间距为200mm，采用2肢箍。

对于框架梁等抗震梁，加密区与非加密区间距用“/”分开，箍筋肢数写在“（）”内。例：Φ10@100/200（2），表示箍筋强度等级为HPB300，直径为10mm，加密区间距为100mm，非加密区间距为200mm，均为2肢箍；Φ8@100(4)/150(2)，表示箍筋强度等级为HPB300，直径为8mm，加密区间距为100mm，采用4肢箍；非加密区间距为150mm，采用2肢箍。

4）上部跨中通长筋或架立筋，以及下部通长筋。

① 架立筋通常用于非抗震梁，将架立筋注写在“（）”内以示与抗震通长筋的区别。

② 当抗震框架梁采用4肢箍或更多箍时，由于通长筋一般仅需2根，所以应补充设置架立筋，此时采用“+”将两类配筋相连。注写时需将角部纵向钢筋写在加号的前面，架立筋写在加号后面的括号内。例：2Φ22+（2Φ12）表示设置2根强度等级为HRB400，直径为22mm的通长筋和2根强度等级为HRB400，直径为12mm的架立筋。

③ 当梁下部通长筋配置相同时，可在跨中上部通长筋或架立筋后续注梁下部通长筋，

前后用“;”隔开。对于少数跨下部通长筋与集中注写不一致者，在原位标注梁下部通长筋。

5）侧面构造筋或受扭纵向钢筋。

① 梁侧面构造筋以G开头，梁侧面受扭纵向钢筋以N开头，注写两个侧面的总配筋值，且对称配置。

② 当梁腹板的高度 $h_w \geqslant 450$mm 时，梁侧面需配置构造钢筋，所注规格与总数应符合相应规定。

③ 当梁侧面配置受扭纵向钢筋时，应同时满足梁侧面纵向构造钢筋的间距要求，且不再重复配置纵向构造钢筋。例：N6⌀22 表示共配置6根强度等级为HRB400，直径为22mm的受扭纵向钢筋，梁每侧配置3根。

6）顶面相对标高高差（选注值）。梁顶面标高高差为相对于结构层楼面标高的高差值，将其注写在“（）”内。有高差时，需将其写入括号内，无高差时不注。当梁顶面高于所在结构层的楼面标高时，高差为正值，反之为负值。

（3）平面注写方式原位标注法 平面注写方式原位标注法的内容包括四项：梁支座上部纵向钢筋、梁下部纵向钢筋、修正集中标注中某项或某几项不适用于本跨的内容、附加箍筋或吊筋。

1）梁支座上部纵向钢筋。

① 当梁支座上部纵向钢筋多于一排时，用“/”将各排纵向钢筋自上而下分开。例：6⌀22 4/2 表示上一排为4根强度等级为HRB400，直径为22mm的纵向钢筋，下一排为2根同样的纵向钢筋。

② 当同一排有两种直径时，用“+”将两种直径的纵向钢筋相连，并将角筋注写在前面。例：2⌀25+2⌀22 表示角筋为2根强度等级为HRB400，直径为25mm的纵向钢筋，2根强度等级为HRB400，直径为22mm的纵向钢筋放在同一排的中间。

③ 当梁支座两边的上部纵向钢筋不同时，须在支座两边分别标注；相同时可仅在一边支座标注。

2）梁下部钢筋。

① 当梁支座下部纵向钢筋多于一排时，用“/”将各排纵向钢筋自上而下分开。例：6⌀22 2/4 表示上一排为2根强度等级为HRB400，直径为22mm的纵向钢筋，下一排为4根同样的纵向钢筋，全部伸入支座。

② 当同一排有两种直径时，用“+”将两种直径的纵向钢筋相连，并将角筋注写在前面。例：2⌀25+2⌀22，表示角筋为2根强度等级为HRB400，直径为25mm的纵向钢筋，2根强度等级为HRB400，直径为22mm的纵向钢筋放在同一排的中间。

③ 当梁下部纵向钢筋不全部深入支座时，将减少的数量写在括号内。例：6⌀22（-2）/4表示上排为2根强度等级为HRB400，直径为22mm的纵向钢筋，均不伸入支座，下一排为4根同样的纵向钢筋，全部伸入支座。

④ 当在梁的集中标注中已在梁支座上部纵向钢筋之后注明下部通长筋值时，不需在梁下部重复做原位标注。

⑤ 当梁设置竖向加腋时，加腋部位下部斜纵向钢筋应在支座下部以 Y 打头注写在括号内（见图3-6a），当梁设置水平加腋时，加腋部位上、下部斜纵向钢筋应在支座上部以 Y 打

头注写在括号内，上、下部斜纵向钢筋之间用“/”分隔（见图 3-6b）。

3）修正集中标注中某项或某几项不适用于本跨的内容。

① 当在集中标注中的梁截面尺寸、箍筋、上部通长筋或架立筋、两侧钢筋等与本跨不适时，用原位标注在本跨标注。

② 当在多跨梁的集中标注中已注明加腋，而该梁某跨的根部却不需要加腋时，应在该跨原位标注等截面的 $b×h$，以修正集中标注中的加腋信息（见图 3-6a）。

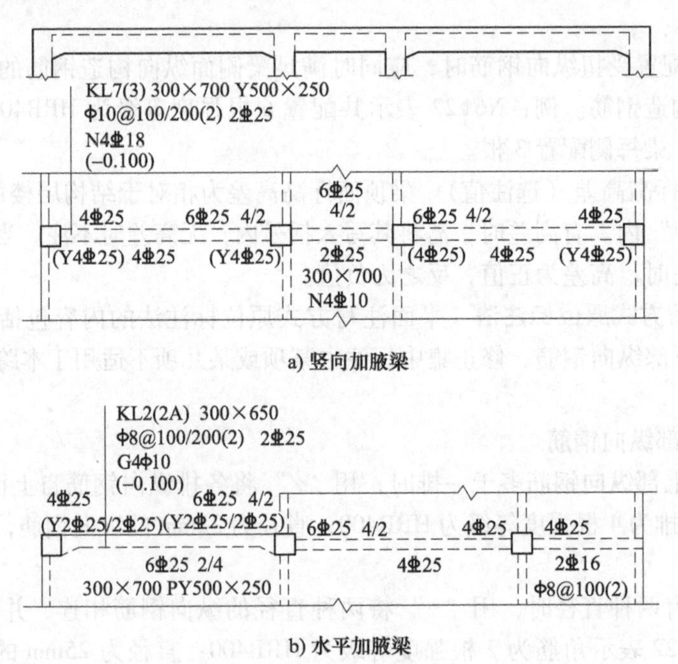

图 3-6 梁竖向加腋及水平加腋平面注写方式表达示例

4）附加箍筋或吊筋。在主次梁相交处，直接将附加箍筋或吊筋在平面图中的主梁上用引出线引注总配筋值（附加箍筋的肢数注在括号内）。当多数附加箍筋或吊筋相同时，可在梁平法施工图上统一说明，少数与统一注明值不同时，在原位引注（见图 3-3）。

5）代号为 L 的非框架梁，当某一端支座上部纵筋为充分利用钢筋的抗拉强度时；对于一端与框架柱相连、另一端与梁相连的梁（代号为 KL），当其与梁相连的支座上部纵筋为充分利用钢筋的抗拉强度时，在梁平面布置图上原位标注，以符号“g”表示。

（4）框架扁梁的平面注写方式

1）框架扁梁的注写规则与框架梁相同，对于上部和下部纵向钢筋，需注明未穿过柱截面的纵向受力钢筋根数（见图 3-7）。例：10Φ25（4）表示框架扁梁有 4 根强度等级为 HRB400，直径为 25mm 的纵向受力钢筋未穿过柱截面，柱两侧各 2 根，施工时应注意采用相应的构造做法。

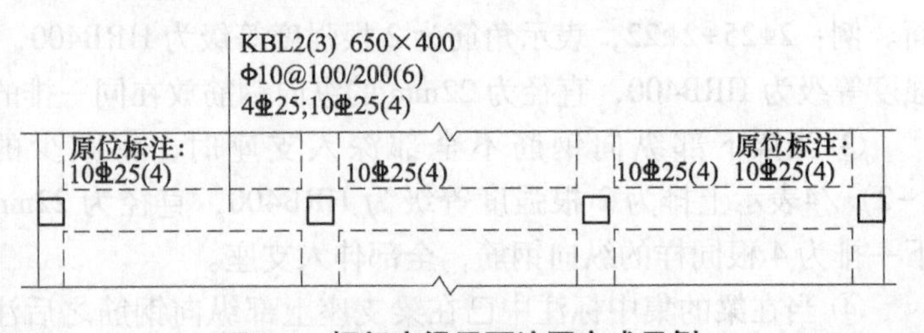

图 3-7 框架扁梁平面注写方式示例

2）框架扁梁节点核心区代号为KBH，包括柱内核心区和柱外核心区两部分。框架扁梁节点核心区钢筋注写包括柱外核心区竖向拉筋及节点核心区附加纵向钢筋，端支座节点核心区还应注写附加U形箍筋。柱内核心区的箍筋与框架柱相同。柱外核心区竖向拉筋，需注写钢筋级别与直径。端支座柱外核心区的附加U形箍筋需注写钢筋级别、直径及根数。框架扁梁节点核心区附加纵向钢筋以字母F打头，注写其设置方向（x向或y向）、层数、每层钢筋根数、钢筋级别、直径及未穿过柱截面的纵向受力钢筋根数（见图3-8）。

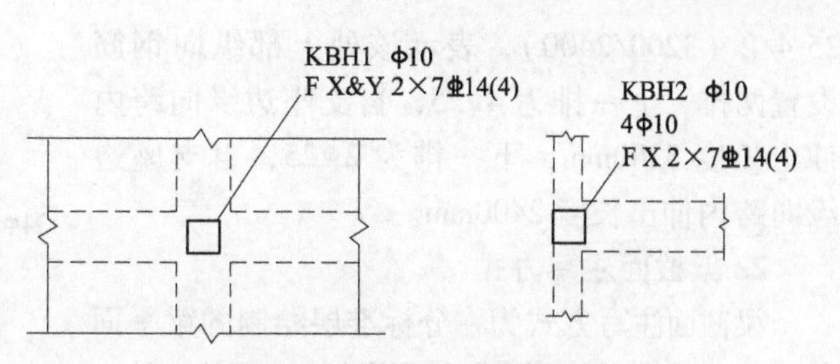

图3-8　框架扁梁节点核心区附加钢筋注写示例

（5）井字梁的注写方式　井字梁通常由非框架梁构成，并以框架梁为支座（特殊情况下以专门设置的非框架大梁为支座）。为明确区分井字梁与作为井字梁支座的梁，井字梁用单粗虚线表示（当井字梁梁顶高出板面时可以用粗实线表示），作为井字梁支座的梁用双细虚线表示（当支座梁梁顶高出板面时可以用细实线表示）。

22G101-1图集所规定的井字梁指在同一矩形平面内相互正交所组成的结构构件，井字梁所分布范围称为矩形平面网格区域（简称网格区域）。当结构平面布置中仅有一片网格区域时，所有在该区域的相互正交的井字梁均为单跨；当有多片网格区域相连时，贯通多片网格区域的井字梁为多跨，且相邻两片网格区域分界处为该井字梁的中间支座。对井字梁编号时，井字梁跨数为其总支座数减1。

井字梁的端部支座和中间支座上部纵向钢筋的伸出长度a_0由设计师在原位加注具体数值予以说明。当采用平法注写时，在原位标注的支座上部纵向钢筋后面括号内加注具体伸出长度（见图3-9）。当采用截面注写时，在梁端截面配筋图上注写的上部纵向钢筋后面括号内加注具体伸出长度（见图3-10）。

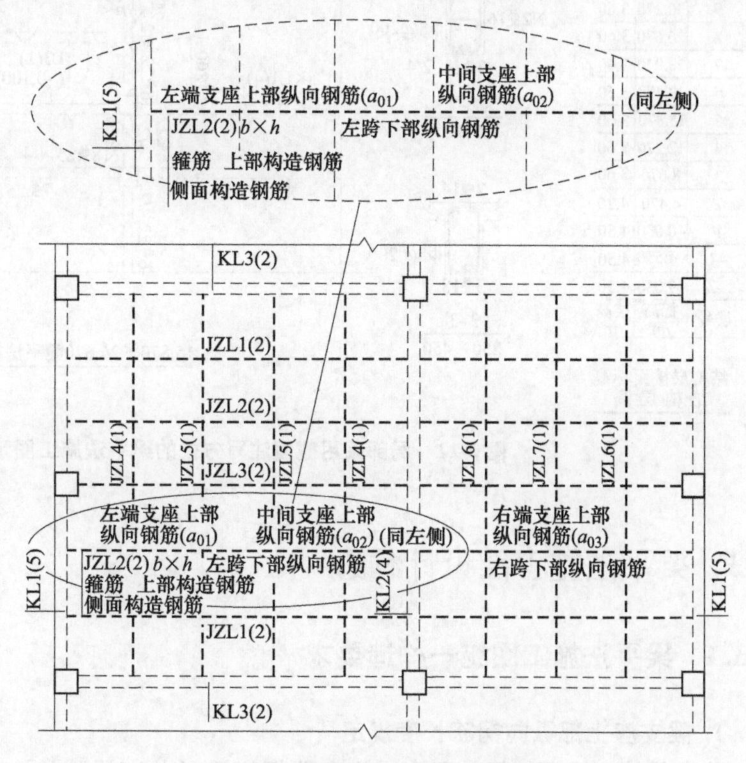

图3-9　井字梁平面注写方式示例

例：贯通两片网格区域采用平面注写方式的某井字梁，中间支座上部纵向钢筋注写为6⌀

25 4/2（3200/2400），表示该处上部纵向钢筋设置两排，上一排为4Φ25，自支座边缘向跨内伸出长度3200mm，下一排为2Φ25，自支座边缘向跨内伸出长度2400mm。

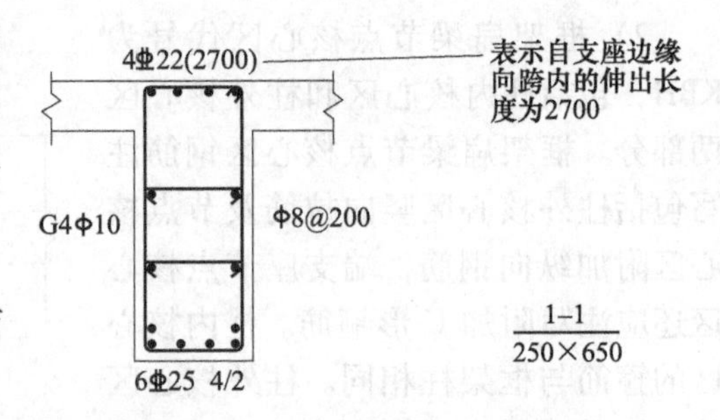

图 3-10 井字梁截面注写方式示例

2. 梁截面注写方式

梁截面注写方式为在分标准层绘制的梁平面布置图上用截面配筋图表达梁平法施工图的一种。

对标准层上所有的梁按表3-1的规定进行编号，并在相同编号的梁中选择一根梁用剖面号引出配筋图，在其上注写截面尺寸和配筋。截面注写方式既可单独使用，也可以与平面注写方式结合使用（见图3-11）。一个设计中梁的标注选择何种注写方式，由设计者自行选择。当表达异形截面梁的尺寸与配筋时，采用截面注写方式相对比较方便。

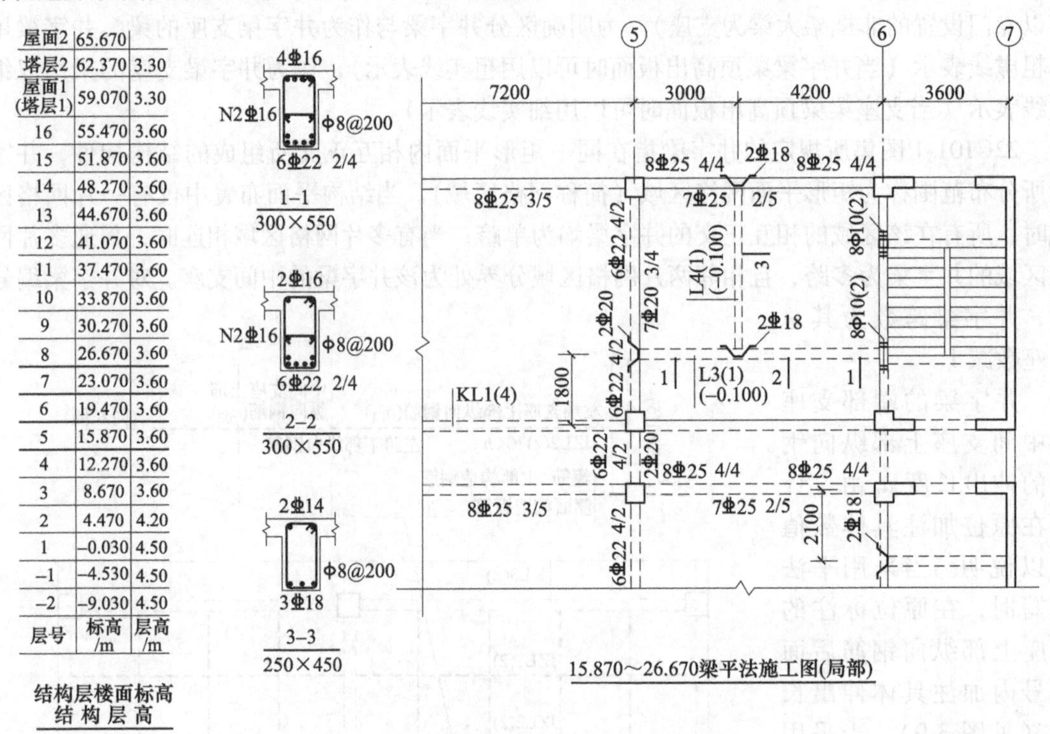

屋面2	65.670	
塔层2	62.370	3.30
屋面1(塔层1)	59.070	3.30
16	55.470	3.60
15	51.870	3.60
14	48.270	3.60
13	44.670	3.60
12	41.070	3.60
11	37.470	3.60
10	33.870	3.60
9	30.270	3.60
8	26.670	3.60
7	23.070	3.60
6	19.470	3.60
5	15.870	3.60
4	12.270	3.60
3	8.670	3.60
2	4.470	4.20
1	−0.030	4.50
−1	−4.530	4.50
−2	−9.030	4.50
层号	标高/m	层高/m

结构层楼面标高
结构层高

图 3-11 局部采用截面注写方式的梁平法施工图示例

3.3 梁平法施工图设计构造

3.3.1 梁平法施工图统一构造要求

1. 梁支座上部纵向钢筋长度规定

为方便施工，框架梁的所有支座和非框架梁（井字梁除外）的中间支座上部纵向钢筋的伸出长度 a_0 在标准构造做法中统一取为第一排非通长筋及跨中直径不同的通长筋从柱（梁）边起伸出至 $l_n/3$ 位置，第二排非通长筋伸出至 $l_n/4$ 位置。l_n 的取值规定：对于端支座，l_n 为本跨的净跨值；对于中间支座，l_n 为支座两边较大一跨的净跨值。悬挑梁上部第一排纵向钢筋伸出至梁端头并下弯，第二排伸出至 $3l/4$ 位置，l 为自柱（梁）边算起的悬挑净长。

2. 不伸入支座的梁下部纵向钢筋长度规定

当梁（框支梁除外）下部纵向钢筋不全部伸入支座时，不伸入支座的梁下部纵向钢筋截断点距支座边的距离统一取 $0.1l_{ni}$（l_{ni} 为本跨梁的净跨值）。

3. 其他构造要求

非框架梁、井字梁的上部纵向钢筋在端支座的锚固要求：当设计按铰接时（代号 L、JZL），平直段伸至端支座对边后弯折，且平直段长度不小于 $0.35l_{ab}$，弯折段投影长度取 $12d$（d 为纵向钢筋直径）；当充分利用钢筋抗拉强度时（代号 Lg、JZLg）或原位注“g”的支座，平直段伸至端支座对边后弯折，且平直段长度不小于 $0.6l_{ab}$，弯折段投影长度取 $12d$。

非框架梁下部纵向钢筋在支座的锚固长度：带肋钢筋为 $12d$，光面钢筋为 $15d$（d 为纵向钢筋直径）；端支座直锚段长度不足时，可采取弯钩锚固形式；当需要充分利用下部纵向钢筋的抗压或抗拉强度，或者工程有特殊要求时，设计者应在图样中注明下部纵向钢筋的锚固要求。

受扭非框架梁（代号 LN）纵向钢筋锚入支座的长度为 l_a，在端支座直锚长度不足时可伸至端支座对边后弯折，且平直段长度≥$0.6l_{ab}$，弯后直段长度 $12d$。

当梁纵向钢筋兼作温度应力钢筋时，其锚入支座的长度由设计者在图中标注。

当梁两端支座不一致时，支承于框架柱的梁端纵向钢筋锚固方式和构造做法同框架梁；支承于梁的梁端纵向钢筋锚固方式和构造做法同非框架梁；与剪力墙平面内、平面外相连时，梁端纵向钢筋的锚固方式和构造做法见 22G101-1 第 2-38 页，框架梁与剪力墙平面外连接构造（一）、（二）的选用应由设计指定。

当梁纵向受力钢筋采用并筋时，设计应采用截面注写方式绘制梁平法施工图。

4. 水平折梁与竖向折梁

水平折梁构造如图 3-12 所示（括号内数字用于非框架梁，箍筋的具体数值由设计者指定）。

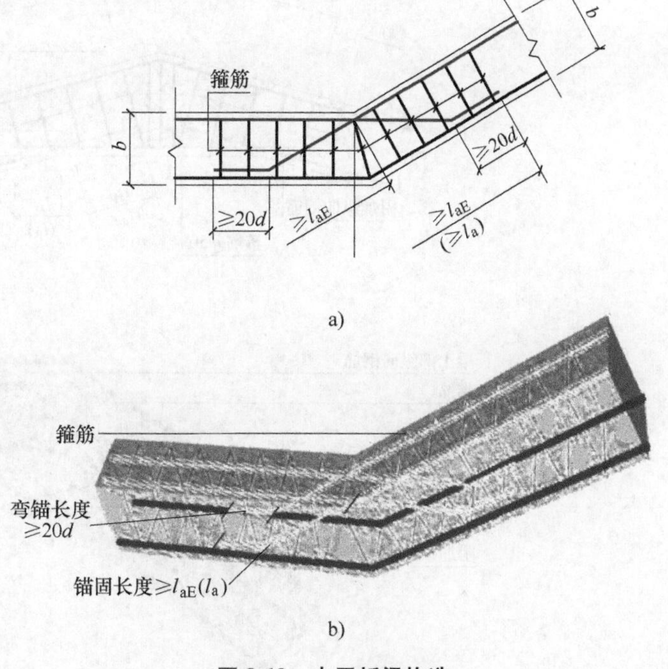

图 3-12 水平折梁构造

竖向折梁构造如图 3-13 所示（括号内数字用于非框架梁，s 的范围、附加纵向钢筋及箍筋的具体数值由设计者指定）。

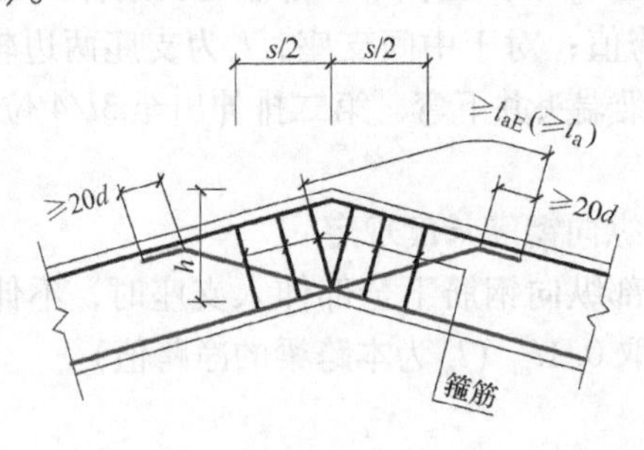

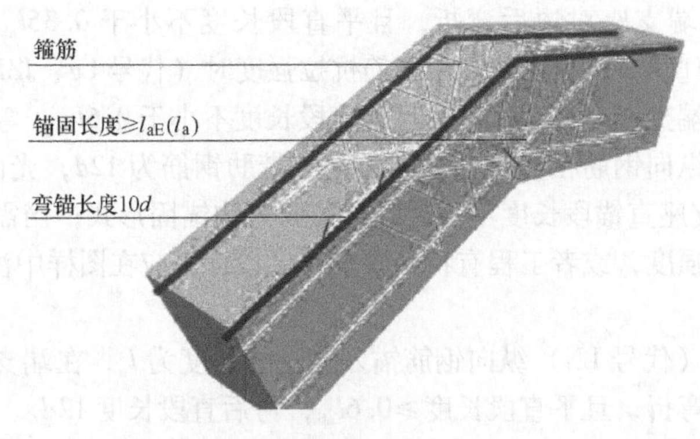

a) 竖向折梁构造一

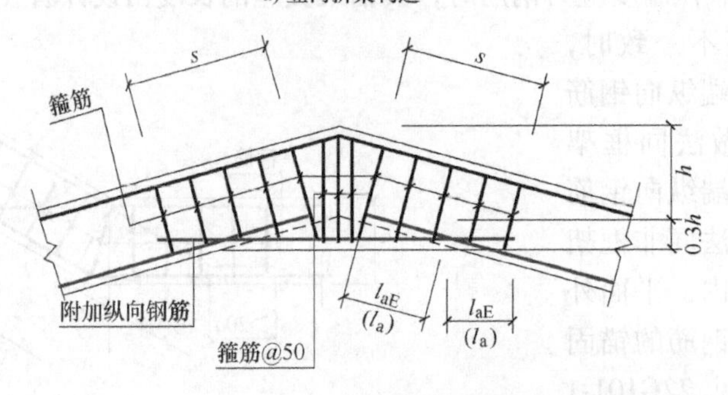

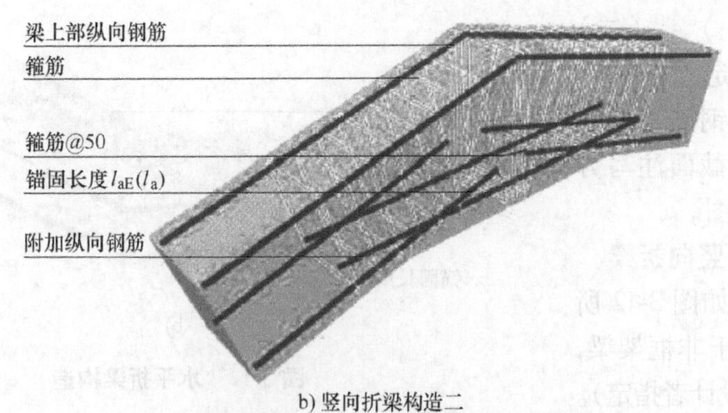

b) 竖向折梁构造二

图 3-13　竖向折梁构造

3.3.2　框架梁（KL、WKL）配筋构造

楼层框架梁及屋面框架梁上部和下部纵向钢筋构造如图 3-14a、b 所示。局部带层面框架梁纵向钢筋构造见 22G101-1 第 2-35 页。框架梁与剪力墙平面内、平向外直接构造见 22G101-1 第 2-38 页。框架梁的主要构造要求简述如下。

1. 抗震通长筋

（1）沿梁全长顶面和底面的配筋　一、二级抗震不应少于 2⌀14，且分别不应少于梁两端顶面和底面纵向钢筋中较大截面面积的 1/4，三、四级抗震不应少于 2⌀12。

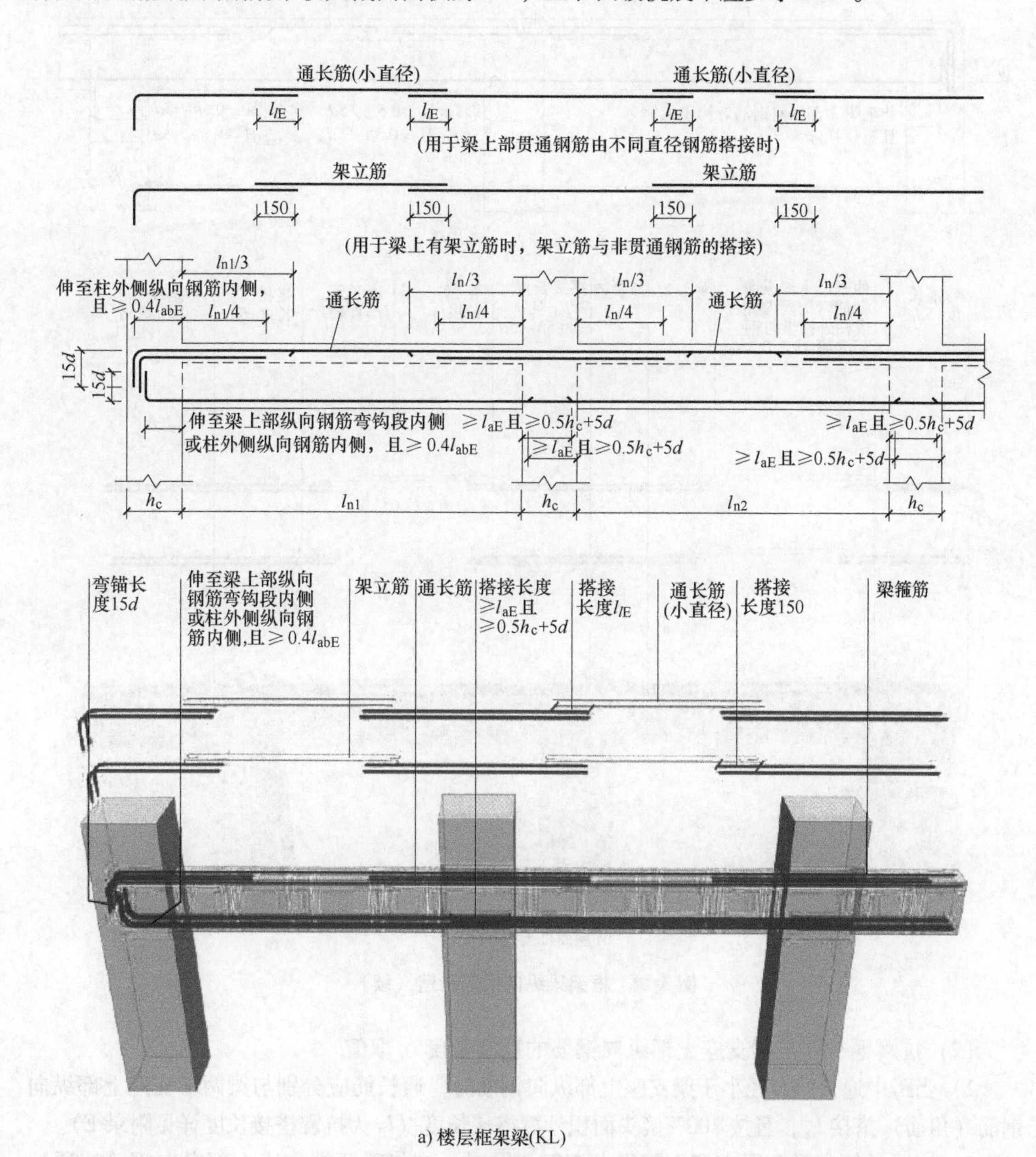

a) 楼层框架梁(KL)

图 3-14　框架梁纵向钢筋构造

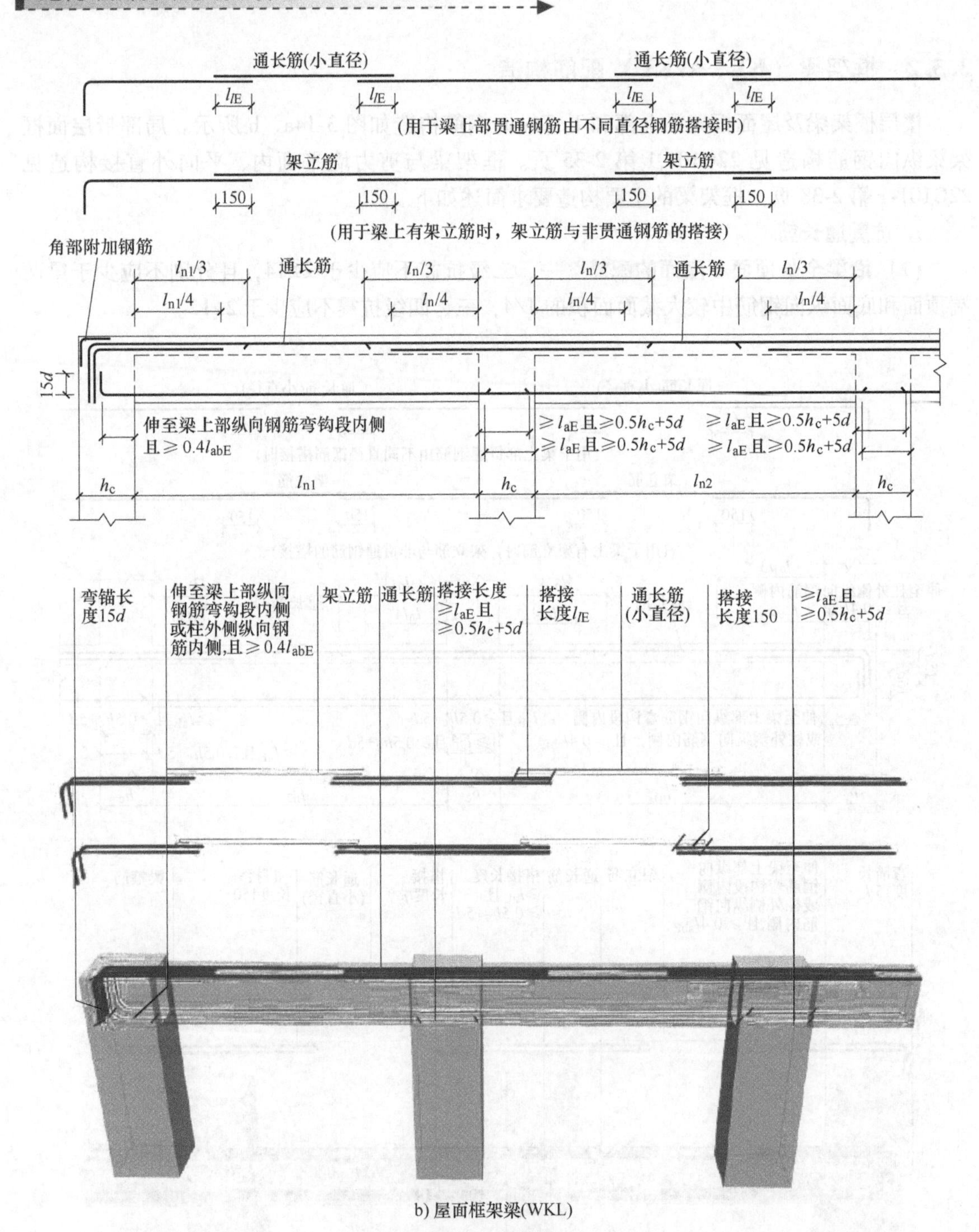

b) 屋面框架梁(WKL)

图 3-14 框架梁纵向钢筋构造（续）

（2）抗震通长筋与梁支座上部纵向钢筋的搭接长度 l_{lE} 取值

1）当跨中通长筋直径小于梁支座上部纵向钢筋时，通长筋应分别与梁两端支座上部纵向钢筋（角筋）搭接 l_{lE}，且按 100%接头面积计算搭接长度（l_{lE} 为抗震搭接长度详见附录 E)。

2）当通长筋直径与梁支座上部纵向钢筋相同时，应将梁两端支座上部纵向钢筋按通长筋的根数延伸到跨中 $l_n/3$ 交错搭接、机械连接或对焊连接。当采用搭接连接时，连接长度为 l_{lE}，且当在同一连接区内时，按100%接头面积计算搭接长度。当不在同一连接区内时，按50%接头面积计算搭接长度。

2. 抗震框架梁上部与下部纵向钢筋在支座内的锚固或贯通构造

（1）楼层框架梁纵向钢筋在端柱内的构造　纵筋弯折或直锚，均要求伸过端柱中心线 $5d$ 至柱外侧钢筋内侧，且伸入支座的直锚长度应不小于 $0.4l_{abE}$，向下弯折 $15d$，且应同时满足纵向钢筋在支座内的总锚固长度不小于 l_{aE}。楼层框架梁端支座钢筋锚固构造见图3-15。

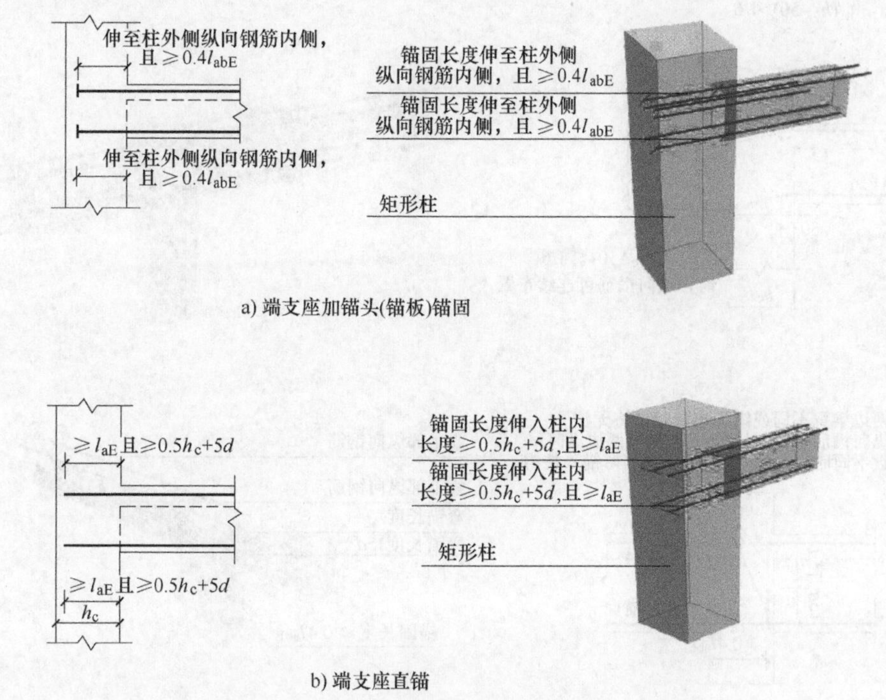

图3-15　楼层框架梁端支座纵向钢筋锚固构造

（2）楼层框架梁纵向钢筋在中柱的构造　梁上部纵向钢筋贯通中柱支座，下部纵向钢筋锚入支座不小于 l_{aE} 且不小于 $0.5h_c+5d$。梁下部纵向钢筋不能在柱内锚固时，可在节点外搭接。相邻跨钢筋直径不同时，搭接位置位于较小直径一跨。梁下部筋在节点外搭接构造如图3-16所示。楼层框架梁中间支座纵向钢筋构造如图3-17所示。

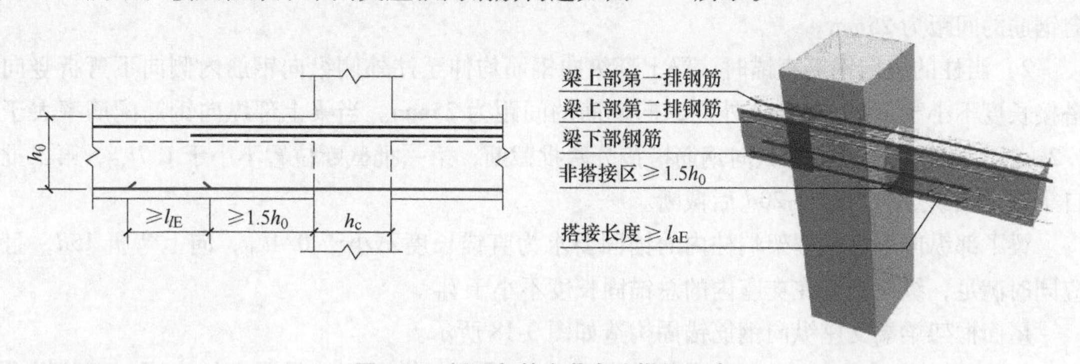

图3-16　梁下部筋在节点外搭接构造

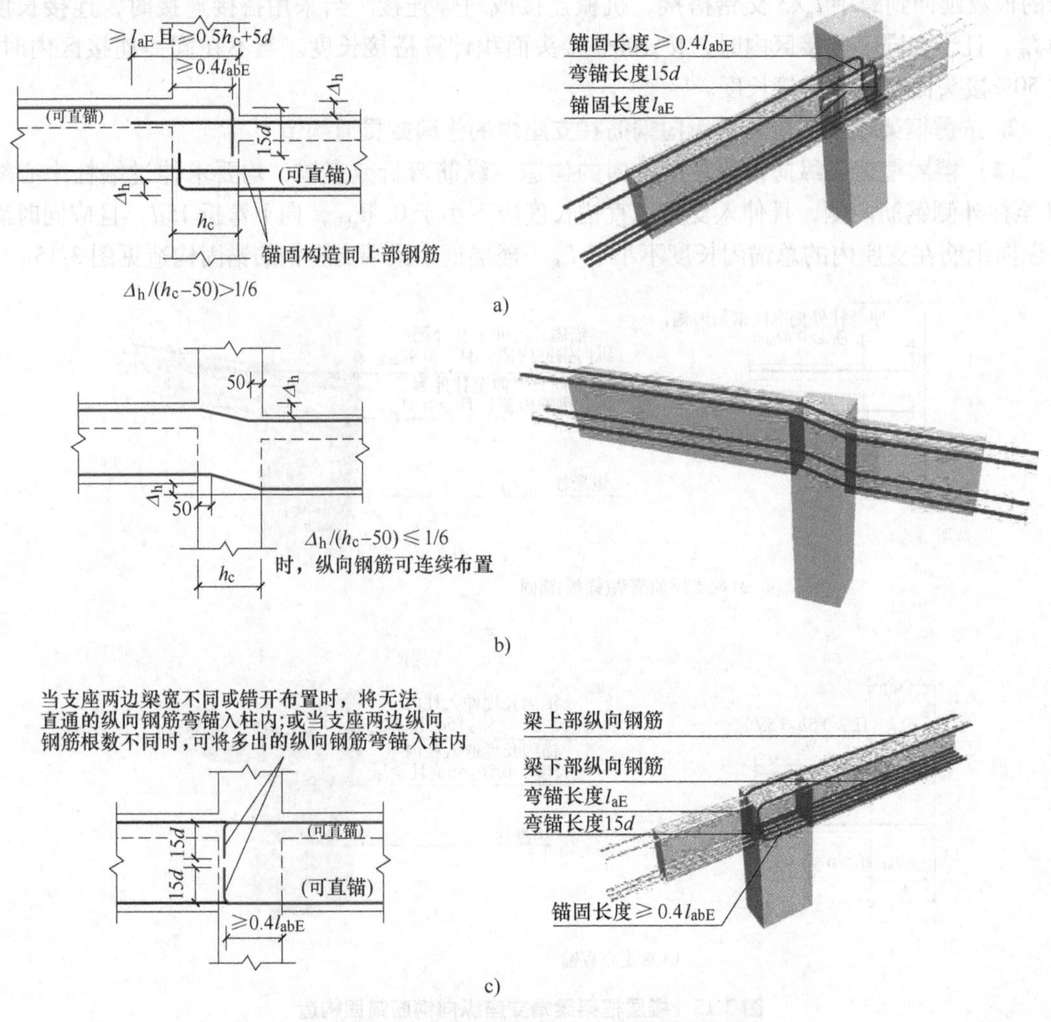

图 3-17　楼层框架梁中间支座纵向钢筋构造

（3）屋面框架梁纵向钢筋在端柱内的构造

1）当柱的纵向钢筋弯锚入梁内时，梁上部纵向钢筋均伸至柱外侧纵向钢筋内侧，弯钩至梁底位置，柱纵向钢筋与梁上部纵向钢筋搭接长度为不小于 $1.5l_{aE}$，竖向弯钩与柱外侧纵向钢筋的间距为 25mm。

2）当柱的纵向钢筋直锚时，梁上部纵向钢筋均伸至柱外侧纵向钢筋内侧向下弯折竖向搭接长度不小于 $1.7l_{aE}$，与柱外侧纵向钢筋的间距为 25mm。当梁上部纵向钢筋配筋率大于 1.2%时，弯折后与柱外侧纵向钢筋搭接分两批截断，第一批截断位置不小于 $1.7l_{aE}$，第二批自第一批截断点向下延伸 $20d$ 后截断。

梁下部纵向钢筋在框架端柱内的锚固要求为直锚长度不小于 $0.4l_{aE}$，向上弯折 $15d$，且应同时满足，纵向钢筋在支座内的总锚固长度不小于 l_{aE}。

屋面框架梁端支座纵向钢筋锚固构造如图 3-18 所示。

（4）屋面框架梁纵向钢筋在中柱内的构造　梁上部纵向钢筋贯通中柱支座，下部纵向

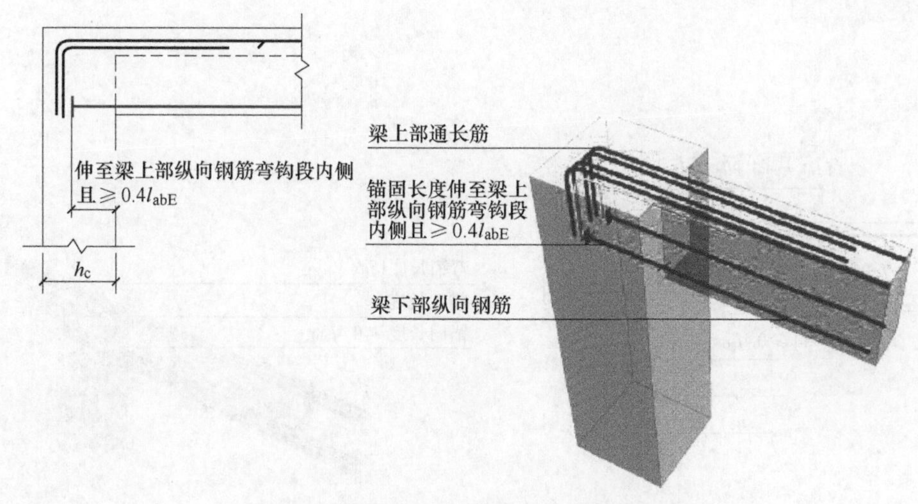

a) 顶层端节点梁下部钢筋端头加锚头(锚板)锚固

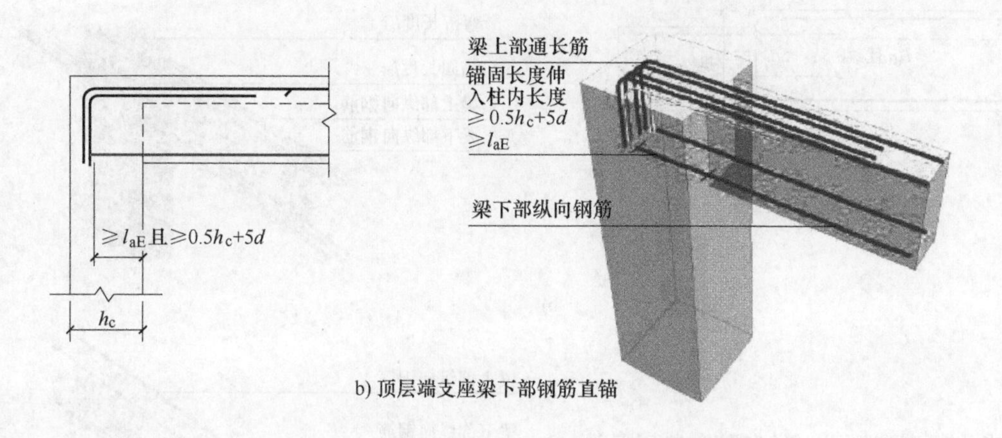

b) 顶层端支座梁下部钢筋直锚

图 3-18　屋面框架梁端支座纵向钢筋锚固构造

钢筋锚入支座不小于 l_{aE} 且不小于 $0.5h_c+5d$。梁下部纵向钢筋不能在柱内锚固时，可在节点外搭接。相邻跨钢筋直径不同时，搭接位置位于较小直径一跨。梁下部筋在节点外搭接构造与楼层框架梁相同。屋面框架梁中间支座纵向钢筋构造如图 3-19 所示。

3. 架立筋

当抗震框架梁设置多于 2 肢的复合箍且当跨中通长筋仅为两根时，补充设置的架立筋应分别与梁两端的支座上部钢筋构造搭接 150mm。

4. 箍筋

1）多于 2 肢的复合箍筋应采用外封闭大箍加内小箍的复合方式。

2）梁第一道箍筋离框架柱边缘的距离不大于 50mm。

3）抗震框架梁端箍筋加密区范围（见图 3-20）：一级抗震为不小于 $2h_b$ 且不小于 500mm（h_b 为梁截面高度），二、三、四级抗震等级为不小于 $1.5h_b$ 且不小于 500mm。

4）最小箍筋间距：一级抗震为 min（h_b/4，6d，100mm），二级抗震为 min（h_b/4，8d，100mm），三、四级抗震为 min（h_b/4，8d，150mm）。

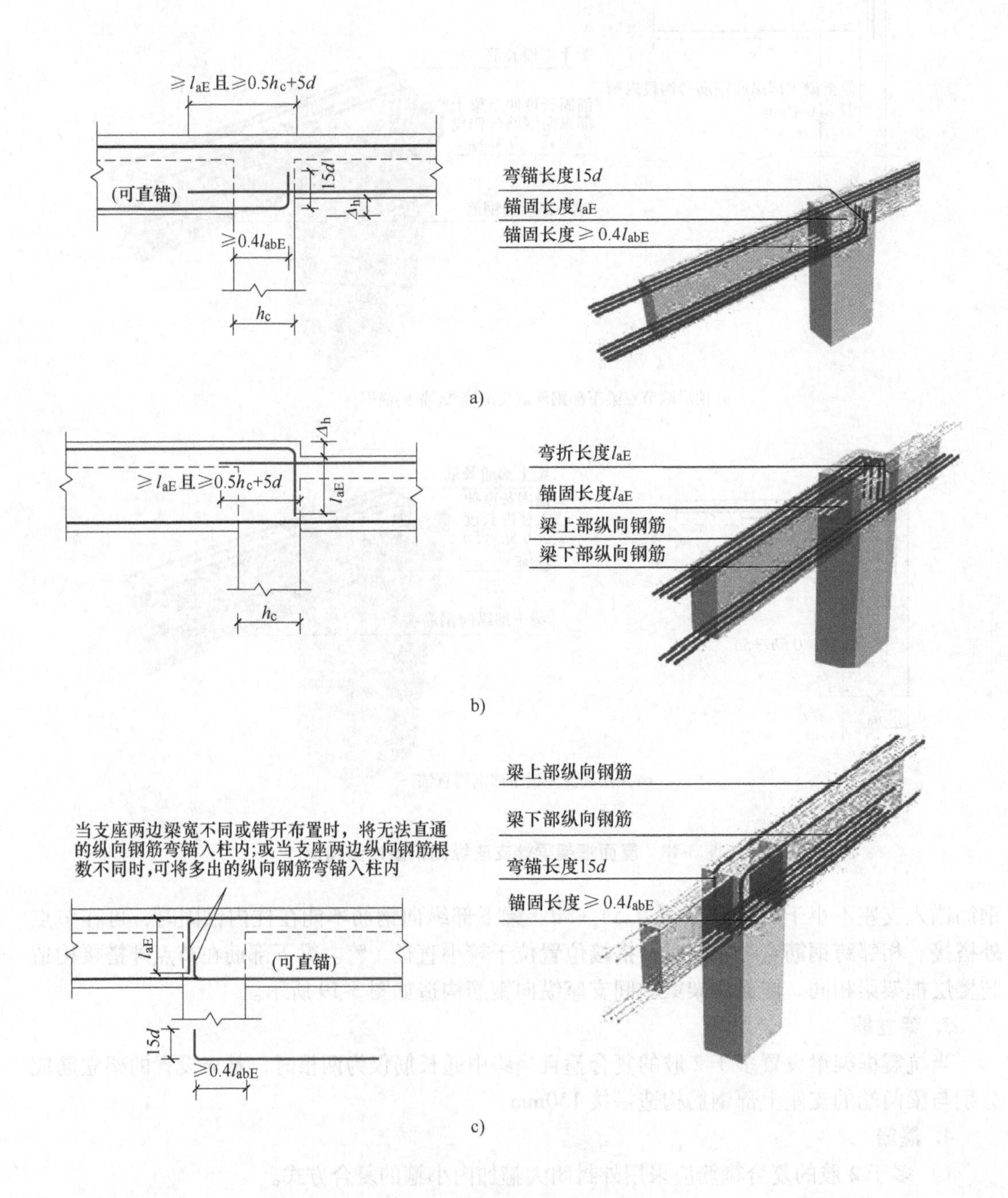

图 3-19　屋面框架梁中间支座纵向钢筋构造

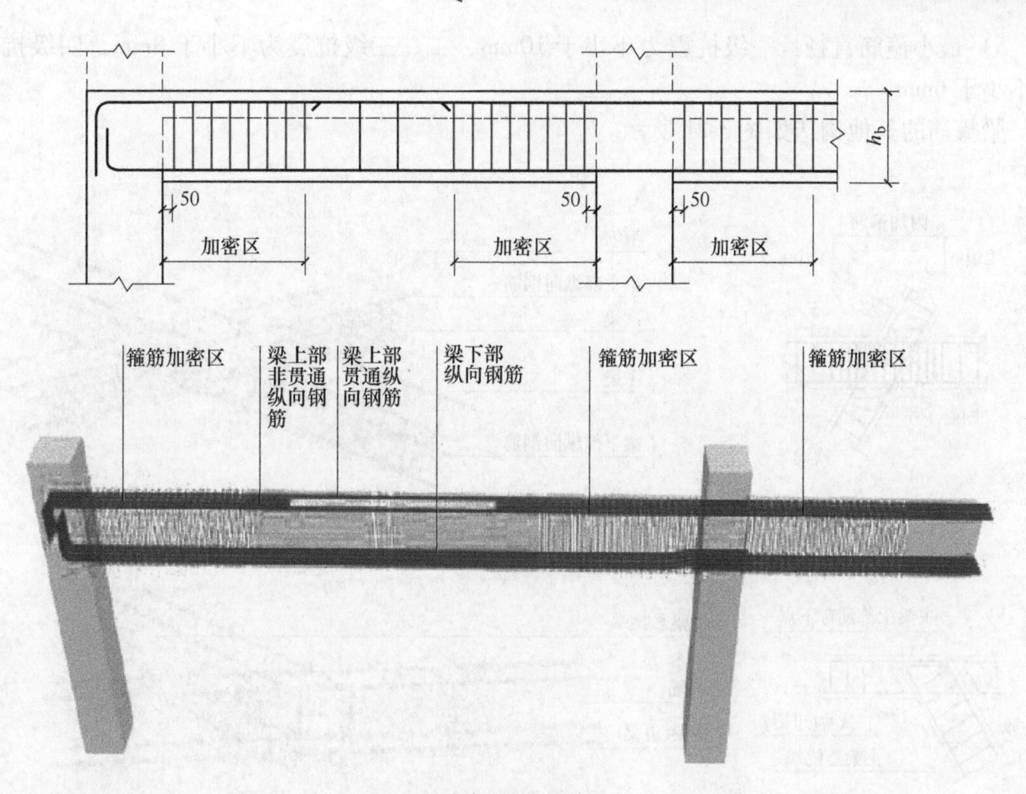

a) 端支座为框架柱时

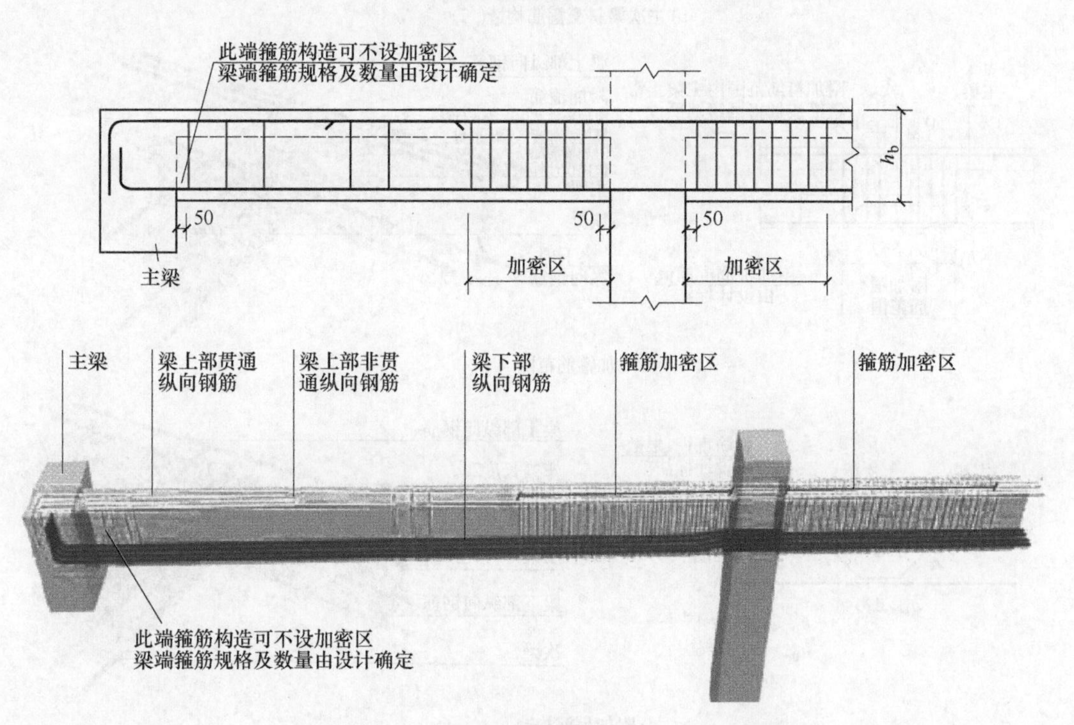

b) 端支座为梁时

图 3-20　框架梁（KL、WKL）箍筋加密区范围

5）最小箍筋直径：一级抗震为不小于 10mm，二、三级抗震为不小于 8mm，四级抗震为不小于 6mm。

梁箍筋的其他构造如图 3-21 所示。

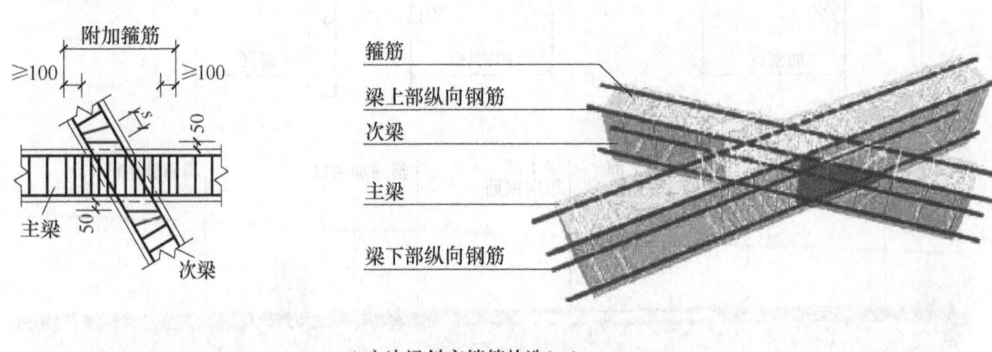

a) 主次梁斜交箍筋构造(一)

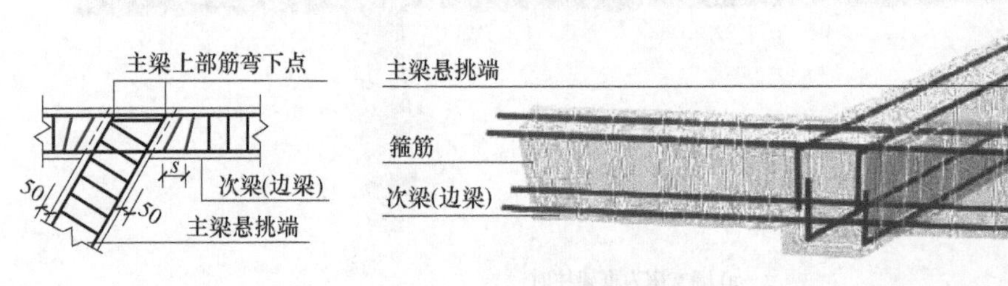

b) 主次梁斜交箍筋构造(二)

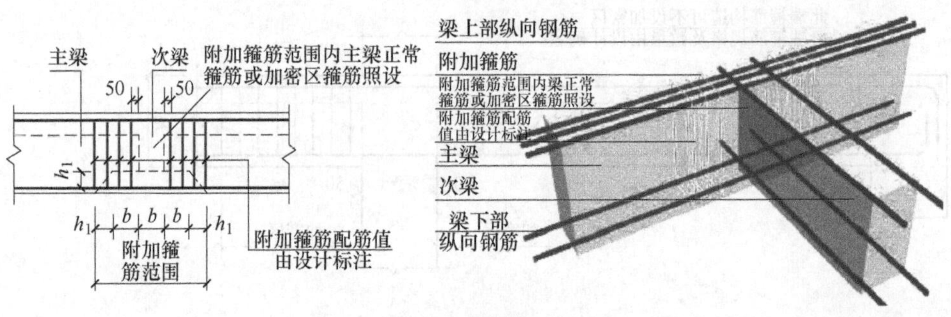

c) 附加箍筋范围

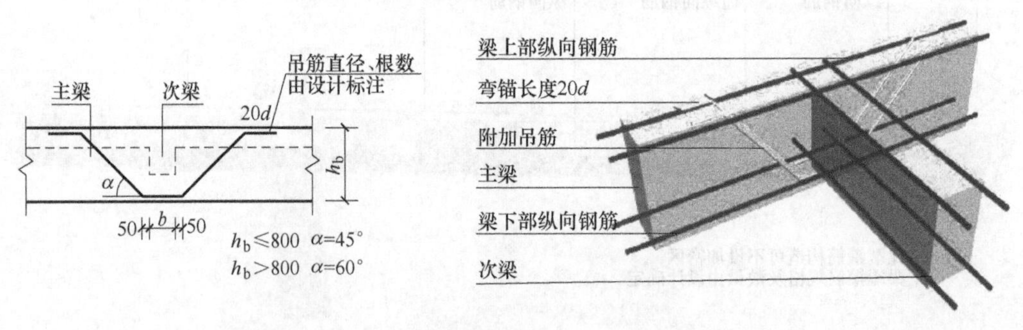

d) 附加吊筋构造

图 3-21　梁箍筋的其他构造（图中 s 为次梁中箍筋间距）

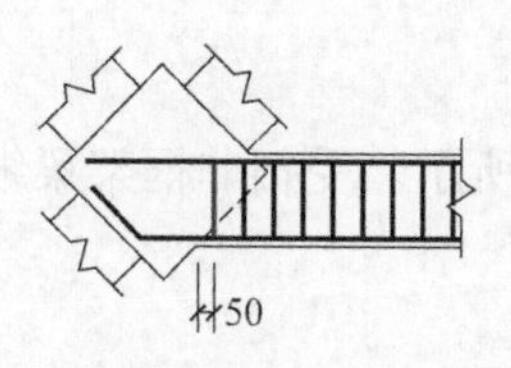

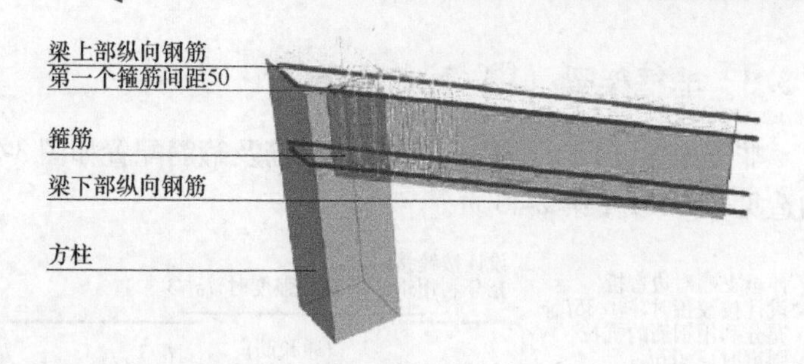

e) 梁与方柱斜交箍筋起始位置(一)

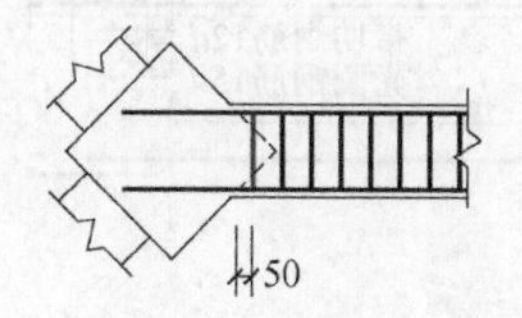

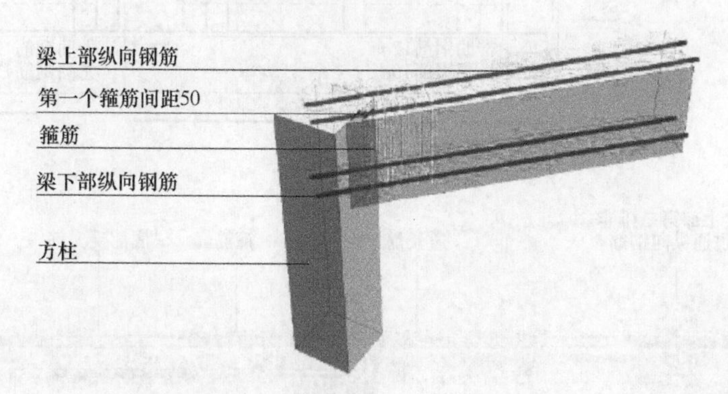

f) 梁与方柱斜交箍筋起始位置(二)

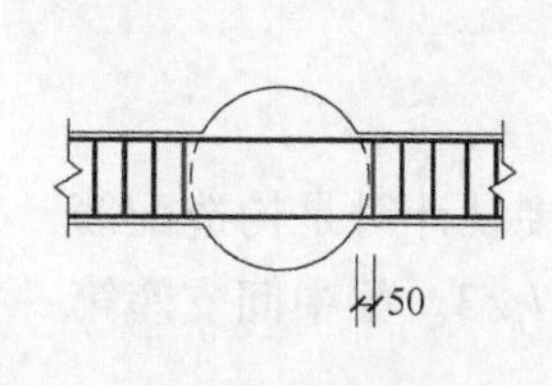

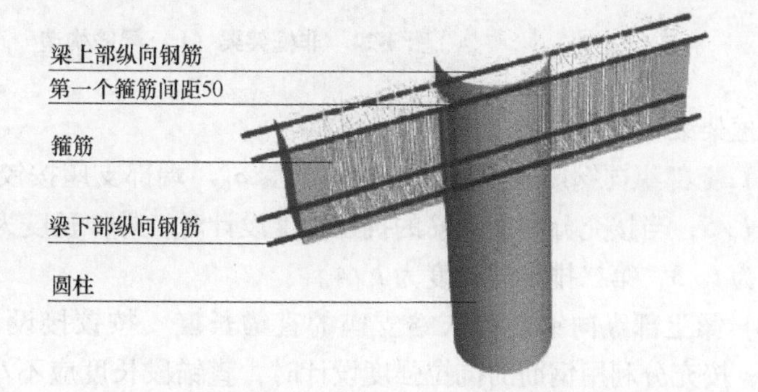

g) 梁与圆柱相交箍筋起始位置(一)

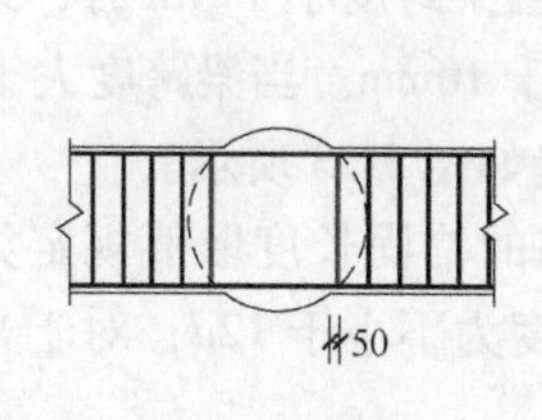

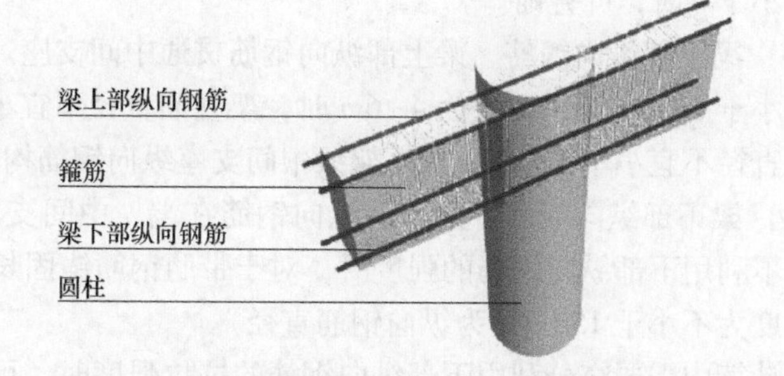

h) 梁与圆柱相交箍筋起始位置(二)

图 3-21　梁箍筋的其他构造（图中 s 为次梁中箍筋间距）（续）

3.3.3 非框架梁（L）配筋构造

非框架梁（L）上部、下部纵向钢筋及箍筋配置如图3-22所示。受扭非框架梁纵向钢筋构造见22G101-1第2-40页。

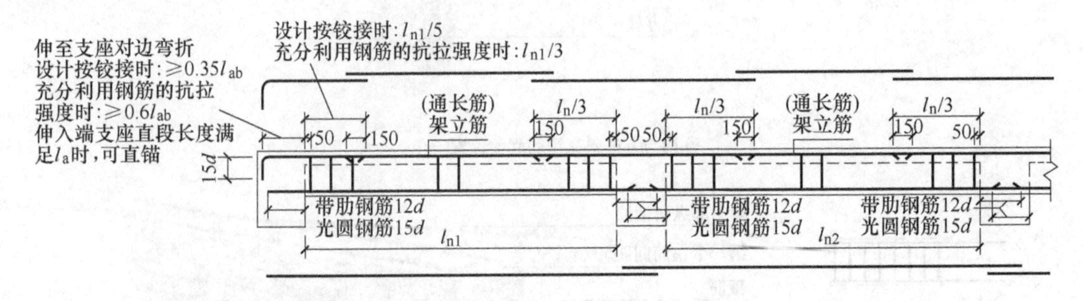

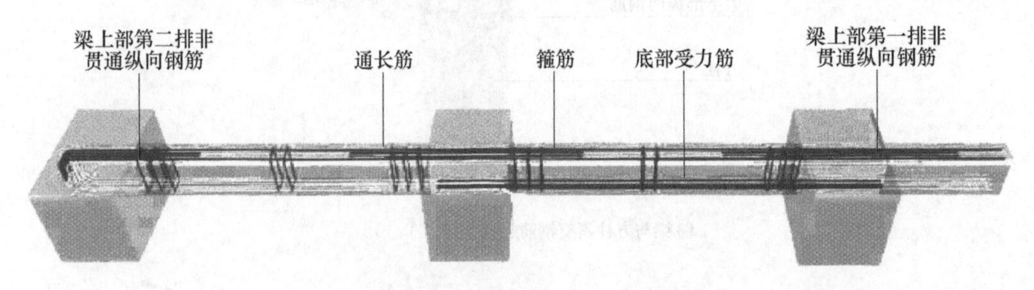

图3-22 非框架梁（L）配筋构造

非框架梁基本构造要求如下：

（1）上部纵向钢筋在支座处的外伸长度 a_0 端部支座按铰接设计时是构造配筋，外伸长度为$l_n/5$；当按充分利用钢筋的抗拉强度设计时，外伸长度为$l_n/3$。梁中间支座第一排延伸长度为$l_n/3$，第二排延伸长度为$l_n/4$。

（2）梁上部纵向钢筋伸入端支座的直锚长度 按铰接设计时，直锚段长度应不小于$0.35l_{ab}$；按充分利用钢筋的抗拉强度设计时，直锚段长度应不小于$0.6l_{ab}$；钢筋端部向下弯折15d，且应同时满足纵向钢筋在支座内的总锚固长度为不小于l_a。当钢筋伸入端支座直段长度不小于l_a时，可直锚。

（3）梁上部纵向钢筋 梁上部纵向钢筋贯通中间支座。当梁跨度小于4m时，架立筋直径不宜小于8mm。当梁跨度为4~6m时，架立筋直径不宜小于10mm。当梁跨度大于6m时，架立筋直径不宜小于12mm。非框架梁中间支座纵向钢筋构造如图3-23所示。

（4）梁下部纵向钢筋 梁下部纵向钢筋在端、中间支座的锚固长度取值规定如下：当计算中不利用下部纵向钢筋的强度时，对于带肋钢筋锚固长度为不小于12d；对于光面钢筋锚固长度为不小于15d（d为纵向钢筋直径）。

当计算中需要充分利用下部纵向钢筋的抗拉强度时，可采用直锚或向上90°弯折方式锚固于节点内，直锚时的锚固长度应不小于l_a；弯折锚固时，锚固段的水平投影长度应不小于$0.6l_{ab}$，竖直投影长度应不小于15d（d为梁纵向钢筋直径）。

不伸入支座的梁下部纵向钢筋断点位置如图3-24所示。

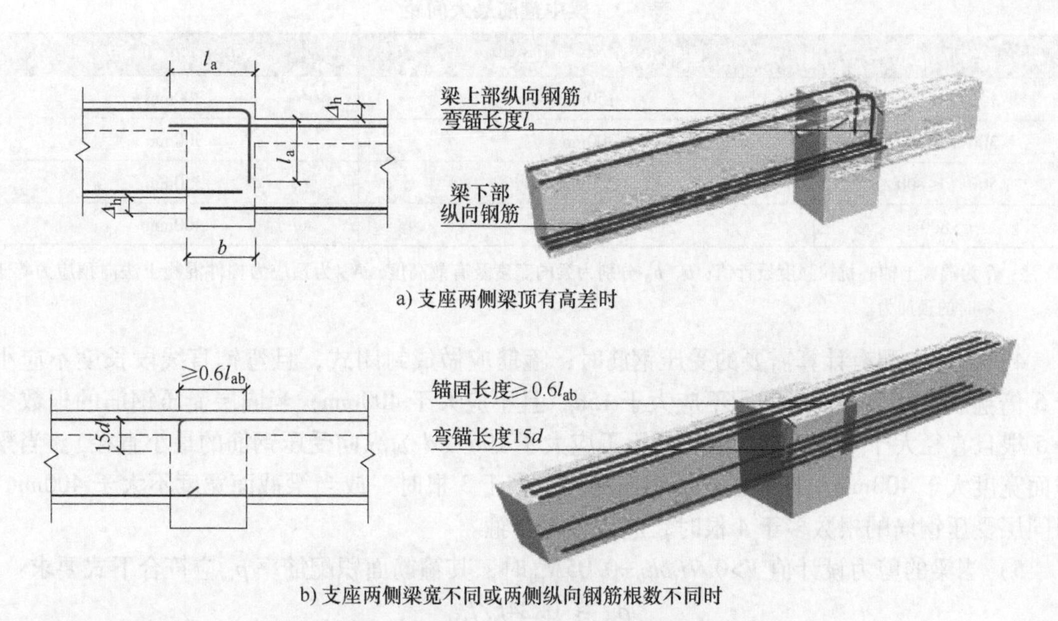

a) 支座两侧梁顶有高差时

b) 支座两侧梁宽不同或两侧纵向钢筋根数不同时

图 3-23　非框架梁中间支座纵向钢筋构造

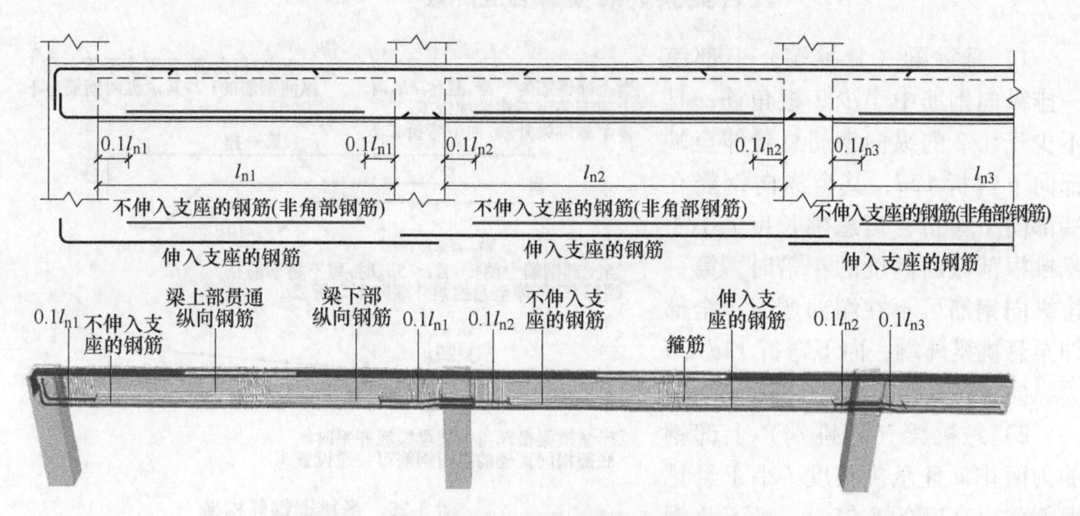

图 3-24　不伸入支座的梁下部纵向钢筋断点位置

（5）箍筋

1）沿梁全长设置箍筋。

2）箍筋的直径：对于梁高 h>800mm 的梁，其箍筋直径不宜小于 8mm；梁高 $h \leqslant 800$mm 的梁，其箍筋直径不宜小于 6mm；梁中配有计算需要的纵向受压钢筋时，箍筋直径不应小于纵向受压钢筋最大直径的 0. 25 倍。

3）箍筋的间距应根据梁高 h 及梁所受剪力 V 按表 3-2 确定。在纵向受力钢筋的搭接范围内，箍筋直径不应小于搭接钢筋最大直径的 0. 25 倍，箍筋的间距不应大于搭接钢筋较小直径的 5 倍，且不应大于 100mm。

表 3-2　梁中箍筋最大间距

梁高 h/mm	$V>0.7f_tbh_0+0.05N_{p0}$	$V\leqslant0.7f_tbh_0+0.05N_{p0}$
$150<h\leqslant300$	150mm	200mm
$300<h\leqslant500$	200mm	300mm
$500<h\leqslant800$	250mm	350mm
$h>800$	300mm	400mm

注：f_t 为混凝土轴心抗拉强度设计值；b、h_0 分别为梁的宽度及有效高度；N_{p0} 为预应力构件混凝土法向预应力等于零时的预加力。

4）当梁中配有计算需要的受压钢筋时：箍筋应做成封闭式，且弯钩直线段长度不应小于 5 倍箍筋直径。箍筋的间距不应大于 $15d$，且不应大于 400mm；当同层受压钢筋的根数多于 5 根且直径大于 18mm 时，箍筋间距不应大于 $10d$（d 为纵向受压钢筋的最小直径）。当梁截面宽度大于 400mm，且同层受压钢筋的根数多于 3 根时，或当梁截面宽度不大于 400mm，但同层受压钢筋的根数多于 4 根时，应设置复合箍。

5）当梁的剪力设计值 $V>0.7f_tbh_0+0.05N_{p0}$时，其箍筋面积配筋率 ρ_{sv}应符合下式要求：

$$\rho_{sv} \geqslant 0.24f_t/f_{yv}$$

3.3.4　悬挑梁（XL）及各类梁的悬挑端配筋构造

1）悬挑梁（悬挑端）上部第一排纵向钢筋中至少 2 根角筋，且不少于 1/2 的纵向钢筋总量伸至端部向下弯折 $12d$，其余纵向钢筋在端部向下弯折；当悬挑长度 l 小于悬挑根部截面高度的 4 倍时，第一排纵向钢筋可不在端部弯下，全部伸至悬挑梁外端，向下弯折 $12d$（d 为纵向钢筋直径），如图 3-25 所示。

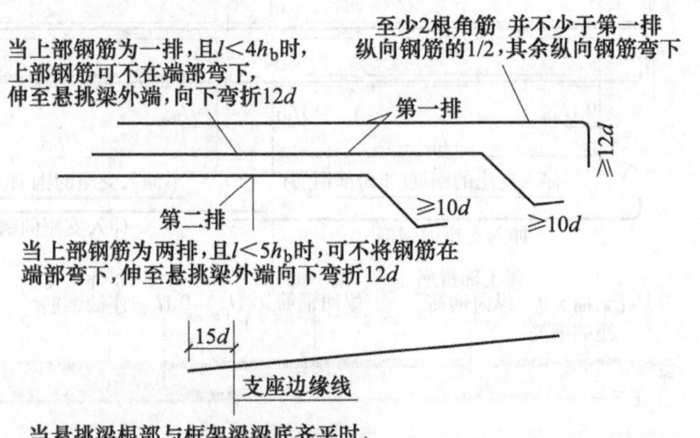

图 3-25　悬挑梁钢筋构造

2）悬挑梁（悬挑端）上部钢筋为两排，且悬挑长度 l 小于悬挑根部截面高度的 5 倍时，可不将钢筋在端部弯下，全部伸至悬挑梁外端，向下弯折 $12d$（d 为纵向钢筋直径）。

3）悬挑梁（悬挑端）上部纵向钢筋在支座的锚固构造如图 3-26 所示。当悬挑梁上部纵向钢筋伸至柱对边纵向钢筋内侧位置时，向下弯折，其水平直锚段不小于 $0.4l_{ab}$，向下竖向弯折 $15d$；当悬挑梁上部纵向钢筋伸至柱内或梁内不小于 $0.5h_c+5d$ 且不小于 l_a 时，可以直锚。

4）悬挑梁下部纵向钢筋伸至柱内长度：对于带肋钢筋为不小于 $12d$，对于光面钢筋为不小于 $15d$（d 为纵向钢筋直）。当悬挑梁根部与框架梁梁底平齐时，底部相同直径的纵向钢筋可以拉通设置。

5）悬挑梁（悬挑端）箍筋的构造同非框架梁，悬挑梁端附加箍筋范围见图 3-27。

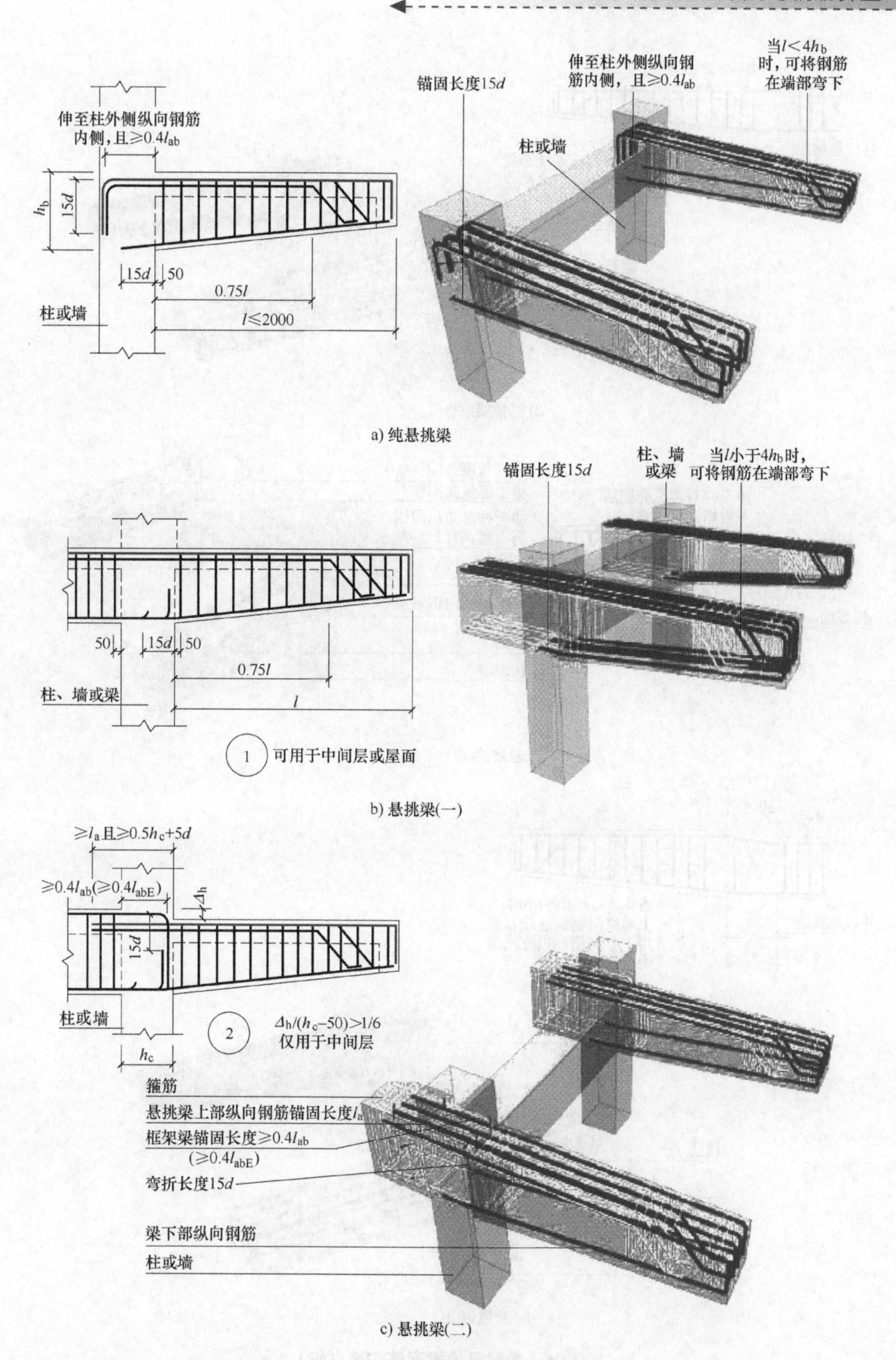

图3-26 各类悬挑梁配筋构造

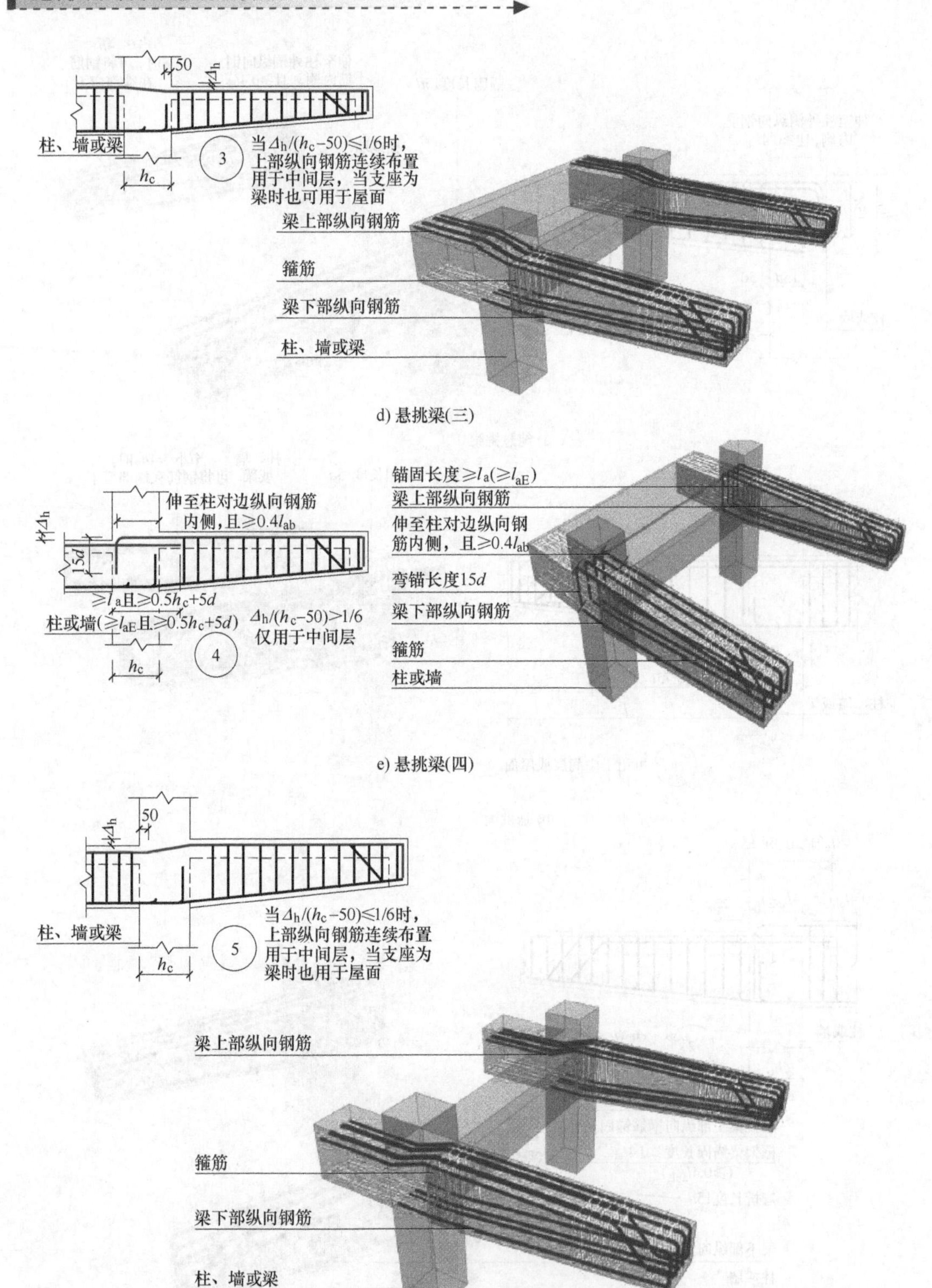

图 3-26 各类悬挑梁配筋构造（续）

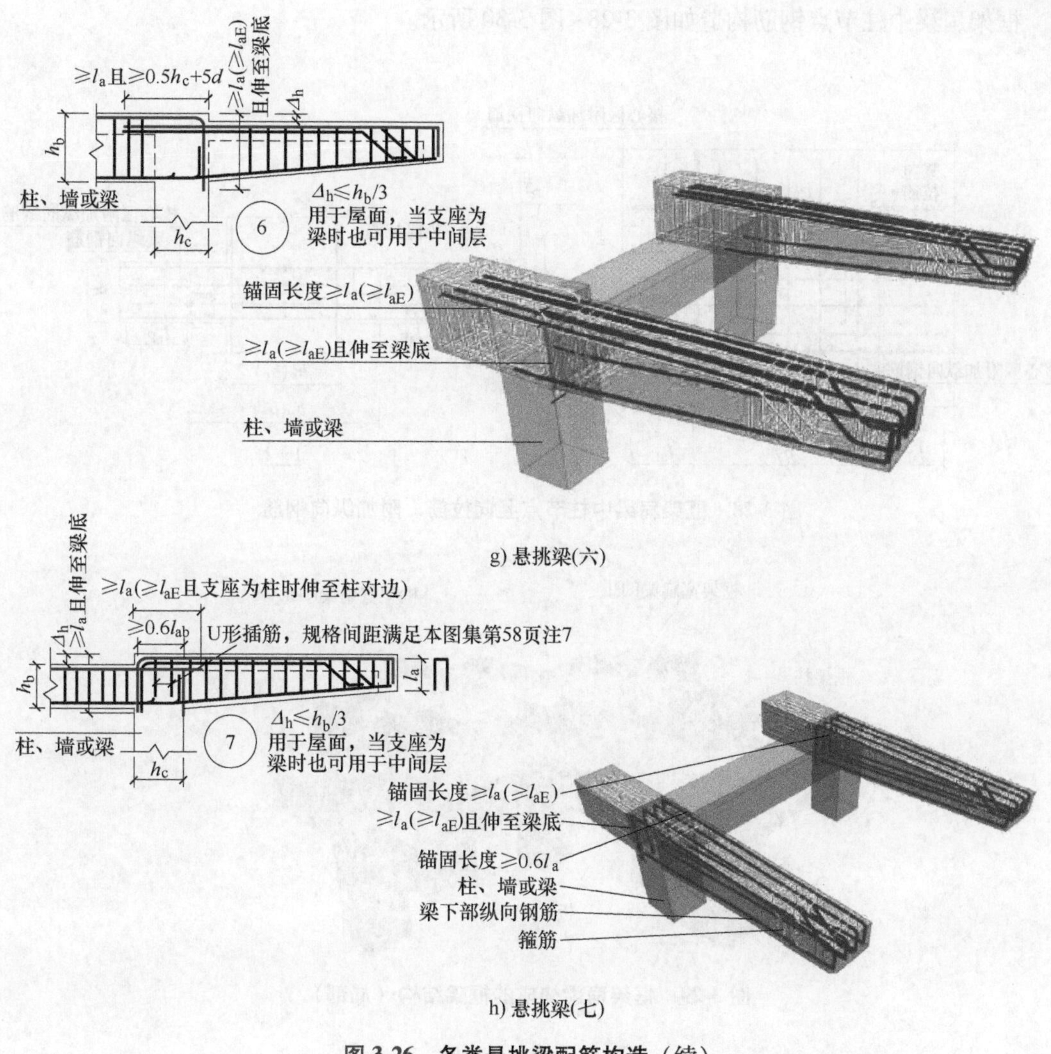

g) 悬挑梁(六)

h) 悬挑梁(七)

图 3-26　各类悬挑梁配筋构造（续）

3.3.5　框架扁梁（KBL）配筋构造

1）框架扁梁上部通长钢筋连接位置、非贯通钢筋伸出长度与框架梁要求相同。

2）穿过柱截面的框架扁梁下部纵向钢筋可在柱内锚固，锚固做法同框架梁。未穿过柱截面的下部纵向钢筋应贯通节点区。

3）框架扁梁下部纵向钢筋在节点外连接时，连接位置宜避开箍筋加密区，并宜位于支座净跨的三分之一范围之内。

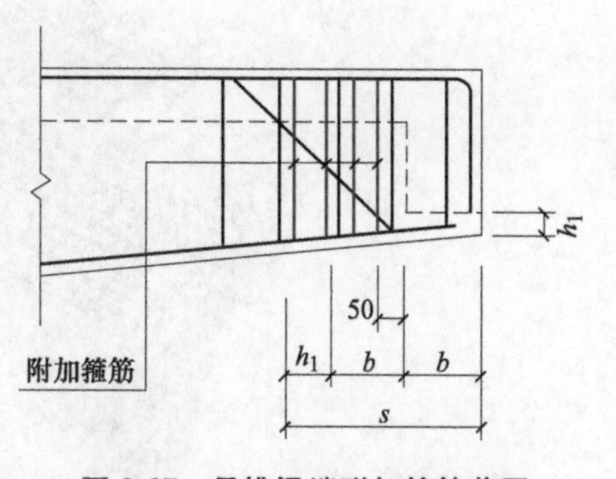

图 3-27　悬挑梁端附加箍筋范围

4）竖向拉筋同时勾住扁梁上下双向纵向钢筋，拉筋末端采用135°弯钩，平直段长度为10d（d为拉筋直径）。

框架扁梁中柱节点钢筋构造如图 3-28~图 3-30 所示。

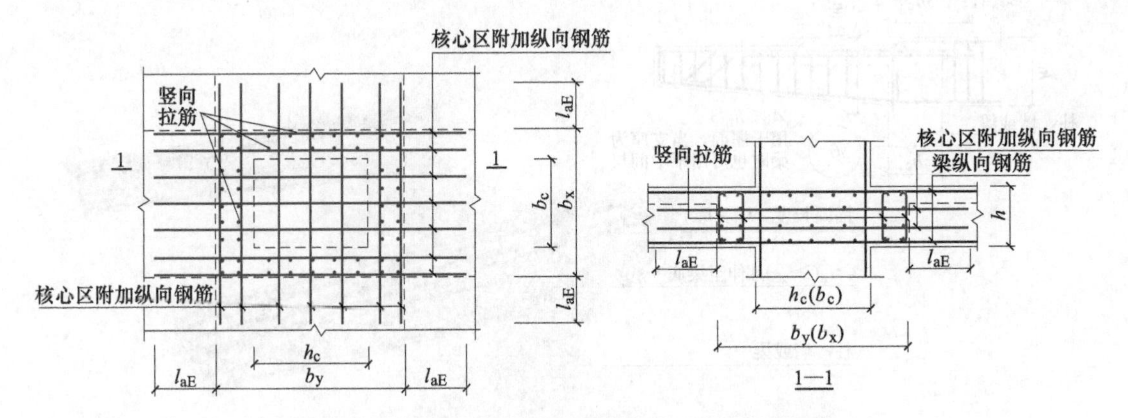

图 3-28　框架扁梁中柱节点竖向拉筋、附加纵向钢筋

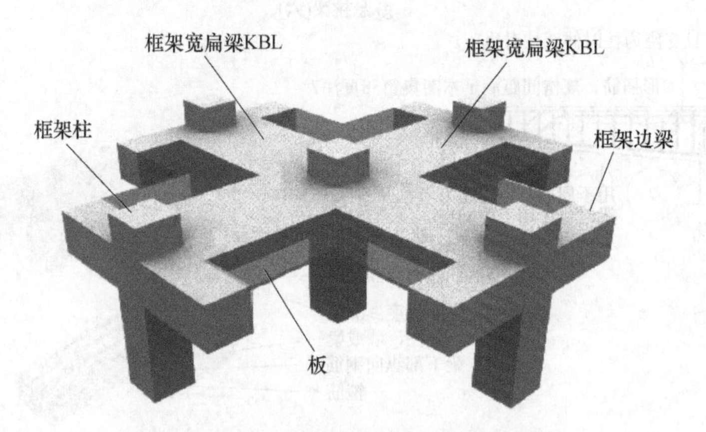

图 3-29　框架扁梁构成的框架结构（局部）

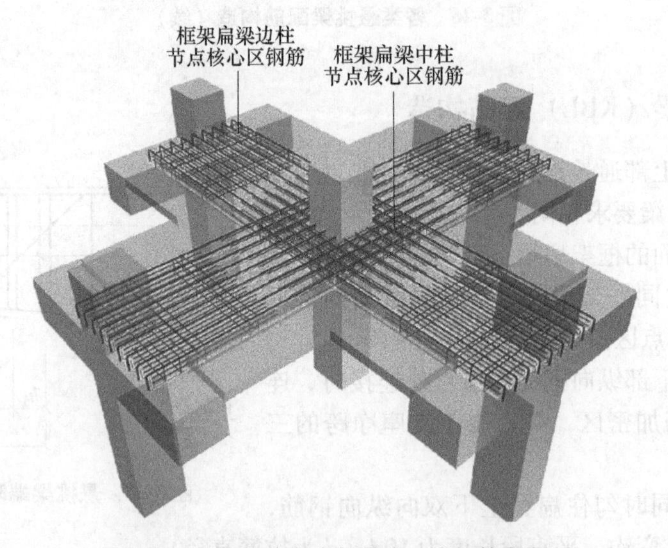

图 3-30　框架扁梁中柱节点三维钢筋布置

框架扁梁边柱节点钢筋构造如图 3-31～图 3-33 所示。框架扁梁箍筋构造如图 3-34 所示。注意：在加密区长度计算中，l_{aE}取值为核心区附加抗剪纵向钢筋的l_{aE}。

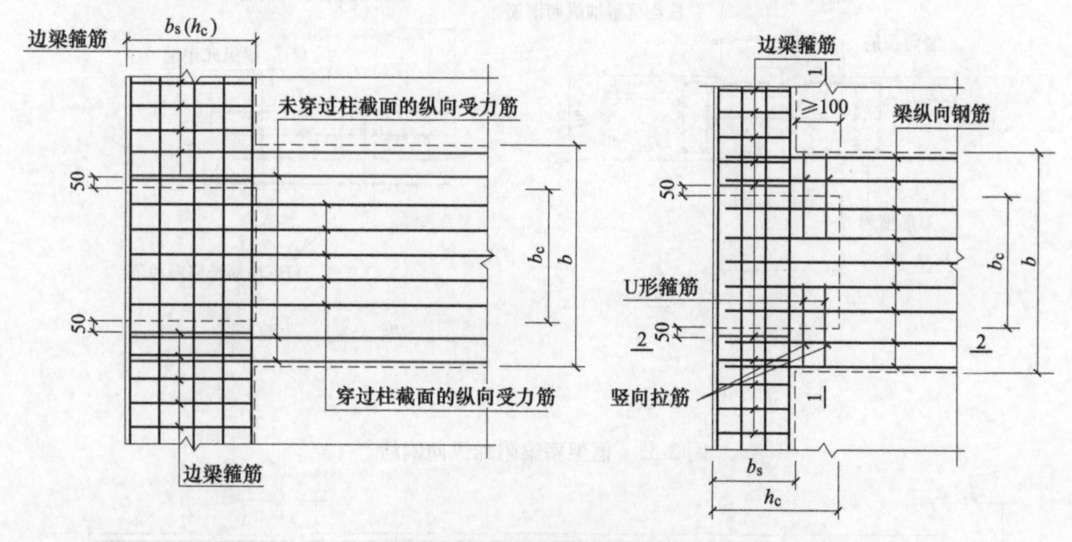

图 3-31 框架扁梁边柱节点

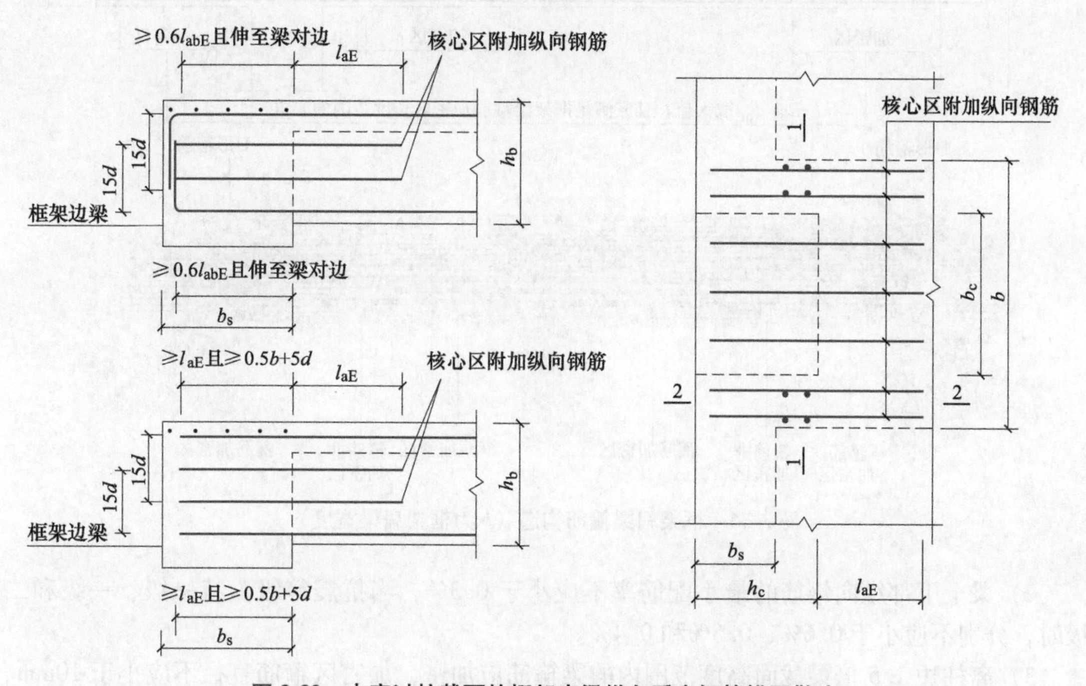

图 3-32 未穿过柱截面的框架扁梁纵向受力钢筋锚固做法

3.3.6 框支梁（KZL）配筋构造

1）梁纵向钢筋宜采用机械连接接头，同一截面内接头钢筋截面面积不应超过全部纵向钢筋截面面积的 50%，接头位置应避开上部墙体开洞部位、梁上托柱部位及受力较大部位。

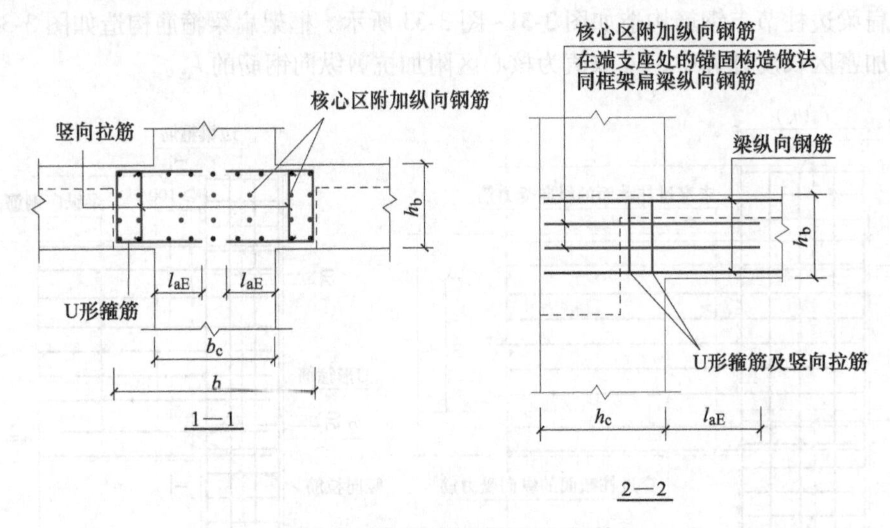

图 3-33　框架扁梁附加纵向钢筋

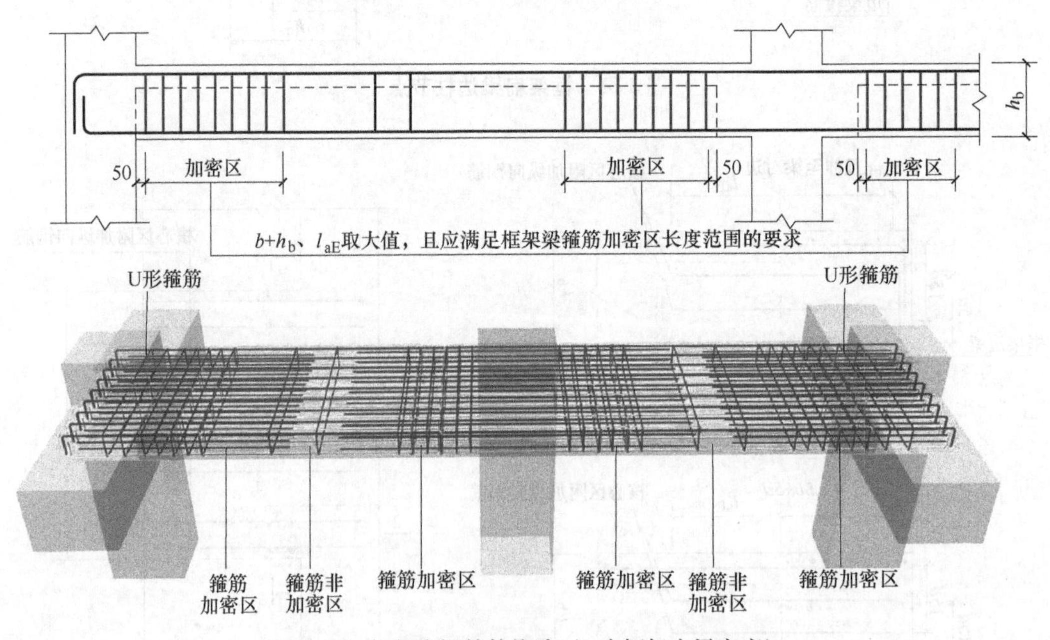

图 3-34　框架扁梁箍筋构造（b 为框架扁梁宽度）

2）梁上下部纵向钢筋的最小配筋率不应小于 0.3%，当抗震等级为特一级、一级和二级时，分别不应小于 0.6%、0.5%和 0.4%。

3）离柱边 1.5 倍梁截面高度范围内的梁箍筋应加密，加密区箍筋直径不应小于 10mm、间距不应大于 100mm。加密区箍筋的最小面积配筋率不应小于 $0.9f_t/f_{yv}$（f_t 为混凝土轴心抗拉强度设计值，f_{yv}为横向钢筋的抗拉强度设计值，下同），当抗震等级为特一级、一级和二级时，分别不应小于 $1.3f_t/f_{yv}$、$1.2f_t/f_{yv}$和 $1.1f_t/f_{yv}$。

4）偏心受拉的框支梁的支座上部纵向钢筋至少应有 50%沿梁全长贯通，下部纵向钢筋应全部直通到柱内。沿梁腹板高度应配置间距不大于 200mm、直径不小于 16mm 的腰筋。

5）框支梁与框支柱截面中线宜重合。

6）框支梁截面高度不宜小于计算跨度的 1/8，截面宽度不宜小于框支柱相应方向的截面宽度，且不宜小于其上墙体截面厚度的 2 倍和 400mm 的较大值。

7）框支梁不宜开洞。若必须开洞时，洞口边离开支座柱边的距离不宜小于梁截面高度。被洞口削弱的截面应进行承载力计算，因开洞形成的上、下弦杆应加强纵向钢筋和抗剪箍筋的配置。

8）框支梁上部墙体边开调加强做法见 22G101-1 第 2-48 页。

框支梁的构造如图 3-35 所示，其中 l_n为左右两跨之较大值，h_b为梁截面高度，h_c为转换柱截面沿梁跨度方向的高度。

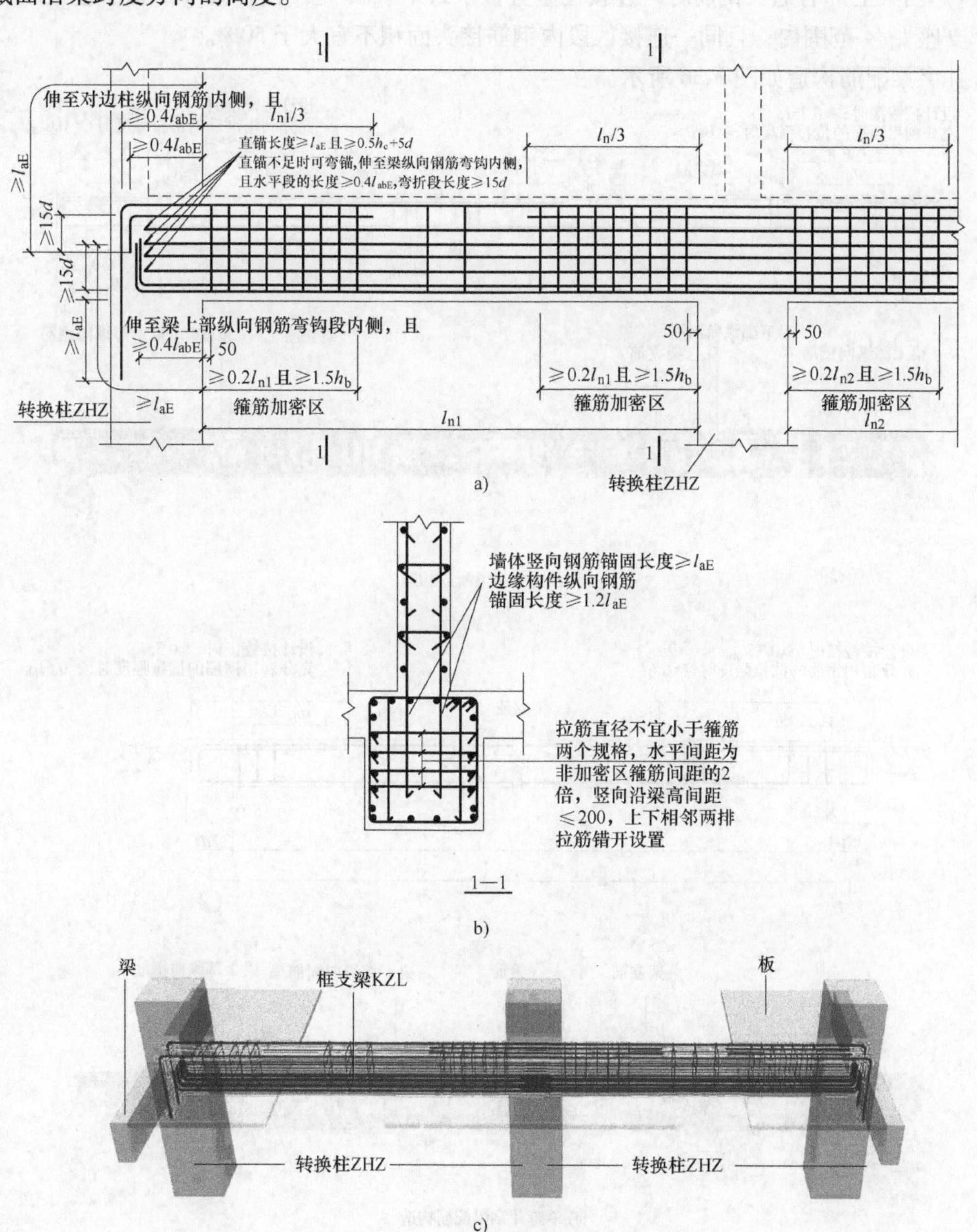

图 3-35　框支梁构造

3.3.7 井字梁（JZL）配筋构造

1）设计无具体说明时，井字梁上、下部纵向钢筋均短跨在下，长跨在上。短跨梁箍筋在相交范围内通长设置；相交处两侧各附加3道箍筋，间距50mm，箍筋直径及肢数同梁内箍筋。

2）井字梁两端与框架柱相连时，梁内受力钢筋在柱中的锚固及箍筋加密要求与框架梁相同。

3）纵向钢筋在端支座应伸至主梁外侧纵向钢筋内侧后弯折，当直锚段长度不小于 l_a 时可不弯折。

4）当梁上部有通长钢筋时，连接位置宜位于跨中 $l_{ni}/3$ 范围内；梁下部钢筋连接位置宜位于支座 $l_{ni}/4$ 范围内；且同一连接区段内钢筋接头面积不宜大于50%。

井字梁配筋构造如图3-36所示。

a) 两跨井字梁配筋构造

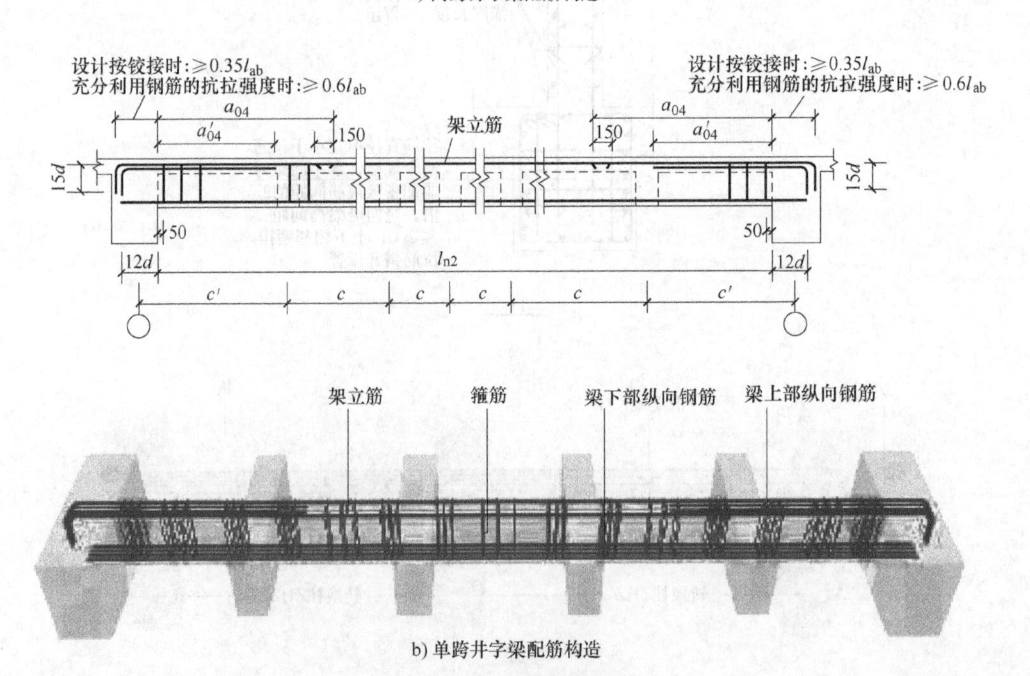

b) 单跨井字梁配筋构造

图3-36 井字梁配筋构造

3.4　梁钢筋算量

本节以等截面楼层框架梁KL、屋面框架梁WKL、非框架梁L、带悬挑端框架梁为例讲解梁钢筋工程量计算。

梁钢筋一般由纵向钢筋、箍筋、附加箍筋和吊筋组成。纵向钢筋的类型较多，根据其所在的部位和功能的不同，纵向钢筋的名称和构造各不相同。梁构件常见钢筋类型见表3-3，常见钢筋形式如图3-37所示。

表3-3　梁构件常见钢筋类型

钢筋类别	所在部位	钢筋名称
纵向钢筋	上部	上部通长筋
		端支座上部纵向钢筋（第一排、第二排）
		中间支座上部纵向钢筋（第一排、第二排）
		架立筋、跨中纵向钢筋（和支座上部纵向钢筋一起构成上部通长筋）
	中部	侧面纵向构造钢筋（G）
		侧面纵向受扭钢筋（N）
	下部	下部通长筋
		下部非通长筋
		不伸入支座的下部钢筋
箍筋	抗震梁每跨左右两端为加密区，中间为非加密区	
附加箍筋、吊筋	主次梁相交的节点，在主梁上配置	

特殊情况下，上部纵向钢筋还有如下形式：拉通小跨的支座上部纵向钢筋，上部通长筋带悬挑梁上部纵向钢筋，支座上部纵向钢筋带悬挑梁上部纵向钢筋等。

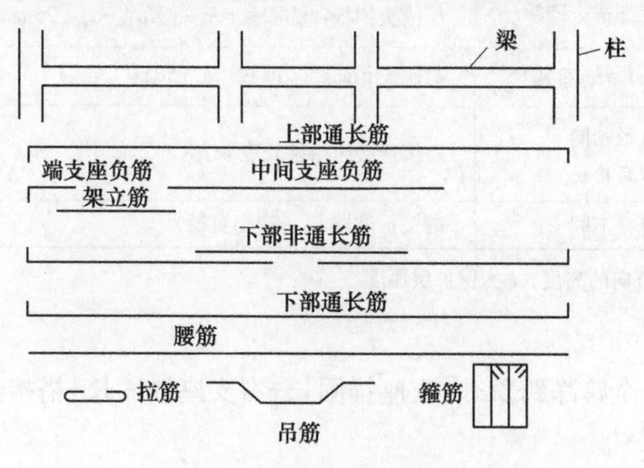

图3-37　梁常见钢筋形式

3.4.1　楼层框架梁（KL）钢筋计算

楼层框架梁钢筋骨架的轴测投影如图3-38所示。

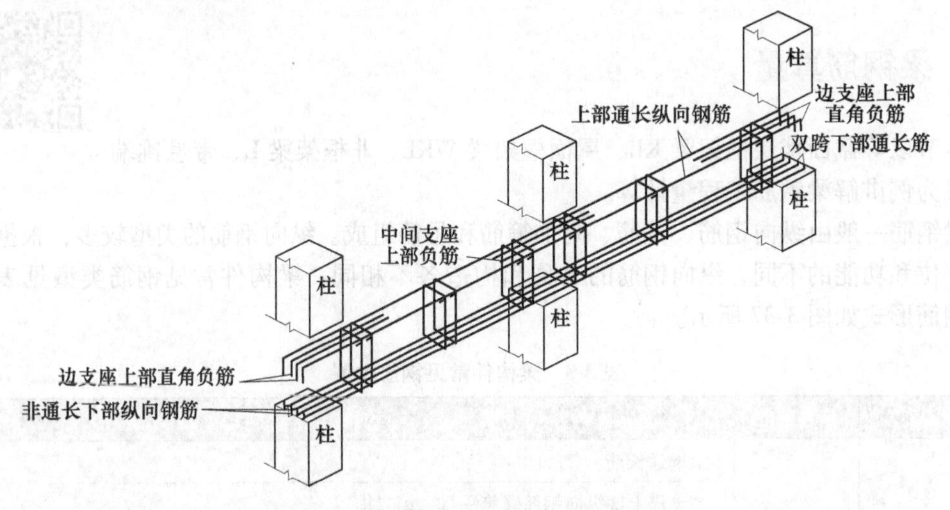

图 3-38　楼层框架梁钢筋骨架的轴测投影

1. 上部通长筋

(1) 构造依据　楼层框架梁上部通长筋、支座上部纵向钢筋、架立筋、下部纵向钢筋构造参见平法图集中的“楼层框架梁 KL 纵向钢筋构造”(22G101-1 图集第 2-33 页)。上部通长筋可以是同一直径钢筋，也可以是不同直径的支座上部纵向钢筋和跨中受力钢筋连接而成。上部通长筋在支座内有直锚、弯锚、加锚头锚板几种锚固形式。依据图集构造要求，结合第 3.3.2 节构造说明，上部通长筋的构造见表 3-4。

表 3-4　楼层框架梁上部通长筋的锚固与连接

类型	构造	
上部通长筋锚固	$(h_c-c)<l_{aE}$ 弯锚或加锚头锚板	弯锚：锚固长 $=h_c-c-d_{柱箍}-d_{柱}-25mm+15d$
		加锚头锚板：锚固长 $=h_c-c-d_{柱箍}-d_{柱}-25mm$
	$(h_c-c)\geq l_{aE}$ 直锚	锚固长 $=\max(l_{aE}, 0.5h_c+5d)$
上部通长筋连接	直径相同（以短接长）	搭接连接时搭接长度取 l_{lE}
	直径不同	搭接长度取 l_{lE}（按小直径）

注：h_c 为柱截面沿框架方向的高度，c 为保护层厚度。

(2) 钢筋计算

上部通长筋长度=全跨净跨长+左支座锚固长+右支座锚固长+搭接长

搭接长=接头个数×l_{lE}

接头个数=$\lceil$上部通长筋长度/9000-1$\rceil$（$\lceil\ \rceil$表示向上取整）

对焊连接和机械连接时搭接长度为 0。

钢筋质量=单根钢筋长度×钢筋根数×钢筋单位质量

【例 3-1】　某楼层框架梁 KL15(3) 平法施工图如图 3-39 所示。抗震等级一级，所有混凝土构件强度等级均为 C30，梁、柱保护层厚度 20mm，柱纵向钢筋直径 25mm，箍筋直径为

10mm，计算上部通长筋长度。

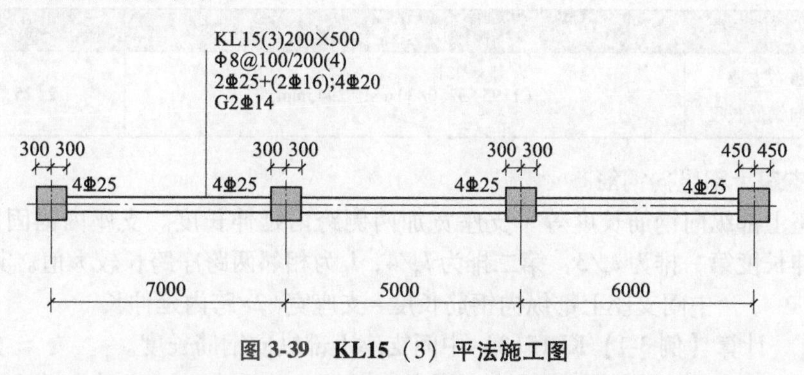

图 3-39　KL15（3）平法施工图

解：KL15(3) 上部通长钢筋长度计算过程详见表 3-5。

表 3-5　KL15（3）上部通长钢筋长度计算过程

序号	计算步骤	计算过程	备注
①	判断锚固条件	$l_{aE}=40d=40\times25$mm=1000mm 左端：h_c-c=(600−20)mm=580mm<1000mm 右端：h_c-c=(900−20)mm=880mm<1000mm	左端为弯锚； 右端为弯锚
②	计算锚固长度	左端锚固长=(600−20−10−25−25+15×25)mm=895mm 右端锚固长=1195mm	
③	上部通长筋长度	(7000+5000+6000−300−450) mm+895mm+1195mm=19340mm	
④	钢筋质量	19. 34×2×3. 85kg=149kg	2Φ25
⑤	钢筋简图		
⑥	接头个数	⌈19340/9000−1⌉=2	按机械连接

2. 端支座上部纵向钢筋

端支座上部纵向钢筋长度由支座内锚固长度和跨内延伸长度组成。支座内锚固同上部通长筋，跨内延伸长度第一排为 $l_{n1}/3$，第二排为 $l_{n1}/4$，l_{n1}为端跨净跨长。其计算公式：

端支座上部纵向钢筋长度=支座内锚固长+跨内延伸长

【例 3-2】　计算【例 3-1】KL15(3) 端支座上部纵向钢筋长度。

解：本例中，端支座为第一跨左支座和第三跨右支座。KL15(3) 端支座上部纵向钢筋长度计算过程详见表 3-6。

表 3-6　KL15（3）端支座上部纵向钢筋长度计算过程

序号	计算步骤	计算过程	备注
①	计算第一跨净长	l_{n1}=(7000−300−300)mm=6400mm	
②	计算第三跨净长	l_{n3}=(6000−300−450)mm=5250mm	
③	第一跨左支座上部纵向钢筋长度	(895+6400/3)mm=3029mm	2Φ25，第一排

（续）

序号	计算步骤	计算过程	备注
④	第三跨右支座上部纵向钢筋长度	(1195+5250/3) mm = 2945mm	2⌀25，第一排

3. 中间支座上部纵向钢筋

中间支座上部纵向钢筋长度等于支座宽加两侧跨内延伸长度。支座内锚固同上部通长筋，跨内延伸长度第一排为 $l_n/3$，第二排为 $l_n/4$，l_n 为相邻两跨净跨长较大值。其计算公式：

中间支座上部纵向钢筋长度=支座宽+2×跨内延伸长

【例 3-3】 计算【例 3-1】KL15(3) 中间支座上部纵向钢筋长度。

解：本例中中间支座有两个，第一跨右支座（第二跨左支座）和第二跨右支座（第三跨左支座）。KL15(3) 中间支座上部纵向钢筋长度计算过程详见表 3-7。

表 3-7 KL15(3) 中间支座上部纵向钢筋长度计算过程

序号	计算步骤	计算过程	备注
①	计算第二跨净长	l_{n2} = (5000−300−300) mm = 4400mm	
②	支座宽	柱边长 600mm	
③	第一跨右支座上部纵向钢筋长度	600mm+2×(6400/3) mm = 600mm+2×2134mm = 4868mm	2⌀25，第一排
④	第二跨右支座上部纵向钢筋长度	600mm+2×(5250/3) mm = 600mm+2×1750mm = 4100mm	2⌀25，第一排

4. 架立筋

架立筋与支座上部纵向钢筋搭接，搭接长度为 150mm 的固定值。

每跨架立筋长=本跨净跨长−本跨左支座上部纵向钢筋跨内延伸长−本跨右支座上部纵向钢筋跨内延伸长+150×2

【例 3-4】 计算【例 3-1】KL15 中架立筋长度。

解：KL15(3) 架立筋长度计算过程详见表 3-8。

表 3-8 KL15(3) 架立筋长度计算过程

序号	计算步骤	计算过程	备注
①	计算第一跨净长	l_{n1} = (7000−300−300) mm = 6400mm	$l_{n1}/3$ = 2134mm
②	计算第二跨净长	l_{n2} = (5000−300−300) mm = 4400mm	$l_{n2}/3$ = 1467mm
③	计算第三跨净长	l_{n3} = (6000−300−450) mm = 5250mm	$l_{n3}/3$ = 1750mm
④	计算第一跨架立筋长	(6400−2134−2134+150×2) mm = 2432mm	2⌀16
⑤	计算第二跨架立筋长	(4400−2134−1750+150×2) mm = 816mm	2⌀16
⑥	计算第三跨架立筋长	(5250−1750−1750+150×2) mm = 2048mm	2⌀16

5. 梁侧面纵向钢筋

梁侧面纵向钢筋有侧面纵向构造钢筋（G）和受扭钢筋（N）两种配筋形式。梁侧面纵向钢筋构造参见平法图集中的“梁侧面纵向构造筋和拉筋”。其构造见表 3-9。

表 3-9　梁侧面纵向钢筋的锚固与搭接

类　型	构　造	
侧面纵向构造钢筋（G）	锚固	15d
	搭接	15d
侧面纵向受扭钢筋（N）	锚固	同框架梁下部纵向钢筋
	搭接	l_{lE}

其计算公式：

侧面纵向钢筋长=净跨长+左支座锚固长+右支座锚固长+搭接长

【例 3-5】　计算【例 3-1】KL15(3) 中侧面纵向构造钢筋长度。

解：KL1(3) 侧面纵向构造钢筋长度计算过程详见表 3-10。

表 3-10　KL15（3）侧面纵向构造钢筋长度计算过程

序号	计算步骤	计算过程	备注
①	计算全跨跨净长	l_n=(7000+5000+6000−300−450)mm=17250mm	
②	计算侧面纵向构造钢筋长	(17250+15×14×2)mm=17670mm	G2⌽14
③	接头个数	⌈17670/9000−1⌉=1	

6. 拉筋

拉筋构造参见平法设计标准图集中的“梁侧面纵向构造筋和拉筋”。当梁配有侧面纵向钢筋时，需同时设置拉筋。当梁宽不大于 350mm 时，拉筋直径为 6mm；当梁宽大于 350mm 时，拉筋直径为 8mm。拉筋间距为非加密区间距的 2 倍。拉筋弯钩构造有图 3-40 所示的三种形式，具体形式由设计者指定。

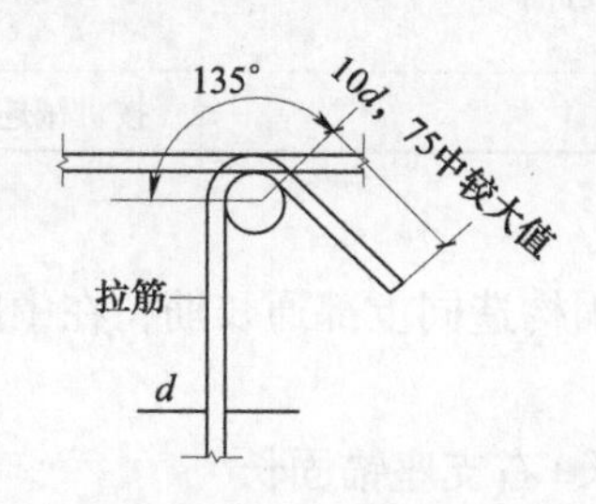

a) 拉筋紧靠箍筋并钩住纵向钢筋

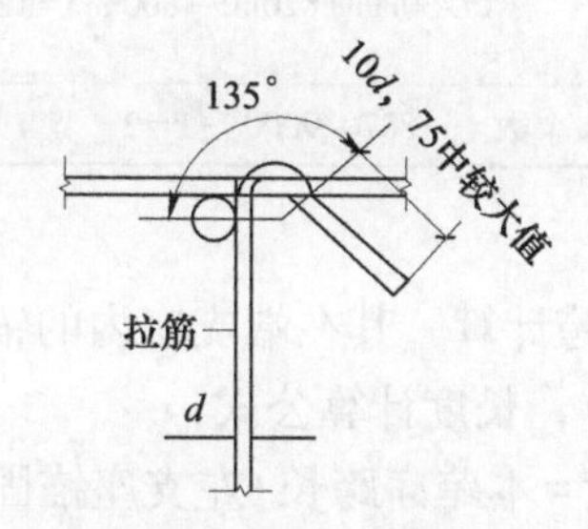

b) 拉筋紧靠纵向钢筋并钩住纵向钢筋

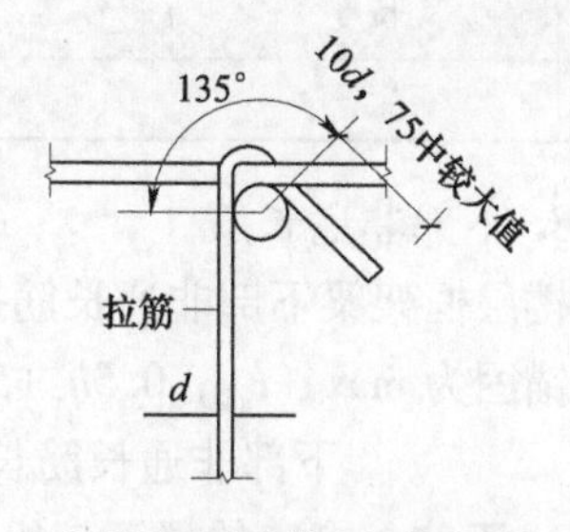

c) 拉筋同时钩住纵向钢筋和箍筋

图 3-40　拉筋弯钩构造

当拉筋勾住箍筋时，拉筋长度计算公式：

拉筋长度=梁宽−2×保护层厚度+2d+2×11. 9d

当拉筋紧靠箍筋时，拉筋长度计算公式：

拉筋长度=梁宽−2×保护层厚度+2×11. 9d

拉筋根数=∑⌈(每跨净跨长−50mm×2)/(2×非加密区间距)+1⌉

【例 3-6】　计算【例 3-1】KL15(3) 中拉筋的长度和根数。

解：KL15(3) 的宽度为 200mm，非加密区间距为 200mm，故配置的拉筋应为⌽6@400。按拉筋勾住箍筋考虑，拉筋长度和根数计算见表 3-11。

表 3-11　KL15（3）拉筋计算过程

序号	计算步骤	计算过程	备注
①	计算拉筋长度	l_n=(200−2×20+2×6+2×11.9×6)mm=314.8mm	
②	计算拉筋根数	⌈(6400−50×2)/400+1⌉+⌈(4400−50×2)/400+1⌉ +⌈(5250−50×2)/400+1⌉=17+12+14=43	ϕ6@400

7. 下部通长筋

楼层框架梁下部通长筋构造同上部通长筋构造，其长度计算公式：

下部通长筋长度=全跨净跨长+左支座锚固长+右支座锚固长+搭接长

【例 3-7】　计算【例 3-1】KL15(3) 下部通长筋长度。

解：下部通长筋计算见表 3-12。

表 3-12　KL15(3) 下部通长筋计算过程

序号	计算步骤	计算过程	备注
①	判断锚固条件	$l_{aE}=40d=40\times20$mm=800mm 左端：h_c-c=(600−20)mm=580mm<800mm 右端：h_c-c=(900−20)mm=880mm>800mm	左端弯锚； 右端直锚
②	计算锚固长度	左端锚固长=(600−20−10−25−25+15×20)mm=820mm 右端锚固长=max(l_{aE}, 0.5h_c+5d) =max[40×25mm,(450+5×20)mm]=800mm	
③	下部通长筋长度	17250mm+820mm+800mm=18870mm	4⌀20
④	接头个数=⌈18870/9000⌉−1=2		按机械连接

8. 下部非通长筋

楼层框架梁下部非通长筋按跨计算，其在端支座内的锚固构造同上部通长筋，在中间支座的锚固为 max（l_{aE}，$0.5h_c+5d$），长度计算公式：

下部非通长筋长度=本跨净跨长+左支座锚固长+右支座锚固长

9. 不伸入支座的梁下部纵向钢筋

楼层框架梁不伸入支座的梁下部纵向钢筋构造参见平法图集中的“不伸入支座的梁下部纵向钢筋断点位置”。其长度计算公式：

钢筋长度=$0.8l_{ni}$

10. 箍筋

楼层框架梁箍筋构造参见平法图集中的“梁箍筋构造”。箍筋长度计算公式（按外边线）：

大箍筋长度=$2(b+h)-8c+2\times[1.9d+\max(10d,75\text{mm})]$

小箍筋长度=$2(h-2c)+[(b-2c-2d-D)/(b$ 边纵向钢筋根数$-1)\times$间距数$+D+2d]\times2+2\times[1.9d+\max(10d,75\text{mm})]$

箍筋在梁净跨内布置，其起步距离（距柱内边距离）为 50mm，箍筋加密区范围：一级抗震为 max（$2h_b$，500mm），二~四级抗震为 max（$1.5h_b$，500mm），h_b为梁高。箍筋根数计算公式：

某跨梁箍筋根数=⌈（本跨左端加密区-50mm）/加密间距+1⌉+⌈本跨右端加密区/加密间距+1⌉+⌈本跨中部非加密区/非加密间距-1⌉

【例 3-8】 计算【例 3-1】KL15(3) 箍筋长度和根数。

解： 箍筋长度和根数计算见表 3-13。

表 3-13　KL15(3) 箍筋长度和根数计算过程

序号	计算步骤	计算过程	备注
①	计算大箍筋长度	[2×(200+500)-8×20+2×11.9×8]mm=1430.4mm	
②	计算小箍筋长度	2×(500-2×20)mm+[(200-2×20-2×8-25)×1/(4-1)+25+2×8]×2mm+2×11.9×8mm=1272mm	
③	合计长度	1430.4mm+1272mm=2704.4mm	ϕ8@100/200(4)
④	计算加密区长	$2h_b$=2×500mm=1000mm	一级抗震
⑤	计算第1跨箍筋根数	⌈(1000-50)/100+1⌉×2+⌈(6400-1000×2)/200-1⌉=11×2+21=43	
⑥	计算第2跨箍筋根数	⌈(1000-50)/100+1⌉×2+⌈(4400-1000×2)/200-1⌉=11×2+11=33	
⑦	计算第3跨箍筋根数	⌈(1000-50)/100+1⌉×2+⌈(5250-1000×2)/200-1⌉=11×2+16=38	
⑧	合计根数	43+33+38=114	

11. 附加箍筋

附加箍筋构造参见平法图集中的“梁箍筋构造”。附加箍筋布置在主次梁相交处的主梁上，其长度计算同主梁箍筋，根数按设计图直接计算。附加箍筋范围主梁正常箍筋照设。

12. 吊筋

吊筋构造参见平法图集中的“梁箍筋构造”。吊筋布置在主次梁相交处的主梁上，其构造如图 3-41 所示。

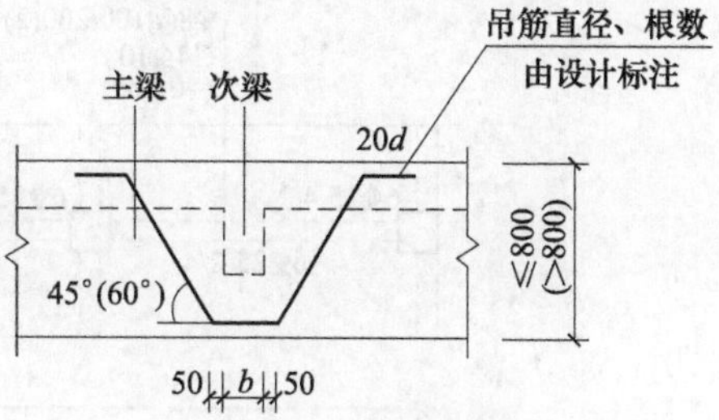

图 3-41　吊筋构造

吊筋计算公式：

$$吊筋长度 = b_{次梁} + 2 \times 50\text{mm} + 2 \times [(h_b - 2c)/\sin\alpha] + 2 \times 20d$$

式中　h_b——主梁高，当 $h_b \leqslant 800$mm，$\alpha=45°$；当 $h_b \geqslant 800$mm，$\alpha=60°$。

【例 3-9】 某楼层框架梁 KL16(2) 平法施工图如图 3-42 所示。抗震等级一级，所有混凝土构件强度等级均为 C30，梁、柱保护层厚度 20mm，柱纵向钢筋直径 25mm，计算吊筋长度。

解： 已知次梁 L2 梁宽为 200mm，主梁 KL16(2) 高为 500mm，故：

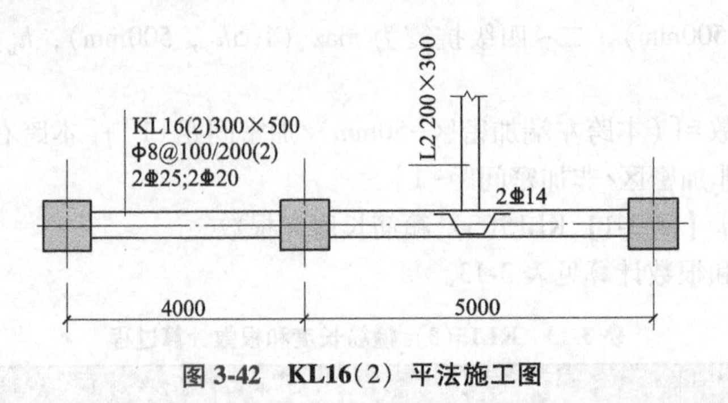

图 3-42　KL16（2）平法施工图

$$吊筋长度 = 200\text{mm} + 2\times50\text{mm} + 2\times[(500-2\times20)\times1.414]\text{mm} + 2\times20\times14\text{mm} = 1482.16\text{mm}$$

【例 3-10】 KL2（3）平法施工图如图 3-43 所示，已知框架结构抗震等级三级，所有混凝土构件强度等级均为 C30，梁、柱保护层厚度 20mm，柱纵向钢筋直径 22mm，柱支座宽 600mm，绘制 KL2（3）钢筋示意图。

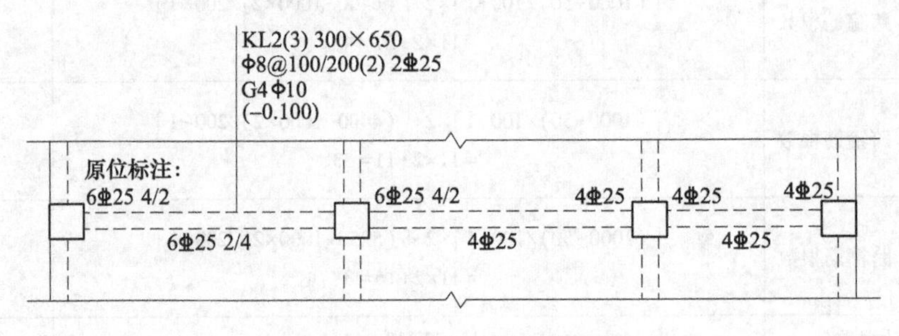

图 3-43　KL2（3）平法施工图

解：钢筋示意图如图 3-44 所示。

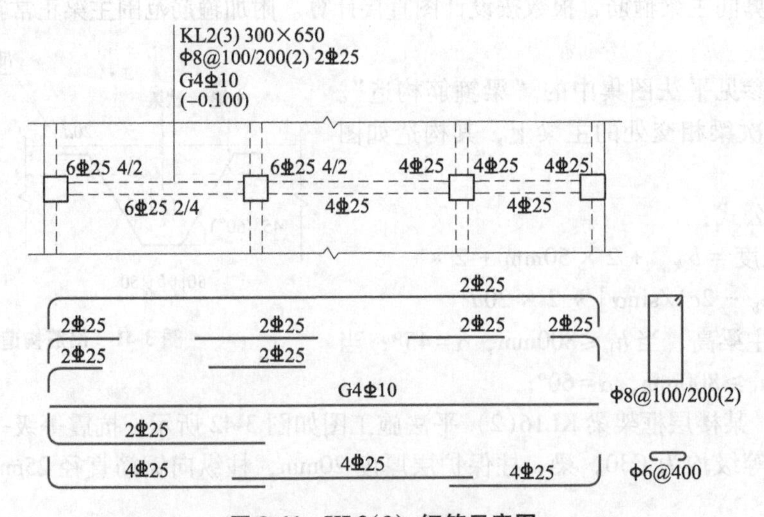

图 3-44　KL2（3）钢筋示意图

3.4.2 屋面框架梁（WKL）钢筋计算

屋面框架梁上部通长筋、支座上部纵向钢筋、架立筋、下部通长筋构造参见平法设计标准图集中的“屋面框架梁WKL纵向钢筋构造”。屋面框架梁箍筋加密区范围构造参见平法图集中的“梁箍筋构造”。屋面框架梁除上部纵向钢筋端支座锚固不同于楼层框架梁外，其余部分纵向钢筋和箍筋构造同楼层框架梁。屋面框架梁除上部纵向钢筋端支座锚固只有弯锚，没有直锚。结合“KZ边柱和角柱柱顶纵向钢筋构造”，弯锚构造有弯至梁底（柱包梁）和下弯1.7l_{abE}（梁包柱）两种构造。

【例3-11】 某屋面框架梁WKL15(3) 平法施工图如图3-45所示。抗震等级一级，所有混凝土构件强度等级均为C30，梁、柱保护层厚度20mm，柱纵向钢筋直径25mm，箍筋直径10mm，计算上部通长筋和端支座上部纵向钢筋长度（按弯至梁底构造）。

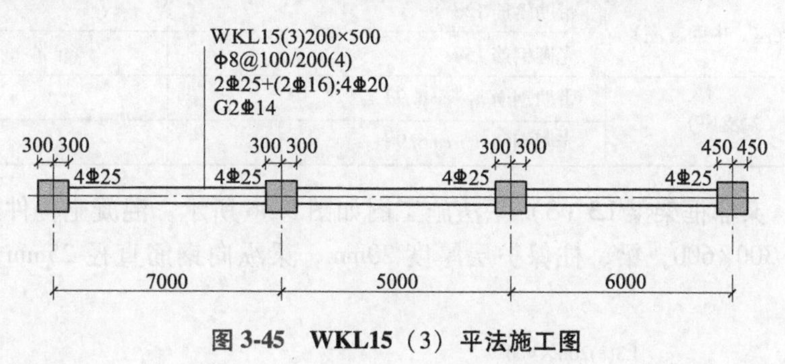

图3-45 WKL15（3）平法施工图

解：梁高为500mm，WKL15(3) 上部通长钢筋和端支座上部纵向钢筋长度计算过程详见表3-14。

表3-14 WKL15(3) 上部通长钢筋和端支座上部纵向钢筋长度计算过程

序号	计算步骤	计算过程	备注
①	计算锚固长度	左端锚固长=（600-20-10-25-25+500-2×20）mm=980mm 右端锚固长=（900-20-10-25-25+500-2×20）mm=1280mm	全部弯锚至梁底
②	计算上部通长筋长度	（7000+5000+6000-300-450）mm+980mm+1280mm=19510mm	2Φ25
③	计算通长筋接头个数	⌈19510/9000-1⌉=2	按机械连接
④	第一跨左支座上部纵向钢筋长度	（980+6400/3）mm=3114mm	2Φ25，第一排
⑤	第三跨右支座上部纵向钢筋长度	（1280+5250/3）mm=3030mm	2Φ25，第一排

3.4.3 非框架梁（L、Lg）钢筋计算

非框架梁钢筋构造参见平法设计标准图集中的“非框架梁L、Lg、LN配筋构造”。非框架梁钢筋构造一般按非抗震考虑，下部纵向钢筋在支座处锚固一般按简支支座考虑，一般无箍筋加密区。依据图集构造要求，结合3.3.3节构造说明，非框架梁钢筋构造见表3-15。

表 3-15　非框架梁钢筋构造

部位	类型	锚固长度	跨内延伸长度
上部钢筋	端支座按铰接设计	直锚锚固长 $=l_a$	第一排 $l_{n1}/5$
		弯锚锚固长 $=h_b-c+15d$ 直锚段长度应 $\geqslant 0.35l_{ab}$	
	端支座按充分利用钢筋的抗拉强度设计	直锚锚固长 $=l_a$	第一排 $l_{n1}/3$
		弯锚锚固长 $=h_b-c+15d$ 直锚段长度应 $\geqslant 0.6l_{ab}$	
	中间支座	支座宽+跨内外伸长度	第一排 $l_n/3$ 第二排延伸长度为 $l_n/4$
下部钢筋	直锚（端支座、中间支座）	带肋钢筋 $12d$	
		光圆钢筋 $15d$	
	弯锚（端支座）	带肋钢筋 $h_b-c+6.9d$	
		光圆钢筋 $h_b-c+6.9d$	

【例 3-12】　某非框架梁 L3（3）平法施工图如图 3-46 所示。混凝土构件强度等级均为 C30，主梁截面 300×600，梁、柱保护层厚度 20mm，梁纵向钢筋直径 25mm，计算 L3（3）钢筋工程量。

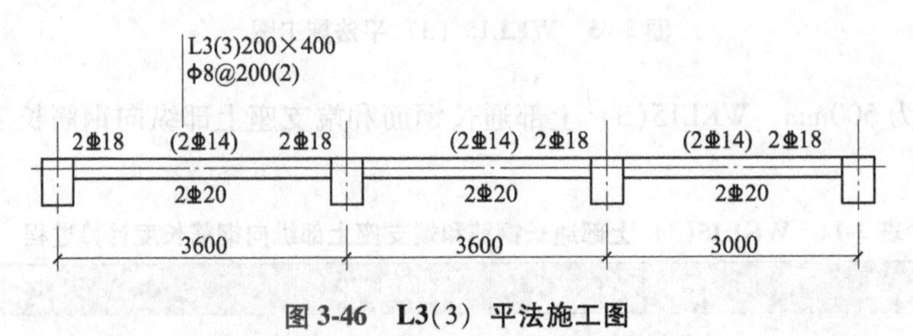

图 3-46　L3(3) 平法施工图

解：L3(3) 钢筋工程量计算过程详见表 3-16。

表 3-16　L3(3) 钢筋工程量计算过程

序号	计算步骤	计算过程	备注
①	判断锚固条件	$l_a=35d=(35\times18)\text{mm}=630\text{mm}$ 左端：$h_b-c=300-20=280\text{mm}<630\text{mm}$ 右端：$h_b-c=300-20=280\text{mm}<630\text{mm}$ $0.35l_{ab}=0.35\times35\times18=220.5\text{mm}$	弯锚
②	计算上部纵向钢筋支座锚固长度	锚固长 $=(300-20+15\times18)\text{mm}=550\text{mm}$	弯锚
③	计算第 1 支座上部纵向钢筋长	左锚固+跨内延伸长度 $=550\text{mm}+(3600-300)/5\text{mm}=(550+660)\text{mm}=1210\text{mm}$	2Φ18

（续）

序号	计算步骤	计算过程	备注
④	计算第2支座上部纵向钢筋长	支座宽+2×跨内延伸长度 =300mm+2×(3600−300)/3mm=2500mm	2Φ18
⑤	计算第3支座上部纵向钢筋长	支座宽+2×跨内外伸长度 =300mm+2×(3600−300)/3mm=2500mm	2Φ18
⑥	计算第4支座上部纵向钢筋长	右锚固+跨内外伸长度 =550mm+(3000−300)/5mm=(550+540)mm=1090mm	2Φ18
⑦	计算架立筋长度	(3300−660−1100+150×2+3300−1100−1100+150×2 +2700−1100−540+150×2)mm=28900mm	2Φ14
⑧	计算下部纵向钢筋长度	(3300+3300+2700+6×12×20)mm=10740mm	2Φ20
⑨	箍筋长度	2×(200+400)mm−8×20mm+2×11.9×8mm =1230.4mm	φ8@200(2)
⑩	箍筋根数	第1跨:⌈(3300−50×2)/200+1⌉=17 第2跨:17 第3跨:⌈(2700−50×2)/200+1⌉=14 合计:48	起步距离50mm

3.4.4 悬挑梁（XL）及各类梁的悬挑端钢筋计算

悬挑梁（XL）及各类梁的悬挑端钢筋构造参见平法图集中的“纯悬挑梁（XL）及各类梁的悬挑端钢筋构造”。各类梁的悬挑端上部钢筋与跨内上部通长筋和端支座上部纵向钢筋连通构造，纯悬挑梁钢筋锚固于支座。依据图集构造要求，结合第3.3.4节构造说明，悬挑梁（XL）及各类梁的悬挑端纵向钢筋构造归纳总结见表3-17。

表3-17 悬挑梁（XL）及各类梁的悬挑端纵向钢筋构造

<table>
<tr><th>类型</th><th>部位</th><th colspan="2">构　造</th></tr>
<tr><td rowspan="6">悬挑端钢筋构造</td><td rowspan="3">上部钢筋第一排</td><td>至少2根角筋，且不少于第一排钢筋的1/2</td><td>伸至悬挑端下弯12d</td></tr>
<tr><td>其余纵向钢筋</td><td>伸至悬挑梁端部下弯45°后沿悬挑梁弯折10d</td></tr>
<tr><td>当$l<4h_b$时</td><td>全部钢筋伸至外端下弯12d</td></tr>
<tr><td rowspan="2">上部钢筋第二排</td><td></td><td>在0.75l处下弯45°后沿悬挑梁弯折10d</td></tr>
<tr><td>当$l<5h_b$时</td><td>全部钢筋伸至外端下弯12d</td></tr>
<tr><td>下部钢筋</td><td></td><td>支座处锚固15d，伸至悬挑端截断</td></tr>
<tr><td rowspan="2">纯悬挑梁钢筋构造</td><td>上部钢筋</td><td colspan="2">外伸部分与悬端上部钢筋构造相同；支座内弯锚为伸至柱外侧钢筋内侧弯折15d</td></tr>
<tr><td>下部钢筋</td><td colspan="2">支座处锚固15d，伸至悬挑端截面</td></tr>
</table>

【例 3-13】 某框架梁 KL5(2A) 平法施工图如图 3-47 所示。一级抗震，混凝土构件强度等级均为 C30，柱截面 600×600，柱纵向钢筋直径 25mm。梁、柱保护层厚度 20mm。试计算 KL5(2A) 悬挑端上、下部纵向钢筋和箍筋长度。

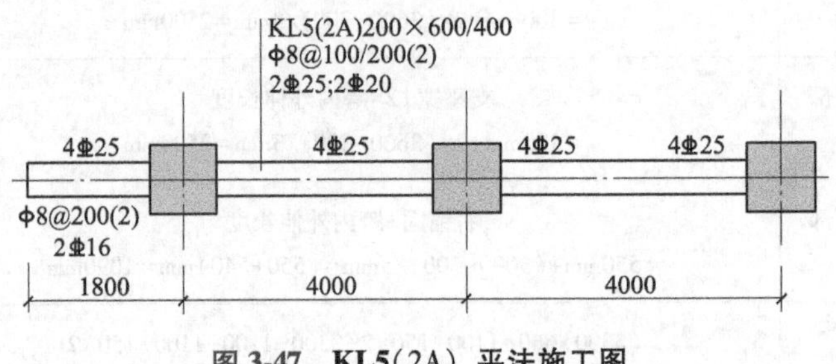

图 3-47 KL5(2A) 平法施工图

解：分析图 3-47，悬挑部分的 4⌀25 可分解为由 2⌀25 的上部通长筋带悬挑钢筋和 2⌀25 的拉通悬挑端、第一跨和中间支座上部纵向钢筋的钢筋组成。KL5(2A) 钢筋计算过程详见表 3-18。

表 3-18 KL5 (2A) 钢筋计算过程

序号	计算步骤	计算过程	备注
①	判断锚固条件	$l_{aE}=40d=(40\times25)\text{mm}=1000\text{mm}$ 右端：$h_c-c=(600-20)\text{mm}=580\text{mm}<1000\text{mm}$	弯锚
②	计算右端锚固长	右端锚固长$=(600-20-10-25-25+15\times25)\text{mm}=895\text{mm}$	
③	判断悬挑端上排纵向钢筋长度	$l=(1800-300)\text{mm}=1500(\text{mm})<4h_b=4\times600\text{mm}=2400\text{mm}$	全部伸至悬挑端下弯 $12d$
④	计算上部通长筋带悬挑梁上部纵向钢筋	全跨净跨长+右支座锚固长+悬挑部分长 $[(4000+4000-300)+895+1800-20+12\times25]\text{mm}=10675\text{mm}$	2⌀25 接头 1 个
⑤	中间支座上部纵向钢筋拉通第一跨和悬挑端上部纵向钢筋长度	悬挑端外伸长+第一跨净跨长+支座宽+中间支座延伸长 $[1800-20+12\times25+4000+300+(4000-300\times2)/3]\text{mm}=7514\text{mm}$	2⌀25 伸至悬挑端下弯 $12d$
⑥	悬挑端下部钢筋长度	锚固长+外伸长 $=(15\times16+1800-300-20)\text{mm}=1720\text{mm}$	2⌀16
⑦	悬挑端箍筋	长度$=2\times(b+h)-8c+2\times[1.9d+\max(10d,75\text{mm})]$ $=2\times(200+500)\text{mm}-8\times20\text{mm}+2\times11.9\times8\text{mm}=1430.4\text{mm}$ 根数$=\lceil(1800-300-50-20)/200+1\rceil=9$	ф8@200(2)

3.5 本章小结

1）梁平法施工图设计表示方法有平面注写方式和截面注写方式两种，实际应用时一般以平面注写方式为主，截面注写方式为辅。

2）平面注写方式是在分标准层绘制的梁平面布置图上，直接注写截面尺寸和配筋的具体数值，包括集中标注和原位标注两部分。集中标注主要表达通用于梁各跨的设计数值，原位标注主要表达梁本跨的设计数值及修正集中标注中不适用于本跨梁的内容。施工时，原位标注取值优先。

3）集中标注内容有六项：梁编号、截面尺寸、箍筋、上部通长筋或架立筋、侧面构造筋或受扭纵向钢筋、梁顶面相对标高高差。前五项为必注值。第六项为选注值。

4）原位标注的具体内容有四项：梁支座上部纵向钢筋、梁下部纵向钢筋、修正集中标注中某项或某几项不适用于本跨的内容、附加箍筋或吊筋。

5）截面注写方式为在分标准层绘制的梁平面布置图上用截面配筋图表达梁平法施工图的一种。在相同的编号的梁中选择一根梁用剖面号引出配筋图，并在其上注写截面尺寸和配筋；截面注写方式既可单独使用，也可以与平面注写方式结合使用，优先采用平面注写方式。一个设计的梁的标注选择何种注写方式，由设计者自行选择。

6）梁平法施工图设计构造包括框架梁、非框架梁、框架扁梁、井字梁及悬挑梁的设计构造。各种梁的通长筋、梁上部支座负弯矩筋、下部跨中受力纵向钢筋、架立筋和箍筋应分别满足规范所规定的构造要求。

7）梁钢筋算量包含纵向钢筋、箍筋、拉筋和吊筋等钢筋长度、根数和质量的计算。梁钢筋算量思路：识读梁平法施工图标注信息，结合22G101-1平法图集构造要求，计算梁内各钢筋长度和根数，换算各钢筋质量。

拓展动画视频

一级抗震楼层梁钢筋构造

抗震屋面梁钢筋构造

斜梁钢筋构造

非抗震楼层梁钢筋构造

非抗震层面梁钢筋构造

思考题

3-1　梁平法施工图表示方法有哪几种方式？

3-2　梁平法施工图上表示的内容有哪些？

3-3　如何对梁进行编号？

3-4　梁平面注写方式包括哪些内容？各该如何表示？

3-5　梁截面注写方式包括哪些内容？各该如何表示？

3-6　用平面注写和截面注写方式对思考题2-7所示框架梁分别表示梁的平法施工图。

3-7　框架梁纵向钢筋在支座附近的延伸长度如何确定？

3-8　框架梁、非框架梁纵向钢筋在支座的锚固长度如何确定？

3-9　框架梁纵向钢筋通长筋数量有何要求？

3-10　框架梁、非框架梁箍筋如何构造？

3-11　各类悬挑梁的钢筋如何构造？

3-12 梁原位标注中的“/”“+”各表达什么信息？

3-13 梁下部纵向钢筋注写为 6⌀22 2(−2)/4 表示什么意思？

3-14 G4⌀12 和 N4⌀12 有什么相同和不同之处？

3-15 描述图 3-48 框架梁集中标注和原位标注的含义。

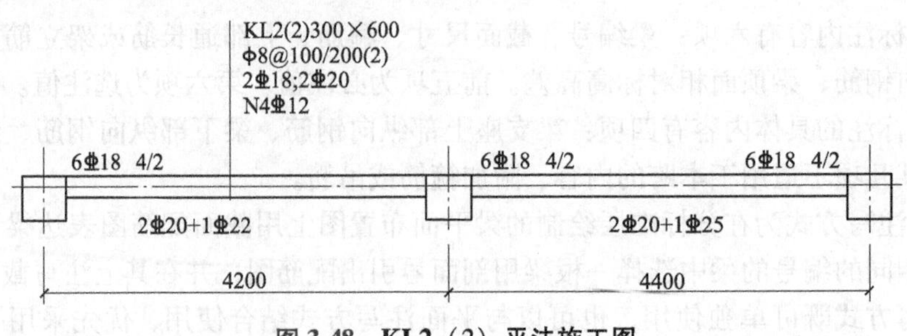

图 3-48 KL2（2）平法施工图

3-16 计算图 3-48 中 KL2(2) 的钢筋工程量。已知梁、柱保护层厚度为 20mm，混凝土强度等级为 C30，框架结构抗震等级二级。柱纵向钢筋类别为 HRB400，直径为 25mm，柱箍筋类型为 HPB300，直径 8mm。

3-17 按表 3-19 格式，计算图 3-49 中 KL5(2A) 钢筋工程量。已知条件同思考题 3-16。

表 3-19 钢筋工程量计算表

序号	钢筋名称	规格直径/mm	钢筋简图	计算公式	根数	单根长度/m	总长/m	总质量/kg

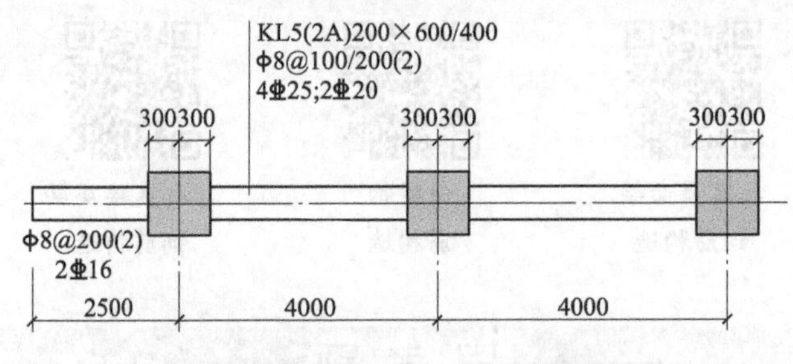

图 3-49 KL5（2A）平法施工图

3-18 绘制图 3-50 中 KL3(3) 钢筋示意图。已知条件同思考题 3-16。

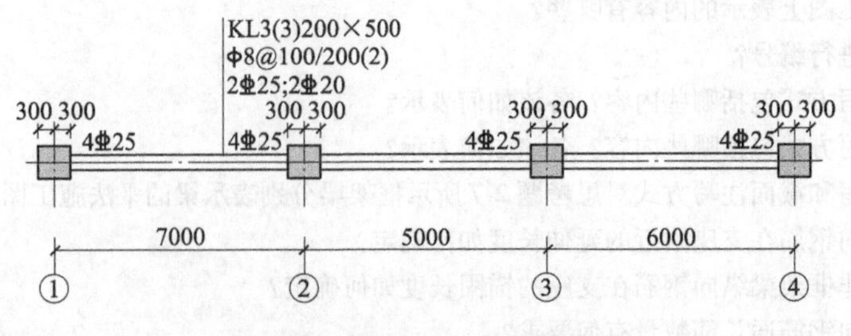

图 3-50 KL3（3）平法施工图

剪力墙施工图设计与钢筋算量 第4章

本章学习目标

了解剪力墙的概念和作用；

理解剪力墙墙柱、墙身和墙梁的概念和分类；

掌握剪力墙列表注写表达方式，包括剪力墙墙柱表、墙身表和墙梁表的表达内容；

掌握剪力墙截面注写表达方式及剪力墙洞口的表示方法；

熟悉剪力墙墙身水平钢筋构造要求、剪力墙墙身竖向钢筋构造和剪力墙墙肢的概念；

熟悉约束边缘构件构造、构造边缘构件构造、扶壁柱及非边缘暗柱的构造；

熟悉剪力墙连梁、暗梁、边框梁等的构造要求；

熟悉剪力墙墙柱、墙身和墙梁的钢筋算量方法。

4.1 剪力墙平法施工图设计

建筑物中的竖向承重构件主要由墙体承担时，这种墙体既承担水平构件传来的竖向荷载，又承担风力或地震作用传来的水平地震作用，剪力墙即由此而得名(《建筑抗震设计规范》定名为抗震墙)。

剪力墙平法施工图是在剪力墙平面布置图上采用列表注写方式或截面注写方式表达设计。剪力墙平面布置图可采用适当比例单独绘制，也可与柱或梁平面布置图合并绘制。当剪力墙较复杂或采用截面注写方式时，应按标准层分别绘制剪力墙平面布置图。在剪力墙平法施工图中，应按规定注明各结构层的楼面标高、结构层高及相应的结构层号，同时注明上部结构嵌固部位位置。对于轴线未居中的剪力墙（包括端柱），还应标注其偏心定位尺寸。

4.1.1 列表注写方式

为使施工图表达清楚、简便，将剪力墙视为由剪力墙柱、剪力墙身和剪力墙梁三类构件构成。列表注写方式是分别在剪力墙柱表、剪力墙身表和剪力墙梁表中，对应于剪力墙平面布置图上的编号，用绘制截面配筋图并注写几何尺寸与配筋具体数值的方式来表达剪力墙平法施工图。

墙柱是和剪力墙融为一体的柱子。其中约束边缘构件和构造边缘构件均为剪力墙端部的加强构件。它们之间的区别与抗震有关：约束边缘柱在抗震时能抵抗很大一部分地震带来的水平力，对剪力墙也有一定的加强作用；而构造边缘柱只是起加强剪力墙边缘的作用，它受地震力的作用很小，所以只要满足构造要求就行了，计算时一般也不考虑。

墙柱编号由墙柱类型代号和序号组成，表达形式应符合表 4-1 的规定。其中，约束边缘构件包括约束边缘暗柱、约束边缘端柱、约束边缘翼墙、约束边缘转角墙四种，如图 4-1 所示。构造边缘构件包括构造边缘暗柱、构造边缘端柱、构造边缘翼墙、构造边缘转角墙四种，如图 4-2 所示。

表 4-1　墙柱编号

墙柱类型	代号	序号
约束边缘构件	YBZ	××
构造边缘构件	GBZ	××
非边缘暗柱	AZ	××
扶壁柱	FBZ	××

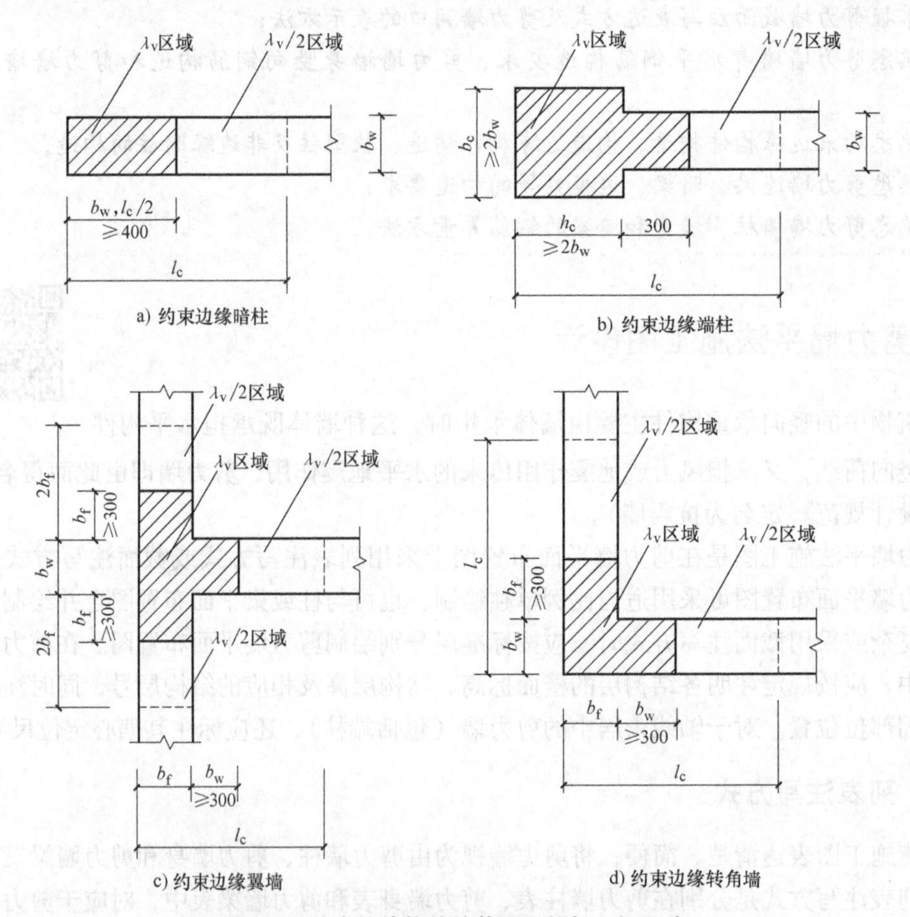

图 4-1　约束边缘构件的截面形状与几何尺寸

墙身的表示方法为 Q××（×排）：其中 Q 表示剪力墙，××表示墙的序号，（×排）表示剪力墙的钢筋配置排数。

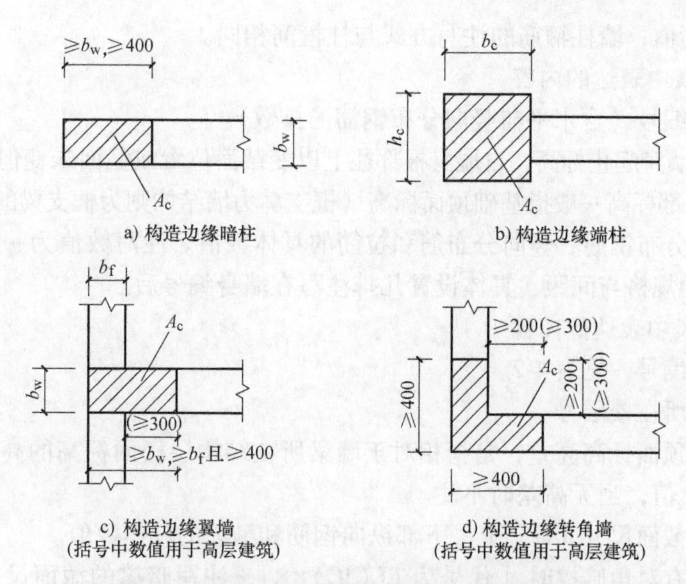

图 4-2　构造边缘构件的截面形状与几何尺寸

墙梁在平法施工图中分为连梁、暗梁和边框梁。连梁是指洞口上方的梁，暗梁位于墙顶（类似砌体结构中的圈梁），而边框梁指的是凸出墙身的梁。墙梁由墙梁类型、代号和序号组成，表达形式应符合表4-2的规定。在具体工程中，当某些墙身需设置暗梁或边框梁时，宜在剪力墙平法施工图中绘制暗梁或边框梁的平面布置简图并编号，以明确其具体位置。

表 4-2　墙梁编号

墙梁类型	代号	序号
连梁	LL	××
连梁（对角暗撑配筋）	LL（JC）	××
连梁（对角斜筋配筋）	LL（JX）	××
连梁（集中对角斜筋配筋）	LL（DX）	××
连梁（跨高比不小于5）	LLk	××
暗梁	AL	××
边框梁	BKL	××

各类型构件表达方式的规定如下：

1. 剪力墙柱表中表达的内容

1）注写墙柱编号（见表4-1）和绘制该墙柱的截面配筋图，标注墙柱几何尺寸。注意：约束边缘构件（见图4-1）需注明阴影部分，构造边缘构件（见图4-2）需注明阴影部分，扶壁柱及非边缘暗柱需标注几何尺寸。

2）注写各段墙柱的起止标高，自墙柱根部往上以变截面位置或截面未变但配筋改变处为界分段注写。墙柱根部标高一般指基础顶面标高（如为框支剪力墙结构则为框支梁顶面标高）。

3）注写各段墙柱的纵向钢筋和箍筋，注写值应与在表中绘制的截面配筋图对应一致。

纵向钢筋注总配筋值；墙柱箍筋的注写方式与柱箍筋相同。

2. 剪力墙身表中表达的内容

1）注写墙身编号（含水平与竖向分布钢筋的排数）。

2）注写各段墙身起止标高，自墙身根部往上以变截面位置或截面未变但配筋改变处为界分段注写。墙身根部标高一般指基础顶面标高（框支剪力墙结构则为框支梁的顶面标高）。

3）注写水平分布钢筋、竖向分布筋和拉筋的具体数值。注写数值为一排水平分布钢筋和竖向分布钢筋的规格与间距，具体设置几排注写在墙身编号后。

3. 剪力墙梁表中表达的内容

1）注写墙梁编号，见表 4-2。

2）注写墙梁所在楼层号。

3）注写墙梁顶面标高高差，是指相对于墙梁所在结构层楼面标高的高差值，高于者为正值，低于者为负值，当无高差时不注。

4）注写墙梁截面尺寸 $b×h$，上、下部纵向钢筋和箍筋的具体数值。

5）当连梁设有对角暗撑时［代号为 LL(JC)××］，注写暗撑的截面尺寸（箍筋外皮尺寸）；注写一根暗撑的全部纵向钢筋，并标注×2 表明有两根暗撑相互交叉；注写暗撑箍筋的具体数值。

6）当连梁设有交叉斜筋时［代号为 LL(JX)××］，注写连梁一侧对角斜筋的配筋值，并标注×2 表明对称设置；注写对角斜筋在连梁端部设置的拉筋根数、强度级别及直径，并标注×4 表示四个角都设置；注写连梁一侧折线筋配筋值，并标注×2 表明对称设置。

7）当连梁设有集中对角斜筋时［代号为 LL(DX)××］，注写一条对角线上的对角斜筋，并标注×2 表明对称设置。

8）跨高比不小于 5 的连梁，按框架梁设计时（代号为 LLk××），采用平面注写方式，注写规则同框架梁，可采用适当比例单独绘制，也可与剪力墙平法施工图合并绘制。图 4-3 和图 4-4 为-0. 030~12. 270m 剪力墙平法施工图，绘图时可在结构层楼面标高、结构层高表中增加混凝土强度等级等栏目。图 4-3 中 l_c 为约束边缘构件沿墙肢的长度（实际工程中应注明具体值）。

4. 1. 2 截面注写方式

截面注写方式，是在分标准层绘制的剪力墙平面布置图上，采用直接在墙柱、墙身、墙梁上注写截面尺寸和配筋具体数值的方式来表达剪力墙平法施工图（见图 4-5）。

选用适当比例原位放大绘制剪力墙平面布置图，其中对墙柱绘制配筋截面图；对所有墙柱、墙身、墙梁按规定进行编号，并分别在相同编号的墙柱、墙身、墙梁中选择一根墙柱、一道墙身、一根墙梁进行注写，注写方式按以下规定进行：

1）从相同编号的墙柱中选择一个截面，原位绘制墙柱截面配筋图，注明几何尺寸，并在各配筋图上继其编号后标注全部纵向钢筋及箍筋的具体数值（注写方式与柱箍筋相同）。

2）从相同编号的墙身中选择一道墙身，按顺序引注的内容为墙身编号（应包括注写在括号内墙身所配置的水平与竖向分布钢筋的排数）、墙厚尺寸，水平分布钢筋、竖向分布钢筋和拉筋的具体数值。

3）从相同编号的墙梁中选择一根墙梁，按顺序引注的内容：

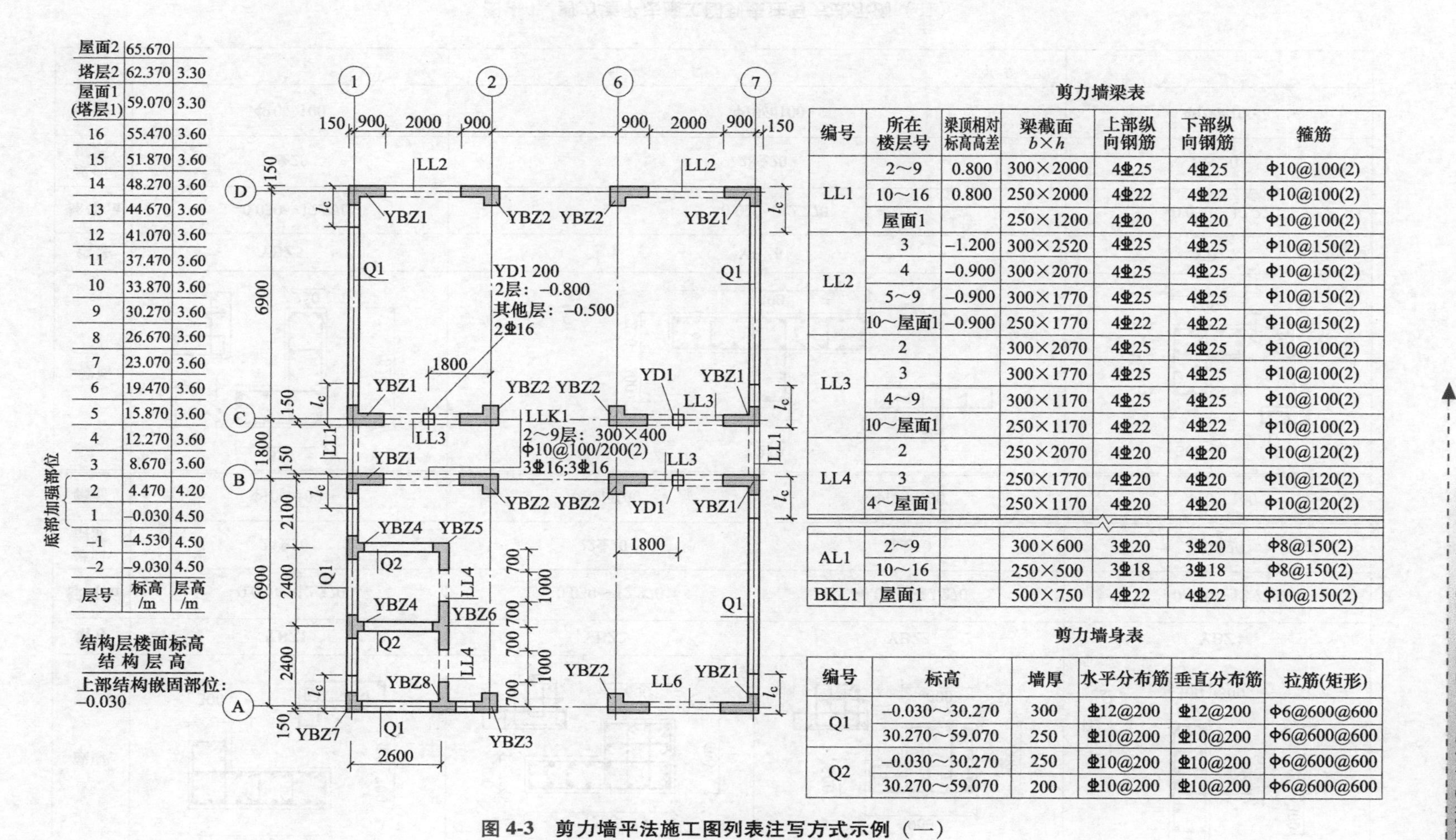

屋面2	65.670	
塔层2	62.370	3.30
屋面1（塔层1）	59.070	3.30
16	55.470	3.60
15	51.870	3.60
14	48.270	3.60
13	44.670	3.60
12	41.070	3.60
11	37.470	3.60
10	33.870	3.60
9	30.270	3.60
8	26.670	3.60
7	23.070	3.60
6	19.470	3.60
5	15.870	3.60
4	12.270	3.60
3	8.670	3.60
2	4.470	4.20
1	−0.030	4.50
−1	−4.530	4.50
−2	−9.030	4.50
层号	标高/m	层高/m

底部加强部位（1~2层）

结构层楼面标高
结 构 层 高
上部结构嵌固部位：
−0.030

剪力墙梁表

编号	所在楼层号	梁顶相对标高高差	梁截面 $b \times h$	上部纵向钢筋	下部纵向钢筋	箍筋
LL1	2~9	0.800	300×2000	4⌀25	4⌀25	Φ10@100(2)
	10~16	0.800	250×2000	4⌀22	4⌀22	Φ10@100(2)
	屋面1		250×1200	4⌀20	4⌀20	Φ10@100(2)
LL2	3	−1.200	300×2520	4⌀25	4⌀25	Φ10@150(2)
	4	−0.900	300×2070	4⌀25	4⌀25	Φ10@150(2)
	5~9	−0.900	300×1770	4⌀25	4⌀25	Φ10@150(2)
	10~屋面1	−0.900	250×1770	4⌀22	4⌀22	Φ10@150(2)
LL3	2		300×2070	4⌀25	4⌀25	Φ10@100(2)
	3		300×1770	4⌀25	4⌀25	Φ10@100(2)
	4~9		300×1170	4⌀25	4⌀25	Φ10@100(2)
	10~屋面1		250×1170	4⌀22	4⌀22	Φ10@100(2)
LL4	2		250×2070	4⌀20	4⌀20	Φ10@120(2)
	3		250×1770	4⌀20	4⌀20	Φ10@120(2)
	4~屋面1		250×1170	4⌀20	4⌀20	Φ10@120(2)
AL1	2~9		300×600	3⌀20	3⌀20	Φ8@150(2)
	10~16		250×500	3⌀18	3⌀18	Φ8@150(2)
BKL1	屋面1		500×750	4⌀22	4⌀22	Φ10@150(2)

剪力墙身表

编号	标高	墙厚	水平分布筋	垂直分布筋	拉筋(矩形)
Q1	−0.030~30.270	300	⌀12@200	⌀12@200	Φ6@600@600
	30.270~59.070	250	⌀10@200	⌀10@200	Φ6@600@600
Q2	−0.030~30.270	250	⌀10@200	⌀10@200	Φ6@600@600
	30.270~59.070	200	⌀10@200	⌀10@200	Φ6@600@600

图 4-3　剪力墙平法施工图列表注写方式示例（一）

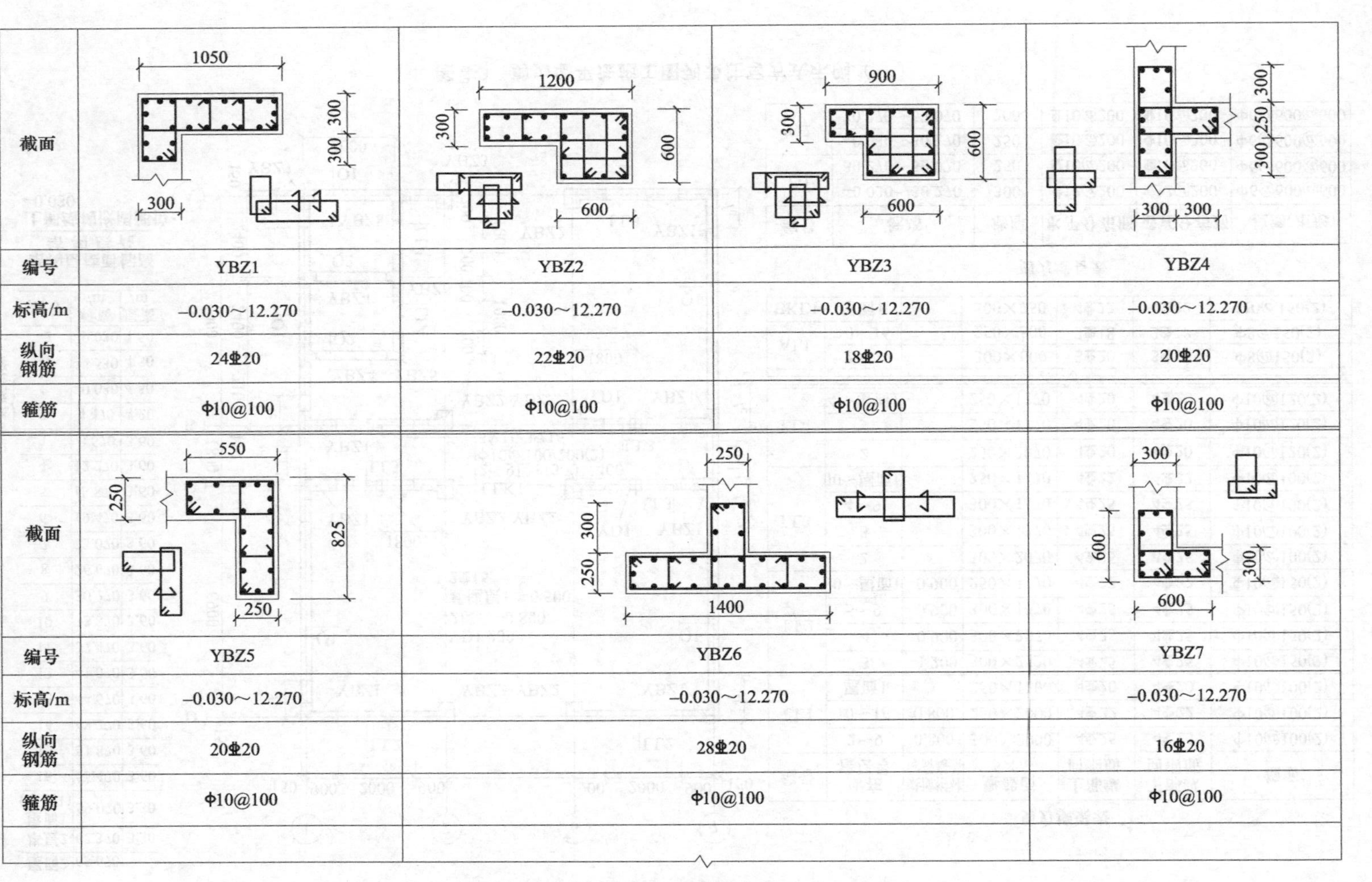

截面				
编号	YBZ1	YBZ2	YBZ3	YBZ4
标高/m	-0.030～12.270	-0.030～12.270	-0.030～12.270	-0.030～12.270
纵向钢筋	24Φ20	22Φ20	18Φ20	20Φ20
箍筋	Φ10@100	Φ10@100	Φ10@100	Φ10@100
截面				
编号	YBZ5	YBZ6		YBZ7
标高/m	-0.030～12.270	-0.030～12.270		-0.030～12.270
纵向钢筋	20Φ20	28Φ20		16Φ20
箍筋	Φ10@100	Φ10@100		Φ10@100

图 4-4 剪力墙平法施工图列表注写方式示例（二）

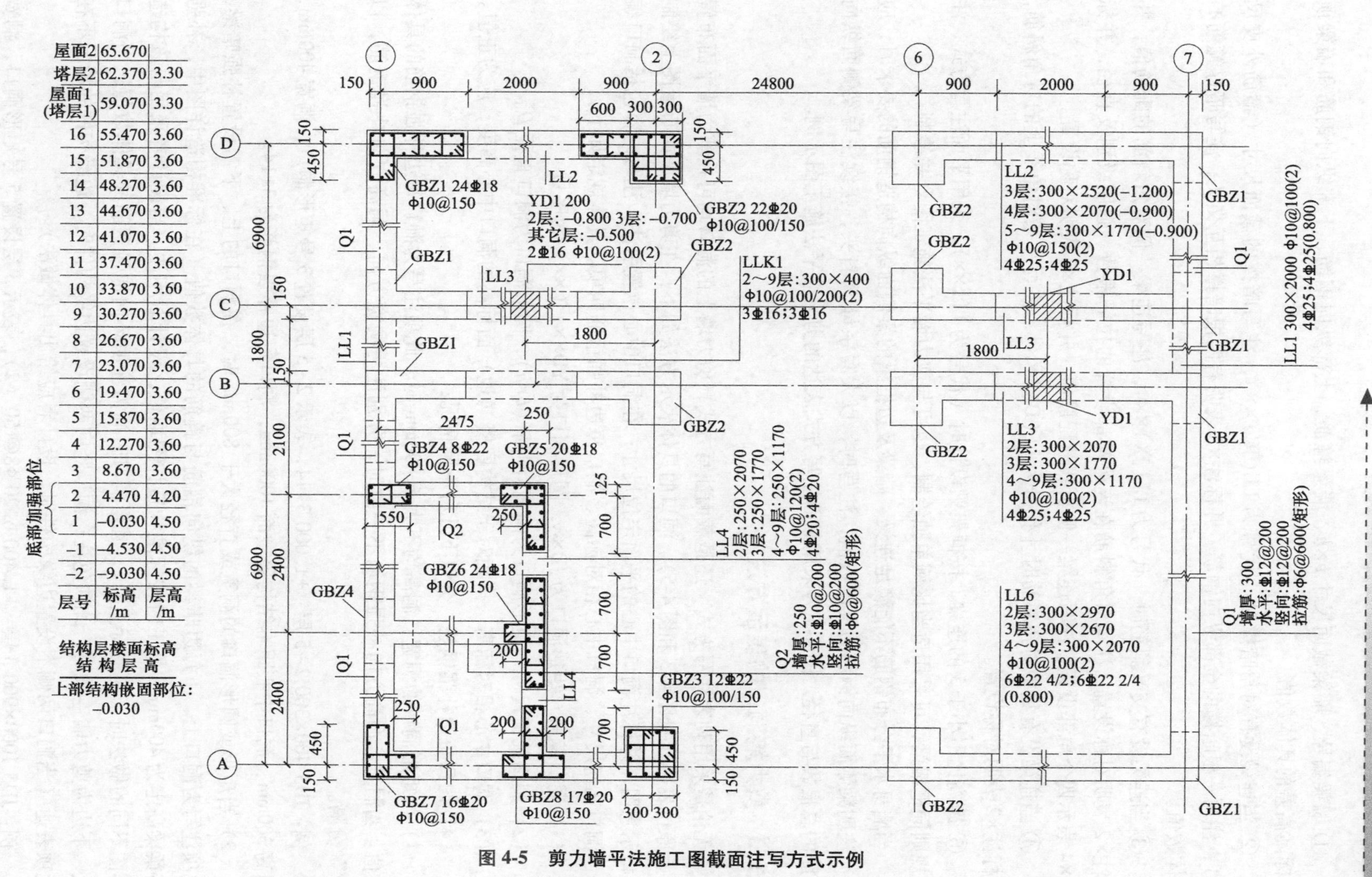

图 4-5 剪力墙平法施工图截面注写方式示例

① 墙梁编号、墙梁截面尺寸 $b×h$、墙梁箍筋、上部纵向钢筋、下部纵向钢筋和墙梁顶面标高高差的具体数值。

② 当连梁设有对角暗撑时［代号为 LL(JC)××］，注写暗撑的截面尺寸（箍筋外皮尺寸）；注写一根暗撑的全部纵向钢筋，并标注×2 表明有两根暗撑相互交叉；注写暗撑箍筋的具体数值。

③ 当连梁设有交叉斜筋时［代号为 LL(JX)××］，注写连梁一侧对角斜筋的配筋值，并标注×2 表明对称设置；注写对角斜筋在连梁端部设置的拉筋根数、强度级别及直径，并标注×4 表示四个角都设置；注写连梁一侧折线筋配筋值，并标注×2 表明对称设置。

④ 当连梁设有集中对角斜筋时［代号为 LL(DX)××］，注写一条对角线上的对角斜筋，并标注×2 表明对称设置。

⑤ 跨高比不小于 5 的连梁，按框架梁设计时（代号为 LLk××），采用平面注写方式，注写规则同框架梁，可采用适当比例单独绘制，也可与剪力墙平法施工图合并绘制。

当墙身水平分布钢筋不能满足连梁、暗梁及边框梁的梁侧面纵向构造钢筋的要求时，应补充注明梁侧面纵向钢筋的具体数值，注写时，以大写字母 N 打头，接续注写梁侧面纵向钢筋的总根数与直径。图 4-5 为采用截面注写方式表达的剪力墙平法施工图示例。

4.1.3 剪力墙洞口的表示方法

无论是采用列表注写方式，还是截面注写方式，剪力墙上的洞口均可在剪力墙平面布置图上原位表达（见图 4-3 和图 4-5）。洞口的具体表示方法如下：在剪力墙平面布置图上绘制洞口示意图，并标注洞口中心的平面定位尺寸；在洞口中心位置引注，注写内容包括洞口编号、洞口几何尺寸、洞口中心相对标高、洞口每边补强钢筋四项。具体规定如下：

(1) 洞口编号 矩形洞口为 JD××，圆形洞口为 YD××，(××) 为序号。

(2) 洞口几何尺寸 矩形洞口为洞宽×洞高（$b×h$），圆形洞口为洞口直径 D。

(3) 洞口中心相对标高 指相对于结构层楼（地）面标高的洞口中心高度，应为正值。

(4) 洞口每边补强钢筋 分以下几种不同情况：

1）当矩形洞口的洞宽、洞高均不大于 800mm 时，此项注写为洞口每边补强钢筋的具体数值。当洞宽、洞高方向补强钢筋不一致时，分别注写洞宽方向、洞高方向补强钢筋，以“/”分隔。

例：JD3 400×300 2~5 层：+1.000 3⌀14，表示 2~5 层设置 3 号矩形洞口，洞宽 400mm，洞高 300mm，洞口中心距本结构层楼面 1000mm，洞口每边补强钢筋为 3⌀14。

2）当矩形或圆形洞口的洞宽或直径大于 800mm 时，在洞口的上、下需设置补强暗梁，此项注写为洞口上、下每边暗梁的纵向钢筋与箍筋的具体数值（在标准构造详图中，补强暗梁梁高定为 400mm，施工时按标准构造详图取值，设计时不注。当设计者采用与该构造详图不同的做法时，应另行注明），圆形洞口时尚需注明环向加强钢筋的具体数值；当洞口上、下边为剪力墙连梁时，此项免注；洞口竖向两侧设置边缘构件时，边缘构件的情况不在此项表达（当洞口两侧不设置边缘构件时，设计者应给出具体做法）。

例：JD5 1000×900 3 层：+1.400 6⌀20 ⌀8@150（2），表示 3 层设置 5 号矩形洞口，洞宽

1000mm，洞高900mm，洞口中心距3层楼面1400mm，洞口上下设补强暗梁，暗梁纵向钢筋为6⌀20，箍筋为⌀8@150，双肢箍。

3）当圆形洞口设置在连梁中部1/3范围（且圆洞直径不大于1/3梁高）时，需注写在圆洞上下水平设置的每边补强纵向钢筋与箍筋。

4）当圆形洞口设置在墙身位置，且洞口直径不大于300mm时，此项注写洞口上下左右每边布置的补强纵向钢筋的具体数值。

5）当圆形洞口直径大于300mm，但不大于800mm时，此项注写为洞口上下左右每边布置的补强纵向钢筋的具体数值，以及环向加强钢筋的具体数值。

4.2　剪力墙平法施工标准构造详图

4.2.1　剪力墙墙身水平钢筋构造

剪力墙墙身水平钢筋构造如图4-6~图4-12所示。括号内为非抗震纵向钢筋搭接和锚固长度，所示拉筋应与剪力墙每排的竖向筋和水平筋绑扎在一起。剪力墙钢筋配置若多于两排，中间排水平筋端部构造同内侧钢筋。

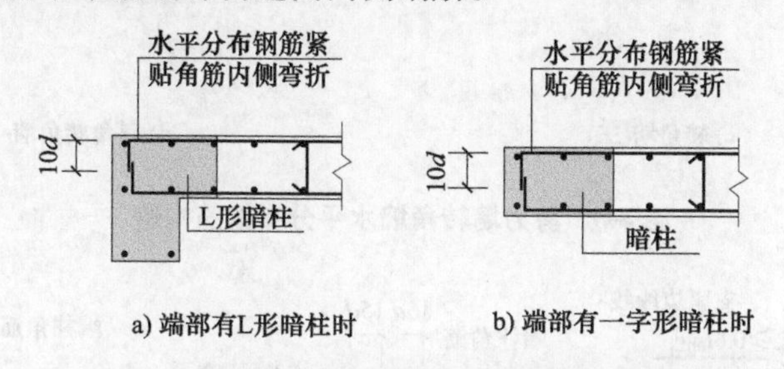

a) 端部有L形暗柱时　　b) 端部有一字形暗柱时

图4-6　剪力墙端部有暗柱时水平分布钢筋构造

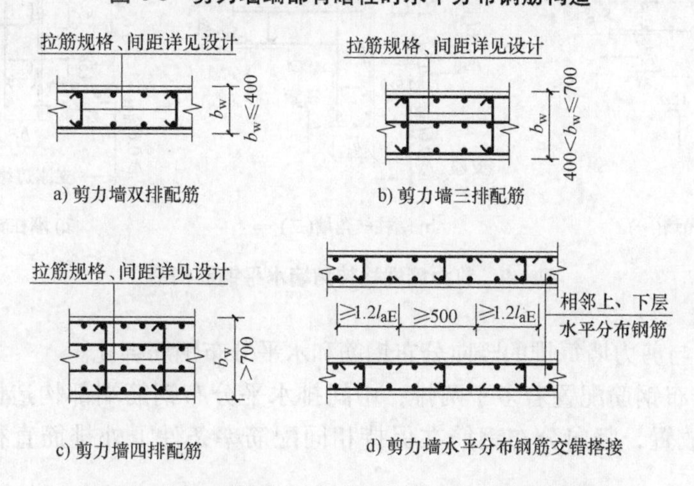

a) 剪力墙双排配筋　　b) 剪力墙三排配筋

c) 剪力墙四排配筋　　d) 剪力墙水平分布钢筋交错搭接

图4-7　剪力墙墙身（直形部分）水平分布钢筋构造

剪力墙水平钢筋在施工时应注意：

1）位于端柱纵向钢筋内侧的墙水平分布钢筋伸入端柱的长度不小于l_{aE}时，可直锚。其他情况，剪力墙水平分布钢筋应伸至端柱对边紧贴角筋弯折。

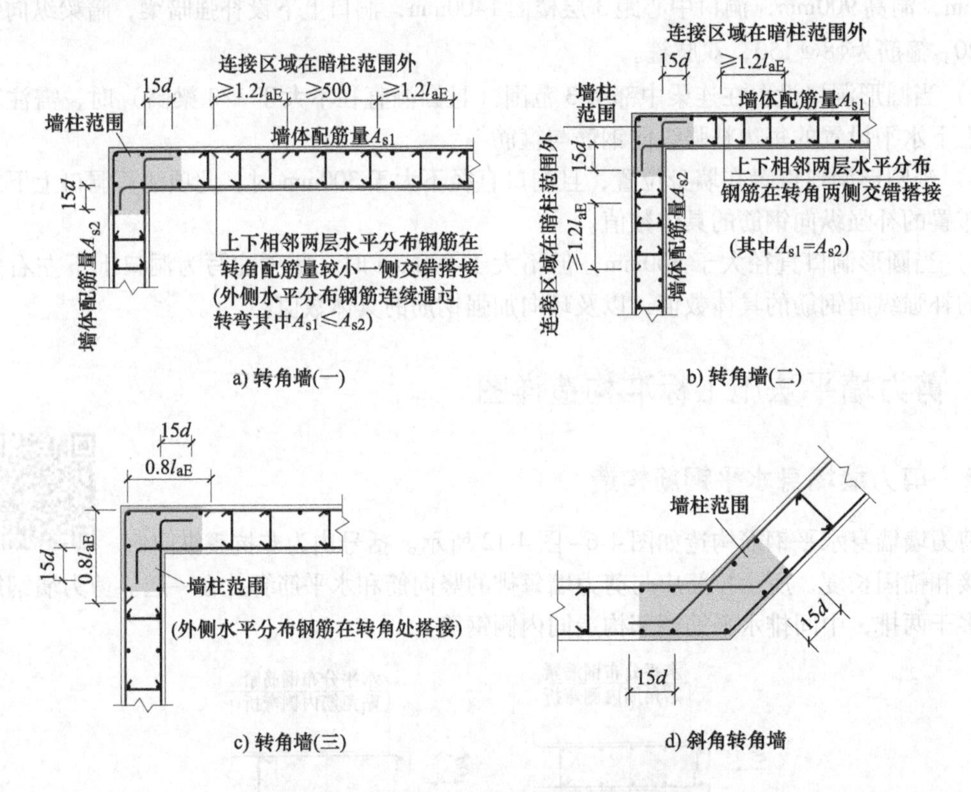

a) 转角墙(一)　b) 转角墙(二)　c) 转角墙(三)　d) 斜角转角墙

图 4-8　剪力墙转角墙水平分布钢筋构造

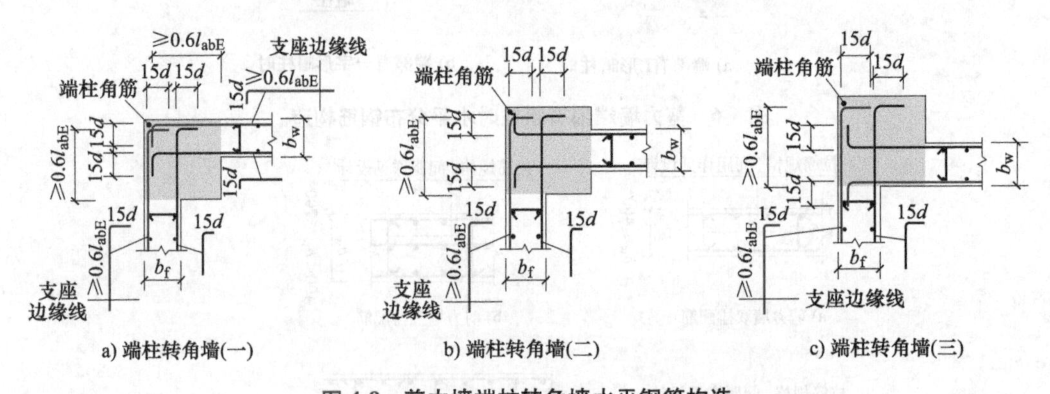

a) 端柱转角墙(一)　b) 端柱转角墙(二)　c) 端柱转角墙(三)

图 4-9　剪力墙端柱转角墙水平钢筋构造

2）拉结筋应与剪力墙每排的竖向分布钢筋和水平分布钢筋绑扎。

3）剪力墙分布钢筋配置若多于两排，中间排水平分布钢筋端部构造同内侧钢筋，水平分布筋宜均匀放置，竖向分布钢筋在保持相同配筋率条件下外排筋直径宜大于内排筋直径。

4.2.2　剪力墙墙身竖向钢筋构造

剪力墙墙身竖向钢筋构造如图 4-13～图 4-15 所示。墙身竖向分布钢筋在基础中的构造详见平法图集 16G101-3 第 64 页。端柱、小墙肢的竖向钢筋与箍筋构造与框架柱相同，其中

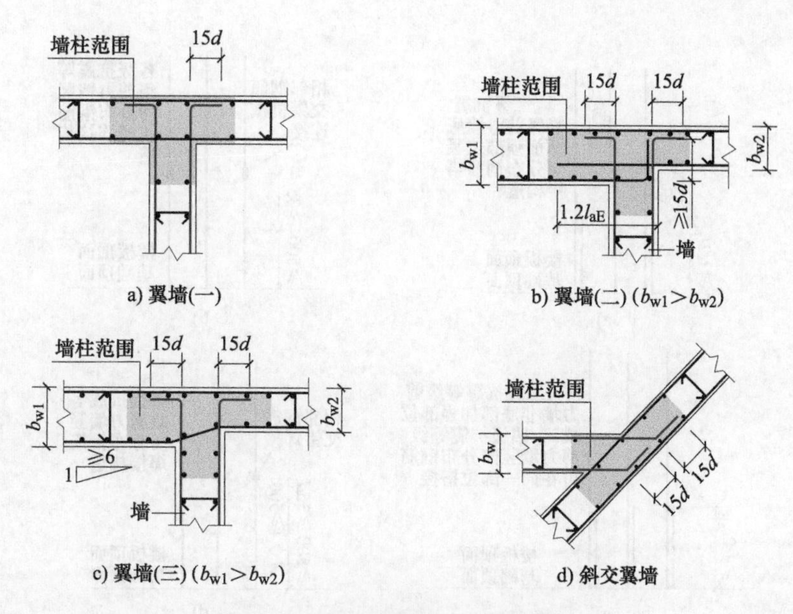

图 4-10 剪力墙翼墙水平钢筋构造

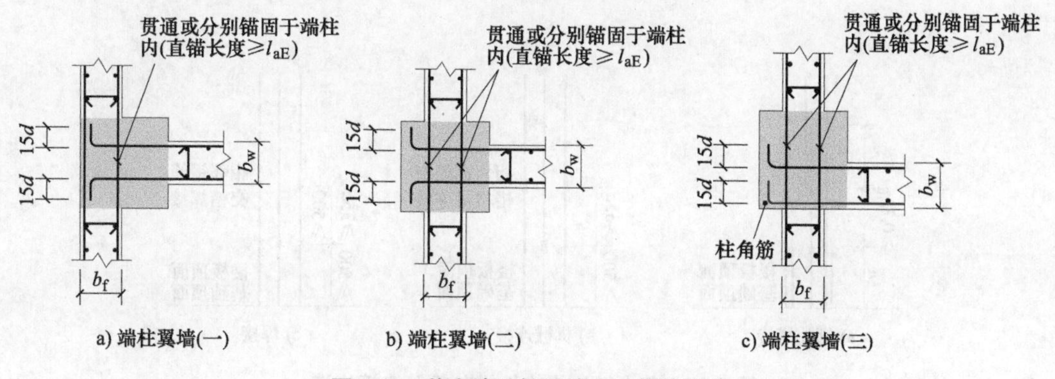

图 4-11 剪力墙端柱翼墙水平钢筋构造

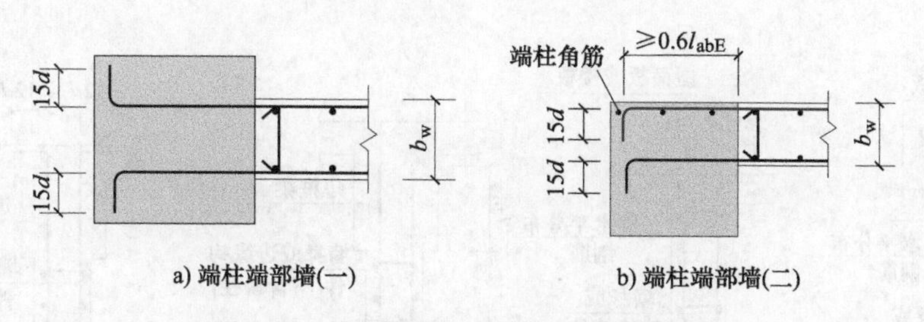

图 4-12 剪力墙端柱端部墙水平钢筋构造

抗震竖向钢筋构造、非抗震纵向钢筋构造、抗震箍筋构造、非抗震箍筋构造详见第2章的相应构造详图。所谓墙肢是指两根连梁之间的墙，这是为了与墙体开小洞口区别，不是指任何洞边到洞边的墙，若干片墙肢连在一起就构成一个墙段。所谓小墙肢是指截面高度不大于截面厚度3倍的矩形截面独立墙肢。

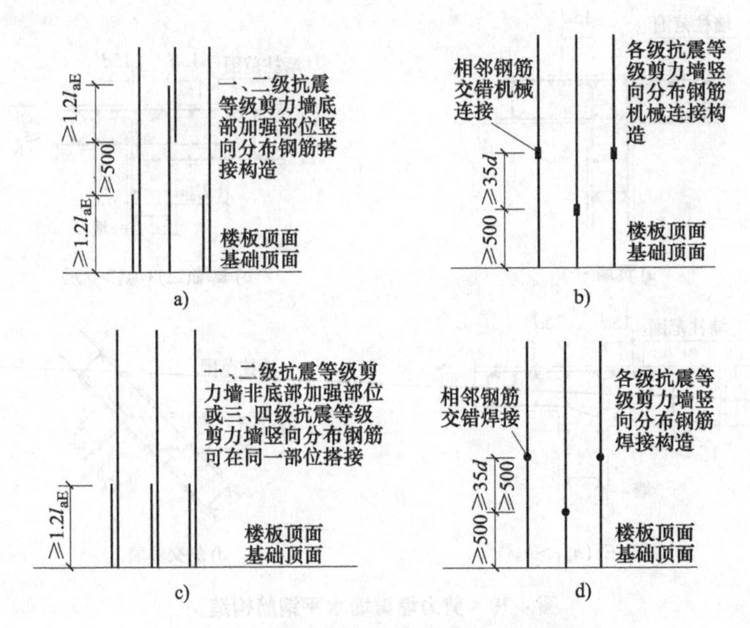

图 4-13 剪力墙竖向分布钢筋连接构造

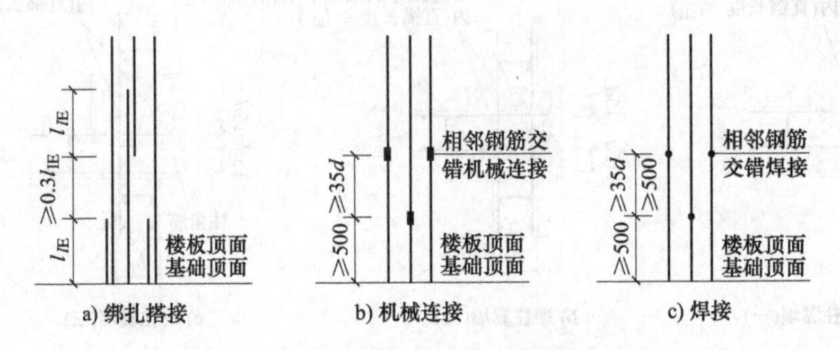

图 4-14 剪力墙边缘构件纵向钢筋连接构造

注：该构造适用于约束边缘构件阴影部分和构造边缘构件的纵向钢筋。

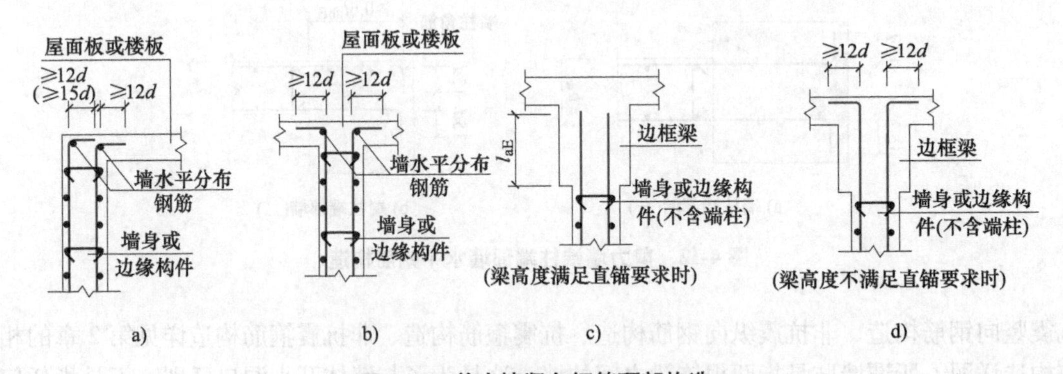

图 4-15 剪力墙竖向钢筋顶部构造

注：括号内数值是考虑屋面板上部钢筋与剪力墙外侧竖向钢筋搭接传力时的做法。

4.2.3 约束边缘构件 YBZ 构造

约束边缘构件 YBZ 构造如图 4-16~图 4-19 所示。图中剪力墙约束边缘构件，仅用于一、二级抗震设计的剪力墙底部加强部位及其以上一层墙肢（见具体工程的相关构件代号）。几何尺寸 l_c 具体按工程设计取值，非阴影区箍筋、拉筋竖向间距同阴影区。h_w 为剪力墙墙肢的长度；b_w、b_f、h_c、b_c 的意义见图中标注，其具体数值见设计标注。

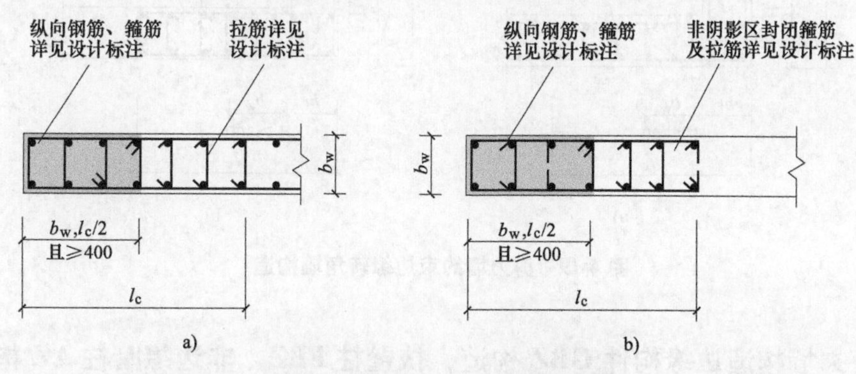

图 4-16 剪力墙约束边缘暗柱构造

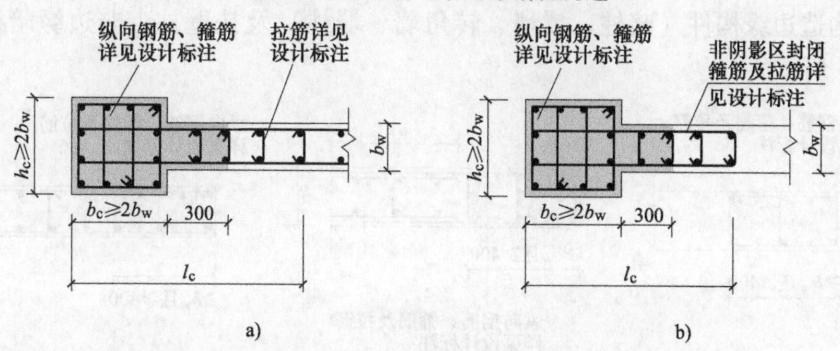

图 4-17 剪力墙约束边缘端柱构造

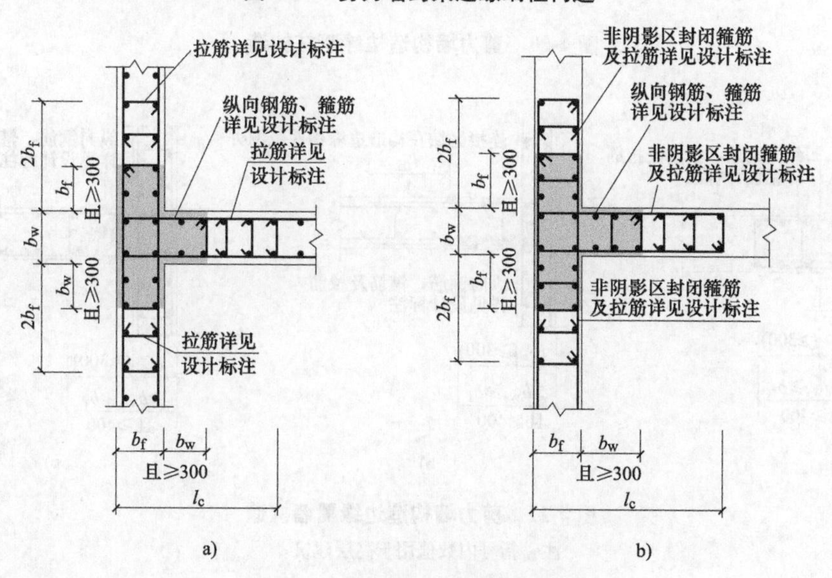

图 4-18 剪力墙约束边缘翼墙构造

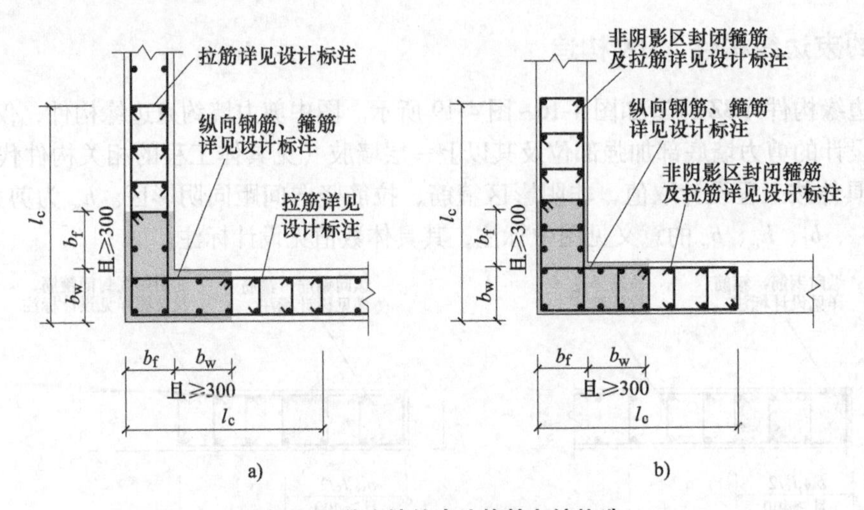

图 4-19　剪力墙约束边缘转角墙构造

4.2.4　剪力墙构造边缘构件 GBZ 构造，扶壁柱 FBZ、非边缘暗柱 AZ 构造

剪力墙构造边缘构件（暗柱、翼墙、转角墙、端柱）及扶壁柱、非边缘暗柱构造如图 4-20～图 4-23 所示。

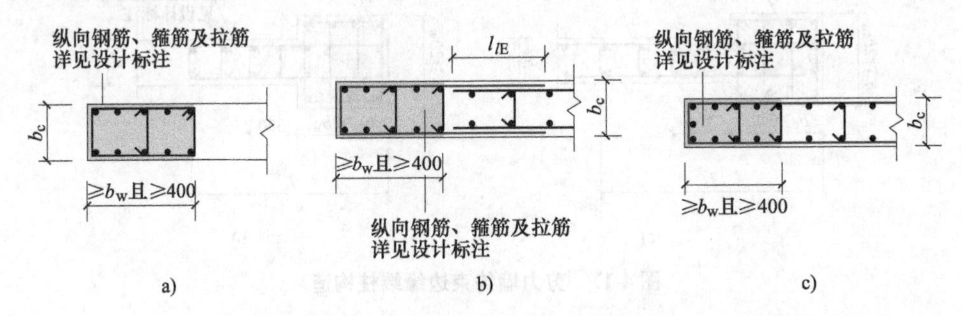

图 4-20　剪力墙构造边缘暗柱构造

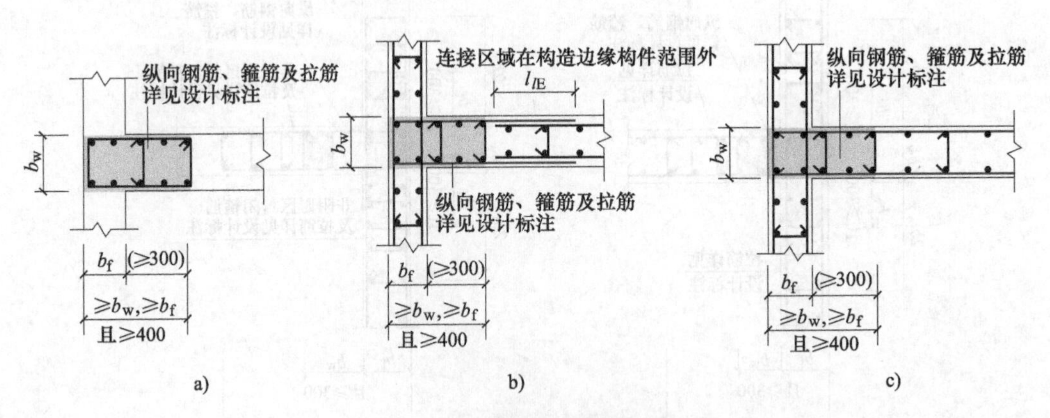

图 4-21　剪力墙构造边缘翼墙构造

注：括号内数值用于高层建筑。

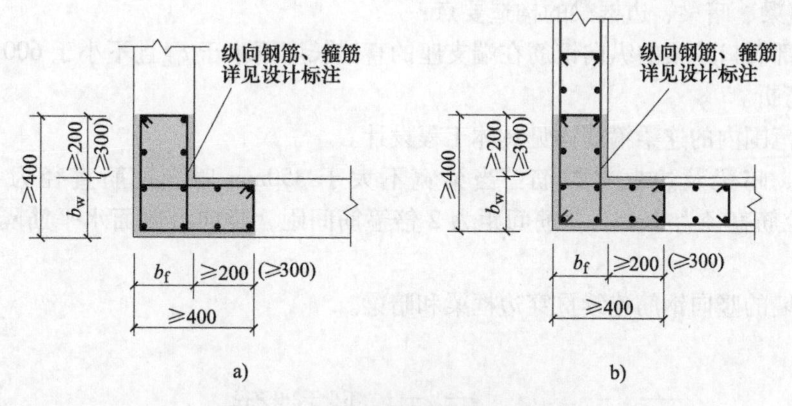

图 4-22　剪力墙构造边缘转角墙构造

注：括号内数值用于高层建筑。

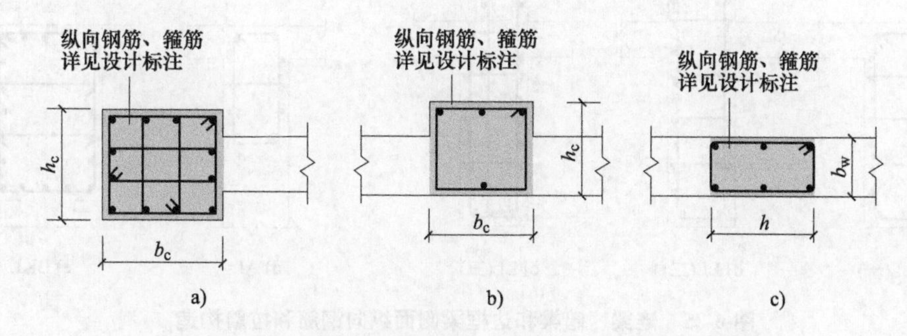

图 4-23　剪力墙构造边缘端柱、扶壁柱、非边缘暗柱构造

4.2.5　剪力墙连梁 LL、暗梁 AL、边框梁 BKL 构造

剪力墙连梁 LL 的构造如图 4-24 所示。

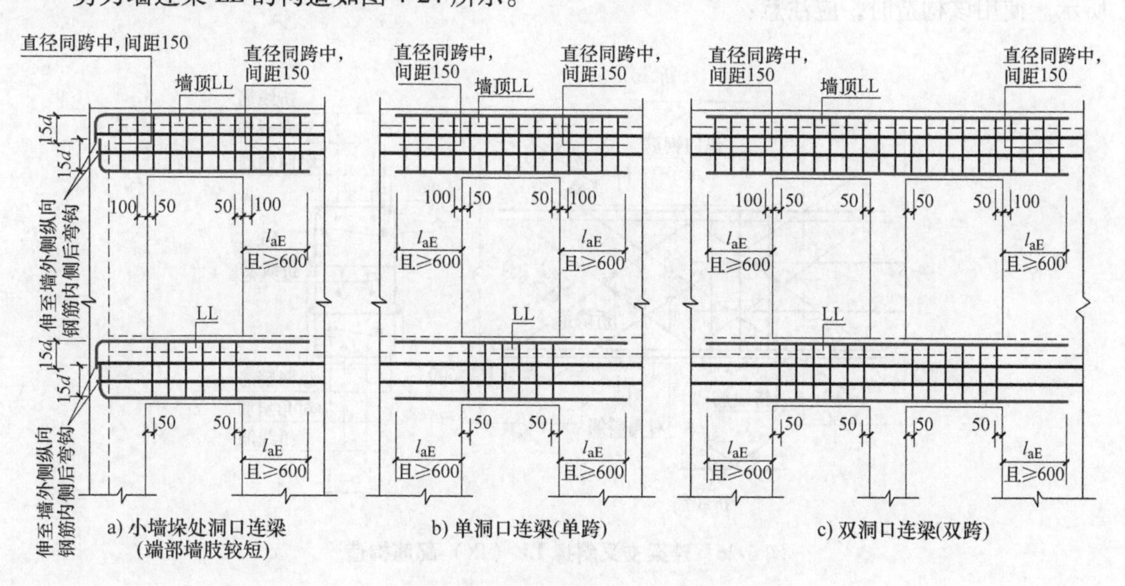

图 4-24　剪力墙连梁 LL 构造

剪力墙直梁、暗梁、边框梁的构造要点：

1）当端部洞口连梁的纵向钢筋在端支座的直锚长度不小于 l_{aE} 且不小于 600 时，可不必往上（下）弯折。

2）洞口范围内的连梁箍筋详见具体工程设计。

3）连梁、暗梁及边框梁拉筋：当梁宽不大于 350mm 时，拉筋直径为 6mm，梁宽 350mm 时，拉筋直径为 8mm，拉筋间距为 2 倍箍筋间距，竖向沿侧面水平筋隔一拉一，如图 4-25 所示。

4）剪力墙的竖向钢筋连续贯穿边框梁和暗梁。

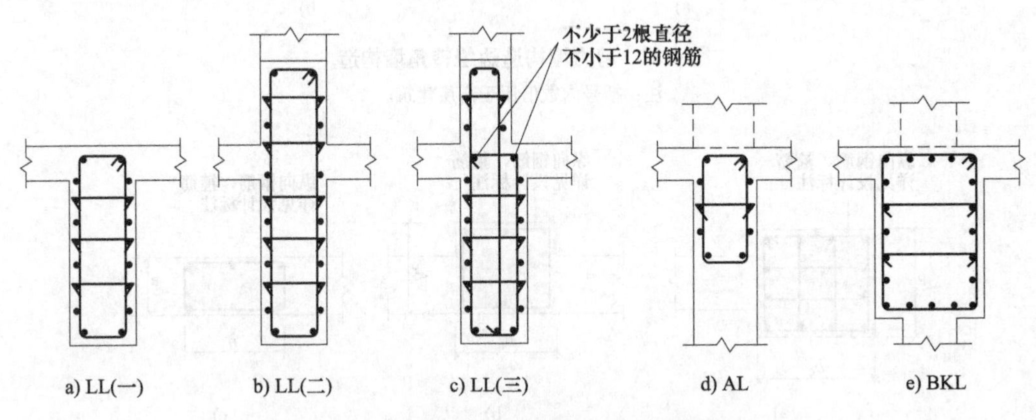

图 4-25　连梁、暗梁和边框梁侧面纵向钢筋和拉筋构造

4.2.6　剪力墙连梁交叉斜撑、直梁集中对角斜筋、直梁对角暗撑配筋构造

剪力墙连梁交叉斜筋、连梁集中对角斜筋、连梁对角暗撑的配筋构造如图 4-26～图 4-28 所示。使用该构造时，应注意：

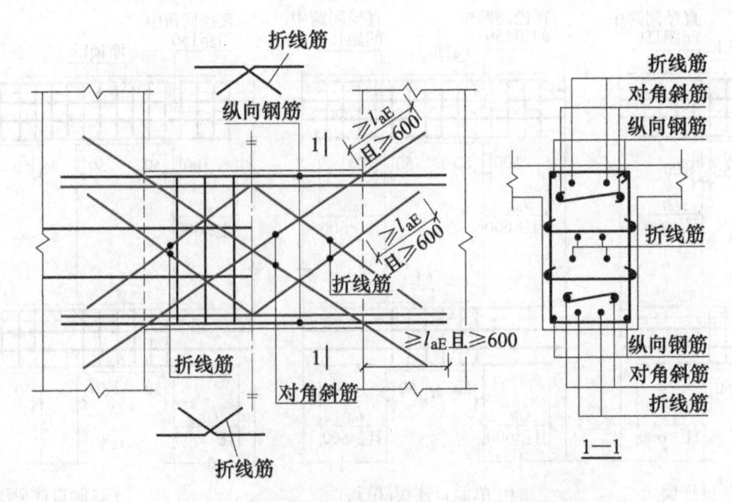

图 4-26　连梁交叉斜撑 LL（JX）配筋构造

1）当洞口连梁截面宽度不小于250mm时，可采用交叉斜筋配筋；当连梁截面宽度不小于400mm时，可采用集中对角斜筋配筋或对角暗撑配筋。

2）交叉斜筋配筋连梁的对角斜筋在梁端部位应设置拉筋，具体详见设计标注。

3）集中对角斜筋配筋连接应在梁截面内沿水平方向及竖直方向设置双向拉筋，拉筋应勾住外侧纵向钢筋，间距不应大于200mm，直径不应小于8mm。

4）对角暗撑配筋连梁中暗撑箍筋的外缘沿梁截面宽度方向不宜小于梁宽的1/2，另一方向不宜小于梁宽的1/5，对角暗撑约束箍筋肢距不应大于350mm。

5）交叉斜筋配筋连接，对角暗撑配筋连接的水平钢筋及箍筋形成的钢筋网之间应采用拉筋拉结，拉筋直径不宜小于6mm，间距不宜大于400mm。

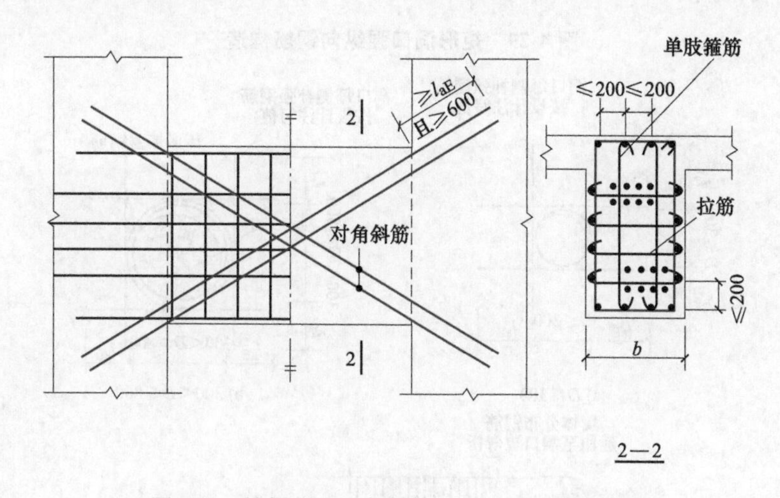

图4-27　连梁集中对角斜筋LL（DX）配筋构造

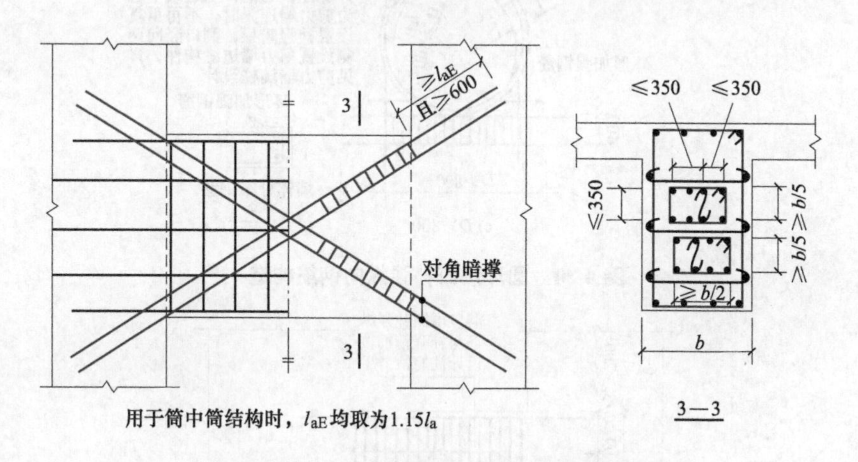

图4-28　连梁对角暗撑LL（GC）配筋构造

4.2.7　剪力墙洞口补强构造

矩形洞口和圆形洞口补强钢筋构造如下图4-29~图4-31所示。

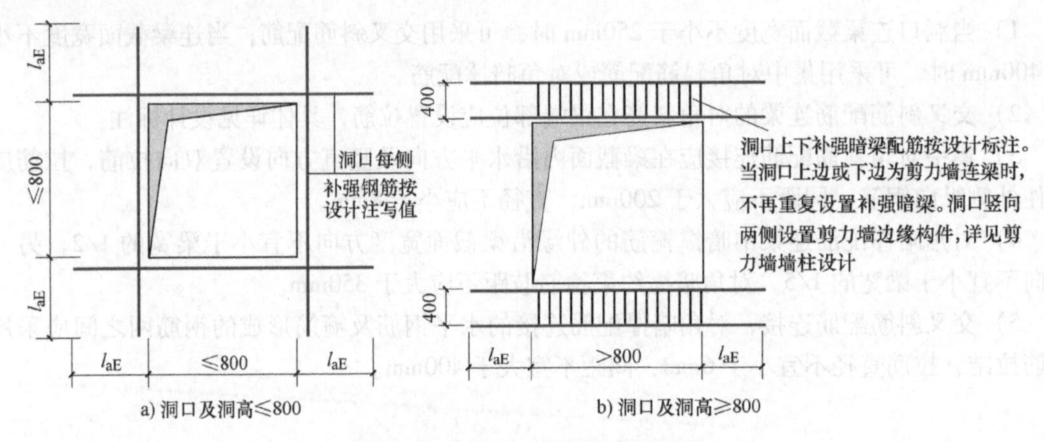

图 4-29　矩形洞口强纵向钢筋构造

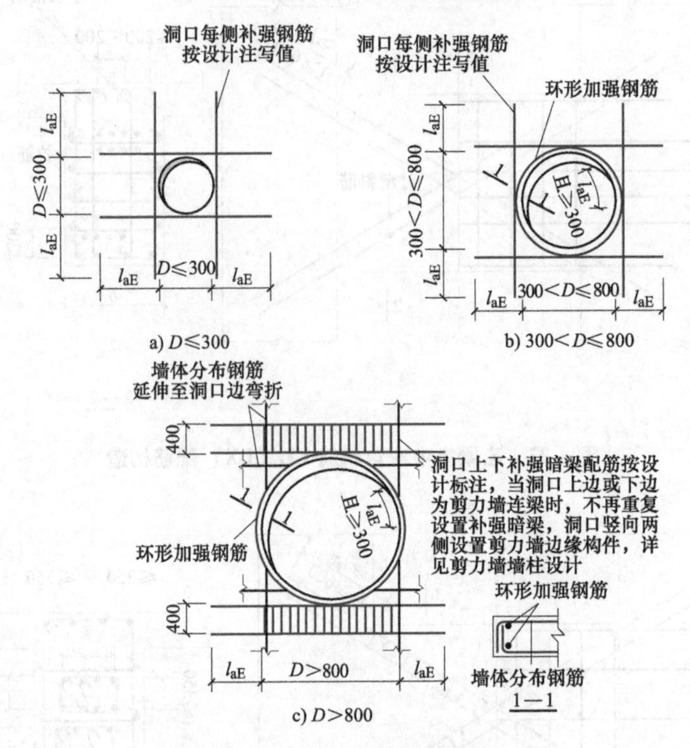

图 4-30　圆形洞口补强纵向钢筋构造

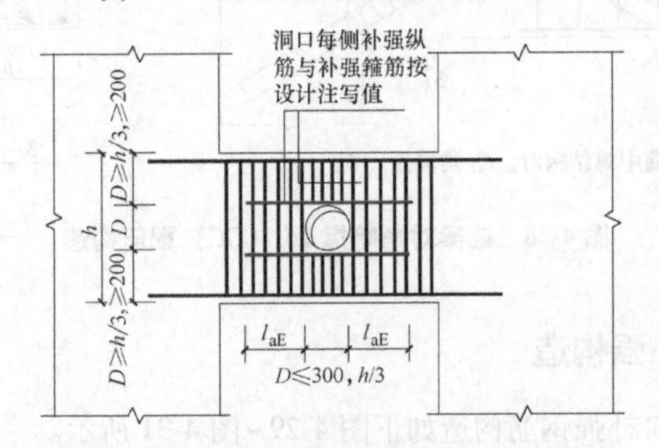

图 4-31　连梁中部圆形洞口补强钢筋构造

4.3 剪力墙钢筋算量

剪力墙钢筋算量的构件如图4-32所示。

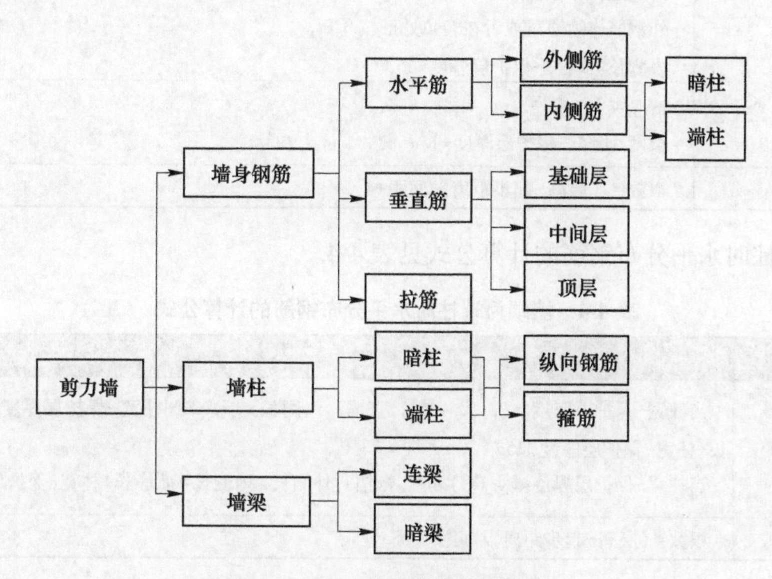

图4-32　剪力墙钢筋算量的构件

4.3.1 墙身钢筋计算

1. 剪力墙水平分布钢筋

（1）一字形墙

1）端部为暗柱：水平分布钢筋伸至暗柱对边弯折10d。

2）端部为端柱：位于端柱纵向钢筋内侧的墙水平分布钢筋伸至端柱的长度不小于l_{aE}（端柱截面宽度不小于l_{aE}）时，可直锚，其他情况需弯锚。

直锚时，水平分布钢筋伸至端柱对边竖向钢筋内侧位置。弯锚时，水平分布钢筋伸至端柱对边竖向钢筋内侧位置弯折15d。

（2）L形墙

1）转角处为暗柱：内侧水平分布钢筋伸至对边弯折15d；外侧水平分布钢筋可在转角处连通布置，外侧水平分布钢筋在转角处搭接时伸至对边弯折0.8l_{aE}。

2）转角处为端柱：外侧、内侧水平分布钢筋均伸至对边弯折15d。

（3）T形墙　无论端柱还是暗柱，水平分布钢筋伸至对边弯折15d。

（4）墙身水平分布钢筋根数　墙身水平分布钢筋在基础内的间距不大于500mm，且根数不少于两道。基础顶面起步距离50mm。

根数=(层高-起步距离)/分布间距+1

综上所述，墙端为暗柱时水平分布钢筋的计算公式见表4-3。

表 4-3 墙端为暗柱时水平分布钢筋的计算公式

项　目	计算公式
长度	情况一：一字形墙 外侧长=内侧长=墙长-保护层厚度+$10d$
	情况二：L 形墙 外钢筋连续通过或者在转角处搭接 $0.8l_{aE}$ 内侧长：墙长-保护层厚度+$15d$
	情况三：T 形墙 长度=墙长-保护层厚度+$15d$
根数	根数=（层高-起步距离）/间距+1

墙端为端柱时水平分布钢筋的计算公式见表 4-4。

表 4-4 墙端为端柱时水平分布钢筋的计算公式

项　目	计算公式
长度	当柱宽-保护层厚度≥l_{aE}（l_a）时，直锚：内侧长=墙净长+柱宽-保护层厚度；外侧长=墙净长+柱宽-保护层厚度+$15d$ 当柱宽-保护层厚度<l_{aE}（l_a）时，弯锚：外侧长=内侧长=墙净长+柱宽-保护层厚度+$15d$
根数	根数=(层高-起步距离)/间距+1

2. 剪力墙竖向分布钢筋

(1) 墙身竖向分布钢筋伸入基础中构造　见表 4-5，绑扎搭接时，竖向分布钢筋伸出基础的搭接长度为 $1.2l_{aE}$，焊接连接或机械连接时，伸出基础顶面 500mm。

表 4-5 墙身竖向分布钢筋伸入基础中构造

类　型		构　造
$H_j-bh_c<l_{aE}$不满足直锚		伸至基础板底部弯折 $15d$
$H_j-bh_c\geq l_{aE}$满足直锚	保护层厚度>$5d$	隔 2 下 1；直筋长不小于 l_{aE}；弯折 $6d$ 且不小于 150mm
	保护层厚度≤$5d$	弯折 $6d$ 且不小于 150mm

(2) 墙身竖向分布钢筋中间层构造

1）绑扎搭接时，一、二级抗震等级底部错开 500mm，搭接 $1.2l_{aE}$；焊接连接和机械连接时，交错连接，错开 max（$35d$，500mm），伸出楼面 500mm。

低位钢筋：长度 L=层高+伸入上层 $1.2l_{aE}$

高位钢筋：长度 L=层高$-1.2l_{aE}$-500mm+伸入上层 $1.2l_{aE}$+500mm+$1.2l_{aE}$=层高+$1.2l_{aE}$

墙身竖向分布钢筋错位连接构造如图 4-33 所示。

2）焊接连接和机械连接时长度等于层高。

(3) 墙身竖向分布钢筋顶部构造　伸至顶部弯折 $12d$。

(4) 墙身竖向分布钢筋根数　墙端为构造性柱，墙身竖向分布钢筋在墙净长范围内布置，起步距离为一个钢筋间距；墙端为约束性柱，扩展范围内配置的墙身筋间距配合此处拉筋布置，扩展范围以外正常布置墙身竖向分布钢筋。

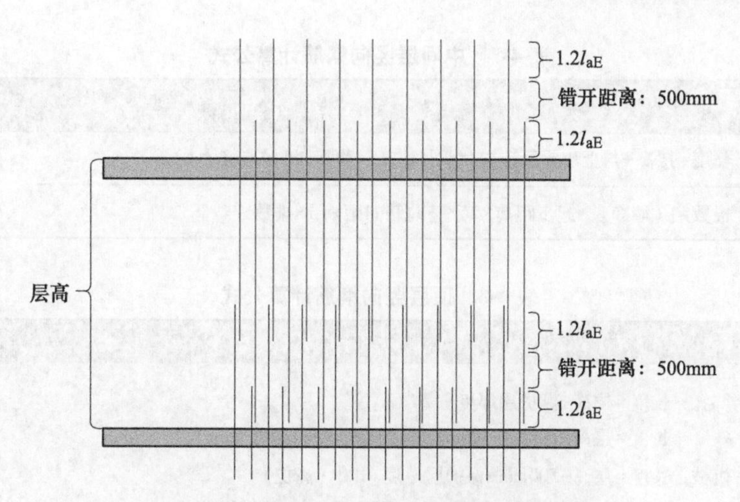

图 4-33 墙身竖向分布钢筋错位连接构造

根数=(墙净长-起步距离×2)/间距+1

综上所述，剪力墙竖向分布钢筋计算公式见表 4-6~表 4-8。

表 4-6 基础插筋计算公式

项目	计算公式
长度	情况一：当 $H_j-bh_c<l_{aE}$时，不满足直锚 绑扎搭接，基础插筋长度=基础高度-基础保护层+15d+1.2l_{aE}（低位）（高位 1.2l_{aE}+500mm+1.2l_{aE}） 机械连接，基础插筋长度=基础高度-基础保护层+15d+500mm（低位）（高位 500mm+35d） 焊接连接，基础插筋长度=基础高度-基础保护层+15d+500mm（低位）［高位 500mm+max（35d，500mm）］
	情况二：当 $H_j-bh_c\geq l_{aE}$时，墙插筋保护层厚度>5d，隔二下一 （1）不带弯折： 绑扎搭接，基础插筋长度=l_{aE}+1.2l_{aE}（低位）（高位 1.2l_{aE}+500mm+1.2l_{aE}） 机械连接，基础插筋长度=l_{aE}+500mm（低位）（高位 500mm+35d） 焊接，基础插筋长度=l_{aE}+500mm（低位）［高位 500mm+max（35d，500mm）］ （2）带弯折： 绑扎搭接，基础插筋长度=基础高度-基础保护层+ max（6d，150mm）+1.2l_{aE}（低位）（高位 1.2l_{aE}+500mm+1.2l_{aE}） 机械连接，基础插筋长度=基础高度-基础保护层+ max（6d，150mm）+500mm（低位）（高位 500mm+35d） 焊接，基础插筋长度=基础高度-基础保护层+ max（6d，150mm）+500mm（低位）［高位 500mm+max（35d，500mm）］
	情况三：当 $H_j-bh_c\geq l_{aE}$时，墙插筋保护层厚度≤5d 绑扎搭接，基础插筋长度=基础高度-基础保护层+ max（6d，150mm）+1.2l_{aE}（低位）（高位 1.2l_{aE}+500mm+1.2l_{aE}） 机械连接，基础插筋长度=基础高度-基础保护层+ max（6d，150mm）+500mm（低位）（高位 500mm+35d） 焊接，基础插筋长度=基础高度-基础保护层+ max（6d，150mm）+500mm（低位）［高位 500mm+max（35d，500mm］
根数	根数=⌈（墙净长-起步距离×2）/插筋间距+1⌉×排数

表 4-7　中间层竖向钢筋计算公式

项　目	计算公式
长度	长度=层高+与上层钢筋连接(绑扎 1.2l_{aE},焊接、机械连接为 0)
根数	根数=⌈(墙净长-起步距离×2)/竖向筋间距+1⌉×排数

表 4-8　顶层竖向钢筋计算公式

项　目	计算公式
长度	绑扎：长度=层高-保护层厚度+12d（高位） 长度=层高-1.2l_{aE}-500mm-保护层厚度+12d（低位） 机械：长度=层高-500mm-保护层厚度+12d（高位） 长度=层高-500mm-35d-保护层厚度+12d　（低位） 焊接：长度=层高-500mm-保护层厚度+12d（高位） 长度=层高-500mm-max（35d，500mm）-保护层厚度+12d（低位）
根数	根数=⌈(墙净长-起步距离×2)/竖向筋间距+1⌉×排数

3. 剪力墙拉筋构造

层高范围内由底部板顶向上第二排水平分布钢筋处开始设置，至顶部板底向下第一排水平分布钢筋处终止；宽度范围内由距边缘构件第一排墙身竖向分布钢筋处开始设置。拉筋有梅花形和矩形两种形式，未注明时一般采用梅花形布置，如图 4-34 所示。拉筋间距是墙身水平分布钢筋或竖向分布钢筋间距的 2 倍。

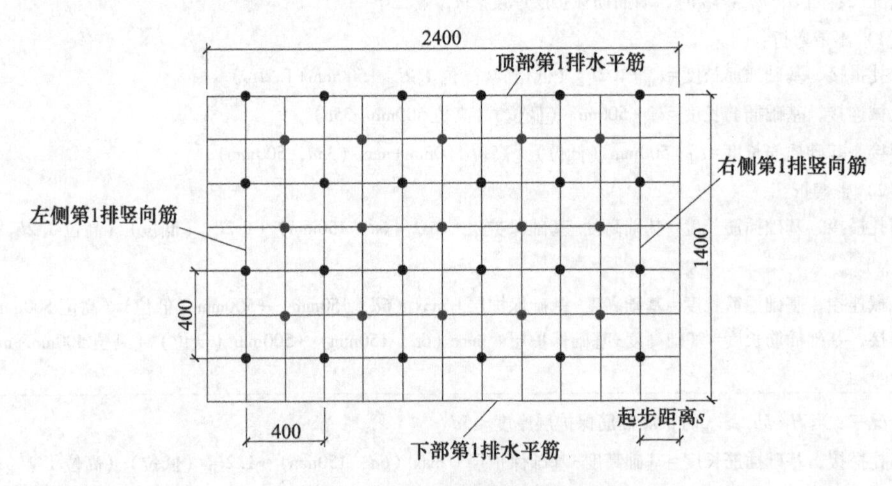

图 4-34　某剪力墙拉筋梅花形布置

4.3.2　墙柱钢筋计算

暗柱纵向钢筋计算方法同墙身竖向分布钢筋，端柱同框架柱。

4.3.3 墙梁钢筋计算

暗梁、边框梁端部构造同框架梁。连梁纵向钢筋，直锚为 max（l_{aE}，600mm），弯锚需伸至支座对边弯折 15d；连梁箍筋，若为中间层则在净长范围内排布，若为顶层则在纵向钢筋长度范围内排布。

4.3.4 剪力墙构件钢筋计算实例

【例 4-1】 某剪力墙结构，抗震等级二级，标高 11.9m 以下墙、柱混凝土强度等级 C30，保护层厚 15mm 基础筏板厚度均为 1500mm，混凝土强度等级 C40，保护层厚 40mm。具体施工图见图 4-35，其他条件见表 4-9 和表 4-10。根据已知条件①分别计算首层下方水平墙体的水平钢筋长度及根数（包括内侧外侧钢筋）；②计算下方水平墙体垂直钢筋基础插筋（绑扎搭接）的长度；③计算下方水平墙体中间层（首层）垂直钢筋的长度及根数；④计算下方水平墙体顶层垂直钢筋的长度。

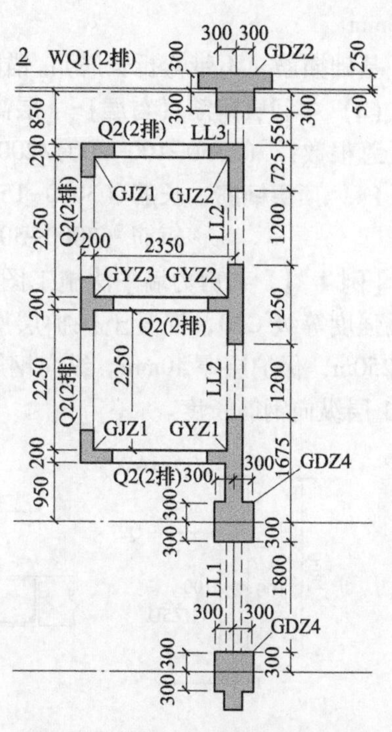

图 4-35 部分剪力墙平法施工图

表 4-9 剪力墙墙身

编号	标高/m	墙厚/mm	水平分布钢筋	垂直分布钢筋	拉筋
Q2（2 排）	-0.1~11.9	200	⌀8@200	⌀8@200	ϕ6@400×400
	11.9~14.9	200	⌀8@200	⌀8@200	ϕ6@600×600

表 4-10 结构层高

层号	标高/m	层高/m	层号	标高/m	层高/m
5	11.900	3.000	2	2.900	3.000
4	8.900	3.000	1	-0.100	3.000
3	5.900	3.000	-1	-3.230	3.130

解：

（1）水平钢筋长度　外侧 $(2350+200+100-15)\text{mm}+15d-15\text{mm}=2740\text{mm}$

内侧 $(2350+200+100-15)\text{mm}+15d-15\text{mm}+15d=2860\text{mm}$

水平筋根数：$\lceil(3000-50)/200+1\rceil\times2=32$

（2）基础插筋　$H_j-bh_c=(1500-40)\text{mm}=1460\text{mm}$，$l_{aE}=33d=(33\times8)\text{mm}=264\text{mm}$

$H_j-bh_c>l_{aE}$，保护层厚度>5d，结合 16G101-3 第 64 页得出垂直筋隔二下一

① 弯折长度：max（6d，150mm）= 150mm

② 嵌入长度：带弯折钢筋 = (1500−40) mm = 1460mm；不带弯折钢筋 = l_{aE} = 264mm

③ 露出长度：长筋 = $1.2l_{aE}+500\text{mm}+1.2l_{aE}$ =（40×8+500+40×8）mm = 1140mm

短筋 = $1.2l_{aE}$ = (40×8) mm = 320mm

基础插筋（带弯折短筋）：弯折长度 + 嵌入长度 + 露出长度 = (150 + 1460 + 320) mm =

1930mm

基础插筋（不带弯折长筋）：锚固长度+伸出长度=(264+1140)mm=1404mm

（3）中间层钢筋（首层）　层高+1.2l_{aE}=（3000+1.2×33×8）mm=3317mm

总根数：⌈(2350−100−200)/200+1⌉×2=24

（4）顶层钢筋　长筋（3000−15+12×8)mm=3081mm

　　　　　　　短筋（3000−500−1.2×33×8−15+12×8)mm=2264mm

【例 4-2】　某剪力墙平法施工图如图 4-36 所示，纵向钢筋连接如图 4-37 所示。已知混凝土强度等级 C30，混凝土保护层厚度 20mm，三级抗震，筏板厚度 800mm，筏板底标高 −6.250m，保护层厚 40mm。纵向钢筋采用焊接连接，如图 4-37 所示，计算 GAZ1A 的−2 层和−1 层纵向钢筋长度。

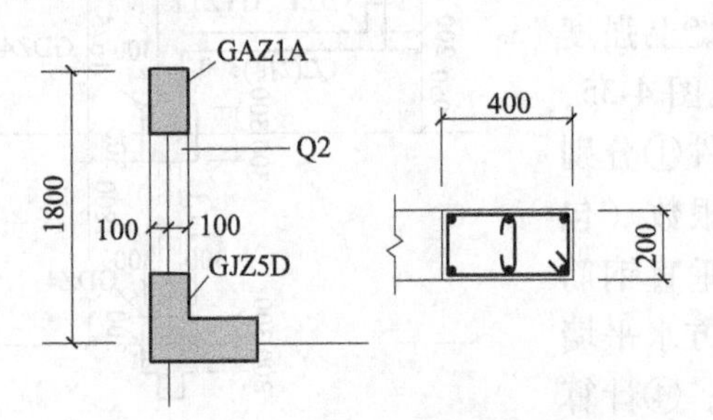

GAZ1	
标高	基础顶−2.810
纵筋	6⌀12
箍筋	ϕ6@150

图 4-36　某剪力墙平法施工图

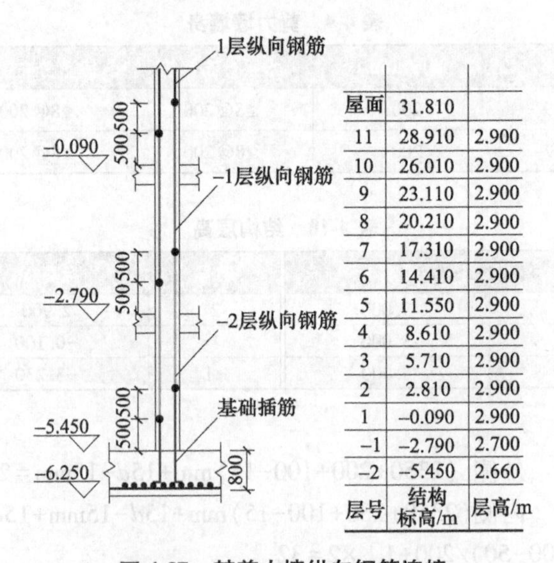

层号	结构标高/m	层高/m
屋面	31.810	
11	28.910	2.900
10	26.010	2.900
9	23.110	2.900
8	20.210	2.900
7	17.310	2.900
6	14.410	2.900
5	11.550	2.900
4	8.610	2.900
3	5.710	2.900
2	2.810	2.900
1	−0.090	2.900
−1	−2.790	2.700
−2	−5.450	2.660

图 4-37　某剪力墙纵向钢筋连接

解：基础插筋

低位：L=[150+(800−40)+500]mm=1410mm，3⌀12

高位：L=(1410+500)mm=1910mm，3⌀12

−2 层纵向钢筋 L=层高=2660mm

−1 层纵向钢筋 L=层高=2700mm

4.4 本章小结

1）剪力墙平法施工图是在剪力墙平面布置图上采取列表注写方式或截面注写方式表达剪力墙结构设计内容的方法。剪力墙的列表注写方式包括剪力墙柱表、墙身表和墙梁表。墙柱表中的注写内容有墙柱编号、墙柱的截面配筋图、各段墙柱的起止标高、各段墙柱的纵向钢筋和箍筋。墙身表中的注写内容有墙身编号、各段墙身起止标高、水平分布钢筋、竖向分布钢筋和拉筋。剪力墙梁表中的注写内容有注写墙梁编号、墙梁所在楼层号、墙梁顶面标高高差、墙梁截面尺寸等。

2）剪力墙的截面注写方式直接在墙柱、墙身、墙梁上注写截面尺寸和配筋具体数值。如对墙柱就从相同编号的柱中选择一个截面，标注全部纵向钢筋及箍筋的具体数值；对墙身按顺序引注墙身编号、墙厚尺寸、水平分布钢筋、竖向分布钢筋和拉筋的具体数值；对墙梁一般从相同编号的墙梁中选择一根，按顺序引注墙梁编号、墙梁截面尺寸、墙梁箍筋、上部纵向钢筋、下部纵向钢筋和墙梁顶面标高高差的具体数值。另外，要掌握矩形洞口和圆形洞口的标注方法。

3）剪力墙的平法施工标准构造详图包括剪力墙墙身水平钢筋构造、剪力墙墙身竖向钢筋构造、约束边缘构件构造、构造边缘构件构造、墙梁的构造、斜向交叉钢筋构造和洞口补强钢筋构造等。

4）剪力墙的钢筋算量包括墙柱、墙身、墙梁等部分，重点是要明确钢筋的构造与连接，才能准确计算工程量。

拓展动画视频

GAZ 构造

GBZ 构造

YAZ 构造

YBZ 构造

混凝土剪力墙构造

非边缘暗柱构造

思考题

4-1 什么是剪力墙？在平法制图规则中，剪力墙可视为由哪几类构件构成？

4-2 墙柱的概念是什么？它可分为哪几类？各有什么区别？

4-3 剪力墙平法施工图中 Q××（×）表示的意义是什么？

4-4 墙身表中表达的内容有哪些？

4-5 墙梁可以分为哪几类？它们是怎么区分的？

4-6 剪力墙洞口的表示方法是怎样的？

4-7 平法施工图中标注 JD3 500×400 +3.100 3⌀18 表示的意义是什么？

4-8 墙肢的概念是什么？

4-9 试结合剪力墙单跨单洞口连梁的构造详图，说明其构造要点。

4-10 请计算例 4-1 中左侧竖向墙体的水平钢筋长度及根数、垂直钢筋基础插筋（机械连接）的长度、中间层（首层）垂直钢筋的长度及根数和顶层垂直钢筋的长度。

现浇混凝土楼面板及屋面板施工图设计与钢筋算量

第5章

本章学习目标

理解“板块”的概念；

掌握有梁楼盖板、无梁楼盖板平法施工图的表示方法；

熟悉加强带、后浇带等楼板相关构造平法施工图的表示方法；

掌握“隔一布一”的板顶钢筋布置要求；

熟悉有梁楼盖楼面板、屋面板钢筋的构造要求；

熟悉无梁楼盖板带纵向钢筋的构造要求；

熟悉板后浇带、悬挑阳角等处钢筋的构造要求；

熟悉板的钢筋算量方法。

5.1 板传统施工图设计

现浇板是相对于预制板而言的，现浇板在现场搭好模板，在模板上安装好钢筋，再在模板上浇筑混凝土，最后拆除模板。由于是整体浇筑，所以现浇板的抗震性能优于预制楼板，在预制板楼体中常见的温度缝等质量通病在现浇板楼中也能较好地解决。

传统的板结构施工图是在各层结构平面图上将板号、板厚、底筋、面筋、配筋量、负弯矩钢筋长度等要素进行标注。板面标高有变化时，应标出其相对标高。当大部分板厚度相同时，可只标出特殊的板厚，其余在本图内用文字说明。底筋的画法：结构平面图中，同一板号的板可只画一块板的底筋（应尽量注于图面左下角首先出现的板块），其余的应标出板号。底筋一般不需注明长度。绘图时应注意弯钩方向，且弯钩应伸入支座。负弯矩钢筋的画法：同一种板号组合的支座负筋只需画一次。负弯矩钢筋对称布置时，可采用无尺寸线标注，负弯矩钢筋的总长度直接注写在钢筋下面；负弯矩钢筋非对称布置时，可在梁两边分别标注负筋的长度（长度从梁中计起）；端跨的负弯矩钢筋无尺寸线时直接标注的是总长度；以上钢筋长度均不包括直弯钩长。分布钢筋只在结构总说明中注明，图中不画出。

如图 5-1 所示，对于相同编号的板，其贯通纵向钢筋和支座负负弯矩钢筋均应相同，这样导致板的编号较多，须分别标注，图面较为繁杂。

而板平法施工图采取在结构平面布置图上用板块集中标注、板支座原位标注（有梁楼盖）的方式直接表达板结构设计内容，如图 5-2 所示。集中标注板厚、底部和顶部贯通纵向钢筋等内容。其他相同编号的板块仅注写置于圆圈内的板编号及板面标高不同时的标高高

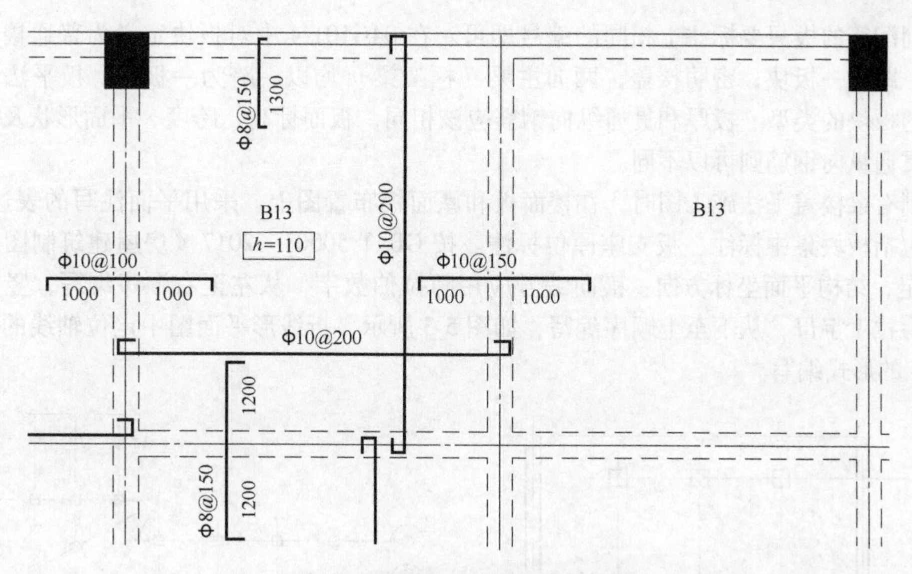

图 5-1　传统方法表示的板配筋图

差。在垂直于板支座（梁或墙）方向绘制一段长度适宜的中粗实线来代表支座上部非贯通纵向钢筋，并注写钢筋编号、配筋值、横向连续布置的跨数等内容。因此，平法表示的板施工图的图面较为简洁、明了。

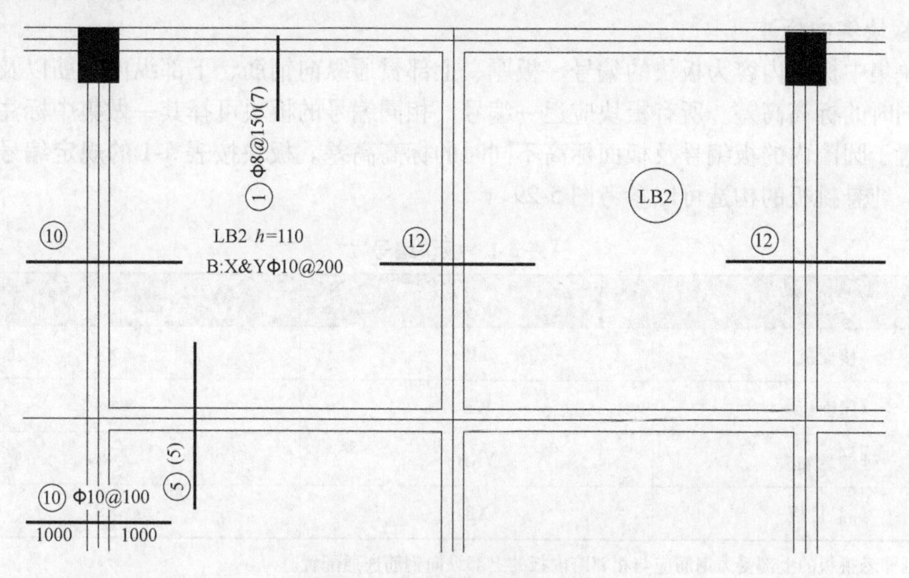

图 5-2　平法表示的板施工图

5.2　现浇楼盖与屋面板平法施工图设计

5.2.1　有梁楼盖板制图规则

“板块”，是 04G101-4 图集提出的一个新概念，是指板的配筋以“一块板”为一个单元，相同配筋的板只要标注上相同的编号即可。在04G101-4中对板块定义为普通楼面，两向均以一跨为一板块；密肋楼盖，两向主梁（框架梁）均以一跨为一板块。板平法规定编号相同的板块的类型、板厚和贯通纵向钢筋应该相同，板面标高、跨度、平面形状及板支座上部非贯通纵向钢筋则可以不同。

绘制有梁楼盖平法施工图时，在楼面板和屋面板布置图上，采用平面注写的表达方式。这主要包括板块集中标注、板支座原位标注。按GB/T 50001—2017《房屋建筑制图统一标准》规定，结构平面坐标方向：横向编号应用阿拉伯数字，从左至右顺序编写，竖向编号应用大写拉丁字母，从下至上顺序编写，如图5-3所示。折线形平面图中定位轴线的编号可按图5-4的形式编写。

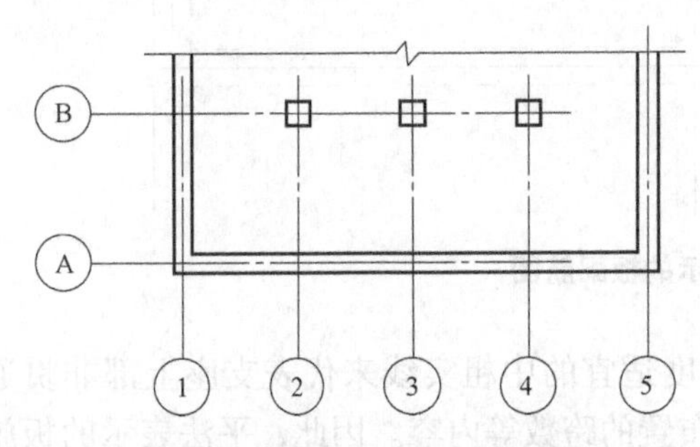

图5-3　轴网正交定位轴线编号

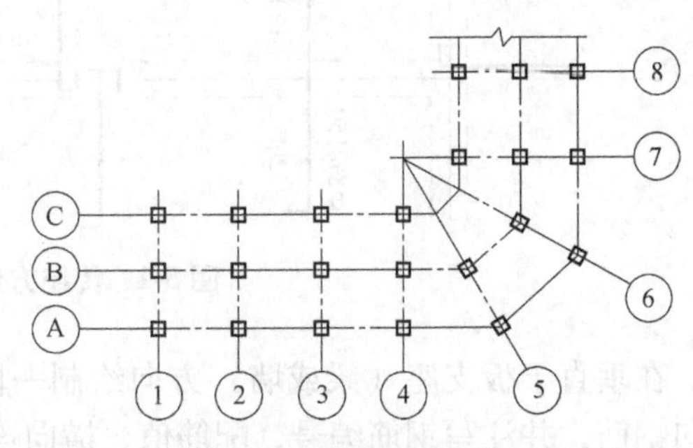

图5-4　轴网转折定位轴线编号

1. 板块集中标注

板块集中标注内容为板块的编号、板厚、上部贯通纵向钢筋、下部纵向钢筋以及当板面标高不同时的标高高差。所有板块应逐一编号，相同编号的板块可择其一做集中标注，其他仅注写置于圆圈内的板编号及板面标高不同时的标高高差。板块按表5-1的规定编号。延伸悬挑板、纯悬挑板的构造可以参考图5-29。

表5-1　板块编号

板类型	代号	序号
楼面板	LB	××
屋面板	WB	××
延伸悬挑板	YXB	××
纯悬挑板	XB	××

注：延伸悬挑板的上部受力钢筋应与相邻跨内板的上部纵向钢筋连通配置。

板厚注写为h=×××；当悬挑板的端部改变截面厚度时，用斜线分割根部与端部的高度值，注写为h=×××/×××。

贯通纵向钢筋按下部和上部分别注写，并以B代表下部，以T代表上部，B&T代表下部与上部；x、y向贯通纵向钢筋分别以X、Y打头，两向贯通纵向钢筋以X&Y打头，当为单向板时，另一向贯通的分布钢筋可不注写，而在图中统一注明。若某些板内配置的构造钢筋，x向以Xc，y向以Yc表示。当y向采用放射配筋时，应注明配筋间距的度量位置。板面标高高差指相对于结构层楼面标高的高差，制图时应将其注写在括号内。

例：设有一楼面板注写为LB5 $h=110$

B：XΦ12@120；YΦ10@110

表示5号楼面板，板厚110mm，板下部配置的贯通纵向钢筋 x 向为Φ12@120，y 向为Φ10@110；板上部未配置贯通纵向钢筋。

例：设有一延伸悬挑板注写为YXB2 $h=150/100$

B：Xc&YcΦ8@200

表示2号延伸悬挑板，板根部厚150mm，端部厚100mm，板下部配置构造钢筋双向均为Φ8@200。（上部受力钢筋见板支座原位标注）。

当纵向钢筋采用两种规格钢筋“隔一布一”方式时，ϕ××/yy@×××表示为直径为××的钢筋和直径为yy的钢筋二者之间间距为×××，直径××的钢筋间距为2倍×××，直径yy的钢筋间距为2倍×××。

例：设有一楼面板注写为LB5 $h=110$

B：XΦ12@120；YΦ10@110

表示5号楼面板，板厚110mm，板下部配置的贯通纵向钢筋 x 向为Φ12@120，y 向为Φ10@110；板上部未配置贯通纵向钢筋。

2. 板支座原位标注

板支座原位标注的内容为板支座上部非贯通纵向钢筋和纯悬挑板上部受力钢筋。应在配置相同的第一跨表达（当在悬挑部位单独配置时则在原位表达），在垂直于板支座（梁或墙）绘制一段适宜长度的中粗实线来代表支座上部非贯通纵向钢筋；并在线段上方注写钢筋编号、配筋值、横向连续布置的跨数（注写在括号内，且当为一跨时可不注），以及是否布置到梁的悬挑端。例如，（××A）为横向布置的跨数及一端的悬挑部位（B为两端悬挑的部位）。板支座上部非贯通筋自支座中线向跨内的延伸长度，注写在线段的下方位置，向支座两侧对称延伸时可仅在一侧标注（见图5-5a、b），贯通全跨或延伸至全悬挑一侧的长度值不注（见图5-5c）。

当板支座为弧形，支座上部非贯通纵向钢筋呈放射状分布时，应注明配筋间距的度量位置并加注“放射分布”四字（见图5-6）。

在板平面布置图中，不同部位的板支座上部非贯通纵向钢筋及纯悬挑板上部受力钢筋，可仅在一个部位注写，对其他相同者则仅需注写编号及横向连续布置的跨数。

例：在板平面布置图某部位，横跨支承梁绘制的对称线段上注有⑦Φ12@100（5A）和1500，表示支座上部⑦号非贯通纵向钢筋为Φ12@100，从该跨起沿支承梁连续布置5跨加梁一段的悬挑端，该筋自支座中线向两侧跨内的延伸长度均为1500mm。在同一板平面布置图的另一部位横跨梁支座绘制的对称线段上注有⑦（2）者，表示该筋同⑦号纵向钢筋，沿支承梁连续布置两跨，且无梁悬挑端布置。

当板的上部已配置有贯通纵向钢筋，但需增配非贯通纵向钢筋时，应采取“隔一布一”的方式配置，两者的标注间距相同，组合后的实际间距为各自标志间距的1/2。

例：板上部配置贯通纵向钢筋Φ12@250，该跨同向配置的上部支座非贯通纵向钢筋为⑤Φ12@250，表示在该支座上部设置的纵向钢筋实际为Φ12@125，其中1/2为贯通纵向钢筋，

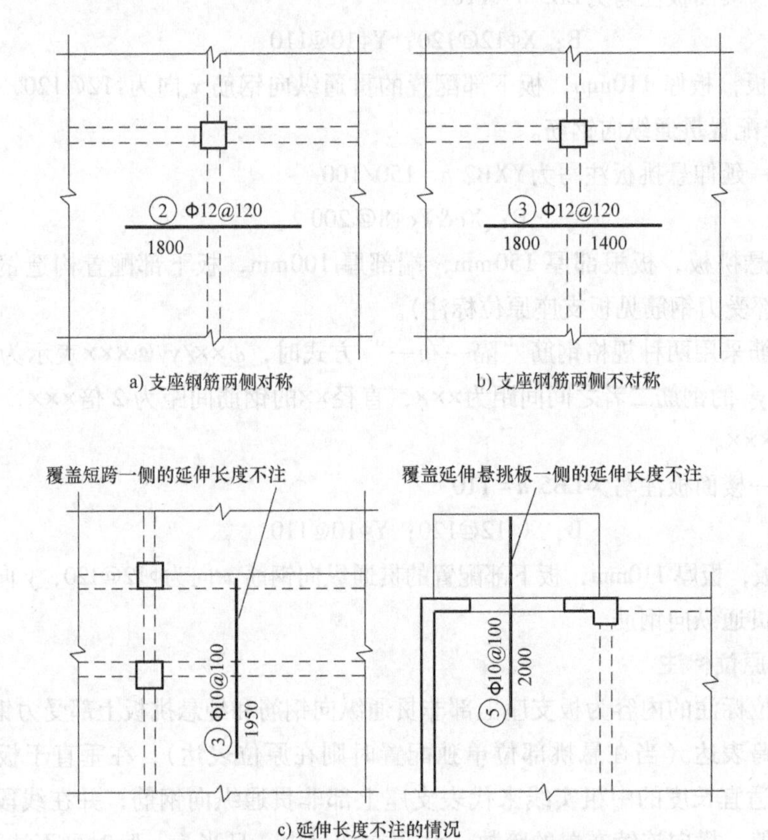

图 5-5 板支座上部非贯通纵向钢筋的标注

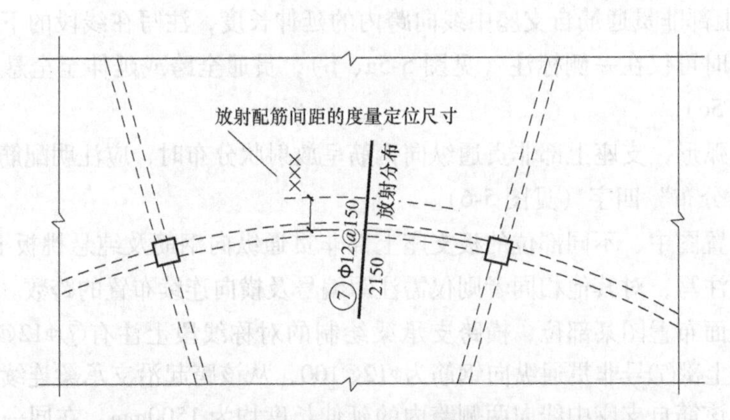

图 5-6 弧形支座上部非贯通纵向钢筋呈放射状分布

1/2 为⑤号非贯通纵向钢筋（延伸长度值略）。

例：板上部已配置贯通纵向钢筋ф10@250，该跨配置的上部同向支座非贯通纵向钢筋为③ф12@250，表示该跨实际设置的上部纵向钢筋为（1ф10+1ф12）/250，实际间距为125mm。图 5-7 所示为采用平面注写方式表达的楼面平法施工图示例。

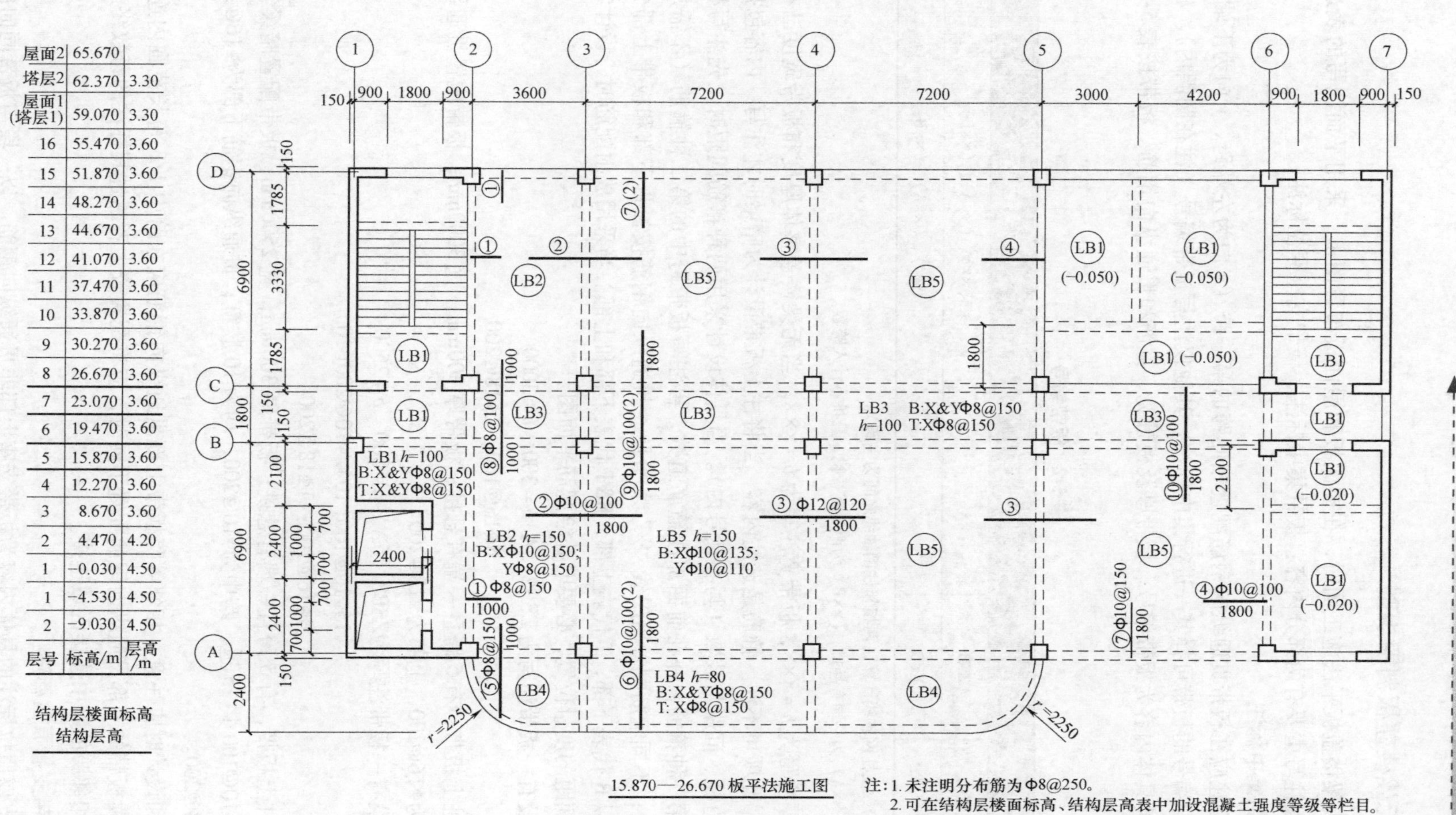

层号	标高/m	层高/m
屋面2	65.670	
塔层2	62.370	3.30
屋面1(塔层1)	59.070	3.30
16	55.470	3.60
15	51.870	3.60
14	48.270	3.60
13	44.670	3.60
12	41.070	3.60
11	37.470	3.60
10	33.870	3.60
9	30.270	3.60
8	26.670	3.60
7	23.070	3.60
6	19.470	3.60
5	15.870	3.60
4	12.270	3.60
3	8.670	3.60
2	4.470	4.20
1	−0.030	4.50
1	−4.530	4.50
2	−9.030	4.50

结构层楼面标高
结构层高

图5-7 板平法施工图平面注写方式示例

5.2.2 无梁楼盖板制图规则

绘制无梁楼盖板平法施工图时，在楼面板和屋面板布置图上，采用平面注写的表达方式。板平面注写主要有两部分内容：板带集中标注、板带支座原位标注。

1. 板带集中标注

集中标注应在板带贯通纵向钢筋配置相同跨的第一跨（x 向为左端跨，y 向为下端跨）注写。相同编号的板带可择其一进行集中标注，其他仅注写板带编号（注在圆圈内）。板带集中标注的具体内容为板带编号、板带厚及板带宽、箍筋和贯通纵向钢筋。板带按表 5-2 的规定编号。

表 5-2 板带编号

板带类型	代号	序号	跨数及有无悬挑
柱上板带	ZSB	××	(××)、(××A)、(××B)
跨中板带	KZB	××	(××)、(××A)、(××B)

注：1. 跨数按柱网轴线计算（两相邻柱网轴线之间为一跨）。
2.（××A）为一端有悬挑，（××B）为两端有悬挑，悬挑不计入跨数。

板带厚注写为 h=×××，板带宽注写为 b=×××。当无梁楼盖整体厚度和板带宽度已在图中注明时，此项可不注。箍筋是选注内容，当将柱上板带设计为暗梁时才注写，内容包括钢筋级别、直径、间距与肢数（写在括号内）。当具体设计采用两种箍筋间距时，先注写板带近柱端的第一种箍筋，并在前面加注箍筋道数，再注写板带跨中的第二种箍筋（不需加注箍筋道数）；不同箍筋配置用斜线“/”相分隔。贯通纵向钢筋按板带下部和板带上部分别注写，并以 B 代表下部，T 代表上部，B&T 代表下部和上部。当采用放射配筋时，设计者应注明配筋间距的度量位置，必要时补绘配筋平面图。

例：设有一板带注写为 ZSB2(5A)h=300　b=3000

B⌀16@100；T⌀18@200

表示 2 号柱上板带，有 5 跨且一端有悬挑；板带厚 300mm，宽 3000mm；板带配置贯通纵向钢筋下部为⌀16@100，上部为⌀18@200。

例：设有一板带注写为ZSB3（5A）h=300　b=2500

15ϕ10@100(10)/ϕ10@200(10)

B⌀16@100；T⌀18@200

表示 3 号柱上板带，有 5 跨且一端有悬挑；板带厚 300mm，宽 2500mm；板带配置暗梁箍筋近柱端为ϕ10@100 共 15 道，跨中为ϕ10@200，均为 10 肢箍；贯通纵向钢筋下部为⌀16@100，上部为⌀18@200。

施工和设计时应注意：相邻等跨板带上部贯通纵向钢筋应在跨中 1/3 跨长范围内连接；当同向连续板带的上部贯通纵向钢筋配置不同时，应将配置较大者越过其标注的跨数终点或起点伸至相邻跨的跨中连接区域连接。

2. 板带支座原位标注

板带支座原位标注的具体内容为板带支座上部非贯通纵向钢筋。以一段与板带同向的中粗实线来代表板带支座上部非贯通纵向钢筋；对柱上板带，实线段贯穿柱上区域绘制；对跨中板带，实线段横贯柱网轴线绘制。在线段上方注写钢筋编号、配筋值，在线段的下方注写自支座中线向两侧跨内的延伸长度。

当板带支座非贯通纵向钢筋自支座中线向两侧对称延伸时，延伸长度可仅在一侧标注；当配置在有悬挑端的边柱上时，该筋延伸到悬挑尽端，设计不注。当支座上部非贯通纵向钢筋呈放射分布时，设计者应注明配筋间距的度量位置。不同部位的板带支座上部非贯通纵向钢筋相同者，可仅在一个部位注写，其余则在代表非贯通纵向钢筋的线段上注写编号。当板带上部已经配有贯通纵向钢筋，但需增加配置板带支座上部非贯通纵向钢筋时，应结合已配同向贯通纵向钢筋的直径与间距，采取“隔一布一”的方式。

例：设有板平面布置图的某部位，在横跨板带支座绘制的对称线段上注有⑦⌀18@250，在线段一侧的下方注有1500，系表示支座上部⑦号非贯通纵向钢筋为⌀18@250，自支座中线向两侧跨内的延伸长度均为1500mm。

例：设有一板带上部已配置贯通纵向钢筋⌀18@240，板带支座上部非贯通纵向钢筋为⑤⌀18@240，则板带在该位置实际配置的上部纵向钢筋为⌀18@120，其中1/2为贯通纵向钢筋，1/2为⑤号非贯通纵向钢筋（延伸长度略）。

例：设有一板带上部已配置贯通纵向钢筋⌀18@240，板带支座上部非贯通纵向钢筋为③⌀20@240，则板带在该位置实际配置的上部纵向钢筋为（1⌀18+1⌀20）/240，实际间距120mm。

图5-8所示为无梁楼盖ZSB与KZB标注示例。

3. 暗梁的表示方法

暗梁平面注写包括暗梁集中标注、暗梁支座原位标注两部分内容。施工图中在柱轴线处画中粗虚线表示暗梁。暗梁集中标注包括暗梁编号、暗梁截面尺寸（箍筋外皮宽度×板厚）、暗梁箍筋、暗梁上部通长筋或架立筋四部分内容。暗梁编号见表5-3。

表5-3　暗梁编号

构件类型	代号	序号	跨数及有无悬挑
暗梁	AL	××	(××)、(××A)、(××B)

注：1. 跨数按柱网轴线计算（两相邻柱网轴线之间为一跨）。
2. (××A) 为一端有悬挑，(××B) 为两端有悬挑，悬挑不计入跨数。

暗梁支座原位标注包括梁支座上部纵向钢筋和梁下部纵向钢筋。当在暗梁上集中标注的内容不适用于某跨或某悬挑端时，则将其不同数值标注在该跨或该悬挑端，施工时按原位注写取值，其他注写方式同梁。当设置暗梁时，柱上板带及跨中板带标注方式与本章前述一致，柱上板带标注的配筋仅设置在暗梁之外的柱上板带范围内。暗梁中纵向钢筋连接、锚固及支座上部纵向钢筋的伸出长度等要求同轴线处柱上板带中纵向钢筋。

5.2.3　楼板相关构造制图规则

楼板相关构造的平法施工图设计，是在板平法施工图上采用直接引注方式表达。其相关构造按表5-4的规定编号。下面举例说明引注表示方法。

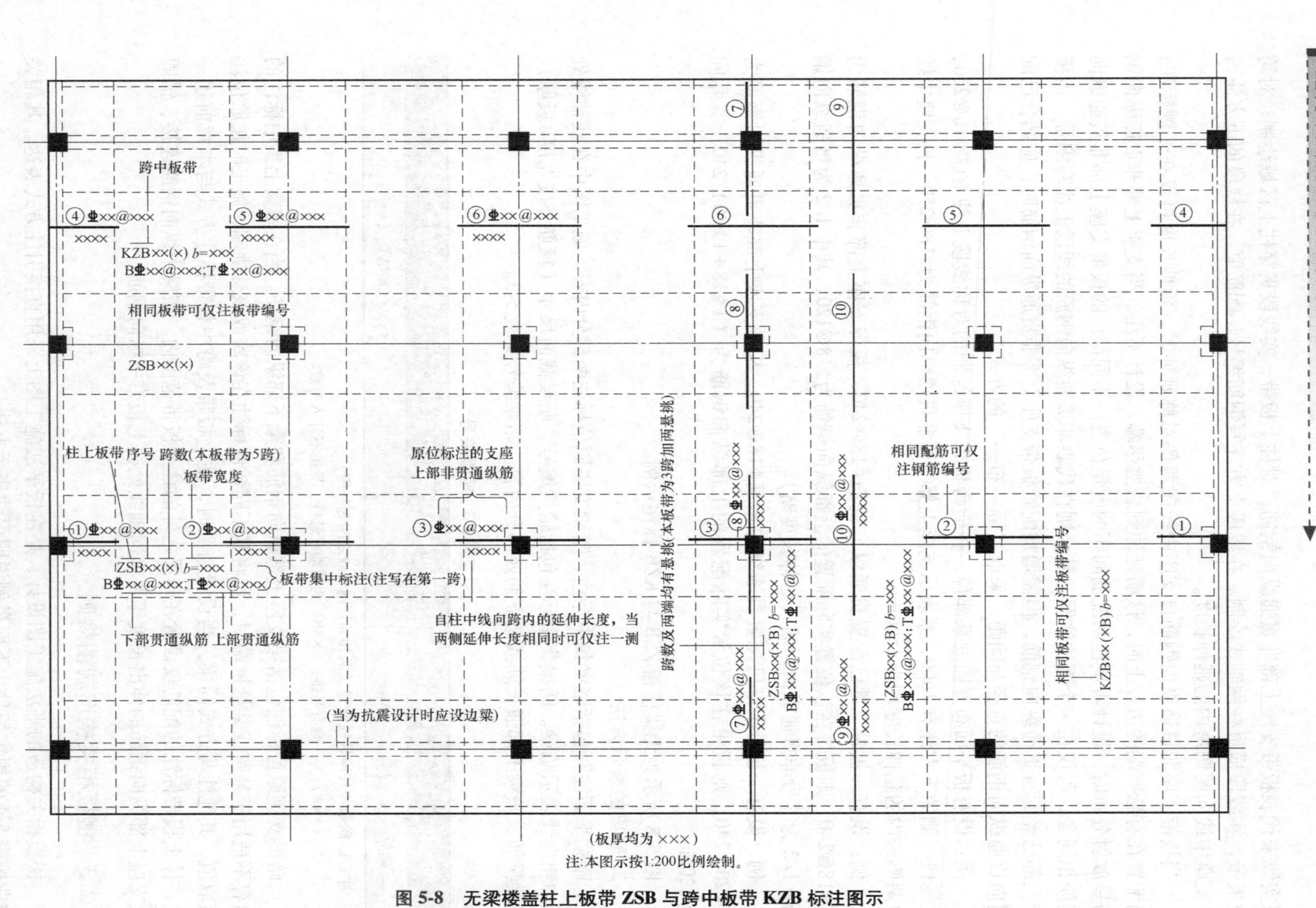

图5-8 无梁楼盖柱上板带ZSB与跨中板带KZB标注图示

表 5-4　楼板相关构造类型与编号

构造类型	代号	序号	说　明
纵向钢筋加强带	JQD	××	以单向加强纵向钢筋取代原位置配筋
后浇带	HJD	××	与墙或梁后浇带贯通，有不同的留筋方式
柱帽	ZM×	××	适用于无梁楼盖
局部升降板	SJB	××	板厚及配筋与所在板相同，构造升降高度不大于 300mm
板加腋	JY	××	腋高与腋宽可选注
板开洞	BD	××	最大边长或直径<1m，加强筋长度有全跨贯通和自洞边锚固两种
板翻边	FB	××	翻边高度不大于 300mm
板挑檐	TY	××	对应板端钢筋构造，不含竖檐内容
角部加强筋	Crs	××	以上部双向非贯通加强筋取代原位置的非贯通配筋
悬挑板阴角附加筋	Cis	××	板悬挑阴角斜放附加筋
悬挑板阳角放射筋	Ces	××	板悬挑阳角上部放射筋
抗冲切箍筋	Rh	××	通常用于无柱帽无梁楼盖的柱顶
抗冲切弯起筋	Rb	××	通常用于无柱帽无梁楼盖的柱顶

1. 纵向钢筋加强带 JQD 的引注

纵向钢筋加强带设单向加强贯通纵向钢筋，取代其所在位置板中原配置的同向贯通纵向钢筋。图 5-9 所示为 JQD 的引注示例。当设置为暗梁形式时，应注写箍筋。

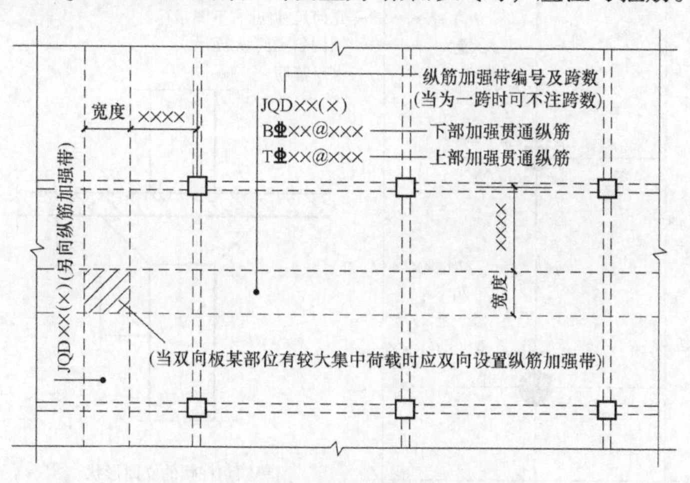

图 5-9　纵向钢筋加强带 JQD 引注示例

2. 后浇带 HJD 的引注

后浇带留筋方式有 2 种，分别为贯通留筋和 100% 搭接留筋。后浇带混凝土宜采补偿收缩混凝土，设计应注明相关施工要求。贯通留筋的后浇带宽度通常不小于 800mm；100%搭接留筋的后浇带宽度通常取不小于 800mm 与（l_l+60mm）或（l_{lE}+60mm）的较大值。HJD 贯通留筋引注示例见图 5-10。

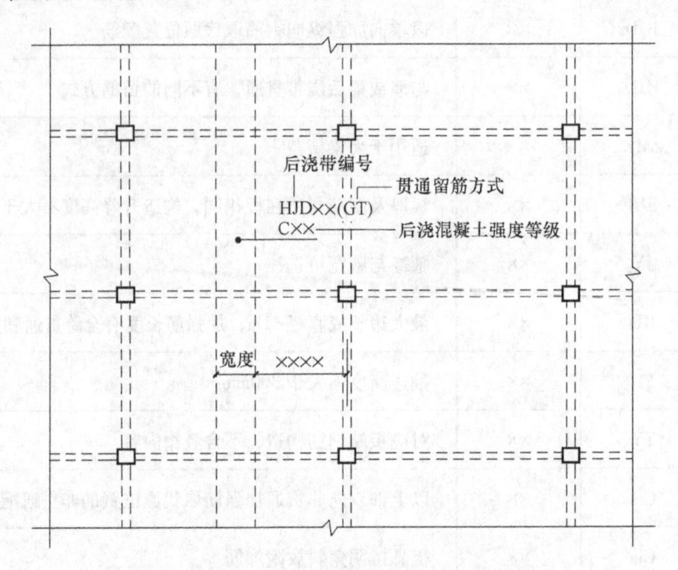

图 5-10　后浇带 HJD 引注示例（贯通留筋方式）

3. 柱帽 ZM×的引注

柱帽的平面形状有矩形、圆形和多边形等，其平面形状由平面布置图表达。柱帽的立面形状有单倾角柱帽 ZMa、托板柱帽 ZMb、变倾角柱帽 ZMc 和倾角托板柱帽 ZMab 等，其立面几何尺寸和配筋由具体的引注内容表达。单倾角柱帽和托板柱帽的引注示例见图 5-11。

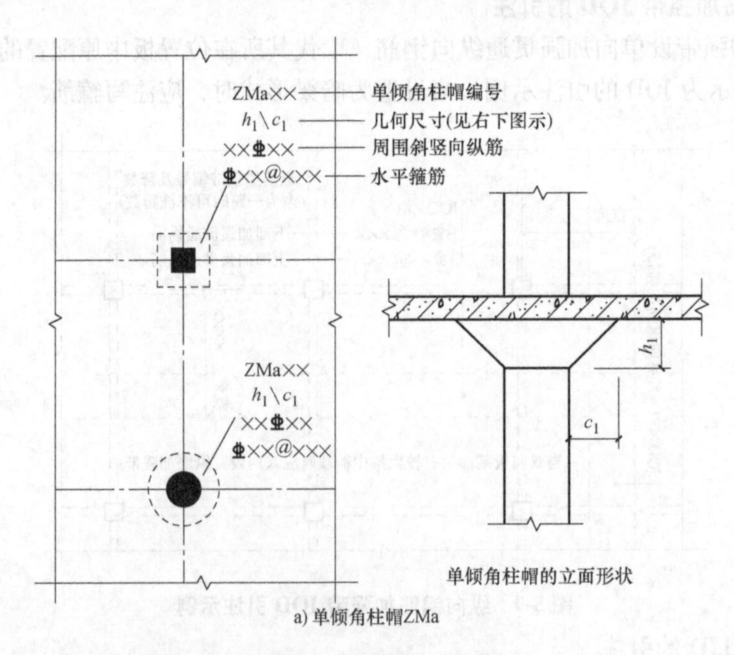

a) 单倾角柱帽ZMa

图 5-11　柱帽的引注示例

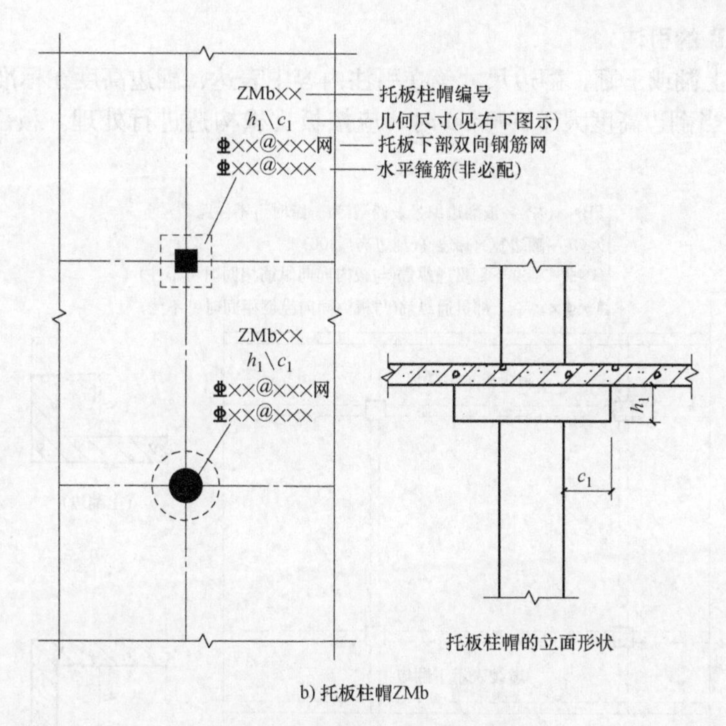

b) 托板柱帽ZMb

图 5-11　柱帽的引注示例（续）

4. 局部升降板 SJB 的引注

局部升降板的板厚、壁厚和配筋，在标准图集中取与所在板块相同时，设计不注，否则应补充绘制截面配筋图。局部升降板升高与降低的高度，在标准构造详图中限定为不大于300mm，当高度超过 300mm 时应补充绘制截面配筋图。SJB 的引注示例如图 5-12 所示。

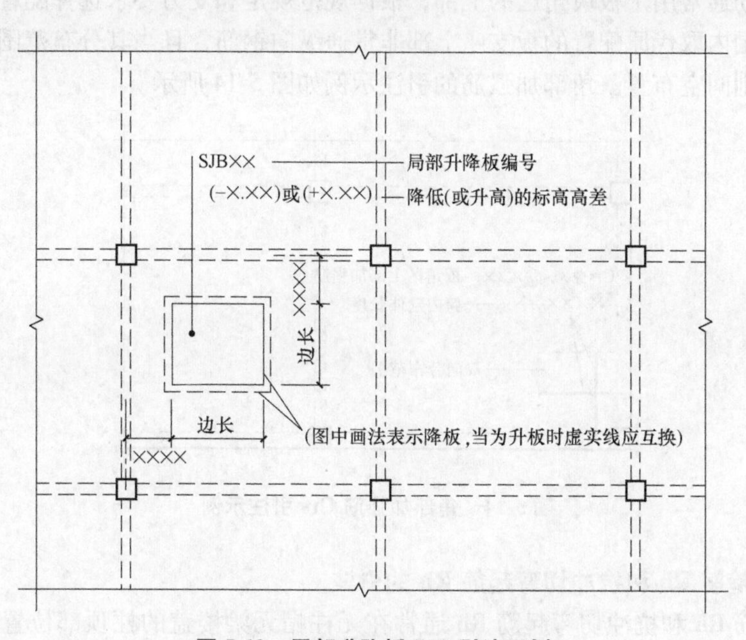

图 5-12　局部升降板 SJB 引注示例

5. 板翻边 FB 的引注

板翻边可以上翻或下翻，翻边尺寸等在引注内容中表达，翻边高度在标准构造详图中为不大于 300mm。当翻边高度大于 300mm 时，应按板挑檐构造进行处理。板翻边 FB 引注示例如图 5-13 所示。

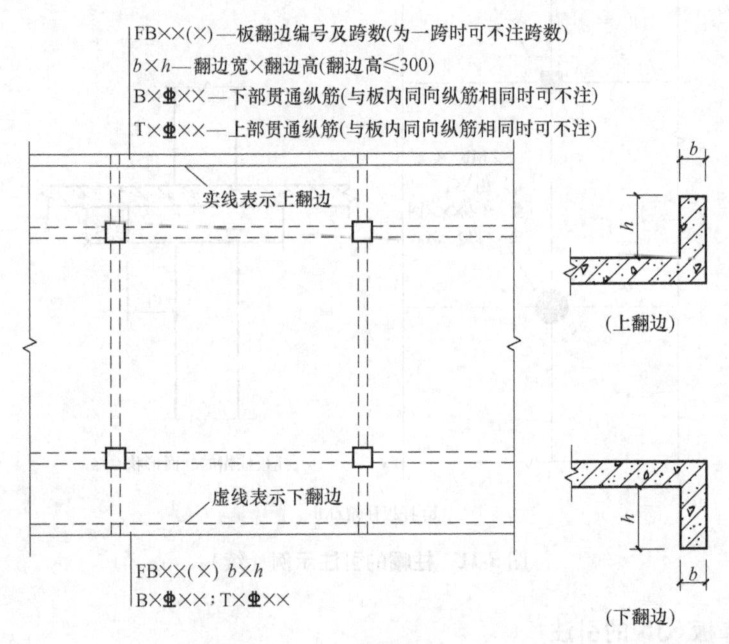

图 5-13　板翻边 FB 引注示例

6. 角部加强筋 Crs 的引注

角部加强筋通常用于板块角区的上部，根据规范规定和受力要求选择配置。角部加强筋将在其分布范围内取代原配置的板支座上部非贯通纵向钢筋，且当其分布范围内配有板上部贯通纵向钢筋则间空布置。角部加强筋的引注示例如图 5-14 所示。

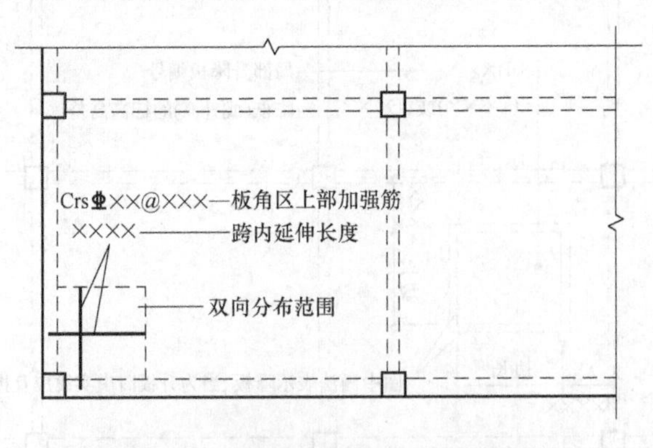

图 5-14　角部加强筋 Crs 引注示例

7. 抗冲切箍筋 Rh 和抗冲切弯起筋 Rb 的引注

抗冲切箍筋 Rh 和抗冲切弯起筋 Rb 通常在无柱帽无梁楼盖的柱顶部位置设置。其引注示例如图 5-15 所示。

钢筋的连接可采用绑扎搭接、机械连接或焊接连接，详见相应的标准构造详图。当板纵向钢筋采用非接触方式的绑扎搭接连接时，其搭接部位的钢筋净距不宜小于30mm，且钢筋中心距不应大于0.2l_l及150mm的较小者。

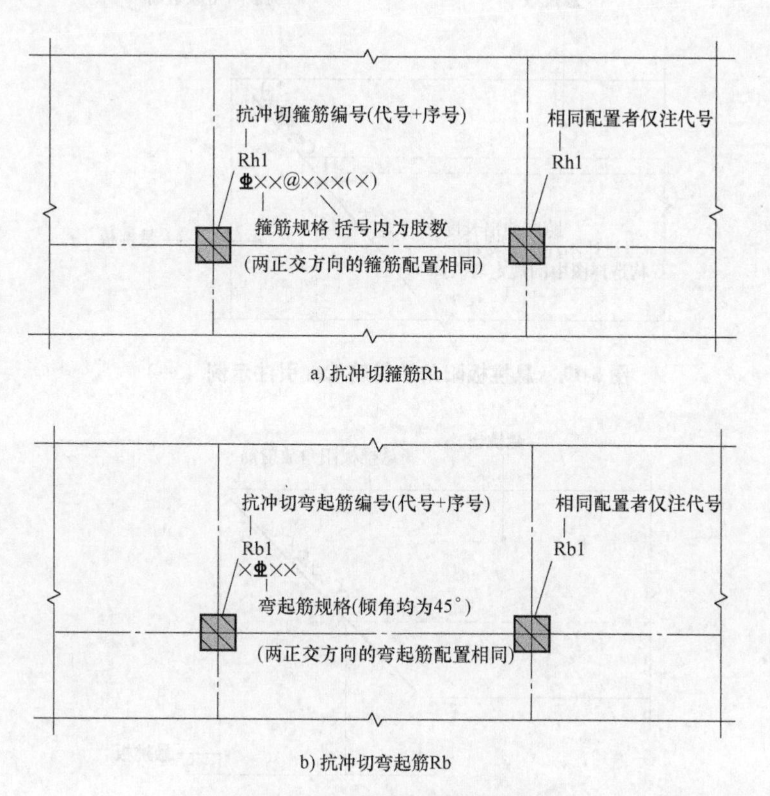

图5-15 抗冲切钢筋的引注示例

8. 悬挑板阴角附加筋Cis的引注

悬挑板阴角附加筋是指在悬挑板的阴角部位斜放的附加钢筋，该附加钢筋设置在板上部悬挑受力钢筋的下面，自阴角位置向内分布引注示例如图5-16所示。

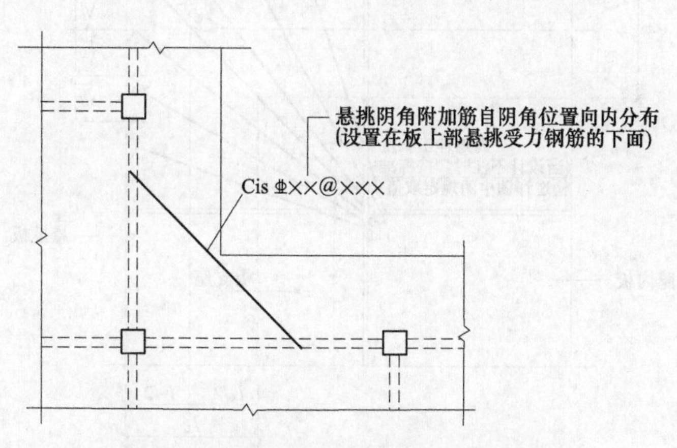

图5-16 悬挑板阴角附加筋Cis引注示例

9. 悬挑板阳角放射筋 Ces 的引注

悬挑板阳角放射筋引注示例如图 5-17～图 5-19 所示。

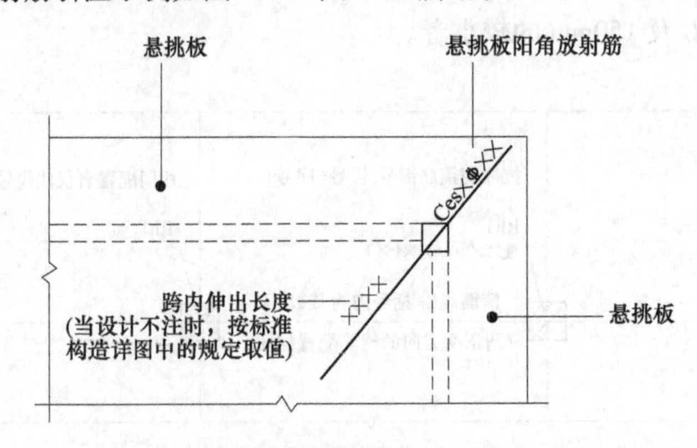

图 5-17　悬挑板阳角放射筋 Ces 引注示例（一）

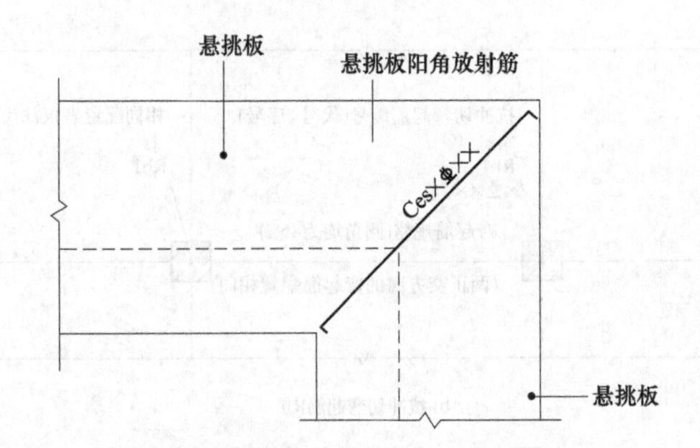

图 5-18　悬挑板阳角放射筋 Ces 引注示例（二）

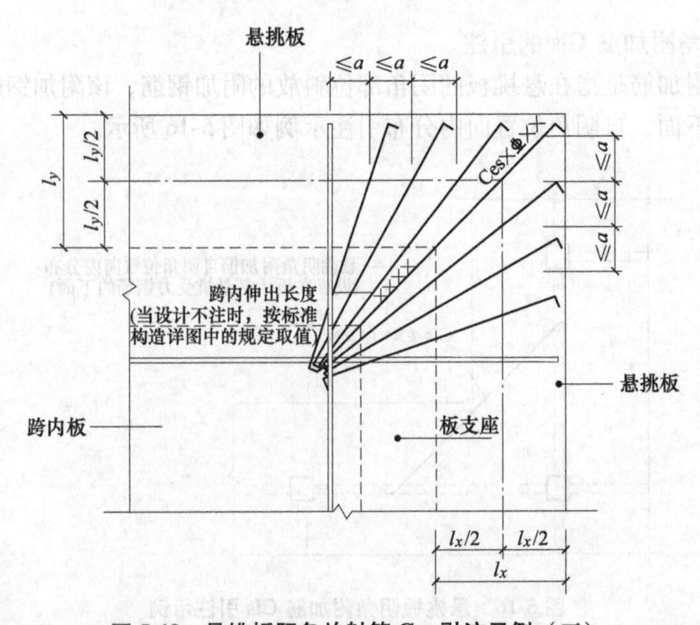

图 5-19　悬挑板阳角放射筋 Ces 引注示例（三）

5.3　现浇楼面板与屋面板标准构造详图

5.3.1　纵向钢筋的机械锚固、交叉与连接构造

纵向钢筋的连接是现浇楼面板与屋面板的一种常见构造，在梁、柱构件中也有类似的构造要求。同面层受力钢筋交叉时的构造如图 5-20 所示。

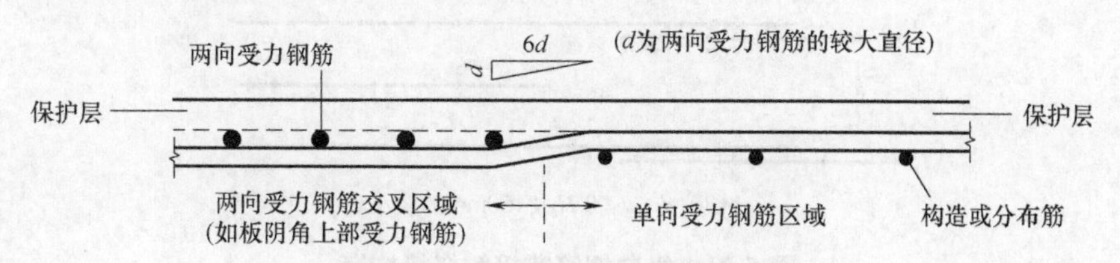

图 5-20　同面层受力钢筋交叉构造

同一连接区段内的纵向受拉钢筋绑扎搭接接头如图 5-21 所示，机械连接、焊接接头如图 5-22 所示。凡接头中点位于连接区段长度内，连接接头均属同一连接区段。同一连接区段内纵向钢筋搭接接头面积百分率，为该区段内有搭接接头的纵向受力钢筋截面面积与全部纵向钢筋截面面积的比值，当直径相同时，图示钢筋搭接接头面积百分率为 50%。当受拉钢筋直径大于 25mm 及受压钢筋直径大于 28mm 时，不宜采用绑扎搭接。轴心受拉及小偏心受拉构件中纵向受力钢筋不宜采用绑扎搭接。纵向受力钢筋连接位置宜避开梁端、柱端箍筋加密区，如必须在此连接，应采用机械连接或焊接连接。机械连接和焊接接头的类型及质量应符合国家现行有关标准的规定。

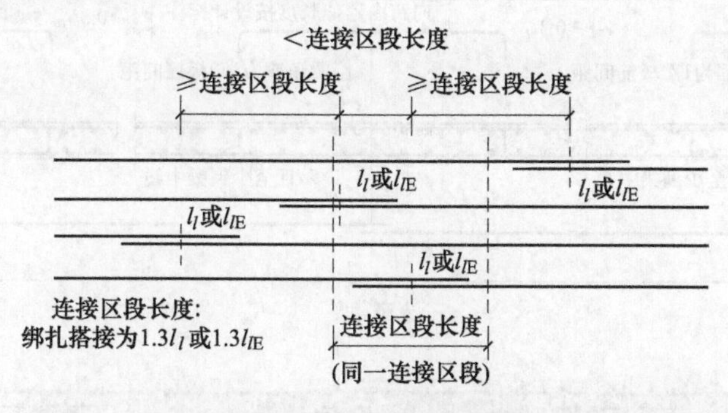

图 5-21　同一连接区段内纵向受拉钢筋绑扎搭接接头构造

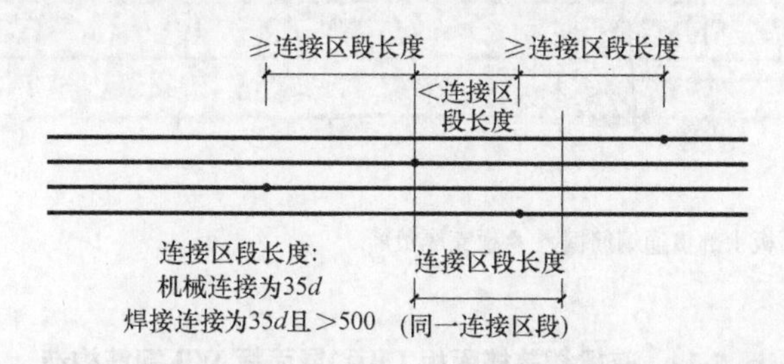

图 5-22　同一连接区段内的纵向受拉钢筋机械连接、焊接接头构造

当采用非接触方式的绑扎搭接连接时，其搭接部位钢筋净距不宜小于 30mm，且钢筋中心距不应大于 $0.2l_l$ 及 150mm 中的较小者，如图 5-23 所示。在搭接范围内，相互搭接的纵向钢筋与横向钢筋的每个交叉点均应进行绑扎。

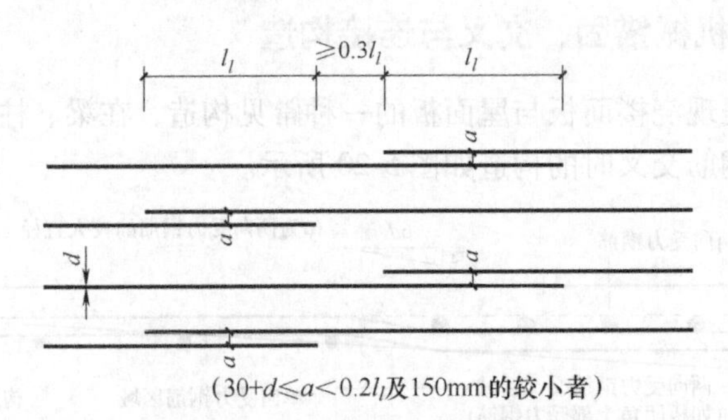

图 5-23　纵向钢筋非接触搭接构造

5.3.2　有梁楼盖楼面板 LB 和屋面板 WB 钢筋构造

有梁楼盖楼面板 LB 和屋面板 WB 钢筋构造如图 5-24 所示。上部贯通纵向钢筋连接区总长度不大于 $l_n/2$，下部纵向钢筋伸入中间支座（梁）的长度不小于 $5d$ 且至少到梁中线。括号内的锚固长度 l_{aE} 用于梁板式转换层的板，而支座负筋要求伸至板底。

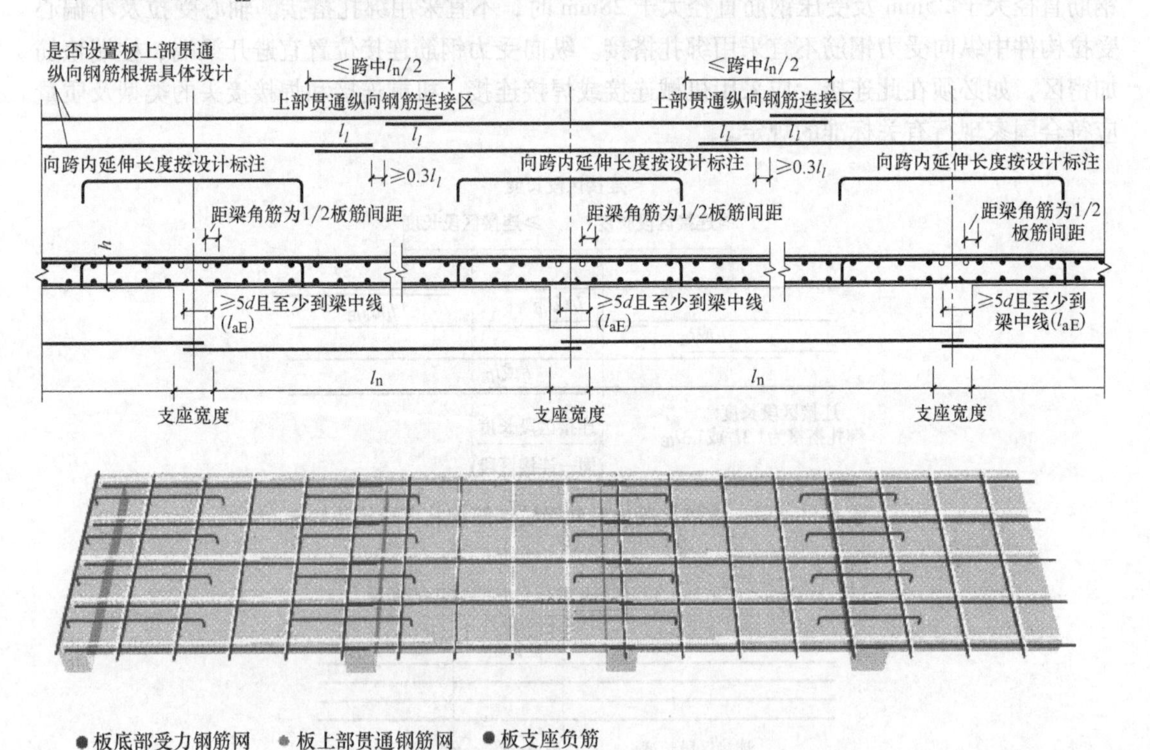

图 5-24　有梁楼盖楼面板 LB 和屋面板 WB 钢筋构造

板在端部支座的锚固构造如图 5-25 所示，构造要点如下：

1）当板相邻等跨或不等跨的上部纵向钢筋配置不同时，应将配置较大者越过其标注的跨数终点或起点延伸至相邻跨的跨中连接区域连接。

2）除搭接连接外，板纵向钢筋可采用机械连接或焊接连接。上部钢筋接头位置在图 5-24 所示连接区，下部钢筋接头位置宜在距支座 1/4 净跨内。

3）板纵向钢筋的连接要求如图 5-21 和图 5-22 所示，且同一连接区段内钢筋接头面积百分率不宜大于 50%。等跨板上部贯通纵向钢筋的连接构造如图 5-24 所示。

4）当采用非接触方式的绑扎搭接连接时，要求如图 5-23 所示。

5）板位于同一层面的两向交叉纵向钢筋何向在下，何向在上，应按具体设计说明。

6）图 5-24 中板的中间支座均按梁绘制，当支座为混凝土剪力墙时，其构造相同。

7）板在端部支座的锚固构造如图 5-25 所示，图中“设计按铰接时”和“充分利用钢筋的抗拉强度时”由设计者指定。

8）梁板式转换层的板中 l_{abE}、l_{aE} 按抗震等级四级取值，设计者也可根据具体工程情况另行指定。

9）在图 5-25a、b 中，纵向钢筋在端支座应伸至梁支座外侧纵向钢筋的内侧后弯折 15d，当平直段长度不小于 l_a 和不小于 l_{aE} 时，可不弯折。

10）板端部支座为剪力墙墙顶时，图 5-25d、e、f 做法由设计者指定。

11）如图 5-25c～f 所示，纵向钢筋在端支座应伸至墙外侧水平分布钢筋内侧后弯折 15d，当平直段长度不小于 l_a 和不小于 l_{aE} 时，可不弯折。

不等跨板上部贯通纵向钢筋连接构造如图 5-26 所示。

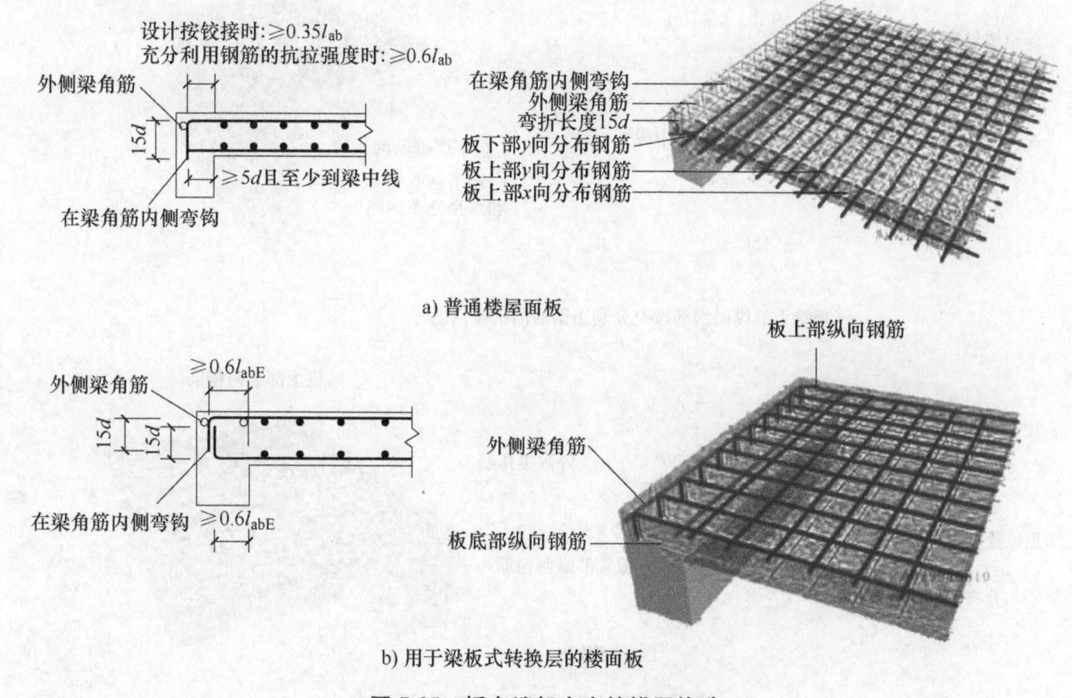

图 5-25　板在端部支座的锚固构造

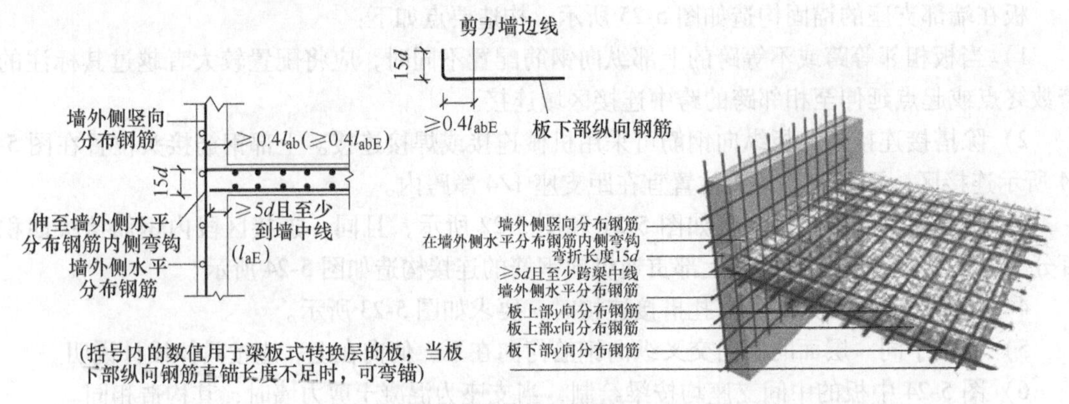

c) 端部支座为剪力墙中间层

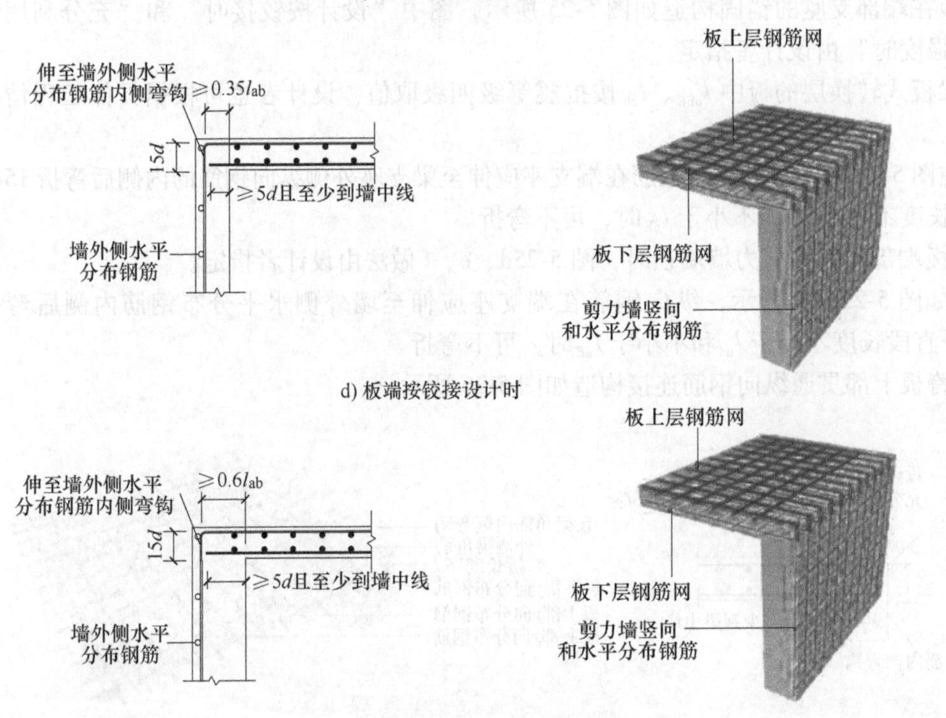

d) 板端按铰接设计时

e) 板端上部纵向钢筋按充分利用钢筋的抗拉强度时

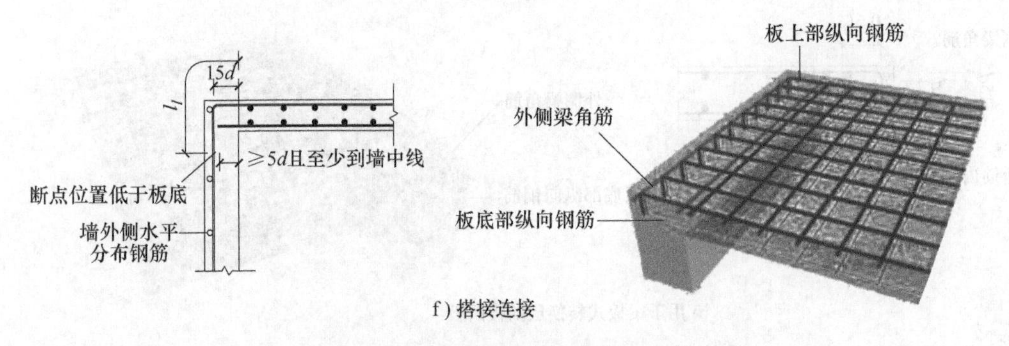

f) 搭接连接

图 5-25 板在端部支座的锚固构造（续）

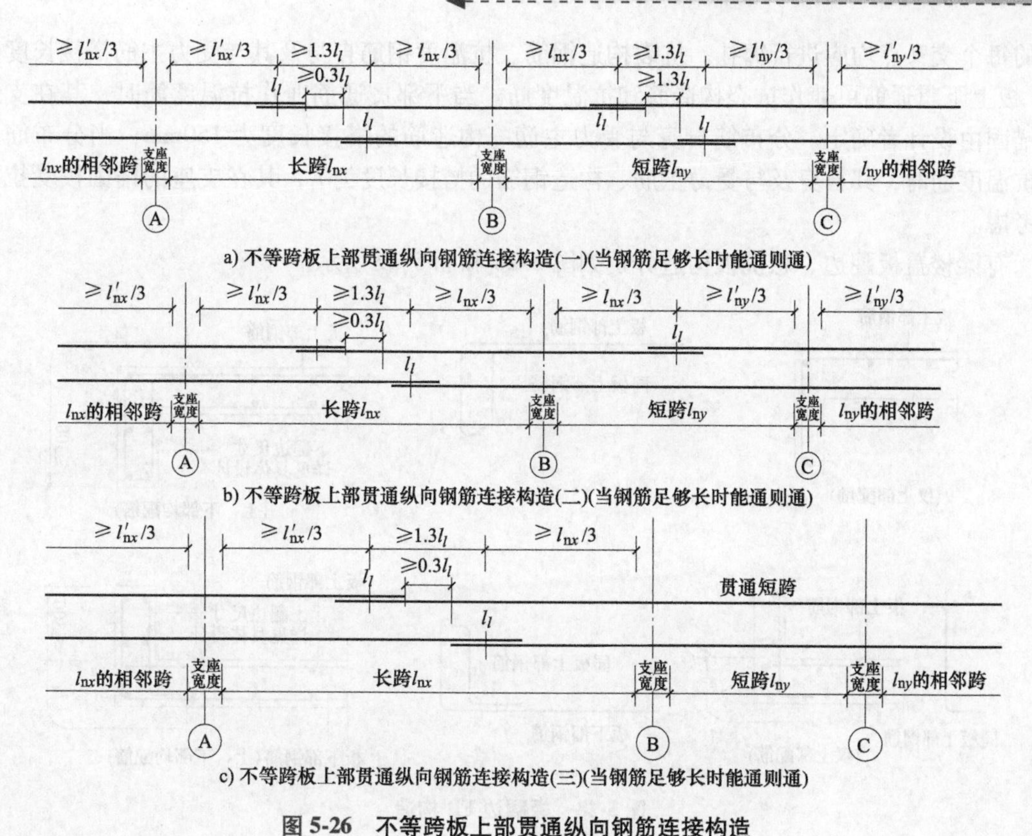

a) 不等跨板上部贯通纵向钢筋连接构造(一)(当钢筋足够长时能通则通)

b) 不等跨板上部贯通纵向钢筋连接构造(二)(当钢筋足够长时能通则通)

c) 不等跨板上部贯通纵向钢筋连接构造(三)(当钢筋足够长时能通则通)

图 5-26　不等跨板上部贯通纵向钢筋连接构造

有梁楼盖单（双）向板配筋如图 5-27 所示。在搭接范围内，相互搭接的纵向钢筋与横向钢

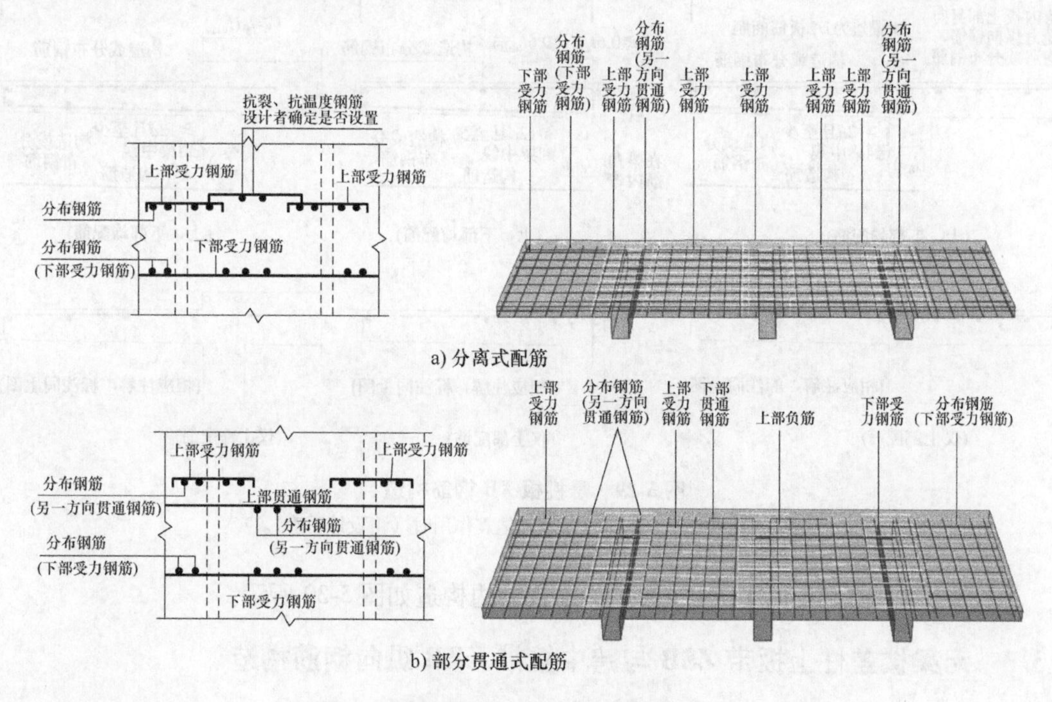

a) 分离式配筋

b) 部分贯通式配筋

图 5-27　单（双）向板配筋

筋的每个交叉点均应进行绑扎。抗裂构造钢筋、抗温度钢筋自身及其与受力主筋搭接长度为 l_1。板上下贯通筋可兼作抗裂构造筋和抗温度筋。当下部贯通筋兼作抗温度筋时，其在支座的锚固由设计者确定。分布筋自身与受力主筋、构造筋的搭接长度为 150mm；当分布筋兼作抗温度筋时，其自身及与受力主筋、构造钢筋的搭接长度为 l_1，其在支座的锚固按受拉要求考虑。

有梁楼盖板翻边、悬挑板构造分别如图 5-28 和图 5-29 所示。

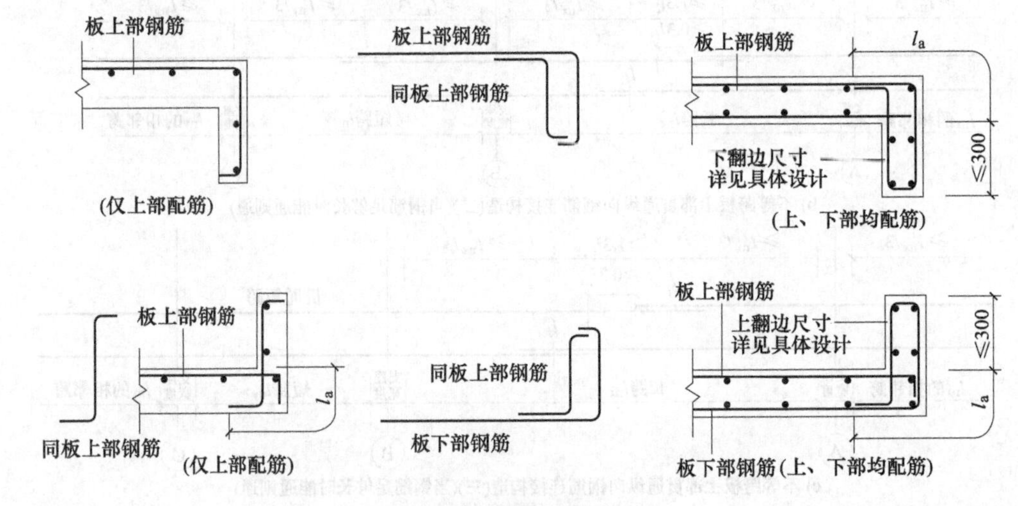

图 5-28　板翻边 FB 构造

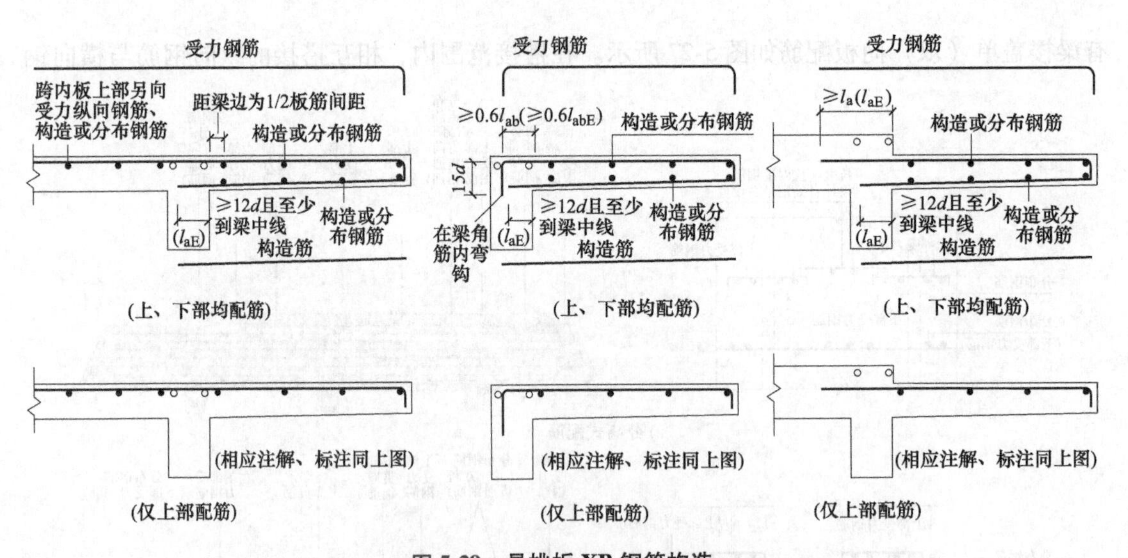

图 5-29　悬挑板 XB 钢筋构造

注：括号中数值用于需考虑竖向地震作用时（由设计明确）。

当板厚不小于 150mm 时，无支承的板端部封边构造如图 5-30 所示。

5.3.3　无梁楼盖柱上板带 ZSB 与跨中板带 KZB 纵向钢筋构造

柱上板带 ZSB 与跨中板带 KZB 纵向钢筋包括上部贯通纵向钢筋、上部非贯通纵向钢筋、

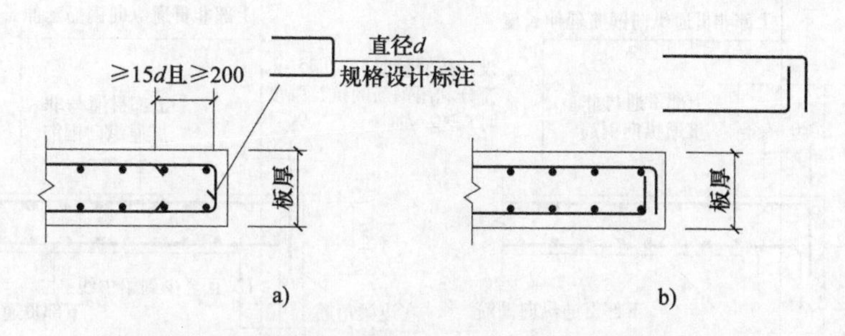

图 5-30　无支承板端部封边构造（当板厚≥150 时）

下部贯通纵向钢筋等。其构造要求如图 5-31、图 5-32 所示，且同样适用于无柱帽的无梁楼盖。设计要点同上文中楼面板 LB 和屋面板 WB 钢筋构造要求。

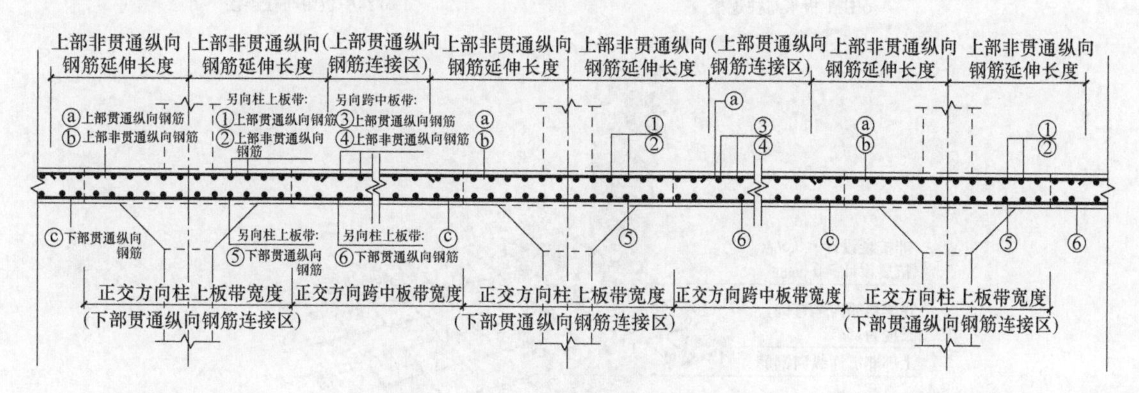

图 5-31　柱上板带 ZSB 纵向钢筋构造

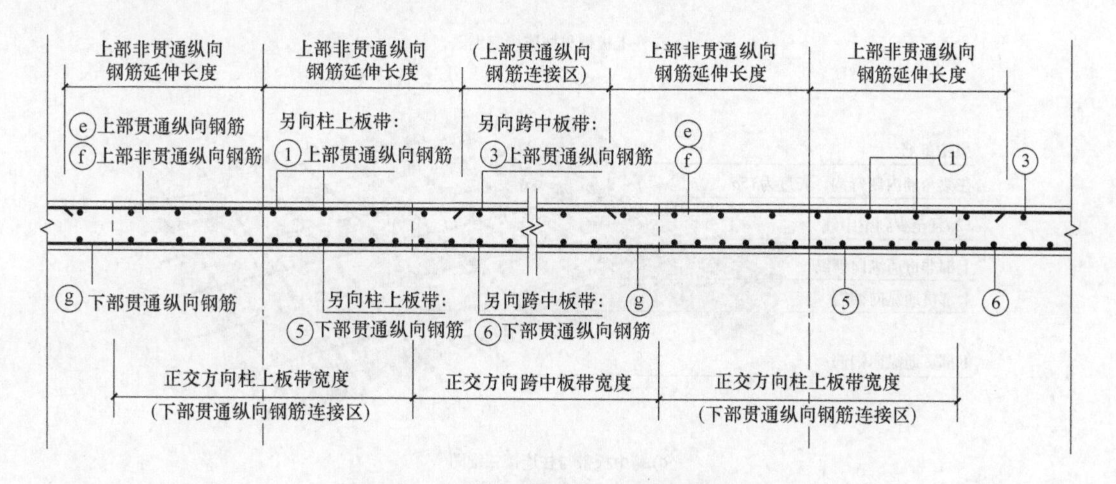

图 5-32　跨中板带 KZB 纵向钢筋构造

（板带上部非贯通纵向钢筋向跨内延伸长度按设计标注）

板带端支座的纵向钢筋构造如图 5-33 所示。

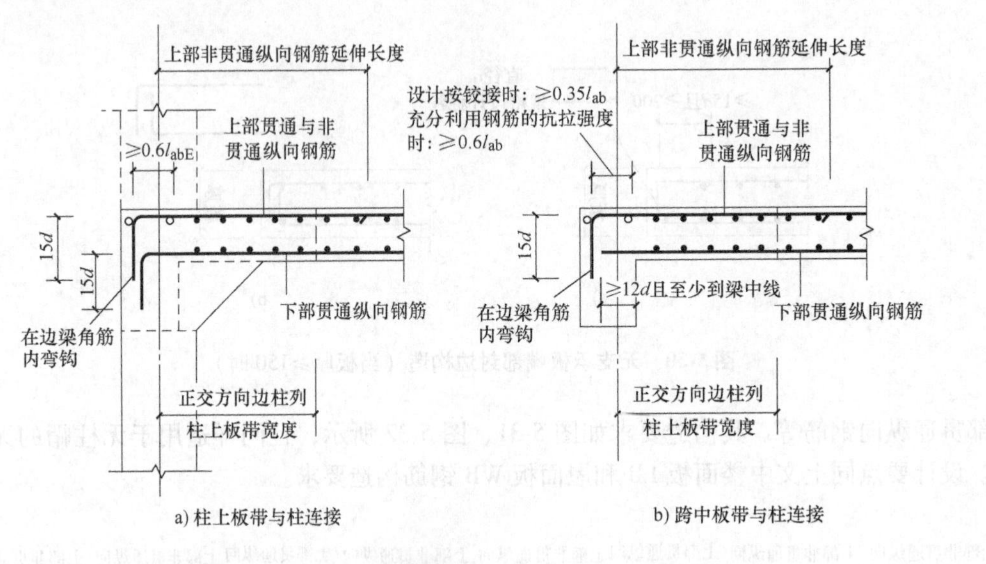

a) 柱上板带与柱连接　　b) 跨中板带与柱连接

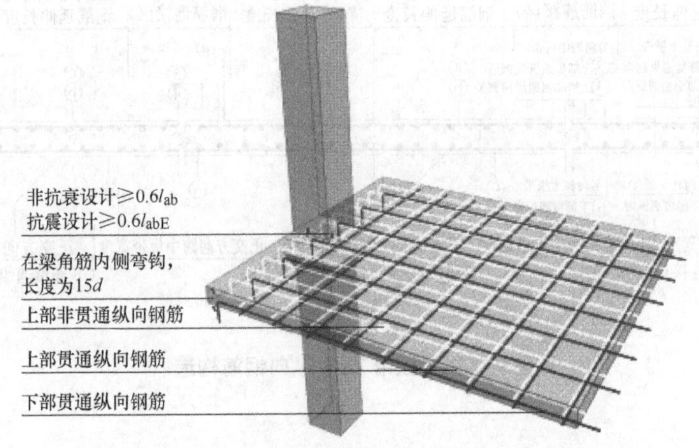

c) 柱上板带与柱连接三维图

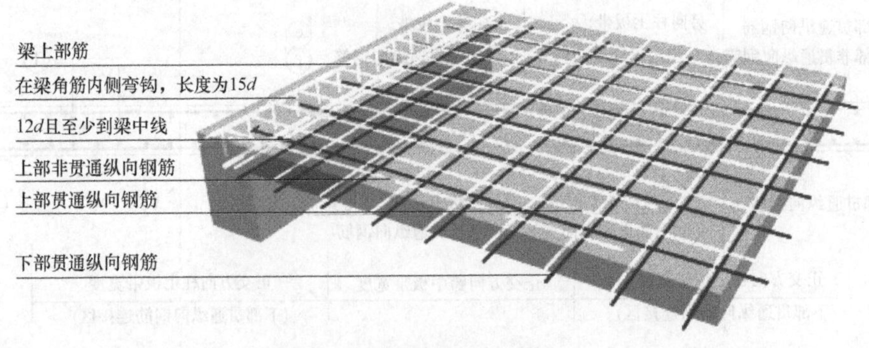

d) 跨中板带与柱连接三维图

图 5-33　板带端支座纵向钢筋构造

无梁楼盖的板带悬挑端纵向钢筋、柱上板带暗梁钢筋构造如图 5-34、图 5-35 所示，而且同样适用于无柱帽的情况。

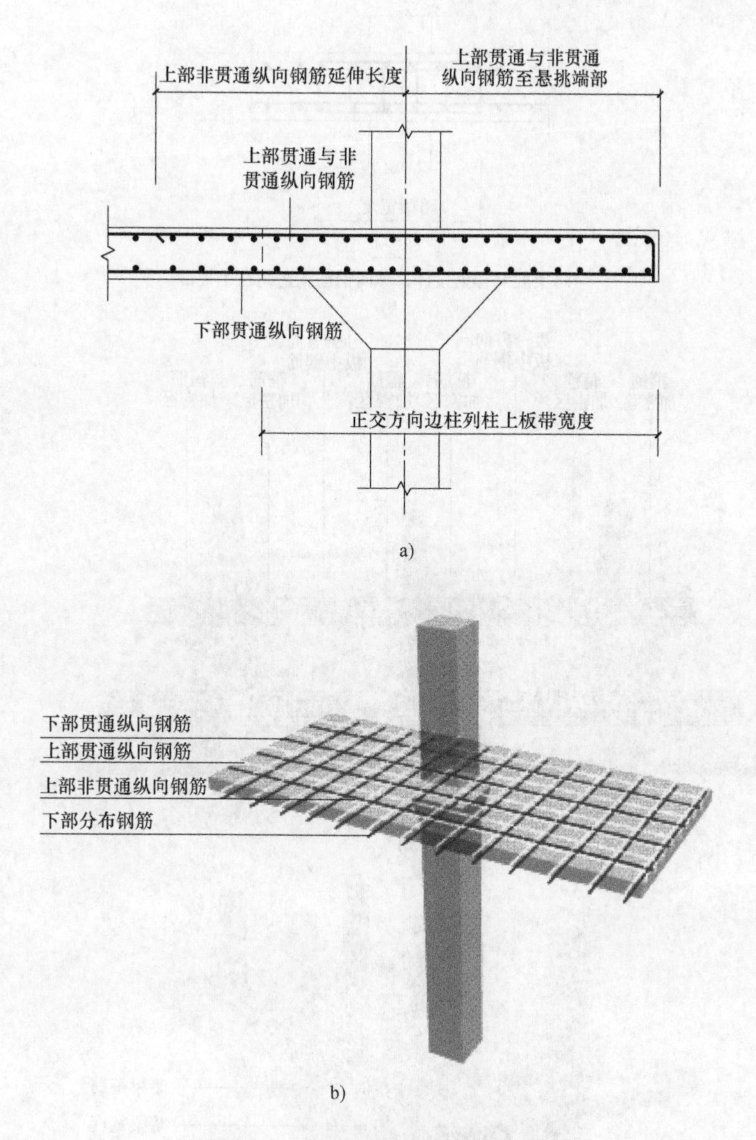

a)

b)

图 5-34　板带悬挑端纵向钢筋构造

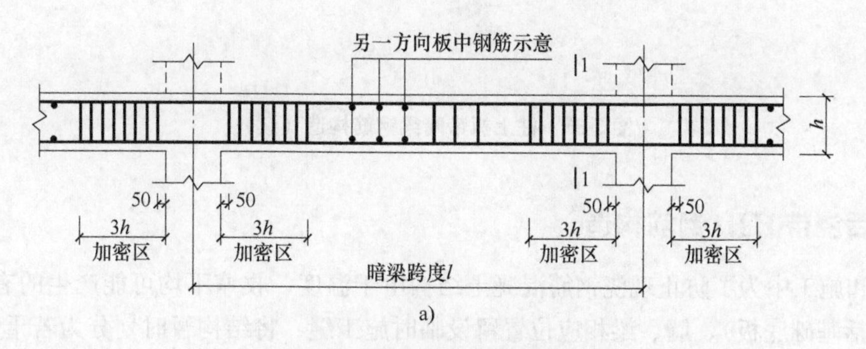

a)

图 5-35　柱上板带暗梁钢筋构造

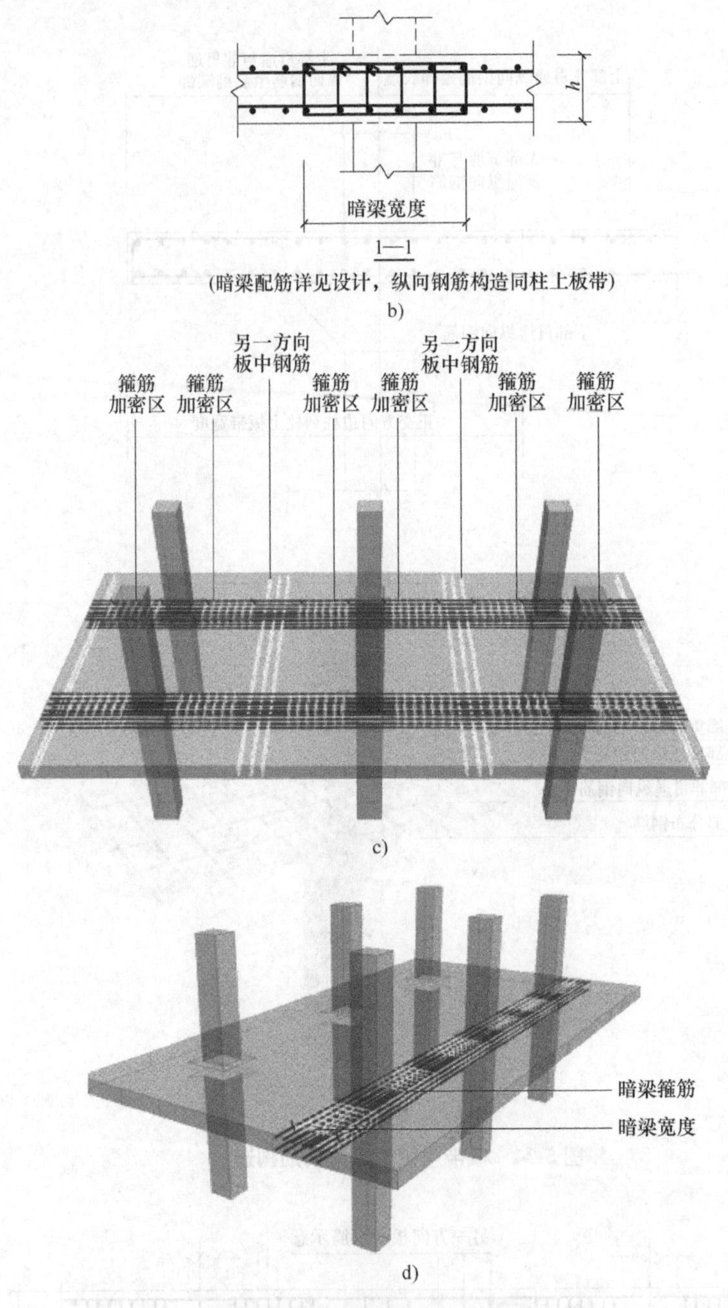

图 5-35 柱上板带暗梁钢筋构造（续）

5.3.4 后浇带 HJD 钢筋构造

设计和施工中为了防止现浇钢筋混凝土结构由于温度、收缩不均可能产生的有害裂缝，在板（包括基础底板）、墙、梁相应位置留设临时施工缝，将结构暂时划分为若干部分，经过构件内部收缩，在若干时间后再浇捣该施工缝混凝土，将结构连成整体，称之为后浇带，它是既可解决沉降差又可减少收缩应力的有效措施，故在工程中应用较多。

后浇带的留筋方式分为贯通留筋、100%搭接留筋，分别如图5-36和图5-37所示。当采用非接触方式的绑扎搭接连接时，应符合第5.3.1小节中的相关规定。

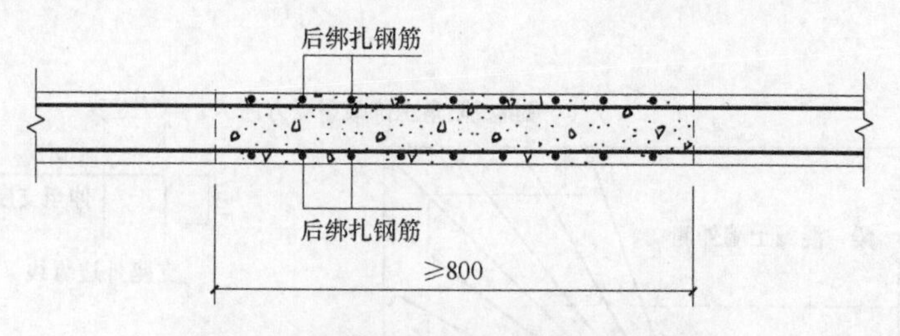

图5-36　后浇带HJD贯通留筋钢筋构造

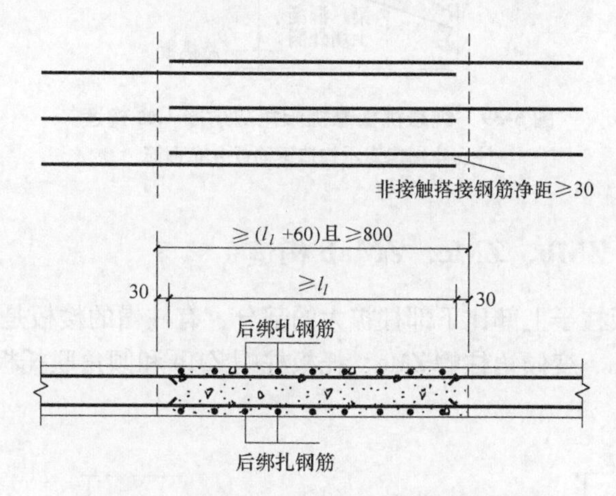

图5-37　后浇带HJD100%搭接留筋钢筋构造

5.3.5　板悬挑阳角放射筋Ces构造

板悬挑阳角放射筋分为延伸悬挑板和纯悬挑板两种情况，如图5-38、图5-39所示。在

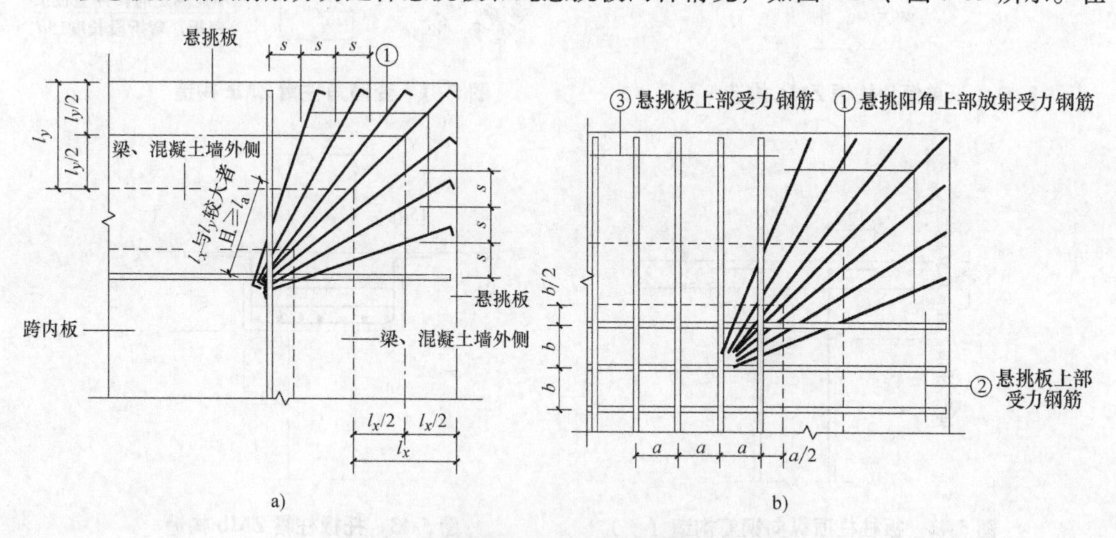

图5-38　延伸悬挑板悬挑阳角放射筋Ces构造

悬挑板内，①至③号筋应位于同一面层；在跨内，②号筋应向下斜弯到③号筋下面与该筋交叉并向跨内延伸；在支座和跨内，①号筋应向下斜弯到②号与③号筋下面与两筋交叉并斜向跨内平伸。

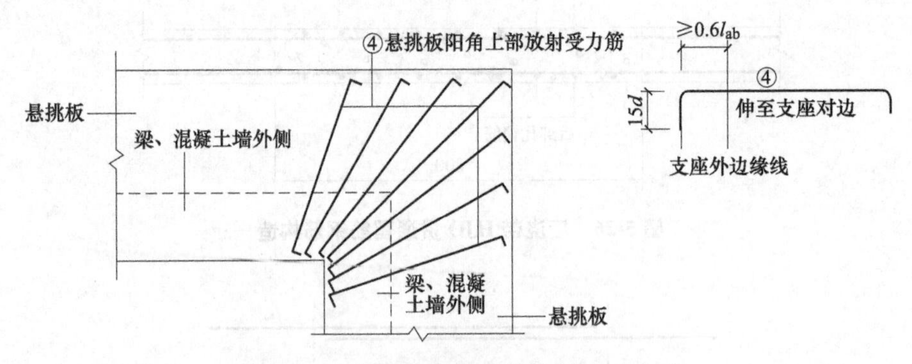

图 5-39 纯悬挑板悬挑阳角放射筋 Ces 构造

注：本图未表示构造钢筋或分布钢筋

5.3.6 柱帽 ZMa、ZMb、ZMc、ZMab 构造

柱帽指的是无梁板柱子上部比下部柱扩大的部分，有柱帽的楼板是一般是没有梁的。柱帽分为单倾角柱帽 ZMa、变倾角柱帽 ZMc、托板柱帽 ZMb 和倾角联托板柱帽 ZMab 等，如图 5-40～图 5-45 所示。

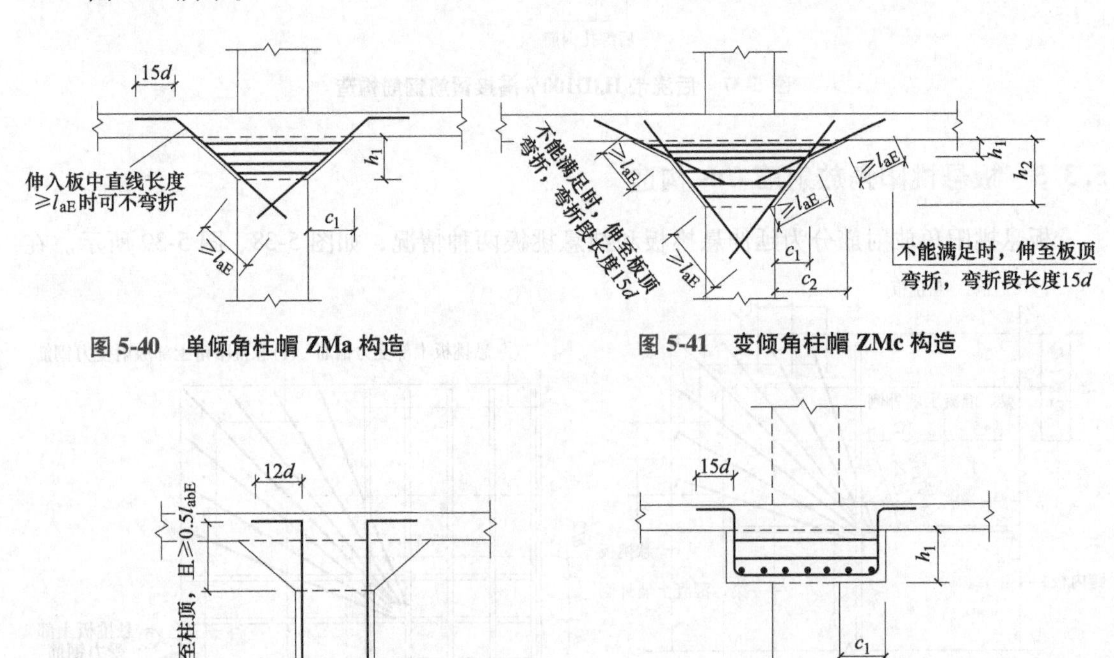

图 5-40 单倾角柱帽 ZMa 构造

图 5-41 变倾角柱帽 ZMc 构造

图 5-42 板柱柱顶纵向钢筋构造（一）

图 5-43 托板柱帽 ZMb 构造

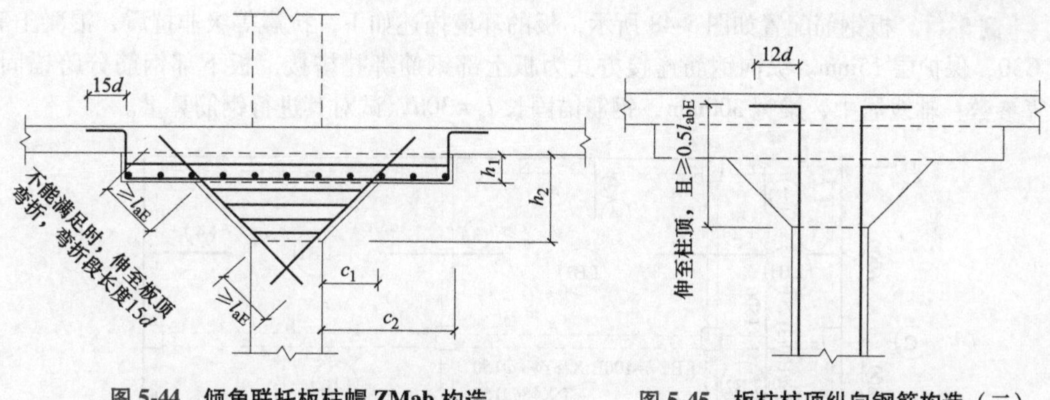

图5-44　倾角联托板柱帽ZMab构造　　图5-45　板柱柱顶纵向钢筋构造（二）

5.3.7　抗冲切箍筋Rh、抗冲切弯起钢筋Rb构造

为防止局部破坏，在无柱帽无梁楼盖的柱顶部位置要设置抗冲切钢筋。它分为抗冲切箍筋和抗冲切弯起钢筋，如图5-46、图5-47所示。

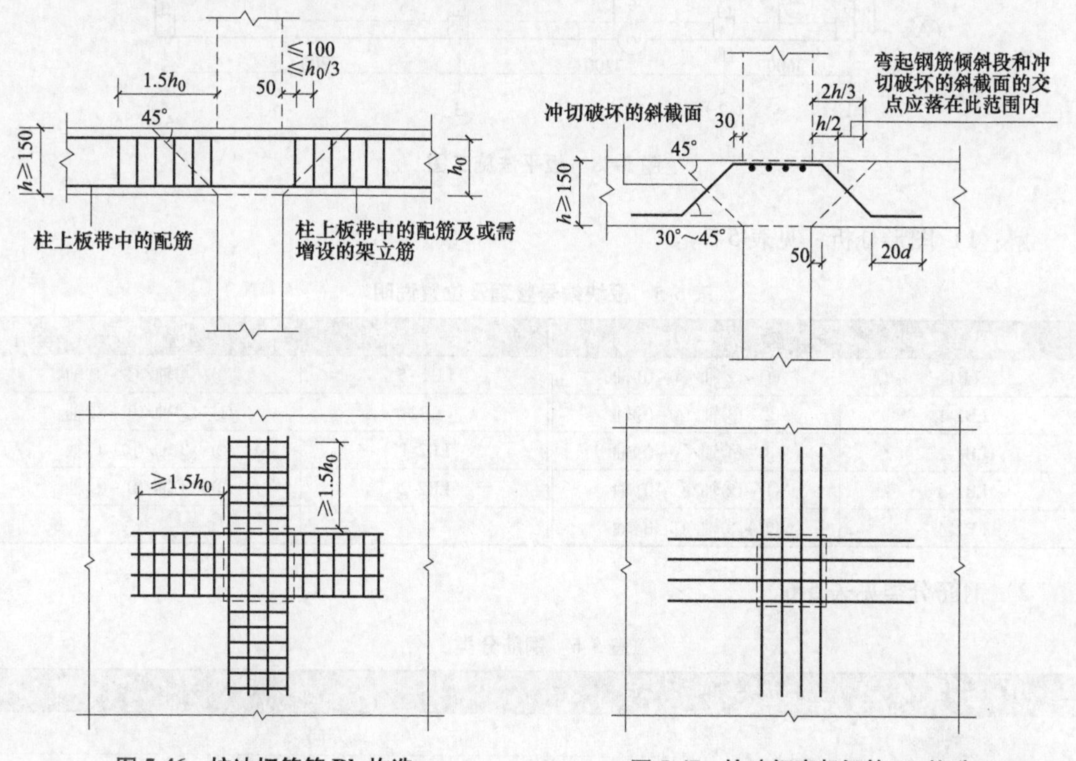

图5-46　抗冲切箍筋Rh构造　　图5-47　抗冲切弯起钢筋Rb构造

5.4　板钢筋算量

板中钢筋常见主要有板底和板面的受力钢筋及构造钢筋，现以实例简述其钢筋的算量。

【例 5-1】 板钢筋配置如图 5-48 所示，板的环境描述如下，抗震等级非抗震，混凝土等级 C30，保护层 15mm。纵向钢筋连接方式为板上部钢筋绑扎搭接，板下部钢筋分跨锚固。计算参数：轴线居中，梁宽 300mm，钢筋锚固长 $l_a = 30d$，试对其进行钢筋算量。

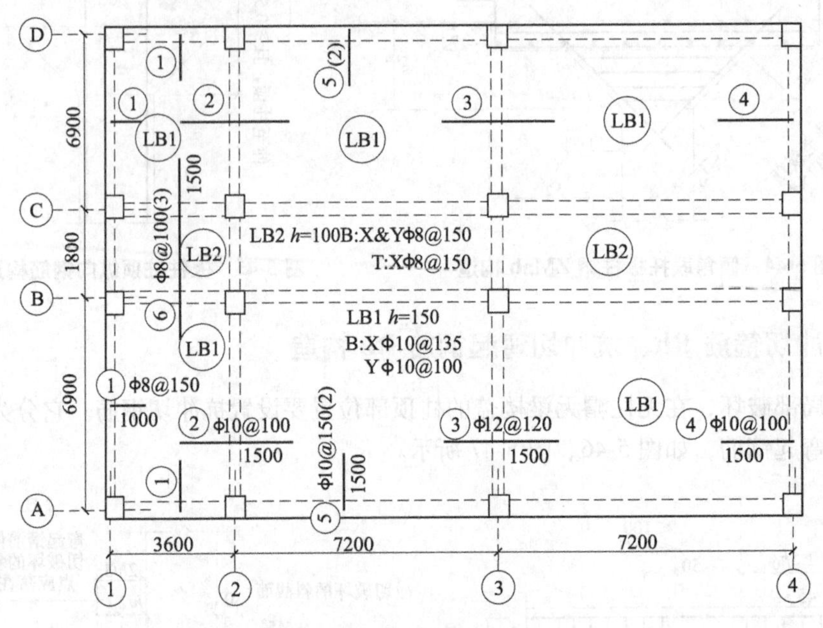

图 5-48　板平法施工图

解：1）图形分析，见表 5-5。

表 5-5　板块编号整理及位置说明

板块编号整理	位置说明	板块编号整理	位置说明
LB1	①~②轴/Ⓐ~Ⓑ轴	LB1-5	③~④轴/Ⓒ~Ⓓ轴
LB1-1	②~③轴/Ⓐ~Ⓑ轴	LB2	①~②轴/Ⓑ~Ⓒ轴
LB1-2	③~④轴/Ⓐ~Ⓑ轴	LB2-1	②~③轴/Ⓑ~Ⓒ轴
LB1-3	①~②轴/Ⓒ~Ⓓ轴	LB2-2	③~④轴/Ⓑ~Ⓒ轴
LB1-4	②~③轴/Ⓒ~Ⓓ轴		

2）钢筋分类见表 5-6。

表 5-6　钢筋分类

部位	类型	说　明
底筋	LB1	x 方向
		y 方向
	LB2	x 方向
		y 方向
面筋	LB2	x 方向
负弯矩钢筋	边支座 中间支座	支座负弯矩钢筋
		支座负弯矩钢筋的分布筋

3）钢筋计算。以LB1和LB2板的钢筋算量为例，钢筋算量过程见表5-7。

表5-7 LB1和LB2板的钢筋算量

钢筋	计算类型		计算过程
LB1板底筋 x 向 ϕ10@135	长度		计算公式=净长+端支座锚固+弯钩长度
			端支座锚固长度=max（$h_b/2$，$5d$）=max（150mm，5×10mm）=150mm
			弯钩长度=6.25d=62.5mm
			总长=（3300+2×150+2×6.25×10）mm=3725mm
	根数		计算公式=⌈（钢筋布置范围长度-起步距离）/间距+1⌉
			⌈(6900-150×2-135)/135+1⌉=49
LB1板底筋 y 向 ϕ10@100	长度		(6600+2×150+2×6.25×10)mm=7025mm
	根数		⌈(3600-2×150-100)/100+1⌉=33
LB2板底筋 x 向ϕ8@150	长度		(3300+2×150+2×6.25×8)mm=3700mm
	根数		⌈(1800-2×150-150)/150+1⌉=10
LB2板底筋 y 向ϕ8@150	长度		(1500+2×150+2×6.25×8)mm=1900mm
	根数		⌈(3600-2×150-150)/150+1⌉=22
LB2板面筋 x 向 ϕ8@150	长度		(7200×2+3600-300+2×30×8+12.5×8)mm=18280mm
	搭接数量		⌈18280/9000-1⌉=2
	钢筋总长		(18280+2×1.4×30×8+2×12.5×8)mm=19152mm
	根数		⌈(1800-2×150-150)/150+1⌉=10
支座负弯矩钢筋ϕ8@150	1/A~B轴负筋	长度	(850+30×8+6.25×8+150-15×2)mm=1260mm
		根数	⌈(6900-300-2×75)/150+1⌉=44
支座负弯矩钢筋分布筋ϕ6@250		长度	(6900-1000-1500+2×150)mm=4700mm
		根数	⌈(1000-150-125)/250+1⌉=4
支座负弯矩筋ϕ10@100	2/A~B轴负筋	长度	1500×2mm+2×(150-15×2)mm=3240mm
		根数	⌈(6900-300-2×50)/100+1⌉=66
支座负弯矩钢筋分布筋ϕ6@250		长度	左侧分布钢筋总长=(6900-1000-1500+2×150)mm=4700mm 右侧分布钢筋总长=(6900-1500-1500+2×150)mm=4200mm
		根数	一侧根数=⌈(1500-150-125)/250+1⌉=6 两侧根数=6×2=12

5.5 本章小结

1）现浇板平法施工图是在结构平面布置图上采取集中标注或原位标注方式表达板结构

设计内容。主要包括有梁楼盖板的板块集中标注和板支座原位标注，无梁楼盖板的板带集中标注和板带支座原位标注，以及楼板相关构造设计内容的表达方式。

2）有梁楼盖板块集中标注内容包括板块的编号、板厚、贯通纵向钢筋和板面标高高差，板支座原位标注的主要内容是板支座上部非贯通纵向钢筋；无梁楼盖板带集中标注的内容包括板带编号、板带厚及板带宽、箍筋和贯通纵向钢筋，板带支座原位标注主要是支座上部非贯通纵向钢筋；楼板相关构造的平法施工图设计是在板平法施工图上采用直接引注方式表达，对于常见的楼板相关构造要熟悉其制图方法。

3）楼板的构造详图主要介绍了纵向钢筋的机械锚固、交叉与连接构造，有梁楼盖楼面板和屋面板钢筋构造，无梁楼盖柱上板带与跨中板带纵向钢筋构造，部分楼板相关构造的详图，如后浇带、柱帽构造等。在进行施工时，可根据平法施工图的具体内容查阅标准图集22G101-1中相应的详图。

4）板的钢筋算量主要包括受力钢筋和构造钢筋的计算，重点弄清主筋的构造要求：净长、支座锚固长度、端部弯折长度及搭接长度。

拓展动画视频

分离式配筋板

双层双向配筋板

思考题

5-1 现浇混凝土有梁楼盖板块集中标注的内容有哪些？

5-2 设有一板带注写以下内容，简述其表达的含义。

XB3 $h=120/80$

B：Xcϕ8@150；Ycϕ8@200

T：Xϕ8@150

5-3 什么情况下板配筋需采用“隔一布一”的方式配置？应该如何表达？

5-4 若板上部已配置贯通纵向钢筋ϕ8@200，该跨配置的上部同向支座非贯通纵向钢筋为③ϕ10@200，这表示该跨实际设置的上部纵向钢筋如何？实际间距为多少？其中贯通纵向钢筋和③号非贯通纵向钢筋的比例各是多少？

5-5 无梁楼盖板带集中标注的内容有哪些？

5-6 当板支座为圆弧，支座上部非贯通纵向钢筋呈放射状分布时，应该如何用原位标注来表达？

5-7 设有一板带注写以下内容，简述其表达的含义。

ZSB4(5B) $h=300$ $b=3000$

15ϕ10@100(10)/ϕ10@1500(10)

B⌀16@100;T⌀18@150

5-8 后浇带HJD留筋方式有哪几种？各种方式的后浇带宽度分别有什么要求？

5-9 试结合板开洞 BKD 的引注示例，说明其制图规则。

5-10 局部升降板的升板和降板在平法施工图中是如何区分的？

5-11 板有哪些钢筋？其工程量的计算有何特点？

5-12 某现浇楼板配筋图如图 5-49 所示，梁截面为 300mm×600mm，板厚 120mm，分布钢筋ϕ6@ 250，保护层 15mm。试计算板钢筋工程量。

5-13 板配筋如图 5-50 所示，梁截面 450mm×700mm，板厚 120mm，分布钢筋ϕ8@ 250，保护层 15mm，混凝土强度等级 C30。试计算板钢筋工程量。

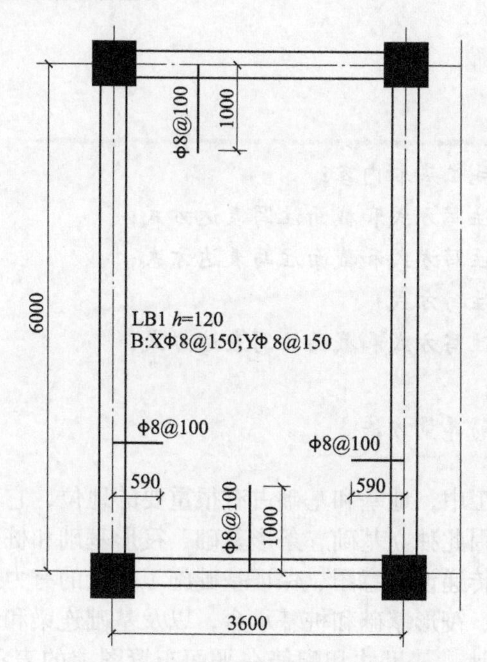

图 5-49 思考题 5-12 板平法施工图

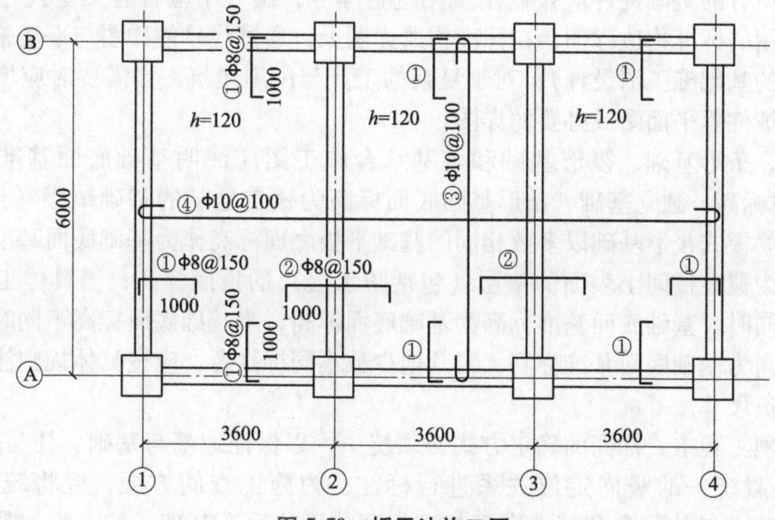

图 5-50 板平法施工图

第6章 基础施工图设计与钢筋算量

本章学习目标

掌握独立基础平法施工基本内容；
掌握独立基础平面注写方式和截面注写表达方式；
掌握条形基础平面注写方式和截面注写表达方式；
掌握筏形基础平面注写方式；
掌握桩基承台平面注写方式和截面注写表达方式；
熟悉部分构造详图；
掌握各类基础的钢筋算量方法。

在建筑物的设计和施工中，地基和基础占有很重要的地位，它对建筑物的安全使用和工程造价有着很大的影响，因此独立基础、条形基础、筏形基础和桩基承台等平法施工图是设计与施工的桥梁，是准确传递设计意图、保证基础施工质量的有力工具。

独立基础、条形基础、筏形基础和桩基承台，以及基础连梁和地下框架梁结构平面的坐标方向同柱平法施工图设计，其尺寸和配筋在平面布置图上的表示方法以平面注写方式为主，以截面注写方式为辅；其上各类基础构件的平面位置、尺寸和配筋，在基础平面布置图上直接表示；所有的基础构件应按制图规则进行编号，编号中应含有类型代号（其主要作用是指明所选用的标准构造详图，在标准构造详图上，通过代号使详图与平法施工图中相同构件构成完整的基础施工图设计）；对于复杂的工业与民用建筑，当需要时应增加模板、基坑、留洞和预埋件等平面图或必要的详图。

独立基础、条形基础、筏形基础和桩基承台施工图应注明基础底面基准标高，以及±0.000 的绝对标高；独立基础、条形基础底面标高为覆盖地基的基础垫层（包括防水层）的顶面标高；梁板式筏形基础以多数相同的基础平板底面标高作为基础底面基准标高；桩基承台底面标高为覆盖桩间土表面的垫层（包括防水层）的顶面标高；当具体工程的全部基础底面标高相同时，基础底面基准标高为基础底面标高，当基础底面标高不同时，应取多数相同的底面标高为基础底面基准标高，对其他少数不同标高者，应按具体规则注明其与基准标高的相对正负尺寸。

在同一单项工程中，标高的确定方式必须统一，以保证地基与基础、柱与墙、梁、板、楼梯等构件按照统一的竖向定位关系进行标注；为施工查阅方便，应将统一的结构层楼（地）面标高与结构层高和基础底面基准标高分别注写在基础、柱、墙、梁等各类构件的平法施工图中。

为确保施工人员准确无误地按平法施工图施工，在具体工程的结构设计总说明中，应注明所选用平法标准图的图集号；注明采用平法设计的独立基础、条形基础、筏形基础和桩基承台所采用的混凝土强度等级和钢筋级别，以确定与其相关的受拉钢筋的最小锚固长度及最小搭接长度等；当设置后浇带时，注明后浇带的位置、浇筑时间和后浇混凝土的强度等级及配合比等特殊要求；注明构件所处的环境类别，如当环境类别为“二a”或“二b”，对基础构件的混凝土保护层厚度有特殊要求时应予以说明；对受力钢筋的混凝土保护层厚度、钢筋搭接和锚固长度，除在结构施工图中另有注明者外，均应按标准构造详图中的有关构造规定执行。

6.1 独立基础平法施工图设计

独立基础又称为单独基础，有柱下独立基础和墙下独立基础两种。独立基础是柱基础的主要形式，该类型的基础多用于荷载较大的柱基，要求地基承载力为较大的均质地基。本节仅说明从构造形式上分的普通独立基础（包括刚性基础和柔性基础）和杯口基础（为方便立柱子，在基础上面留下有洞口，该类基础称为杯口基础）。

为使图样与上部结构对应，在绘制独立基础平面布置图时，应将独立基础平面与基础所支承的柱一起绘制；可选择平面注写或截面注写表达方式，或两种结合标注；如设置基础连梁，可根据图面的疏密情况，将基础连梁与基础平面布置图一起绘制，或将基础连梁布置图单独绘制。

在独立基础平面布置图上，应标注基础定位尺寸；当独立基础的柱中心线或杯口中心线与建筑轴线不重合时，应标注其偏心尺寸；对编号相同且定位尺寸相同的基础，可仅选择一个进行标注。

6.1.1 独立基础编号

设计时首先须对独立基础进行编号，可使施工员通过编号掌握设计中独立基础包含的一些基本内容，具体的独立基础编号规则见表6-1。设计中可根据独立基础的类型及形状选择合适的代号，代号加上序号为独立基础的编号，包含基础的类型及截面形状信息。

表6-1 独立基础编号

类 型	基础底板截面形状	代号	序号	说 明
普通独立基础	阶形	DJ_J	××	单阶截面为平板独立基础；坡形截面基础底板可为四坡、三坡、双坡及单坡
	坡形	DJ_P	××	
杯口独立基础	阶形	BJ_J	××	
	坡形	BJ_P	××	

在设计时应注意，当独立基础截面形状为坡形时，其坡面应采用能保证混凝土浇筑、振捣密实的较缓坡度；当采用较陡坡度时，应要求施工采用在基础顶部坡面加模板等措施，以确保独立基础的坡面浇筑成形、振捣密实。

6.1.2 独立基础的平面注写方式

独立基础的平面注写方式分为集中标注和原位标注两部分内容。

1. 集中标注

在基础平面图上集中标注的内容包括必注内容和选注内容，必注内容为基础编号、截面竖向尺寸、配筋三项；选注内容为基础底面标高（与基础底面基准标高不同时）和必要的文字注释。

对于素混凝土普通独立基础（刚性基础）的集中标注，除无基础配筋内容外，其形式、内容与钢筋混凝土普通独立基础相同。

独立基础集中标注的具体内容：

（1）注写独立基础编号（必注内容见表6-1） 独立基础底板的截面形状通常有两种：阶形截面编号加下标“J”，如 BJ_J××、DJ_J01；坡形截面编号加下标“P”，如 DJ_P××、BJ_P××。

（2）注写独立基础截面竖向尺寸（必注内容） 下面按普通独立基础和杯口独立基础分别进行说明。

1）普通独立基础。注写 $h_1/h_2/\cdots$，各阶尺寸自下而上用“/”分隔顺写，具体标注：当基础为阶形截面时（见图6-1），普通独立基础 DJ_J××的竖向尺寸注写为300/300/400时，表示 $h_1=300$mm，$h_2=300$mm，$h_3=400$mm，基础底板总厚度为1000mm。

当基础为坡形截面时，注写为 h_1/h_2（见图6-2），普通独立基础 DJ_P××的竖向尺寸注写350/300时，表示 $h_1=350$mm，$h_2=300$mm，基础底板总厚度为650mm。

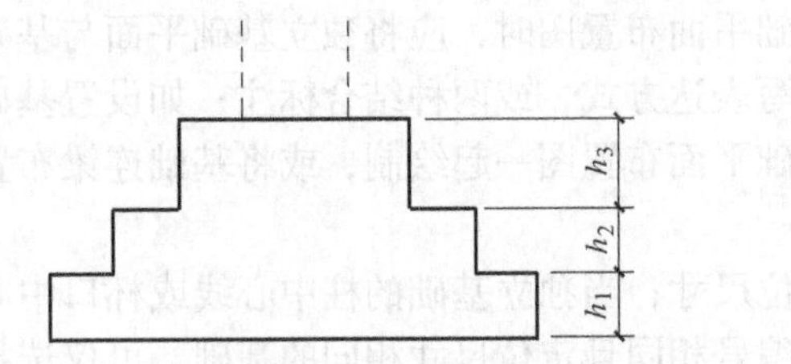

图6-1 阶形截面普通独立基础竖向尺寸

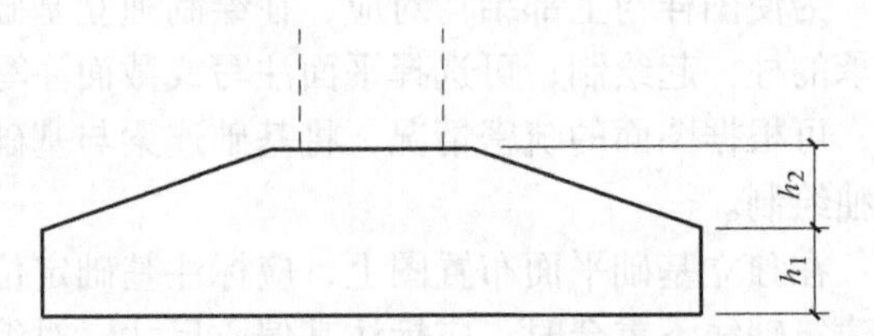

图6-2 坡形截面普通独立基础竖向尺寸

2）杯口独立基础。当基础为阶形截面时，其竖向尺寸分两组，一组表达杯口内，另一组表达杯口外，两组尺寸以“，”分隔，注写为 a_0/a_1，$h_1/h_2/\cdots$，其含义如图6-3~图6-6所示，其中杯口深度 a_0 为柱插入杯口的尺寸加50mm（加50mm为考虑预制柱底部组石混凝土坐浆）。

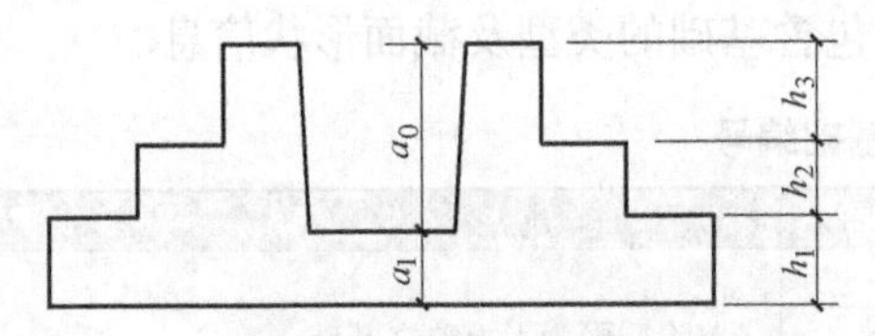

图6-3 阶形截面杯口独立基础竖向尺寸（一）

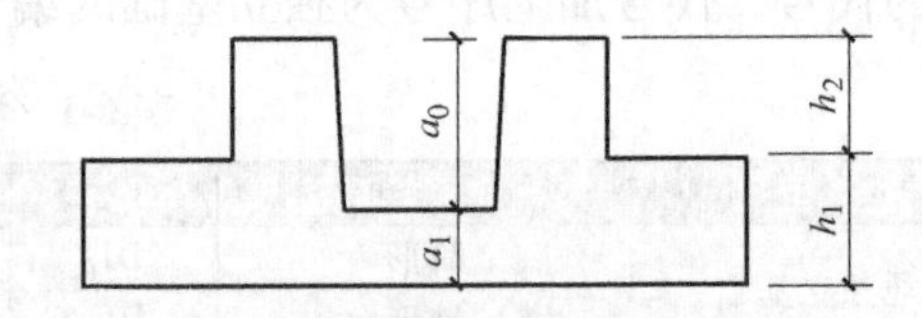

图6-4 阶形截面杯口独立基础竖向尺寸（二）

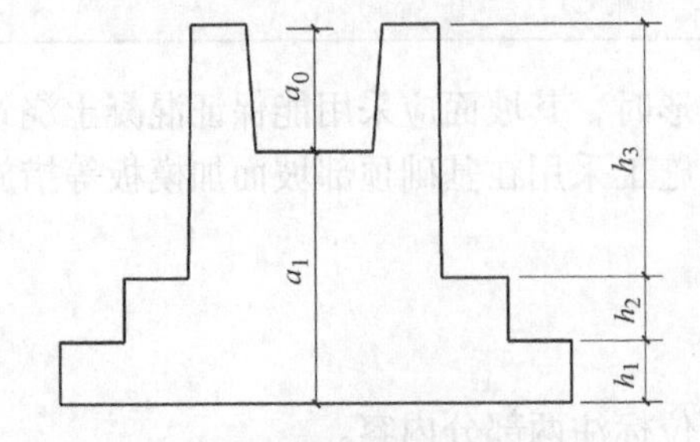

图6-5 高杯口独立基础竖向尺寸（一）

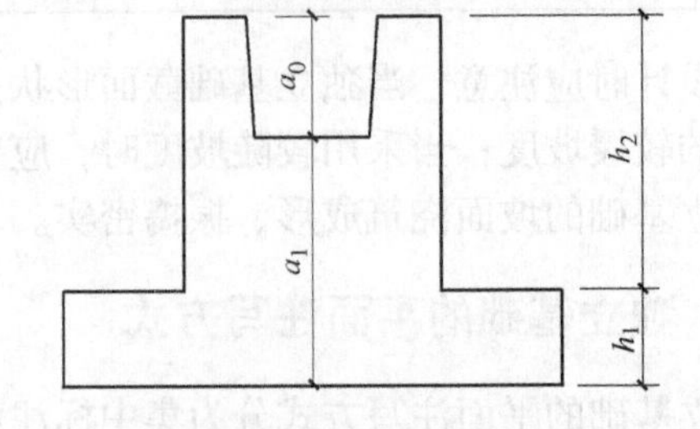

图6-6 高杯口独立基础竖向尺寸（二）

当基础为坡形截面时，注写为 a_0/a_1，$h_1/h_2/h_3\cdots$，其含义如图6-7和图6-8所示。

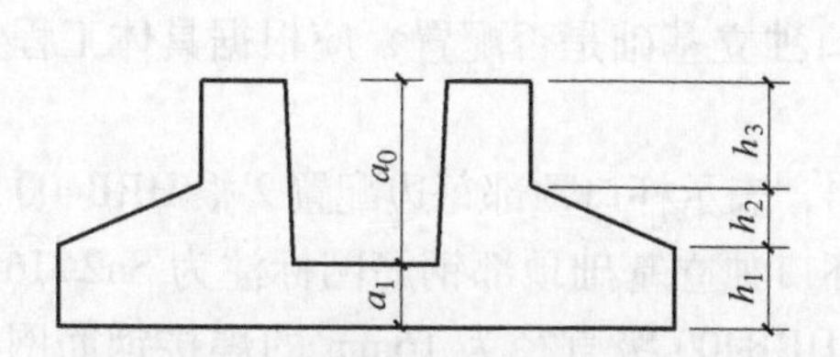

图 6-7　坡形截面杯口独立基础竖向尺寸

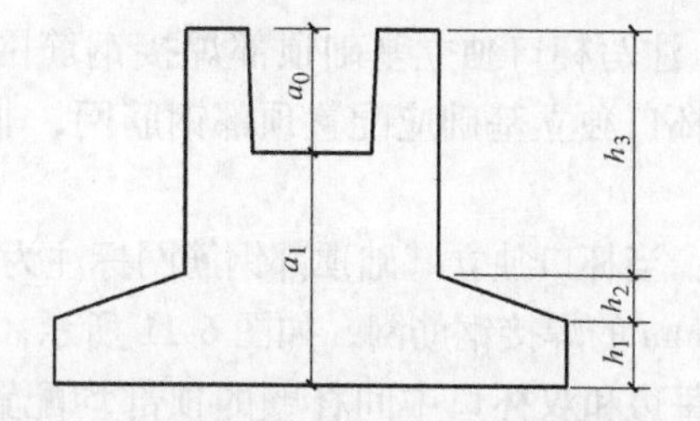

图 6-8　坡形截面高杯口独立基础竖向尺寸

（3）注写独立基础配筋（必注内容）

1）注写独立基础底板配筋。普通独立基础和杯口独立基础的底部双向配筋注写：以 B 代表各种独立基础底板的底部配筋；x 向配筋以 X 打头、y 向配筋以 Y 打头注写；如果两向配筋相同时，则以 X&Y 打头注写；当圆形独立基础采用双向正交配筋时，以 X&Y 打头注写；当采用放射状配筋时以 Rs 打头，先注写径向受力钢筋（间距以径向排列钢筋的最外端度量），并在“/”后注写环向配筋；当矩形独立基础底板底部的短向钢筋采用两种配筋值时，先注写较大配筋，在“/”后再注写较小配筋。

例：当（矩形）独立基础底板配筋标注为

B：X⏀16@ 150

　　Y⏀16@ 200

表示基础底板底部配置 HRB400 级钢筋，x 向直径为 16mm，分布间距为 150mm；y 向直径为 16mm，分布间距为 200mm，如图 6-9 所示。

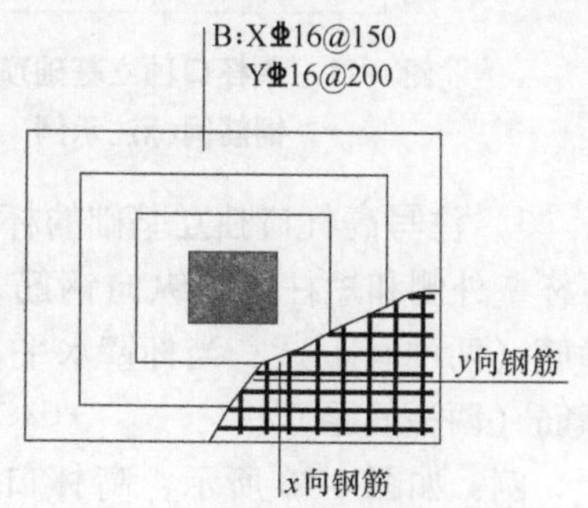

图 6-9　独立基础底板底部双向配筋标注示例

当柱下为单阶形或为坡形截面，且其平面为矩形独立基础时，根据内力分布情况，设计者可考虑将短向配筋采用两种配筋值（加强柱扩散范围强度），其中较大配筋设置在长边中部，分布范围等于基础短向尺寸；较小配筋设置在基础长边两端，各端分布范围均为基础长边与短边长度差的 1/2，如图 6-10 所示。

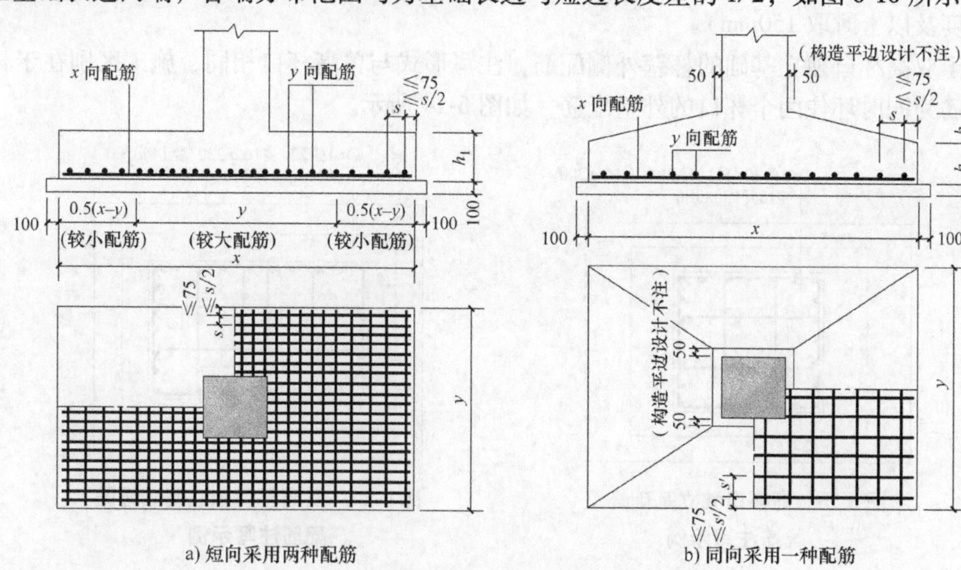

图 6-10　独立基础底板配筋构造详图

2）注写杯口独立基础顶部焊接钢筋网。以 Sn 打头引注杯口顶部焊接钢筋网的各边钢筋。高杯口独立基础应配置顶部钢筋网；非高杯口独立基础是否配置，应根据具体工程情况确定。

例：当杯口独立基础顶部钢筋网标注为Sn2⌀14，表示杯口顶部每边配置2根HRB400级直径为14mm的焊接钢筋网，如图6-11所示。当双杯口独立基础顶部钢筋网标注为Sn2⌀16，表示杯口每边和双杯口中间杯壁的顶部均配置2根HRB400级直径为16mm的焊接钢筋网，如图6-12所示。

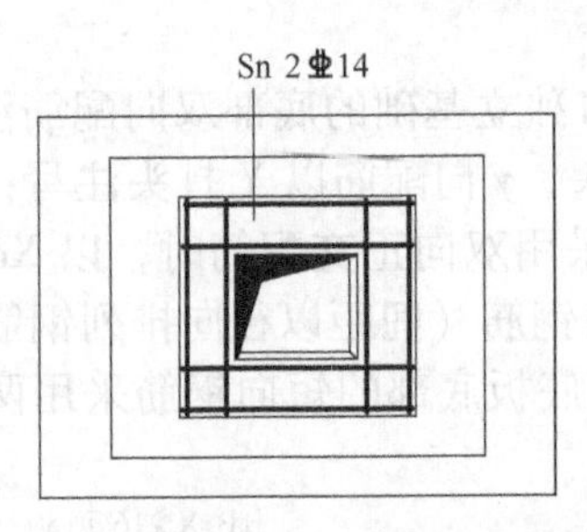

图6-11　单杯口独立基础顶部焊接钢筋网标注示例

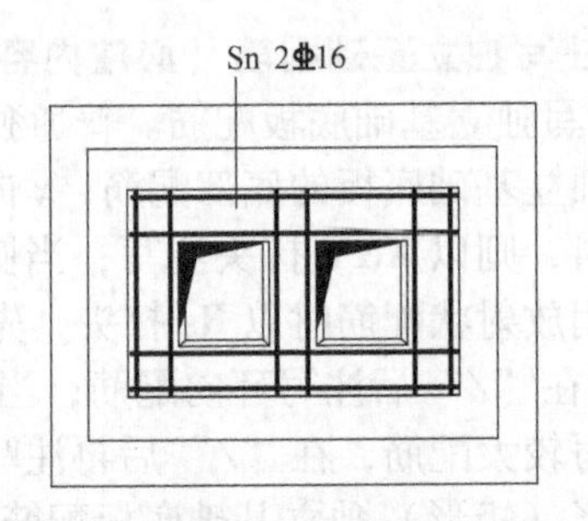

图6-12　双杯口独立基础顶部焊接钢筋网标注示例

3）注写高杯口独立基础的杯壁外侧和短柱配筋。以O代表杯壁外侧和短柱配筋，先注写杯壁外侧和短柱竖向纵向钢筋，再注写横向箍筋，即“角筋/长边中部筋/短边中部筋，箍筋（两种间距）”；当杯壁水平截面为正方形时，注写为“角筋/x边中部筋/y边中部筋，箍筋（两种间距）”。

例：如图6-13所示，高杯口独立基础的杯壁外侧和短柱配筋标注为O：4⌀20/⌀16@220/⌀16@200，ϕ10@150/300，表示高杯口独立基础的杯壁外侧和短柱配置HRB400级竖向钢筋和HPB300级箍筋。其竖向钢筋为4⌀20角筋、⌀16@220长边中部筋和⌀16@200短边中部筋；其箍筋直径为10mm，杯口范围间距为150mm，短柱范围间距为300mm（抗震设防烈度为8度及以上时取150mm）。

对于双高杯口独立基础的杯壁外侧配筋，注写形式与单高杯口相同，施工区别在于杯壁外侧配筋为同时环住两个杯口的外壁配筋，如图6-14所示。

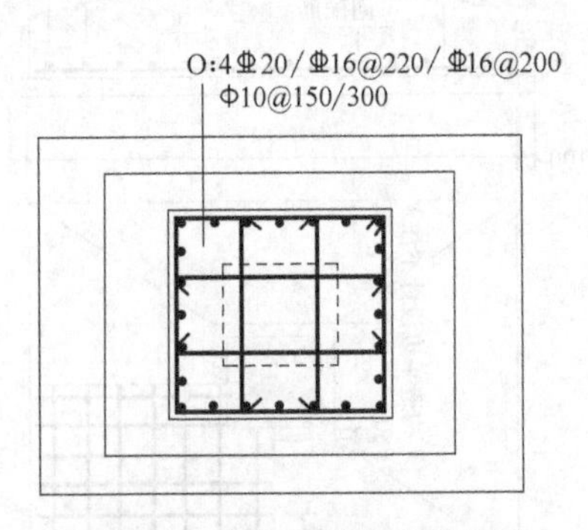

图6-13　高杯口独立基础杯壁配筋注写示例

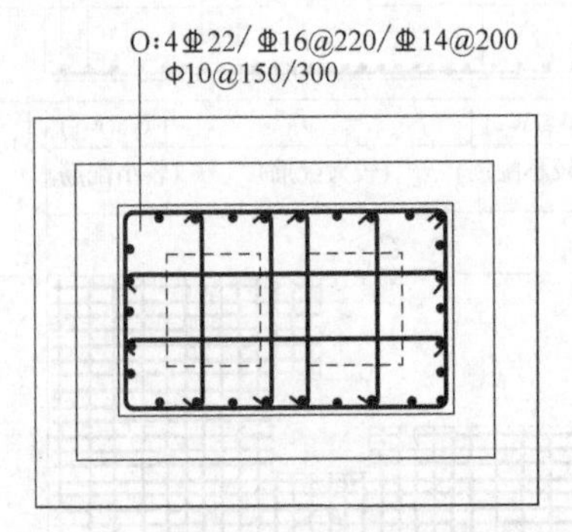

图6-14　双高杯口独立基础杯壁配筋注写示例

（4）注写基础底面标高（选注内容）　当独立基础的底面标高与基础底面基准标高不同

时，应将独立基础底面标高注写在“( )”内。

(5) 必要的文字注释（选注内容） 当独立基础的设计有特殊要求时，宜增加必要的文字注释。例如，基础底板配筋长度是否采用减短方式等，可在该项内注明。

2. 原位标注

钢筋混凝土和素混凝土独立基础的原位标注，是在基础平面布置图上标注独立基础的平面尺寸。对相同编号的基础，可选择一个进行原位标注；当平面图形较小时，可将所选定进行原位标注的基础按双比例适当放大；其他相同编号者仅注编号。下面将按不同类型基础介绍原位标注表达形式：

(1) 矩形独立基础

1）普通独立基础。原位标注 x、y，x_c、y_c，（或圆柱直径 d_c），x_i、y_i，$i=1$，2，3，…，其中，x，y 普通独立基础两向边长，x_c、y_c 为柱截面尺寸，x_i、y_i 为阶宽或坡形平面尺寸。具体不同类型的独立基础原位标注如图 6-15~图 6-18 所示。

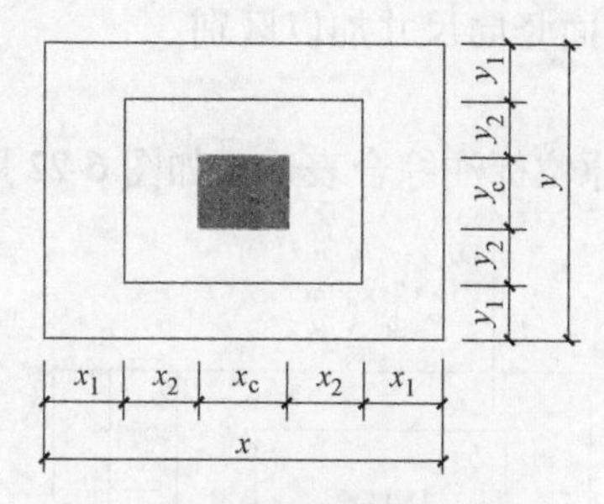

图 6-15 对称阶形截面普通独立基础原位标注

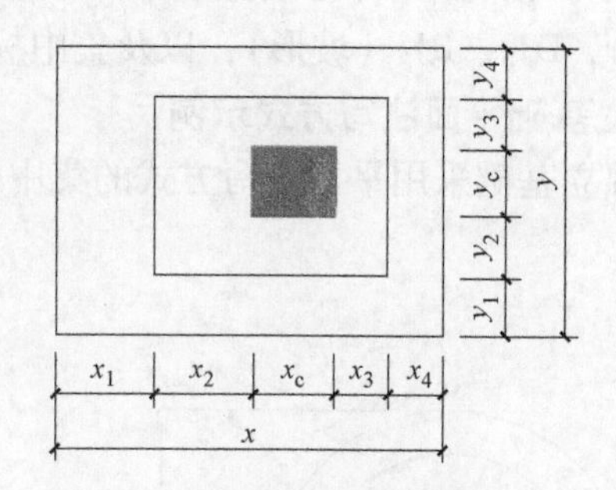

图 6-16 非对称阶形截面普通独立基础原位标注

2）杯口独立基础。原位标注 x、y，x_u、y_u，t_i，x_i、y_i，$i=1$，2，3，…，其中，x、y 为杯口独立基础两向边长，x_u、y_u 为杯口上口尺寸，t_i 为杯壁厚度，x_i、y_i 为阶宽或坡形截面尺寸。

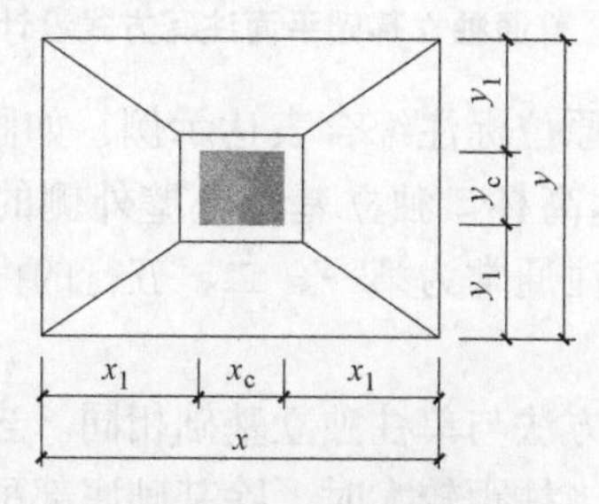

图 6-17 对称坡形截面普通独立基础原位标注

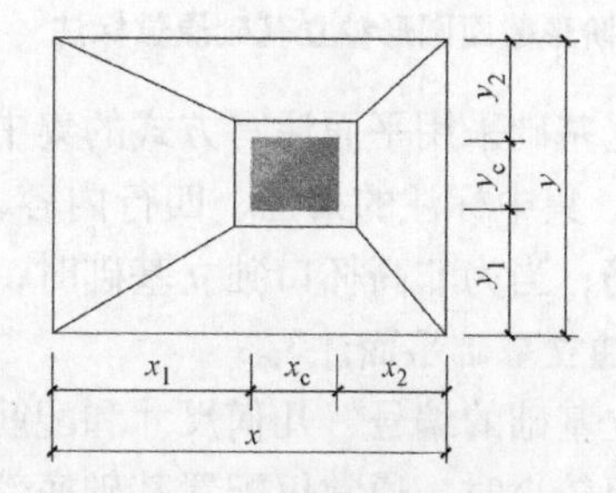

图 6-18 非对称坡形截面普通独立基础原位标注

杯口上口尺寸 x_u、y_u，按柱截面边长两侧双向各加 75mm；设计不注杯口下口尺寸，其为插入杯口的相应柱截面边长尺寸每边各加 50mm。

阶形截面杯口独立基础的原位标注如图 6-19 所示，高杯口独立基础的原位标注与杯口独立基础完全相同。

坡形截面杯口独立基础的原位标注如图 6-20 所示，高杯口独立基础的原位标注与杯口独立基础完全相同。

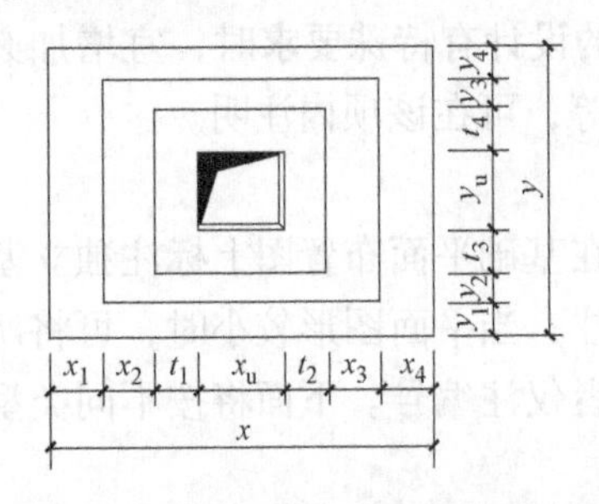

图 6-19 阶形截面杯口独立基础原位标注

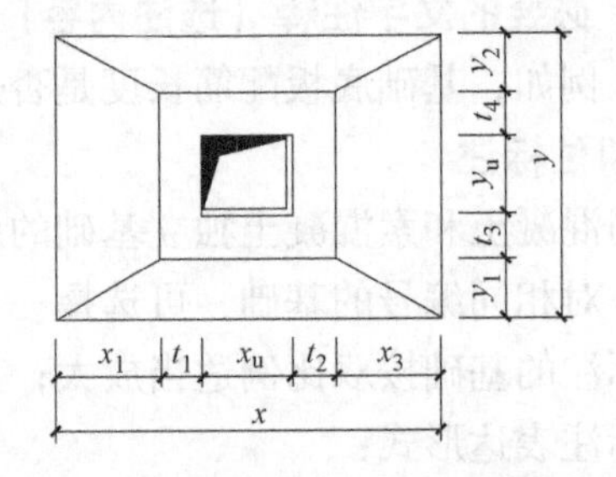

图 6-20 坡形截面杯口独立基础原位标注

(2) 圆形独立基础 原位标注 D，d_c（或矩形柱截面边长 x_c、y_c），b_i，$i=1$，2，3，…，其中 D 为圆形独立基础的外环直径，d_c 为圆柱直径，b_i 为阶宽或坡形截面尺寸，如图 6-21 所示。阶形截面与坡形截面圆形独立基础底板的平面图，是通过基础号 DJ_J、BJ_J（阶形），DJ_P、BJ_P（坡形），以及集中标注的截面竖向尺寸加以区别。

3. 独立基础平面注写方式示例

普通独立基础采用平面注写方式的集中标注和原位标注综合表达，如图 6-22 所示。

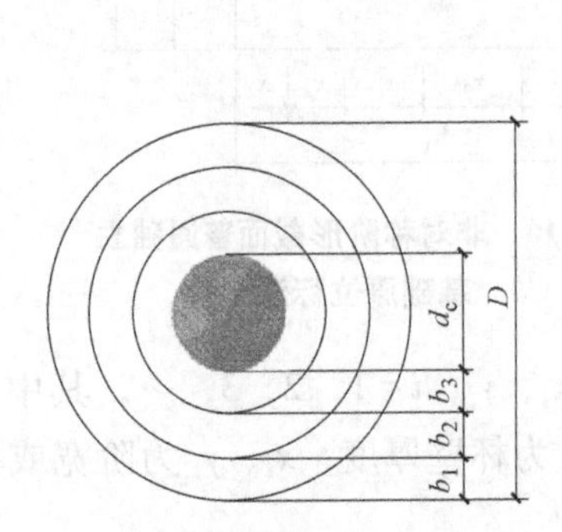

图 6-21 阶形截面圆形独立基础原位标注

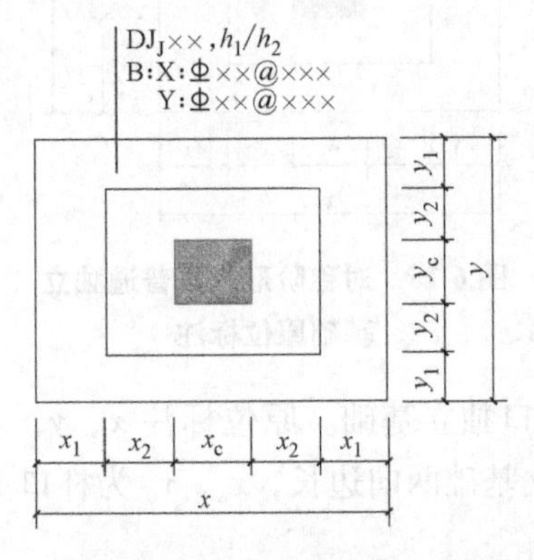

图 6-22 普通独立基础平面注写方式设计表达示例

杯口独立基础采用平面注写方式的集中标注和原位标注综合表达示例，如图 6-23 所示。在图 6-23 中，集中标注的第三、四行内容，是表达高杯口独立基础杯壁外侧的竖向纵向钢筋和横向箍筋；当为非高杯口独立基础时，集中标注通常为第一、二、五行的内容。

4. 多柱独立基础平面注写

多柱独立基础的编号、几何尺寸和配筋的标注方法与单柱独立基础相同。当为双柱独立基础且柱距离较小时，通常仅配置基础底部钢筋；当柱距较大时，除基础底部配筋外，尚需在两柱间配置基础顶部钢筋或设置基础梁；当为四柱独立基础时，通常可设置两道平行的基础梁，并在两道基础梁之间配置基础顶部钢筋。

(1) 双柱独立基础底板顶部配筋的注写 双柱独立基础的顶部配筋，通常对称分布在双柱中心线两侧，注写为“T：双柱间纵向受力钢筋/分布钢筋”。当纵向受力钢筋在基础底板顶面非满布时，应注明其总根数，如 T：10⌀18@100/ϕ10@200（非满布）表示独立基础顶部配置 HRB400 级纵向受力钢筋，直径为 18mm，设置 10 根，间距为 100mm；分布钢筋 HPB300 级，直径为 10mm，间距为 200mm，如图 6-24 所示。

(2) 双柱独立基础的基础梁配筋的注写

1) 当双柱独立基础为基础底板与基础梁相结合时，应注写基础梁的编号、几何尺寸和配筋。如 JL××(1) 表示该基础梁为1跨，两端无延伸；JL××(1A) 表示该基础梁为1跨，一端有延伸；JL××(1B) 表示该基础梁为1跨，两端均有延伸。

2) 通常情况下，双柱独立基础宜采用端部有延伸的基础梁，基础底板则采用受力明确、构造简单的单向受力配筋与分布钢筋。基础梁宽度宜比柱截面宽度宽不少于100mm（每边宽不小于50mm）。

3) 基础梁的注写规定与梁板式条形基础的基础梁注写规定相同，详见第6.2节，注写示例，如图6-25所示。

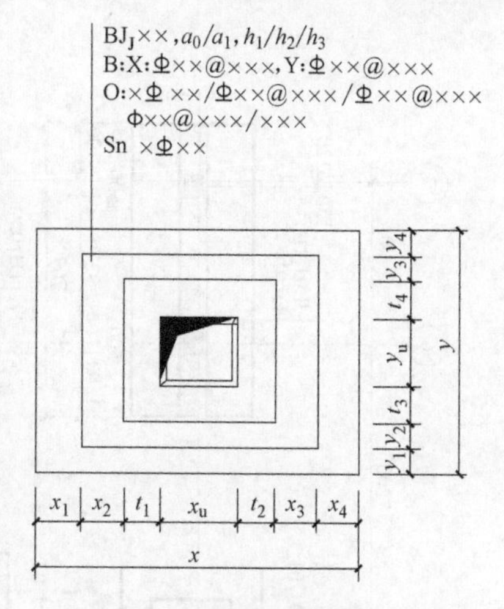

图6-23 杯口独立基础平面注写方式设计表达示例

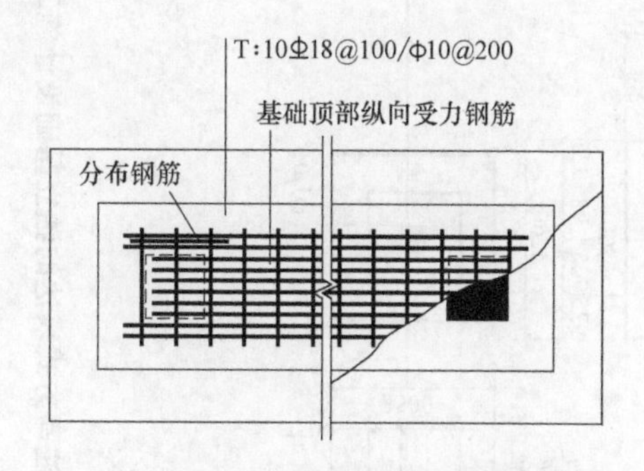

图6-24 双柱独立基础底板顶部配筋示例

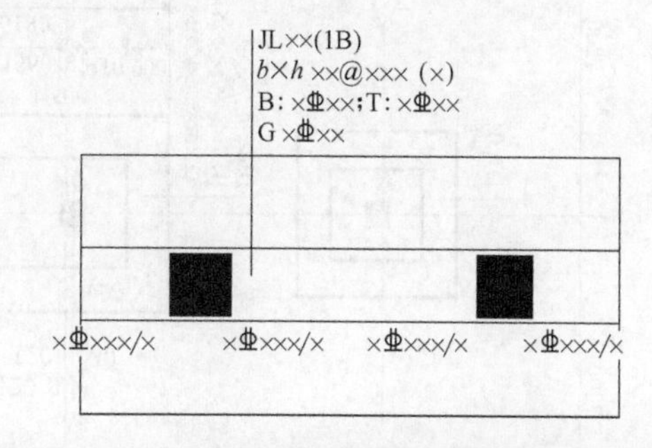

图6-25 双柱独立基础的基础梁配筋注写示例

(3) 双柱独立基础的底板配筋的注写　双柱独立基础底板配筋的注写可以按条形基础底板的注写规定（详见第6.3节的相关内容），也可以按独立基础底板的注写规定。

(4) 配置两道基础梁的四柱独立基础底板顶部配筋的注写　当四柱独立基础已设置两道平行的基础梁时，根据内力需要可在双梁之间及梁的长度范围内配置基础顶部钢筋，注写为"T：梁间受力钢筋/分布钢筋"，如 T：⌀16@120/φ10@200 表示在四柱独立基础顶部两道基础梁之间配置受力钢筋 HRB400 级，直径为16mm，间距为120mm；分布筋 HPB 300 级，直径为10mm，间距为200mm，如图6-26所示。平行设置两道基础梁的四柱独立基础底板配筋，也可按双梁条形基础底板配筋的注写规定来注写。

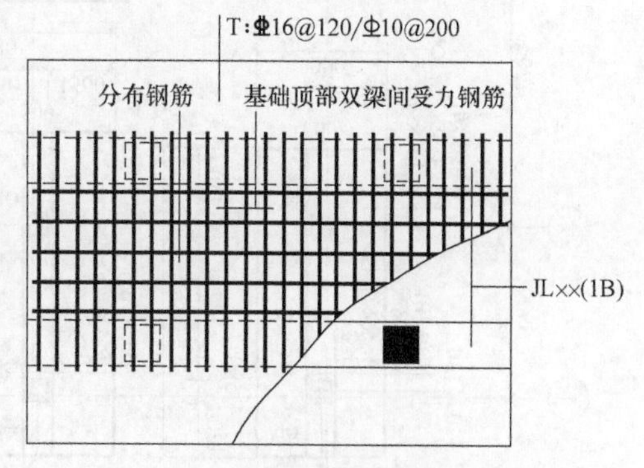

图6-26 四柱独立基础底板顶部基础梁间配筋注写示例

采用平面注写方式表达的独立基础设计施工图示例如图6-27所示。

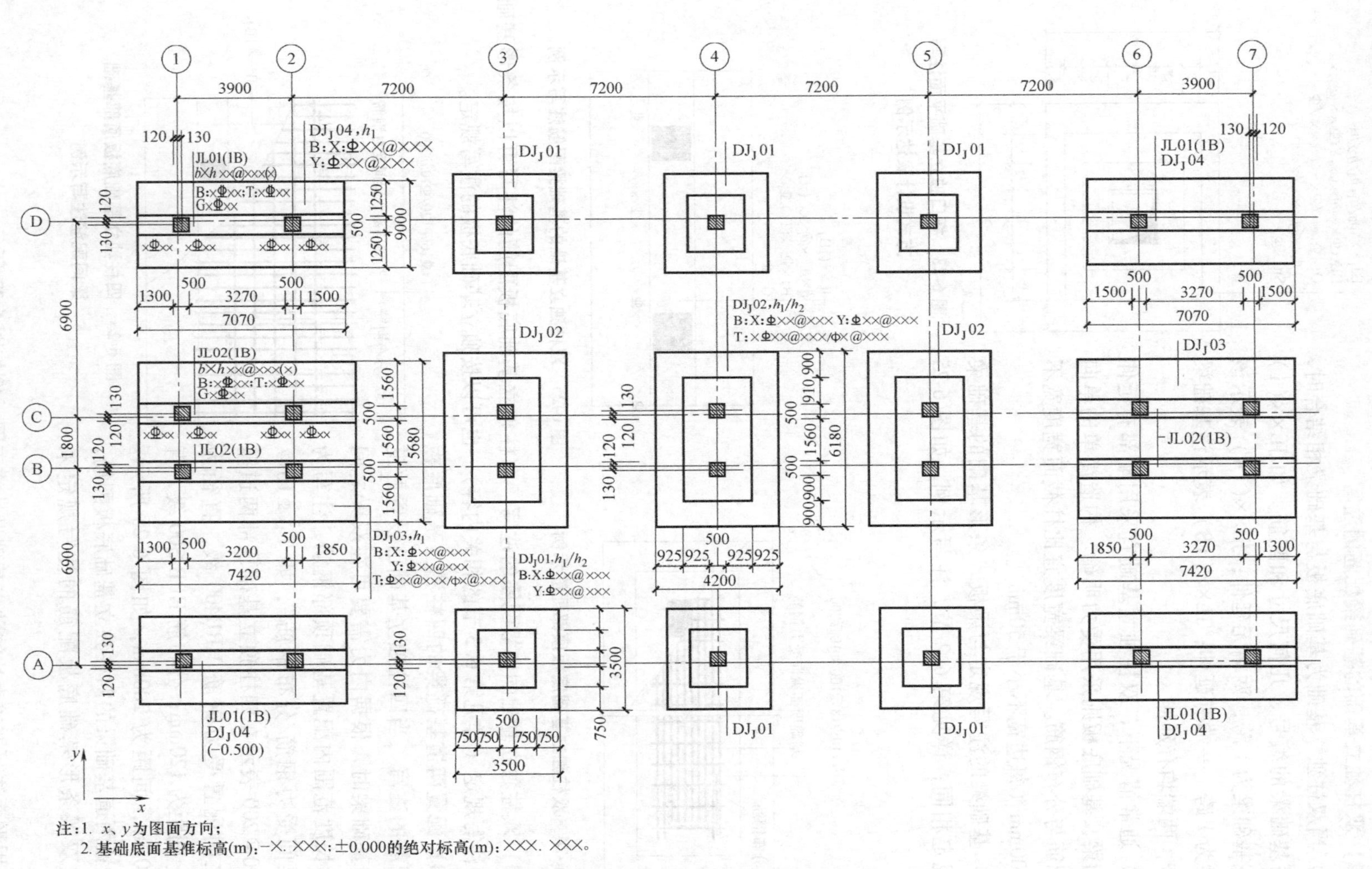

注：1. x、y为图面方向；
2. 基础底面基准标高(m)：−×.×××；±0.000的绝对标高(m)：×××.×××。

图 6-27 采用平面注写方式表达的独立基础设计施工图示例

6.1.3　独立基础的截面注写方式

独立基础的截面注写方式可分为截面标注和列表注写（结合截面示意图）两种。

采用截面注写方式，应在基础平面布置图上对所有基础进行编号，见表6-1。对单个基础进行截面标注的内容和形式，与传统“单构件正投影表示方法”基本相同。对于已在基础平面布置图上原位标注清楚的该基础的平面几何尺寸，在截面图上可不再重复表达。

对多个同类基础，可采用列表注写（结合截面示意图）的方式进行集中表达。表中内容为基础截面的几何数据和配筋等，在截面示意图上应标注与表中栏目相对应的代号。

普通独立基础列表格式见表6-2。

表6-2　普通独立基础几何尺寸和配筋表

基础编号/截面号	截面几何尺寸				底部配筋（B）	
	x、y	x_c、y_c	x_i、y_i	$h_1/h_2\cdots$	x向	y向

注：可根据实际情况增加栏目。例如，当基础底面标高与基础底面基准标高不同时，加注相对标高高差；再如，当为双柱独立基础时，加注基础顶部配筋或基础梁几何尺寸和配筋等。

杯口独立基础列表格式见表6-3。

表6-3　杯口独立基础几何尺寸和配筋表

基础编号/截面号	截面几何尺寸				底部配筋（B）		杯口顶部钢筋网（Sn）	杯壁外侧配筋（O）	
	x、y	x_c、y_c	x_i、y_i	a_0、a_1，$h_1/h_2/h_3\cdots$	x向	y向		角筋/长边中部筋/短边中部筋	杯口箍筋/短柱箍筋

当独立基础底板的x向或y向宽度不小于2.5m时，除基础边缘的第一根钢筋外，x向或y向的钢筋长度可减短10%，即按长度的0.9交错绑扎设置，但对偏心基础的某边自柱中心至基础边缘尺寸小于1.25m时，沿该方向的钢筋长度不应减短。

6.2　条形基础平法施工图设计

柱下条形基础是软弱地基上框架或排架结构常用的一种基础类型，当绘制条形基础平面布置图时，应将条形基础平面与基础所支承的上部结构的柱、墙一起绘制；同独立基础一样，有平面注写与截面注写两种表达方式，可选择一种或结合使用，当梁板式基础梁中心或板式条形基础板中心与建筑定位轴线不重合时，应标注其偏心尺寸；对于编号相同的条形基础，可仅选择一个进行标注。

条形基础从整体上可分为梁板式和板式两类。梁板式条形基础适用于钢筋混凝土框架结构、框架-剪力墙结构、框支结构和钢结构，平法施工图将梁板式条形基础分解为基础梁和条形基础底板分别进行表达。板式条形基础适用于钢筋混凝土剪力墙结构和砌体结构，平法施工图仅表达条形基础底板。当墙下设有基础圈梁时，再加注基础圈梁的截面尺寸和配筋。

6.2.1 条形基础编号

条形基础编号分为基础梁、基础圈梁编号和条形基础底板编号，具体规定见表 6-4 和表 6-5。

表 6-4 条形基础梁、基础圈梁编号

类型	代号	序号	跨数及有否外伸
基础梁	JL	××	(××) 端部无外伸 (××A) 一端有外伸 (××B) 两端有外伸
基础圈梁	JQL	××	

注：基础圈梁 JQL 仅需集中引注，标注方式与基础梁的集中标注相同。

表 6-5 条形基础底板编号

类型	基础底板截面形状	代号	序号	跨数及有否外伸
条形基础底板	坡形	TJB_P	××	(××) 端部无外伸 (××A) 一端有外伸 (××B) 两端有外伸
	阶形	TJB_J	××	

注：条形基础通常采用坡形截面或单阶形截面。

6.2.2 基础梁的平面注写方式

基础梁 JL 的平面注写方式分集中标注和原位标注两部分内容。

1. 基础梁的集中标注

基础梁的集中标注包含必注内容和选注内容，必注内容为基础梁编号、截面尺寸、配筋三项，选注内容为基础梁底面标高（与基础底面基准标高不同时）和必要的文字注释。

(1) 基础梁编号（必注内容） 见表 6-4。

(2) 基础梁截面尺寸（必注内容） 注写 $b \times h$，表示梁截面宽度与高度。当为加腋梁时，用 $b \times h Y c_1 \times c_2$ 表示，其中 c_1 为腋长，c_2 为腋高。

(3) 基础梁配筋（必注内容）

1）基础梁箍筋。

① 当具体设计仅采用一种箍筋间距时，注写钢筋级别、直径、间距与肢数（箍筋肢数写在括号内，下同）；当具体设计采用两种或多种箍筋间距时，用"/"分隔不同箍筋的间距及肢数，按照从基础梁两端向跨中的顺序注写。当设计为两种不同箍筋时，先注写第 1 段箍筋（在前面加注箍筋道数），在斜线后再注写第 2 段箍筋（不再加注箍筋道数）。

例：10Φ16@150/250（4）表示配置两种 HPB300 级箍筋，直径均为 16mm，从梁两端起向跨内按间距 150mm 设置 10 道，梁其余部位的间距为 250mm，均为 4 肢箍。

例：10Φ16@100/9Φ16@150/Φ16@200（6）表示配置三种 HRB400 级箍筋，直径为 16mm，从梁两端起向跨内按间距 100mm 设置 10 道，再按间距 150mm 设置 9 道，梁其余部位的间距为 200mm，均为 6 肢箍。

② 在施工时应注意：在两向基础梁相交位置，无论该位置上有无框架柱，均应有一向截面较高的基础梁箍筋贯通设置；当两向基础梁等高时，则选择跨度较小的基础梁的箍筋贯

通设置；当两向基础梁等高且跨度相同时，则任选一向基础梁的箍筋贯通设置。

2）基础梁底部、顶部及侧面纵向钢筋。

① 梁底部贯通纵向钢筋以 B 打头，且不应少于梁底部受力钢筋总截面面积的1/3。可在跨中 1/3 跨度范围内采用搭接连接、机械连接或对焊连接，当跨中所注根数少于箍筋肢数时，需要在跨中增设梁底部架立筋以固定箍筋，采用“+”将贯通纵向钢筋与架立筋相联，架立筋注写在加号后面的括号内。

② 梁顶部贯通纵向钢筋以 T 打头，可在距柱根 1/4 跨度范围内采用搭接连接，或在柱根附近采用机械连接或对焊连接，且应严格控制接头百分率。

③ 当梁底部或顶部贯通纵向钢筋多于一排时，用“/”将各排纵向钢筋自上而下分开。

例：B：4⌀28；T：12⌀28　7/5 表示梁底部配置贯通纵向钢筋为 4⌀28，梁顶部配置贯通纵向钢筋上一排为 7⌀28，下一排为 5⌀28，共 12⌀28。

④ 梁两侧面对称设置的纵向构造钢筋的总配筋值以大写字母 G 打头，当梁腹板净高 $h_w \geqslant 450$mm 时，根据需要配置。

例：G8⌀14 表示梁每个侧面配置纵向构造钢筋 4⌀14，共配置 8⌀14。

（4）基础梁底面标高（选注内容）　当条形基础的底面标高与基础底面基准标高不同时，将条形基础底面标高注写在“（ ）”内。

（5）必要的文字注解（选注内容）　当基础梁的设计有特殊要求时，宜增加必要的文字注解。

2. 基础梁的原位标注

基础梁原位标注涉及下面四项内容：基础梁端或梁在柱下区域的底部纵向钢筋的原位注写，基础梁的附加箍筋或（反扣）吊筋的原位注写，基础梁外伸部位的变截面高度尺寸的原位注写和原位注写修正内容。

（1）基础梁支座的底部纵向钢筋（包括底部非贯通纵向钢筋和已集中注写的底部贯通纵向钢筋在内的所有纵向钢筋）

1）当底部纵向钢筋多于一排时，用“/”将各排纵向钢筋自上而下分开；当同排纵向钢筋有两种直径时，用“+”将两种直径的纵向钢筋相连；当梁中间支座或梁在柱下区域两边的底部纵向钢筋配置不同时，须在支座两边分别标注；当梁中间支座两边的底部纵向钢筋相同时，可仅在支座的一边标注；当梁端（柱下）区域的底部全部纵向钢筋与集中注写过的底部贯通纵向钢筋相同时，可不再重复做原位标注。

2）设计时如果对底部一平（柱下两边的梁底部在同一个平面上）的梁支座（柱下）两边的底部非贯通纵向钢筋采用不同配筋值时，应先按较小一边的配筋值选配相同直径的纵向钢筋贯穿支座，再将较大一边的配筋差值选配适当直径的钢筋锚入支座，避免造成支座两边大部分钢筋直径不相同的不合理配置结果。

3）施工及预算方面应当注意：当底部贯通纵向钢筋经原位注写修正，出现两种不同配置的底部贯通纵向钢筋时，应在两毗邻跨中配置较小一跨的跨中连接区域进行连接（即配置较大一跨的底部贯通纵向钢筋须延伸至毗邻跨的跨中连接区域）。

（2）基础梁的附加箍筋或（反扣）吊筋　当两向基础梁十字交叉，但交叉位置无柱时，应根据抗力需要设置附加箍筋或（反扣）吊筋。将附加箍筋或（反扣）吊筋直接画在平面图十字交叉梁中刚度较大的条形基础主梁上，原位直接引注总配筋值（附加箍筋的肢数注在括号内）；当多数附加箍筋或（反扣）吊筋相同时，可在条形基础平法施工图上统一注明，少数与统一注明值不同时，再原位直接引注。

（3）基础梁外伸部位的变截面高度尺寸 当基础梁外伸部位采用变截面高度时，在该部位原位注写 $b \times h$，h_1/h_2，h_1为根部截面高度，h_2为终端截面高度。

（4）原位注写修正内容 当在基础梁上集中标注的某项内容（如截面尺寸、箍筋、底部与顶部贯通纵向钢筋或架立筋、梁侧面纵向构造钢筋、梁底面相对标高高差等）不适用于某跨或某外伸部位时，将其修正内容原位标注在该跨或该外伸部位，施工时“原位标注取值优先”。当在多跨基础梁的集中标注中已注明加腋，而该梁某跨根部不需要加腋时，则应在该跨原位标注无 $Yc_1 \times c_2$ 的 $b \times h$，以修正集中标注中的加腋要求。

6.2.3 条形基础底板的平面注写方式

条形基础底板 TJB_P、TJB_J的平面注写方式分集中标注和原位标注两部分内容。

1. 条形基础底板集中标注

必注内容包括条形基础底板编号、截面竖向尺寸、配筋三项。选注内容包括条形基础底板底面标高、必要的文字注解两项。选注内容要求与独立基础要求相同，不再赘述。

素混凝土条形基础底板的集中标注，除无底板配筋内容外，其形式、内容与钢筋混凝土条形基础底板相同。

（1）条形基础底板编号（必注内容） 编号规定见表 6-5。条形基础底板向两侧的截面形状通常有两种：①阶形截面，编号加下标“J”，如 TJB_J××（××）；②坡形截面，编号加下标“P”，如 TJB_P××（××）。

（2）注写条形基础底板截面竖向尺寸（必注内容）

1）当条形基础底板为坡形截面时，注写为 h_1/h_2（见图 6-28）。

例：当条形基础底板为坡形截面 TJB_P××，其截面竖向尺寸注写为 300/250 时，表示 h_1 = 300mm，h_2 = 250mm，基础底板总厚度为 550mm。

2）当条形基础底板为阶形截面时，注写为 h_1（见图 6-29）。

例：当条形基础底板为阶形截面 TJB_J××，其截面竖向尺寸注写为 300 时，表示 h_1 = 300mm，且为基础底板总厚度。上例及图 6-29 为单阶，当为多阶时各阶尺寸自下而上以“/”分隔顺写。

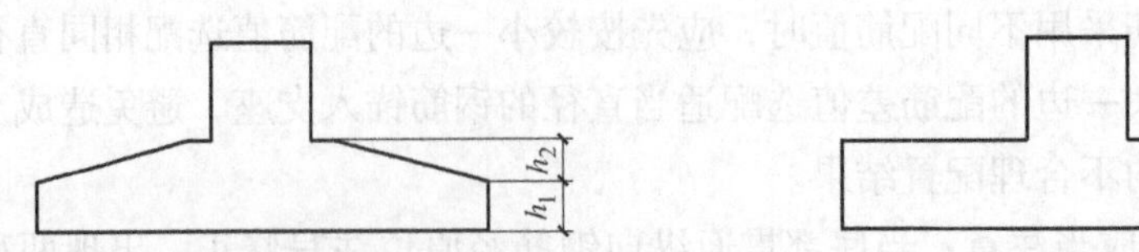

图 6-28 条形基础底板坡形截面竖向尺寸　　图 6-29 条形基础底板阶形截面竖向尺寸

（3）条形基础底板底部及顶部配筋（必注内容） 条形基础底板底部的横向受力钢筋以 B 打头；条形基础底板顶部的横向受力钢筋以 T 打头；在注写时用“/”分隔条形基础底板

的横向受力钢筋与构造配筋。

例：在图6-30中，B：⏀14@150/ϕ8@250表示条形基础底板底部配置HRB400级横向受力钢筋，直径为14mm，间距为150mm；配置HPB300级构造钢筋，直径为8mm，间距为250mm。

例：当为双梁（或双墙）条形基础底板时，除在底板底部配置钢筋外，一般尚需在两根梁或两道墙之间的底板顶部配置钢筋，其中横向受力钢筋的锚固从梁的内边缘（或墙边缘）起算（见图6-31）。

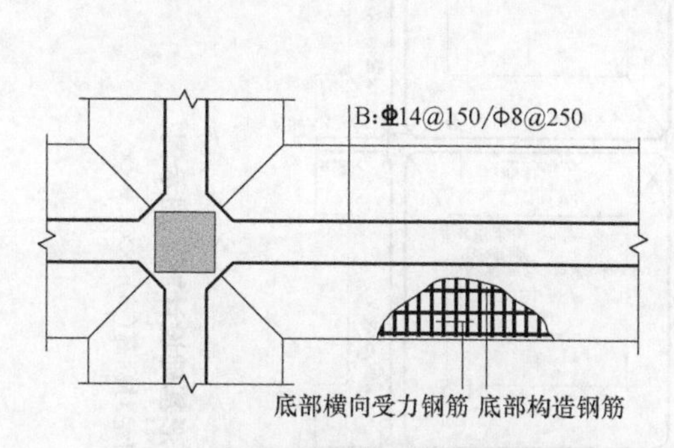

图6-30　条形基础底板底部配筋示例

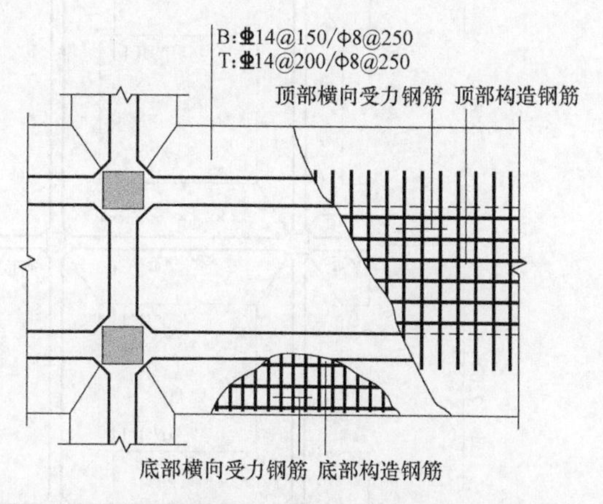

图6-31　双梁条形基础底板顶部配筋示例

2. 条形基础底板原位标注

条形基础底板平面尺寸的原位标注为 b，b_i，$i=1$，2，…，其中，b 为基础底板总宽度，b_i 为基础底板台阶的宽度。当基础底板采用对称于基础梁的坡形截面或单阶形截面时，b_i 可不注（见图6-32）。

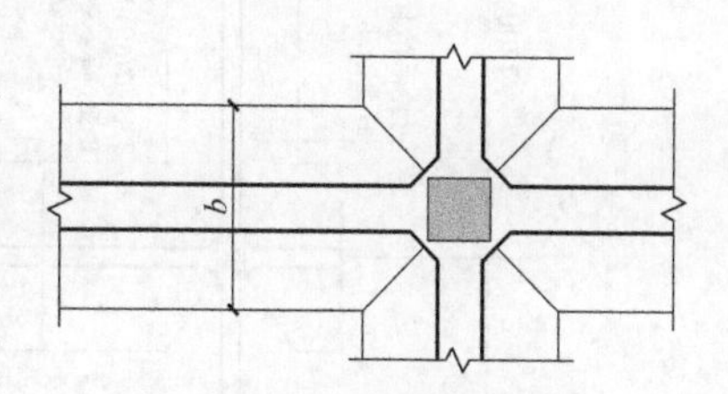

图6-32　条形基础底板平面尺寸原位标注

素混凝土条形基础底板的原位标注、与钢筋混凝土条形基础底板的原位标注形式、内容相同。对于相同编号的条形基础底板，可仅选择一个进行标注。

梁板式条形基础存在双梁共用同一基础底板，墙下条形基础也存在双墙共用同一基础底板的情况，当为双梁或为双墙且两梁或两墙荷载差别较大时，条形基础两侧可取不同的宽度，实际宽度可用原位标注的基础底板两侧非对称的不同台阶宽度 b_i 进行表达。

当在条形基础底板上集中标注的某项内容，如底板截面竖向尺寸、底板配筋、底板底面标高高差等，不适用于条形基础底板的某跨或某外伸部分时，可将其修正内容原位标注在该跨板或该板外伸部位，施工时“原位标注取值优先”。采用平面注写方式表达的条形基础设计施工图示例如图6-33所示。

6.2.4　条形基础的截面注写方式

条形基础的截面注写方式可分为截面标注和列表注写（结合截面示意图）两种表达方式。当采用截面注写方式时，应在基础平面布置图上对所有条形基础进行编号，见表6-4。

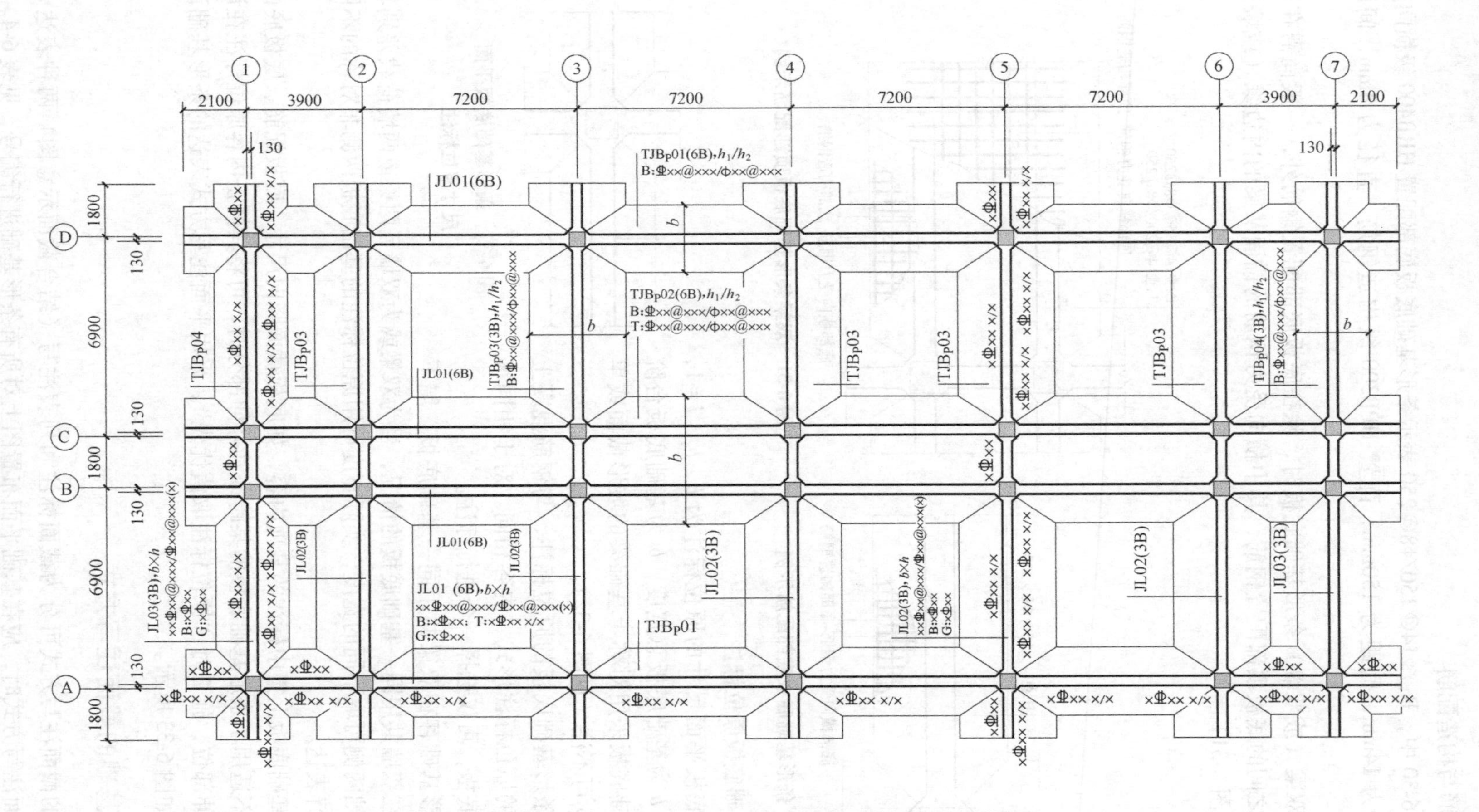

图6-33 采用平面注写方式表达的条形基础设计施工图示例

注：基础底面标高(m)：-×.×××；±0.000的绝对标高(m)：×××.×××。

对条形基础进行截面标注的内容和形式，与传统“单构件正投影表示方法”基本相同。对于已在基础平面布置图上原位标注清楚的该条形基础梁和条形基础底板的水平尺寸，可不在截面图上重复表达，具体表达内容可参照相关标准设计。

对多个条形基础可采用列表注写（结合截面示意图）的方式进行集中表达。表中内容为条形基础截面的几何数据和配筋，截面示意图上应标注与表中栏目相对应的代号。

基础梁集中注写栏目列表格式见表 6-6。

表 6-6　基础梁几何尺寸和配筋表

基础梁编号/截面号	截面几何尺寸		配筋	
	$b \times h$	加腋 $c_1 \times c_2$	底部贯通纵向钢筋+非贯通纵向钢筋，顶部贯通纵向钢筋	第一种箍筋/第二种箍筋

注：表中可根据实际情况增加栏目，如增加基础梁底面相对标高高差等。

条形基础底板集中注写栏目列表格式见表 6-7。

表 6-7　条形基础底板几何尺寸和配筋表

基础底板编号/截面号	截面几何尺寸			底部配筋（B）	
	b	b_i	h_1/h_2	横向受力钢筋	纵向构造钢筋

注：表中可根据实际情况增加栏目，如增加上部配筋、基础底板底面标高高差等。

关于条形基础底板配筋长度可减短 10% 的规定：当条形基础底板的宽度不小于 2.5m 时，除条形基础端部第一根钢筋和交接部位的钢筋外，其底板受力钢筋长度可减短 10%，即按长度的 0.9 交错设置，但非对称条形基础梁中心至基础边缘的尺寸小于 1.25m 时，朝该方向的钢筋长度不应减短。

6.3　筏形基础平法施工图设计

筏形基础分为梁式筏形基础和平板式筏形基础两种，梁式筏形基础由基础主梁、基础次梁及基础平板等组成，平板式筏形基础由基础平板及基础柱等组成。

6.3.1　梁板式筏形基础

6.3.1.1　梁板式筏形基础平法施工图的表示方法

梁板式筏形基础平法施工图是在基础平面布置图上采用平面注写方式进行表达。当绘制基础平面布置图时，应将梁板式筏形基础与其所支承的柱、墙一起绘制。梁板式筏形基础以多数相同的基础平板底面标高作为基础底面基准标高。当基础底面标高不同时，需注明与基础底面基准标高不同之处的范围和标高。

通过选注基础梁底面与基础平板底面的标高高差来表达两者间的位置关系，可以明确其

"高板位"(梁顶与板顶一平)、"低板位"(梁底与板底一平)以及"中板位"(板在梁的中部)三种不同位置组合的筏形基础，方便设计表达。对于轴线未居中的基础梁，应标注其定位尺寸。

6.3.1.2 梁板式筏形基础构件的类型和编号

梁板式筏形基础由基础主梁、基础次梁、基础平板等构件构成，构件编号格式见表6-8。

表6-8 梁板式筏形基础构件编号格式

构件类型	代号	序号	跨数及有无外伸
基础主梁（柱下）	JL	××	（××）或（××A）或（××B）
基础次梁	JCL	××	（××）或（××A）或（××B）
梁板筏基础平板	LPB	××	

注：1. （××A）为一端有外伸，（××B）为两端有外伸，外伸不计入跨数。

2. 梁板式筏形基础平板跨数及是否有外伸分别在 x、y 两向的贯通纵向钢筋之后表达。图面从左至右为 x 向，从下至上为 y 向。

3. 梁板式筏形基础主梁与条形基础梁编号与标准构造详图一致。

6.3.1.3 基础主梁与基础次梁的平面注写方式

基础主梁JL与基础次梁JCL的平面注写方式，分集中标注与原位标注两部分内容，当集中标注中的某项数值不适用于某部位时，将该项数值采用原位标注，施工时，原位标注优先。

1. 基础主梁与基础次梁的集中标注

基础主梁与基础次梁的集中标注内容为基础梁编号、截面尺寸、配筋三项必注内容，以及基础梁底面标高高差（相对于筏形基础平板底面标高）一项选注内容，具体规定如下：

（1）注写基础梁的编号 编号格式见表6-8。

（2）注写基础梁的截面尺寸 以 $b \times h$ 表示梁截面宽度与高度；当为竖向加腋梁时，用 $b \times h Y c_1 \times c_2$ 表示，其中 c_1 为腋长，c_2 为腋高。

（3）注写基础梁的配筋

1）注写基础梁箍筋。当采用一种箍筋间距时，注写钢筋级别、直径、间距与肢数（写在括号内）。当采用两种箍筋时，用"/"分隔不同箍筋，按照从基础梁两端向跨中的顺序注写。先注写第1段箍筋（在前面加注箍数），在斜线后在注写第2段箍筋（不再加注箍数）。如9⌀16@100/⌀16@200（6）表示配置HRB400，直径为16mm的箍筋，间距为两种，从梁两端起向跨内按箍筋间距100mm，每端各设置9道，梁其余部位的箍筋间距为200mm，均为6肢箍。

2）注写基础梁的底部、顶部及侧面纵向钢筋。

① 以B打头，先注写梁底部贯通纵向钢筋（不应少于底部受力钢筋总截面面积的1/3）。当跨中所注根数少于箍筋肢数时，需要在跨中加设架立筋以固定箍筋，注写时，用加号"+"将贯通纵向钢筋与架立筋相连，架立筋注写在加号后面的括号内。

② 以T打头，注写梁顶部贯通纵向钢筋值。注写时用"；"将底部与顶部纵向钢筋分隔开，如有个别跨与其不同，按原位注写的规定处理。如B4⌀32；T7⌀32表示梁的底部配置4⌀32的贯通纵向钢筋，梁的顶部配置7⌀32的贯通纵向钢筋。

③ 当梁底部或顶部贯通纵向钢筋多于一排时，用斜线"/"将各排纵向钢筋自上而下分

开。如梁底部贯通纵向钢筋注写为 B8⌀28 3/5，则表示上一排纵向钢筋为 3⌀28，下一排纵向钢筋为 5⌀28。

④ 以大写字母 G 打头注写基础梁两侧面对称设置的纵向构造钢筋的总配筋值（当梁腹板高度 h_w 不小于 450mm 时，根据需要配置）。当需要配置抗扭纵筋时，梁两侧设置的抗扭纵筋以 N 打头。如 N8⌀16 表示梁的两个侧面共配置 8⌀16 的纵向受扭钢筋，沿截面周边均匀对称设置。当为梁侧面构造钢筋时，其搭接与锚固长度可取为 $15d$；当为梁侧面纵向受扭钢筋时，其锚固长度为 l_a，搭接长度为 l_l，其锚固方式同基础梁上部纵向钢筋。

（4）注写基础梁底面标高高差　此高差是指基础梁底面标高相对于筏形基础平板底面标高的高差值，为选注值。有高差时需将高差写入括号内（如“高板位”与“中板位”基础梁的底面与基础平板底面标高的高差值），无高差时不注（如“低板位”筏形基础的基础梁）。

2. 基础主梁与基础次梁的原位标注

基础主梁与基础次梁的原位标注内容主要有梁支座底部纵向钢筋、基础梁的附加箍筋或（反扣）吊筋、基础梁外伸部位变截面高度尺寸标注，以及修正集中标注不适用于本跨的某项内容（如梁截面尺寸、箍筋、底部与顶部贯通纵向钢筋或架立筋、梁侧面纵向构造钢筋、梁底面标高高差等）。原位标注规定如下：

（1）梁支座的底部纵向钢筋　包括所有贯通纵向钢筋与非贯通纵向钢筋。

1）当底部纵向钢筋多于一排时，用“/”将各排纵向钢筋自上而下分开。如梁端（支座）区域底部纵向钢筋注写为 10⌀25 4/6，表示上一排的纵向钢筋为 4⌀25，下一排纵向钢筋为 6⌀25。

2）当同排纵向钢筋有两种直径时，用加号“+”将两种直径的纵向钢筋相连。如梁端（支座）区域底部纵向钢筋注写为 4⌀28+2⌀25，表示一排纵向钢筋由两种不同直径钢筋组合。

3）当梁中间支座两边的底部纵向钢筋配置不同时，需在支座两边分别标注；当梁中间支座两边的底部纵向钢筋相同时，可仅在支座的一边标注配筋值。

4）当梁端（支座）区域的底部全部纵向钢筋与集中注写过的贯通纵向钢筋相同时，可不再重复做原位标注。

5）竖向加腋梁加腋部位钢筋，需在设置加腋梁的支座处以 *Y* 打头注写在括号内。如竖向加腋梁端（支座）处注写为 *Y*4⌀25，表示竖向加腋部位斜纵向钢筋为 4⌀25。

6）设计时应注意，当对底部一平的梁支座两边的底部非贯通纵向钢筋采用不同配筋值时，应先按较小一边的配筋值选配相同直径的纵向钢筋贯穿支座，再将较大一边的配筋差值选配适当直径的钢筋锚入支座，避免造成两边大部分钢筋直径不相同的不合理配置结果。

7）施工及预算方面应注意，当底部贯通纵向钢筋经原位修正注写后，两种不同配置的底部贯通纵向钢筋应在两毗邻跨中配置较小一跨的跨中连接区域连接（配置较大一跨的底部贯通纵向钢筋需越过其跨数终点或起点伸至毗邻跨的跨中连接区域）。

（2）注写基础梁的附加箍筋或（反扣）吊筋

1）将其直接画在平面图中的主梁上，用线引注总配筋值（附加箍筋的肢数注在括号内）。当多数附加箍筋或（反扣）吊筋相同时，可在基础梁平法施工图上统一注明，少数与统一注明值不同时，再原位引注。

2）施工时应注意，附加箍筋或（反扣）吊筋的几何尺寸应按照标准构造详图，结合其所在位置的主梁和次梁的截面尺寸确定。

（3）注写基础梁外伸部位变截面高度尺寸 如基础梁外伸部位存在变截面高度尺寸，在该部位原位注写 $b \times h_1/h_2$，h_1 为根部截面高度，h_2 为尽端截面高度。

（4）注写修正内容

1）当在基础梁上集中标注的某项内容（如梁截面尺寸、箍筋、底部与顶部贯通纵向钢筋或架立筋、梁侧面纵向构造钢筋、梁底面标高高差等）不适用于某跨或某外伸部分时，则将其修正内容原位标注在该跨或该外伸部位，施工时原位标注取值优先。

2）当在多跨基础梁的集中标注中已注明竖向加腋，而该梁某跨根部不需要竖向加腋时，应在该跨原位标注等截面的 $b \times h$，以修正集中标注中的加腋信息。

3）为方便施工，凡基础主梁柱下区域和基础次梁支座区域底部非贯通纵向钢筋的伸出长度 a_0 值取值按如下原则：当配置不多于两排时，在标准构造详图中统一取值为自支座边向跨内伸出至 $l_n/3$ 位置；当非贯通纵向钢筋配置多于两排时，从第三排起向跨内的伸出长度值应由设计者注明。l_n 的取值为边跨边支座的底部非贯通纵向钢筋，l_n 取本边跨的净跨长度值；中间支座的底部非贯通纵向钢筋，l_n 取支座两边较大一跨的净跨长度值。基础主梁与基础次梁外伸部位底部纵向钢筋的伸出长度 a_0 值，在标注构造详图中统一取值。第一排伸出至梁端头后，全部上弯 $12d$ 或 $15d$，其他排伸至梁端头后截断。设计者应按现行规范校核，如不满足规范要求应另行变更。

基础主梁与基础次梁标注示例如图 6-34 所示。

6.3.1.4 梁板式筏形基础平板的平面注写方式

梁板式筏形基础平板 LPB 的平面注写，分为集中标注与原位标注两部分内容。

梁板式筏形基础平板 LPB 贯通纵向钢筋的集中标注，应在所表达的板区双向均为第 1 跨（x 与 y 双向首跨）的板上引出（图面从左至右为 x 向，从下至上为 y 向）。

板区划分条件：板厚相同、基础平板底部与顶部贯通纵向钢筋配置相同的区域为同一板区。

1. 集中标注

集中标注的内容规定如下：

（1）注写基础平板的编号 编号格式见表 6-8。

（2）注写基础平板的截面尺寸 注写 h=×××表示板厚。

（3）注写基础平板的底部与顶部贯通纵向钢筋及其跨数及外伸情况

1）先注写 x 向底部（B 打头）贯通纵向钢筋与顶部（T 打头）贯通纵向钢筋及纵向长度范围；再注写 y 向底部（B 打头）贯通纵向钢筋与顶部（T 打头）贯通纵向钢筋及其跨数和外伸情况（图面从左至右为 x 向，从下至上为 y 向）。贯通纵向钢筋的跨数及外伸情况注写在括号中，注写方式为“跨数及有无外伸”，其表达式为（××）（无外伸）、（××A）（一端有外伸）或（××B）（两端有外伸）。注意基础平板的跨数以构成柱网的主轴线为准，两主轴线之间无论有几道辅助轴线（如框筒结构中混凝土内筒中的多道墙体），均可按一跨考虑。

例：X：B⌀22@150；T⌀20@150；（5B）

Y：B⌀20@200；T⌀18@200；（7A）

表示基础平板 x 向底部配置⌀22 间距 150mm 的贯通纵向钢筋，顶部配置⌀20 间距 150mm 的贯通纵向钢筋，共 5 跨两端有外伸；y 向底部配置⌀20 间距 200mm 的贯通纵向钢筋，顶部配置⌀18 间距 200mm 的贯通纵向钢筋，共 7 跨一端有外伸。

2）当贯通筋采用两种规格钢筋“隔一布一”方式时，表达为⌀xx/yy@×××，表示直径

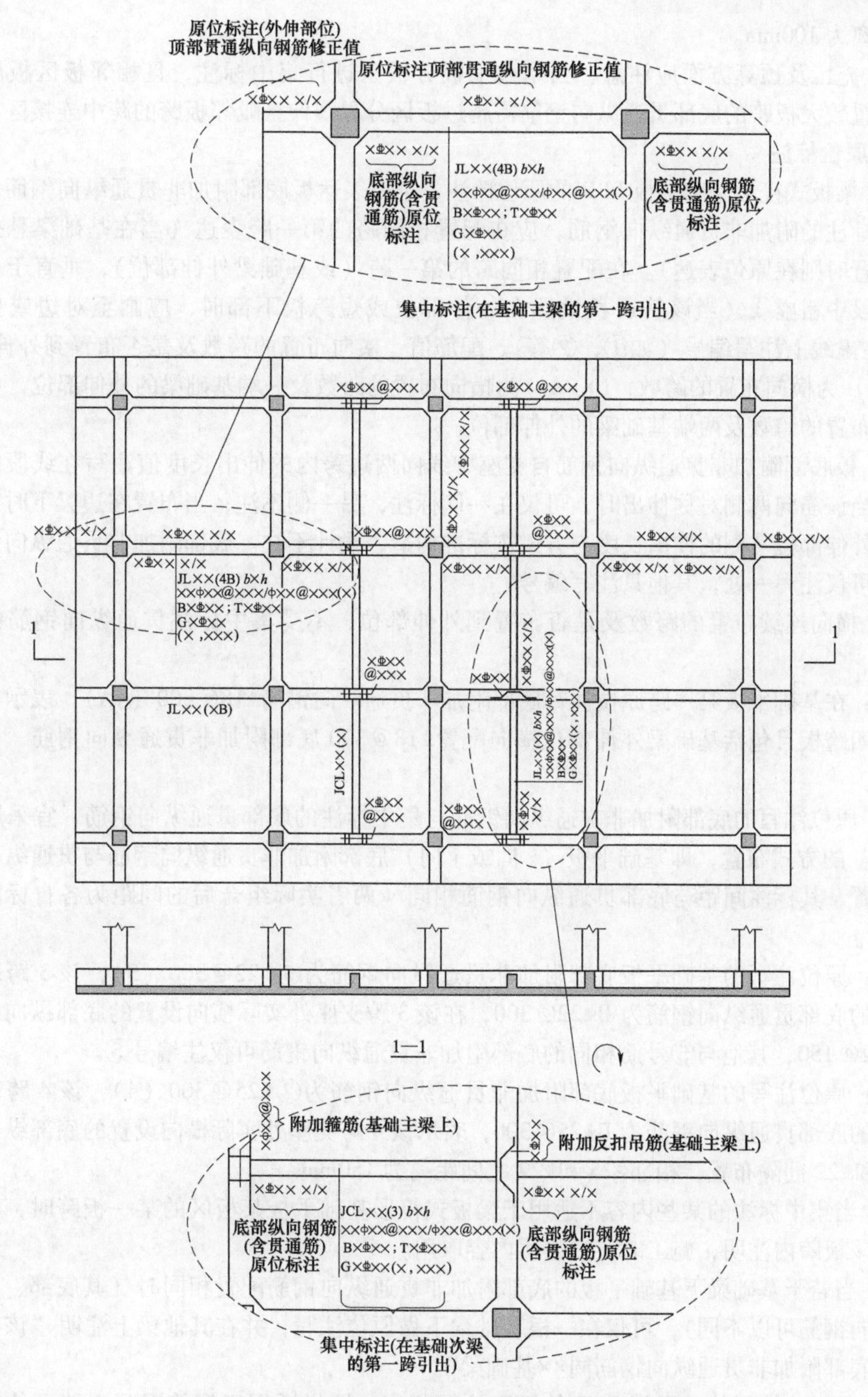

图 6-34　梁板式筏形基础主梁和基础次梁标注示例

xx 的钢筋和直径 yy 的钢筋之间的间距为×××，直径为 xx 的钢筋、直径为 yy 的钢筋间距分别为×××的两倍。如Φ10/12@100 表示贯通纵向钢筋为Φ10，Φ12 隔一布一，相邻Φ10 与Φ12 之间的距离为100mm。

3）施工及预算方面应注意，当基础平板分板区进行集中标注，且相邻板区板底一平时，配置较大板跨的底部贯通纵向钢筋需越过板区分界线伸至毗邻板跨的跨中连接区域。

2. 原位标注

1）梁板式筏形基础平板LPB的原位标注，主要表达板底部附加非贯通纵向钢筋。板底部原位标注的附加非贯通纵向钢筋，应在配置相同跨的第一跨表达（当在基础梁悬挑部位单独配置时则在原位表达）。在配置相同跨的第一跨（或基础梁外伸部位），垂直于基础梁绘制一段中粗虚线（当该筋通长设置在外伸部位或短跨板下部时，应画至对边或贯通短跨），在虚线上注写编号（如①、②等）、配筋值、横向布置的跨数及是否布置到外伸部位。如（××）为横向布置的跨数，（××A）为横向布置的跨数及一端基础梁的外伸部位，（××B）为横向布置的跨数及两端基础梁的外伸部位。

2）板底部附加非贯通纵向钢筋自支座中线向两边跨内的伸出长度值注写在线段的下方位置。当该筋向两侧对称伸出时，可仅在一侧标注，另一侧不注；当布置在边梁下时，向基础平板外伸部位一侧的伸出长度与方式按标准构造，设计不注。底部附加非贯通纵向钢筋相同者，可仅注写一处，其他只注写编号。

3）横向连续布置的跨数及是否布置到外伸部位，不受集中标注贯通纵向钢筋的板区限制。

例：在基础平板第一跨原位注写底部附加非贯通纵向钢筋⏀18@300（4A），表示在第一跨至第四跨板且包括基础梁外伸部位横向配置⏀18@300底部附加非贯通纵向钢筋，伸出长度值略。

4）原位注写的底部附加非贯通纵向钢筋与集中标注的底部贯通纵向钢筋，宜采用“隔一布一”的方式布置，即基础平板（x向或y向）底部附加非贯通纵向钢筋与贯通纵向钢筋间隔布置，其标注间距与底部贯通纵向钢筋相同（两者实际组合后的间距为各自标注间距的1/2）。

例：原位注写的基础平板底部附加非贯通纵向钢筋为⑤⏀22@300（3），该3跨范围集中标注的底部贯通纵向钢筋为B⏀22@300，在该3跨支座处实际横向设置的底部纵向钢筋合计为⏀22@150，其他与⑤号筋相同的底部附加非贯通纵向钢筋可仅注编号⑤。

例：原位注写的基础平板底部附加非贯通纵向钢筋为②⏀25@300（4），该4跨范围集中标注的底部贯通纵向钢筋为B⏀25@300，表示该4跨支座处实际横向设置的底部纵向钢筋为⏀25和⏀22间隔布置，相邻⏀25和⏀22之间距离为150mm。

5）当集中标注的某些内容不适用于梁板式筏形基础平板某板区的某一板跨时，应由设计者在该板跨内注明，施工时应按注明内容取用。

6）当若干基础梁下基础平板的底部附加非贯通纵向钢筋配置相同时（其底部、顶部的贯通纵向钢筋可以不同），可仅在一根基础梁下做原位注写，并在其他梁上注明“该梁下基础平板底部附加非贯通纵向钢筋同××基础梁”。

7）梁板式筏形基础平板LPB的平面注写规定，同样适用于钢筋混凝土墙下的基础平板。当在基础平板周边沿侧面设置纵向构造钢筋时，应在图中注明。

8）设计时应注明基础平板外伸部位的封边方式，当采用U形钢筋封边时应注明其规格、直径及间距。当基础平板外伸存在变截面高度时，应注明外伸部位的h_1/h_2，h_1为板根部截面高度，h_2 为板尽端截面高度。当基础平板厚度大于 2m 时，应注明具体构造要求。

9）当在基础平板外伸阳角部位设置放射筋时，应注明放射筋的强度等级、直径、根数及设置方式等。板的上、下部纵向钢筋之间设置拉筋时，应注明拉筋的强度等级、直径、双向间距等。结合基础主梁交叉纵向钢筋的上下关系，当基础平板同一层面的纵向钢筋相交叉时，应注明何向纵向钢筋在下，何向纵向钢筋在上。

梁板式筏形基础平板 LPB 标注示例如图 6-35 所示。

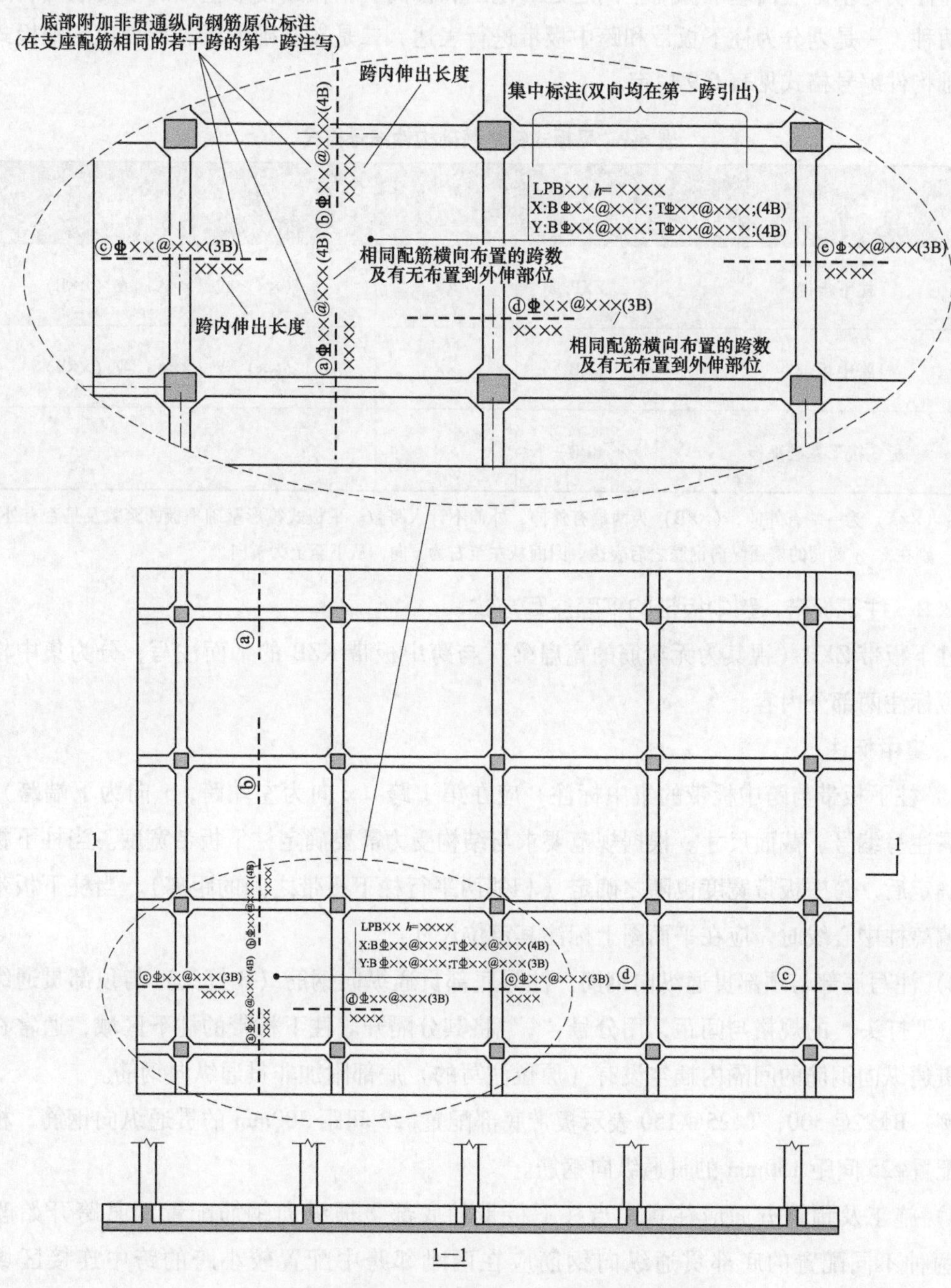

图 6-35　梁板式筏形基础平板 LPB 标注示例

6.3.2 平板式筏形基础

6.3.2.1 平板式筏形基础平法施工图的表示方法

平板式筏形基础平法施工图，是在基础平面布置图上采用平面注写方式表达。当绘制基础平面布置图时，应将平板式筏形基础与其所支承的柱、墙一起绘制。当基础底面标高不同时，需注明与基础底面基准标高不同之处的范围和标高。平板式筏形基础的平面注写表达方式有两种，一是划分为柱下板带和跨中板带进行表达，二是按基础平板进行表达。平板式筏形基础构件编号格式见表6-9规定。

表6-9 平板式筏形基础构件编号格式

构件类型	代号	序号	跨数及有无外伸
柱下板带	ZXB	××	(××) 或 (××A) 或 (××B)
跨中板带	KZB	××	(××) 或 (××A) 或 (××B)
平板式筏形基础平板	BPB	××	

注：(××A) 为一端有外伸，(××B) 为两端有外伸，外伸不计入跨数。平板式筏形基础平板的跨数及是否有外伸分别在 x、y 两向的贯通纵向钢筋之后表达。图面从左至右为 x 向，从下至上为 y 向。

6.3.2.2 柱下板带、跨中板带的平面注写方式

柱下板带ZXB（视其为无箍筋的宽扁梁）与跨中板带KZB的平面注写，分为集中标注与原位标注两部分内容。

1. 集中标注

1）柱下板带与跨中板带的集中标注，应在第1跨（x 向为左端跨，y 向为下端跨）引出，需注写编号、截面尺寸。根据规范要求与结构受力需要确定柱下板带宽度。当柱下板带宽度确定后，跨中板带宽度也随之确定（相邻两平行柱下板带之间的距离）。当柱下板带中心线偏离柱中心线时，应在平面图上标注其定位尺寸。

2）注写底部与顶部贯通纵向钢筋。注写底部贯通纵向钢筋（B打头）与顶部贯通纵向钢筋（T打头）的规格与间距，用分号“;”将其分隔开。柱下板带的柱下区域，通常在其底部贯通纵向钢筋的间隔内插空设有（原位注写的）底部附加非贯通纵向钢筋。

例：B⌀22@300；T⌀25@150表示板带底部配置⌀22间距300mm的贯通纵向钢筋，板带顶部配置⌀25间距150mm的贯通纵向钢筋。

3）施工及预算方面应注意，当柱下板带的底部贯通纵向钢筋配置从某跨开始改变时，两种不同配置的底部贯通纵向钢筋应在两毗邻跨中配置较小跨的跨中连接区域连接（配置较大跨的底部贯通纵向钢筋需越过其跨数终点或起点伸至毗邻跨的跨中连接

区域）。

2. 原位标注

1）柱下板带与跨中板带原位标注的内容，主要为底部附加非贯通纵向钢筋。注写内容包括：以一段与板带同向的中粗虚线代表附加非贯通纵向钢筋，柱下板带需贯穿其柱下区域绘制，跨中板带需横贯柱中线绘制；在虚线上注写底部附加非贯通纵向钢筋的编号（如①、②等）、钢筋级别、直径、间距，以及自柱中线分别向两跨内的伸出长度值。当向两侧对称伸出时，长度值可仅在一侧标注，另一侧不注。外伸部位的伸出长度与方式按标准构造，设计不注。对同一板带中底部附加非贯通纵向钢筋相同者，可仅在一根钢筋上注写，其他可仅在中粗虚线上注写编号。

2）原位注写的底部附加非贯通纵向钢筋与集中标注的底部贯通纵向钢筋，宜采用“隔一布一”的方式布置，即柱下板带或跨中板带底部附加非贯通纵向钢筋与贯通纵向钢筋交错插空布置，其标注间距与底部贯通纵向钢筋相同（两者实际组合后的间距为各自标注间距的1/2）。

例：柱下区域注写底部附加非贯通纵向钢筋③⌀22@300，集中标注的底部贯通纵向钢筋也为B⌀22@300，表示在柱下区域实际设置的底部纵向钢筋为⌀22@150，其他部位与③号筋相同的附加非贯通纵向钢筋仅注编号③。

3）当跨中板带在轴线区域不设置底部附加非贯通纵向钢筋时，则无须原位注写。

4）当在柱下板带、跨中板带上集中标注的某些内容（如截面尺寸、底部与顶部贯通纵向钢筋等）不适用于某跨或某外伸部分时，则将修正的数值原位标注在该跨或该外伸部位，施工时原位标注取值优先。

5）设计时应注意，对于支座两边不同配筋值的（经注写修正的）底部贯通纵向钢筋，应按较小一边的配筋值选配相同直径的纵向钢筋贯穿支座，较大一边的配筋差值选配适当直径的钢筋锚入支座，从而避免造成两边大部分钢筋直径不相同的不合理配置结果。

6）柱下板带ZXB与跨中板带KZB的注写规定，同样适用于平板式筏形基础上局部有剪力墙的情况。标注示例如图6-36所示。

6.3.2.3　平板式筏形基础平板BPB的平面注写方式

平板式筏形基础平板BPB的平面注写，分为集中标注与原位标注两部分内容。

基础平板BPB的平面注写与柱下板带ZXB、跨中板带KZB的平面注写虽是不同的表达方式，但可以表达同样的内容。当整片板式筏形基础配筋比较规律时，宜采用BPB表达方式。

1. 集中标注

平板式筏形基础平板BPB的集中标注除编号方法以外，其他规定与梁板式筏形基础平板LPB贯通纵向钢筋集中标注一致。当某项底部贯通纵向钢筋或顶部贯通纵向钢筋的配置在跨内有两种不同间距时，先注写跨内两端的第一种间距，并在前面加注纵向钢筋根

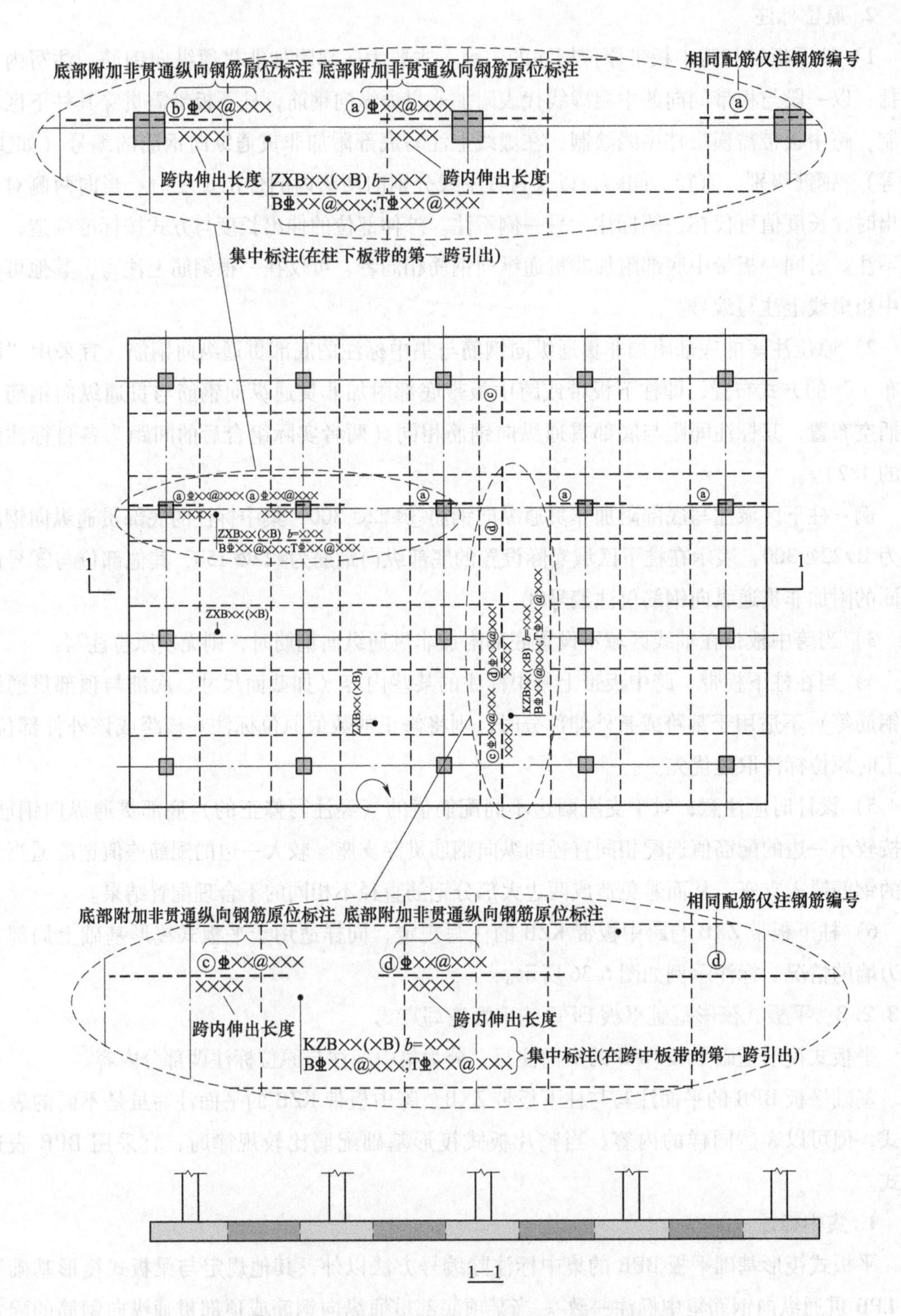

图 6-36　柱下板带 ZXB 与跨中板带 KZB 标注示例

数（以表示其分布的范围）；再注写跨中部的第二种间距（不需加注根数）；两者用“/”分隔。

例：X：B12⌀22@150/200；T10⌀20@150/200表示基础平板x向底部配置⌀22的贯通纵向钢筋，跨两端间距为150mm各配12根，跨中间距为200mm；x向顶部配置⌀20的贯通纵向钢筋，跨两端间距为150mm各配10根，跨中间距为200mm（纵向总长度略）。

2. 原位标注

平板式筏形基础平板BPB的原位标注，主要表达横跨柱中心线下的底部附加贯通纵向钢筋，具体规定如下：

（1）原位注写位置与内容

1）在配置相同的若干跨的第1跨，垂直于柱中线绘制一段中粗线代表底部附加贯通纵向钢筋，在虚线上的注写内容与梁板式相同。

2）当柱中心线下的底部附加非贯通纵向钢筋（与柱中心线正交）沿柱中心线连续若干跨配置相同时，则在该连续跨的第1跨下原位注写，且将同规格钢筋连续布置的跨数注写在括号内；当有些跨配置不同时，应分别原位标注，外伸部位的底部附加非贯通纵向钢筋应单独注写（当与跨内某筋相同时仅注写钢筋编号）。

3）当底部附加非贯通纵向钢筋横向布置在跨内有两种不同距的底部贯通纵向钢筋区域时，其间距应分别对应两种，其注写形式应与贯通纵向钢筋保持一致，即先注写跨内两端的第一种间距，并在前面加注纵向钢筋根数，再注写跨中部的第二种间距（不需加根数）；两者用“/”分隔。

（2）当某些柱中心线下的基础平板底部附加非贯通纵向钢筋横向配置相同时（其底部、顶部的贯通纵向钢筋可以不同）标注 可仅在一条中心线下做原位标注，并在其他柱中心线上注明“该柱中心线下基础平板底部附加非贯通纵向钢筋同××柱中心线”。平板式筏形基础平板BPB的平面注写规定，同样适用于平板式筏形基础上局部有剪力墙的情况。

（3）平板式筏形基础应在图中注明的其他内容 当整片平板式筏形基础有不同板厚时，应分别注明各板厚值及其各自的分布范围；当在基础平板周边沿侧面设置纵向构造钢筋时，应在图注中注明；应注明基础平板外伸部位的封边方式，当采用U形钢筋封边时，应注明其规格、直径及间距；当基础平板厚度大于2m时，应注明设置在基础平板中的水平构造钢筋网；当在基础平板外伸阳角部位设置放射筋时，应注明放射筋的强度等级、直径、根数及设置方式等；板的上、下部纵向钢筋之间设置拉筋时，应注明拉筋的强度等级、直径、双向间距等；应注明混凝土垫层厚度与强度等级；当基础平板同一层面的纵向钢筋相交叉时，应注明何向纵向钢筋在下，何向纵向钢筋在上。

平板式筏形基础平板BPB标注示例如图6-37所示。

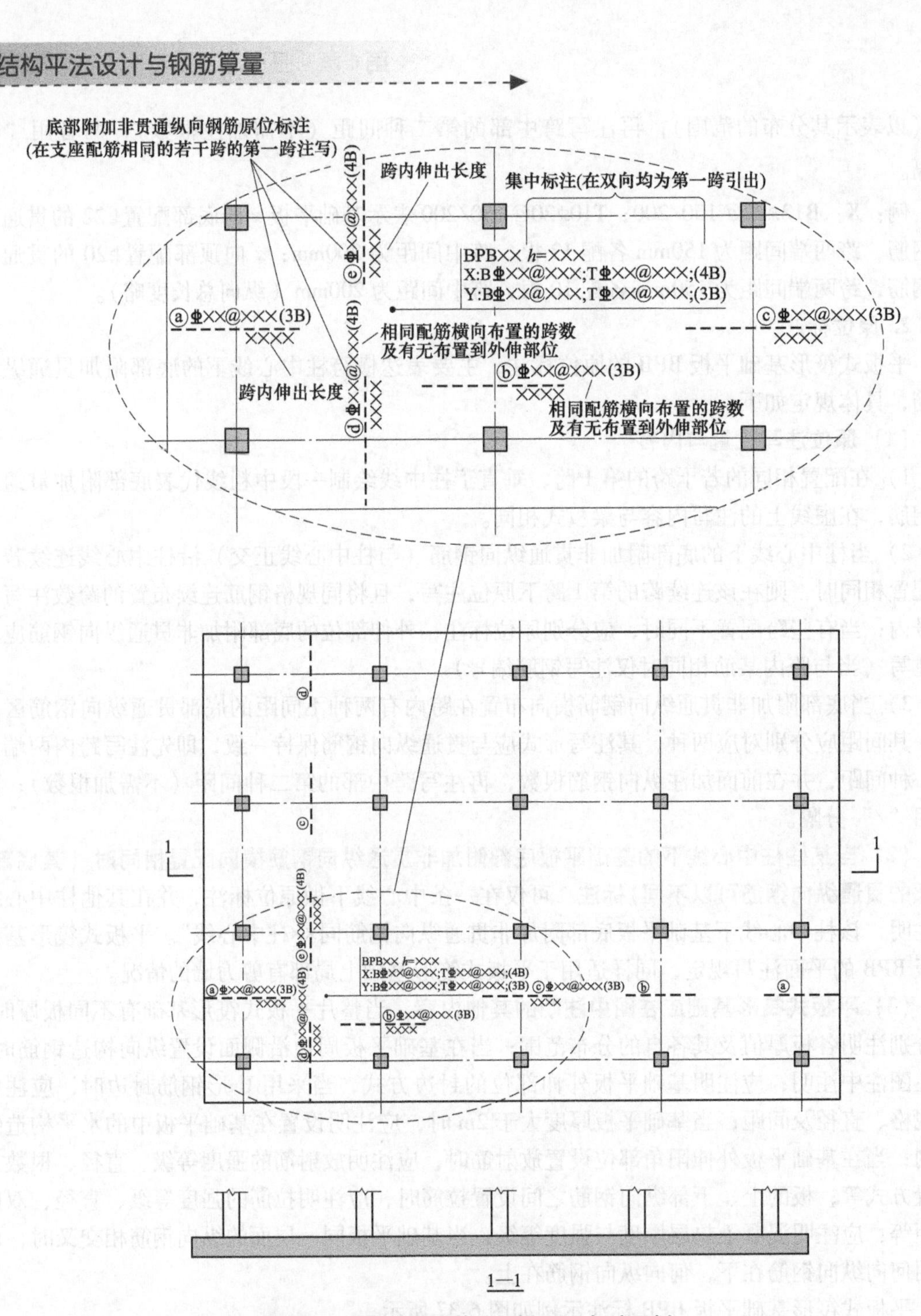

图 6-37　平板式筏形基础平板 BPB 标注示例

6.4　桩基础平法施工图设计

6.4.1　灌注桩平法施工图的表示方法

灌注桩平法施工图是在灌注桩平面布置图上采用列表注写方式或平面注写方式进行表

达。灌注桩平面布置图可采用适当比例单独绘制，并标注其定位尺寸。

1. 列表注写方式

列表注写方式是在灌注桩平面布置图上分别标注定位尺寸，在桩表中注写桩编号、桩尺寸、纵向钢筋、螺旋箍筋、桩顶标高、单桩竖向承载力特征值。

桩编号由类型和序号组成，应符合表 6-10 规定。

表 6-10　桩编号格式

类型	代号	序号
灌注桩	GZH	××
扩底灌注桩	GZHR	××

注写尺寸应包括桩径 D×桩长 L，当为扩底灌注桩时，还应在括号内注写扩底端尺寸 $D_o/h_b/h_c$ 或 $D_o/h_b/h_{c1}/h_{c2}$，其中 D_o 表示扩底端直径，h_b 表示扩底端锅底形矢高，h_c 表示扩底端高度，如图 6-38 所示。

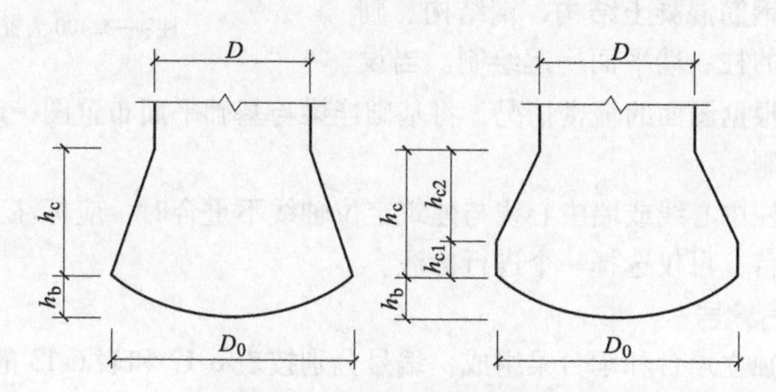

图 6-38　扩底灌注桩扩底端尺寸

注写桩纵向钢筋应包括桩周均布的纵向钢筋根数、钢筋强度级别、从桩顶起算的纵向钢筋配置长度。

通长等截面配筋时应注写全部纵向钢筋，如××⌀××；部分长度配筋时应注写桩纵向钢筋，如××⌀××/$L1$，其中 $L1$ 表示从桩顶起算的入桩长度；通长变截面配筋时应注写桩纵向钢筋，包括通长纵向钢筋，如 ××⌀××，非通长纵向钢筋，如××⌀××/$L1$，其中 $L1$ 表示从桩顶起算的入桩长度。通长纵向钢筋与非通长纵向钢筋沿桩周间隔均匀布置。

注写桩螺旋箍筋时应以大写字母 L 打头，包括钢筋强度级别、直径与间距。用“/”区分桩顶箍筋加密区与桩身箍筋非加密区长度范围内箍筋的间距。当桩身位于液化土层范围内，箍筋加密区长度应由设计者根据具体工程情况注明，或者箍筋全长加密。

注写桩顶标高并且注写单桩竖向承载力特征值。设计时应注意：当考虑箍筋受力作用时，箍筋配置符合《混凝土结构设计规范（2015 年版）》（GB 50010—2010）的有关规定，并另行注明。设计未注明时，当钢筋笼长度超过 4m 时，应每隔 2m 设一道直径 12mm 的焊接加劲箍，焊接加劲箍也可由设计者另行注明。桩顶进入承台高度 h，桩径小于 800mm 时取 50mm，桩径不小于 800mm 时取 100mm。

灌注桩列表注写的格式见表 6-11。

表 6-11　灌注桩列表注写的格式

桩号	（桩径 D/mm）×（桩长 L/mm）	通长等截面配筋全部纵向钢筋	箍筋	桩顶标高/m	单桩竖向承载力特征值/kN
GZH1	800×16. 700	10⏀18	L⏀8@ 100/200	−3. 400	2400

注：表中可根据实际情况增加栏目。

2. 平面注写方式

平面注写方式的规则同列表注写方式，将表格中内容除单桩竖向承载力特征值以外集中标注在灌注桩上，如图 6-39 所示。

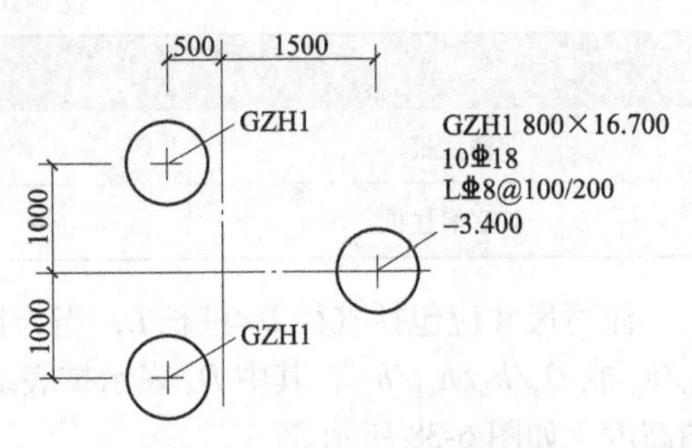

图 6-39　灌注桩平面注写示例

注：−3. 400 为桩顶标高

6. 4. 2　桩基承台平法施工图的表示方法

当绘制桩基承台平面布置图时，有平面注写与截面注写两种表达方式，应将承台下的桩位和承台所支承的上部钢筋混凝土结构、钢结构、砌体结构或混合结构的柱、墙平面一起绘制。当设置基础连梁时，可根据图面的疏密情况，将基础连梁与基础平面布置图一起绘制，或将基础连梁布置图单独绘制。

当桩基承台的柱中心线或墙中心线与建筑定位轴线不重合时，应标注其偏心尺寸；对于编号相同的桩基承台，可仅选择一个进行标注。

6. 4. 2. 1　桩基承台编号

桩基承台可由独立承台和承台梁组成，编号分别按表 6-12 和表 6-13 的规定。

表 6-12　独立承台编号

类型	独立承台截面形状	代号	序号	说明
独立承台	阶形	CT_J	××	单阶截面即平板式独立承台
	坡形	CT_P	××	

注：杯口独立承台代号可为 BCT_J 和 BCT_P，设计注写方式可参照杯口独立基础，施工详图应由设计者提供。

表 6-13　承台梁编号

类型	代号	序号	跨数及有否悬挑
承台梁	CTL	××	（××）端部无外伸 （××A）一端有外伸 （××B）两端有外伸

6. 4. 2. 2　独立承台的平面注写方式

独立承台的平面注写方式分为集中标注和原位标注两部分内容。

1. 独立承台的集中标注

必注内容包括独立承台编号、截面竖向尺寸、配筋三项；选注内容包括承台板底面标高（与承台底面基准标高不同时）和必要的文字注解两项。选注内容要求同独立基础，不再赘述。

（1）独立承台编号（必注内容） 独立承台编号规定见表 6-12。

（2）独立承台截面竖向尺寸（必注内容）

1）当独立承台为阶形截面时（见图 6-40 和图 6-41），如为多阶（图 6-40 为两阶），则各阶尺寸自下而上用“/”分隔顺写，如 $h_1/h_2/\cdots\cdots$；如为单阶，则截面竖向尺寸仅为一个，且为独立承台总厚度（见图 6-41）。

2）当独立承台为坡形截面时，截一面竖向尺寸注写为 h_1/h_2（见图 6-42）。

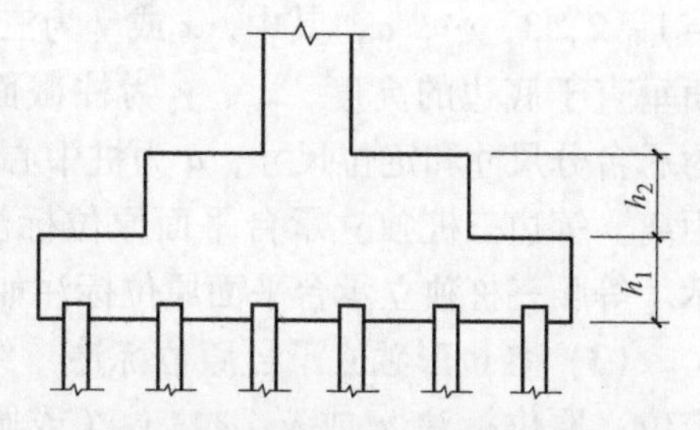

图 6-40 阶形截面独立承台竖向尺寸

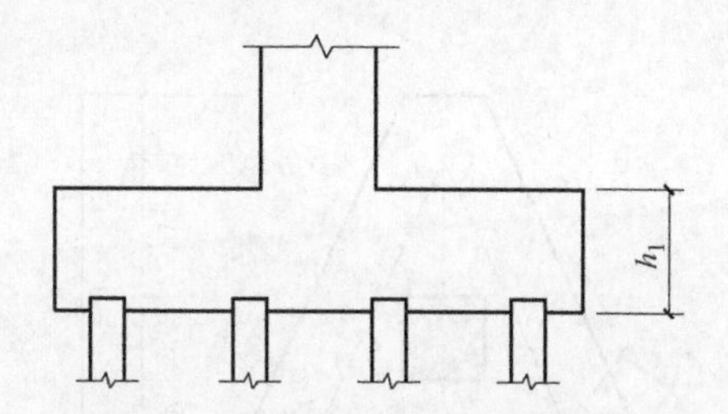

图 6-41 单阶截面独立承台竖向尺寸

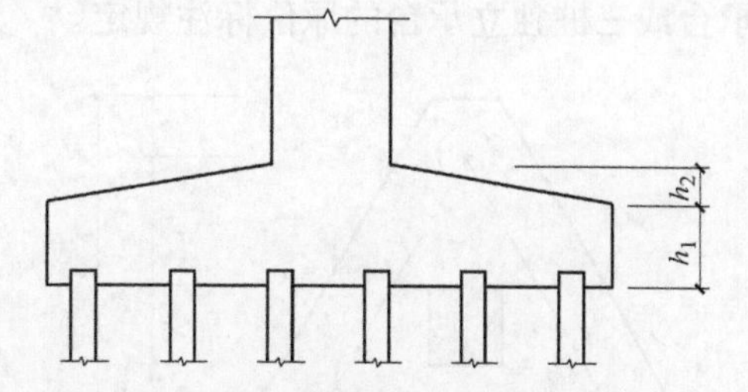

图 6-42 坡形截面独立承台竖向尺寸

（3）独立承台配筋（必注内容） 底部与顶部双向配筋应分别注写，顶部配筋仅用于双柱或四柱等独立承台，当独立承台顶部无配筋时，不注顶部。独立承台配筋标注要求：

1）以 B 打头注写底部配筋，以 T 打头注写顶部配筋。

2）矩形承台 x 向配筋以 X 打头，y 向配筋以 Y 打头；当两向配筋相同时，则以 X&Y 打头。

3）当为等边三桩承台时，以“△”打头，注写三角布置的各边受力钢筋（注明根数并在配筋值后注写“×3”），在“/”后注写分布钢筋，如△××⌀××@×3/ϕ××@×××。

4）当为等腰三桩承台时，以“△”打头注写等腰三角形底边的受力钢筋+两对称斜边的受力钢筋（注明根数并在两对称配筋值后注写“×2”），在“/”后注写分布钢筋，如△××⌀××@×××+××⌀××@××××2/ϕ××@×××。

5）当为多边形（五边形或六边形）承台或异型独立承台，且采用 x 向和 y 向正交配筋时，注写方式与矩形独立承台相同。

三桩承台的底部受力钢筋应按三向板带均匀布置，且最里面的三根钢筋围成的三角形应在柱截面范围内。

2. 独立承台的原位标注

在桩基承台平面布置图上标注独立承台的平面尺寸时，相同编号的独立承台，可仅选择一个进行标注，其他相同编号者仅注编号。

（1）矩形独立承台原位标注 原位标注 x、y，x_c、y_c（或圆柱直径 d_c），x_i、y_i，a_i、b_i，i=1，2，3，…，其中，x、y 为独立承台两向边长，x_c、y_c 为柱截面尺寸，x_i、y_i 为阶宽或坡形平面尺寸，a_i、b_i 为桩的中心距及边距（a_i、b_i 根据具体情况可不注），如图 6-43 所示。

（2）三桩承台原位标注 结合 x、y 双向定位，原位标注 x 或 y，x_c、y_c（或圆柱直径 d_c），x_i、y_i，$i=1$，2，3，…，a，其中，x 或 y 为三桩独立承台平面垂直于底边的高度，x_c、y_c 为柱截面尺寸，x_i、y_i 为承台分尺寸和定位尺寸，a 为桩中心距切角边缘的距离。等边三桩独立承台平面原位标注如图 6-44 所示。等腰三桩独立承台平面原位标注如图 6-45 所示。

（3）多边形独立承台原位标注 结合 x、y 双向定位，原位标注 x 或 y，x_c、y_c（或圆柱直径 d_c），x_i、y_i，$i=1$，2，3，…。具体设计时，可参照矩形独立承台或三桩独立承台的原位标注规定。

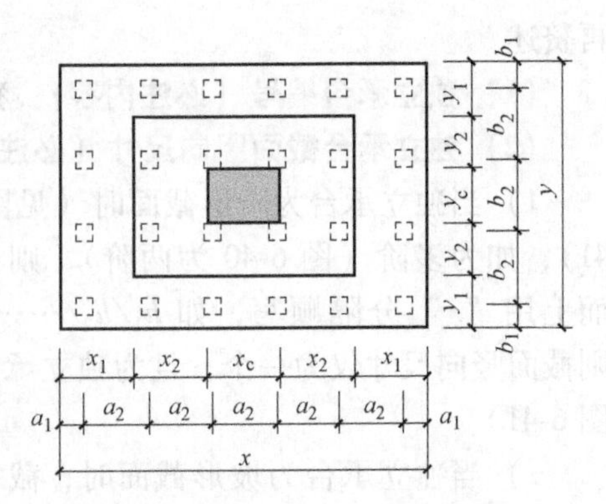

图 6-43 矩形独立承台平面原位标注

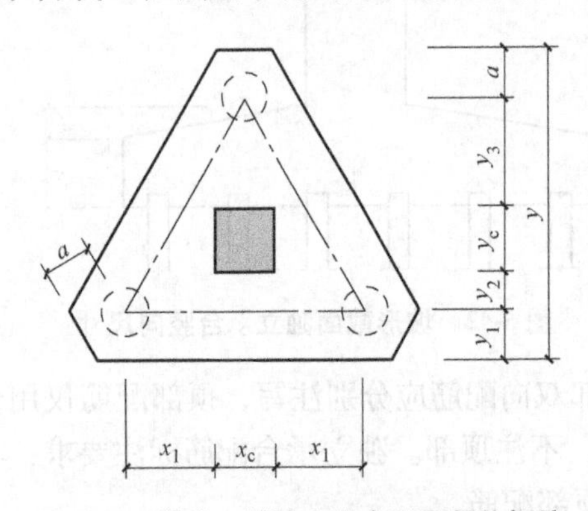

图 6-44 等边三桩独立承台平面原位标注

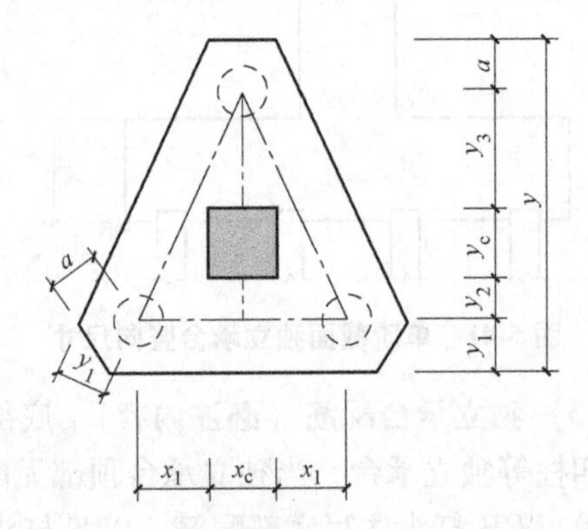

图 6-45 等腰三桩独立承台平面原位标注

6.4.2.3 承台梁的平面注写方式

承台梁 CTL 的平面注写方式也分集中标注和原位标注两部分内容。

1. 承台梁的集中标注内容

必注内容包括承台梁编号、截面尺寸、配筋三项；选注内容包括承台梁底面相对标高高差、必要的文字注释两项。选注内容要求同独立基础，不再赘述。

（1）注写承台梁编号（必注内容） 承台梁编号规定见表 6-13。

（2）注写承台梁截面尺寸（必注内容） 注写 $b×h$，表示梁截面宽度与高度。当为加腋梁时，用 $b×h\mathrm{Y}c_1×c_2$ 表示，其中 c_1 为腋长，c_2 为腋高。

（3）注写承台梁配筋（必注内容）

1）承台梁箍筋。承台梁箍筋的注写要求与基础梁箍筋的注写要求类似，即当具体设计仅采用一种箍筋间距时，注写钢筋级别、直径、间距与肢数（箍筋肢数写在括号内，下同）；当具体设计采用两种箍筋间距时，用“/”分隔不同箍筋的间距及肢数，按照从基础梁两端向跨中的顺序注写，先注写第一种箍筋（在前面加注箍筋道数），在斜线后再注写第二种跨中箍筋（不再加注箍筋道数）。在施工时应注意在两向承台梁相交位置，应有一向截面较高的承台梁箍筋贯通设置；当两向承台梁等高时，可任选一向承台梁的箍筋贯通设置。

2）注写承台梁底部、顶部及侧面纵向钢筋。承台梁底部贯通纵向钢筋以 B 打头注写；承台梁顶部贯通纵向钢筋以 T 打头注写；当梁底部或顶部贯通纵向钢筋多于一排时，用

“/”将各排纵向钢筋自上而下分开。例：“B：5⌀25；T：7⌀25”表示承台梁底部配置贯通纵向钢筋5⌀25，梁顶部配置贯通纵向钢筋7⌀25。

以大写字母G打头注写承台梁侧面对称设置的纵向构造钢筋的总配筋值（当梁腹板净高 $h_w \geq 450$mm时，根据需要配置）。

例：G8⌀14表示梁每个侧面配置纵向构造钢筋4⌀14，共配置8⌀14。

2. 承台梁的原位标注

当承台梁端部或在柱下区域的底部全部纵向钢筋（包括底部非贯通纵向钢筋和已集中注写的底部贯通纵向钢筋）与集中注写过的底部贯通纵向钢筋相同时，可不再重复做原位标注，如不同则需原位标注该部位。

当需要设置附加箍筋或（反扣）吊筋时，将附加箍筋或（反扣）吊筋直接画在平面图中的承台梁上，原位标注总配筋值（附加箍筋的肢数注在括号内）。当多数梁的附加箍筋或（反扣）吊筋相同时，可在桩基承台平法施工图上统一注明，少数与统一注明值不同时，再原位标注。施工时应注意附加箍筋或（反扣）吊筋的几何尺寸应按照标准构造详图，结合其所在位置的主梁和次梁的截面尺寸而定。

当承台梁外伸部位采用变截面高度时，在该部位原位注写 $b \times h_1/h_2$，h_1为根部截面高度，h_2为尽端截面高度。当在承台梁上集中标注的某项内容不适用于某跨或某外伸部位时，将其修正内容原位标注在该跨或该外伸部位，施工时原位标注取值优先。

6.4.2.4　桩基承台的截面注写方式

桩基承台的截面注写方式分为截面标注和列表注写（结合截面示意图）两种表达方式。采用截面注写方式，应在桩基平面布置图上对所有桩基进行编号，见表7-11和6-12。

桩基承台的截面注写方式，可参照独立基础及条形基础的截面注写方式，进行设计施工图的表达。

6.5　基础部分标准构造

6.5.1　独立基础

独立基础底板配筋构造适用于普通独立基础和杯口独立基础，基础底板的截面方式可为阶形截面 DJ_J、BJ_J，或坡形截面 DJ_P、BJ_P，如图6-46所示。独立基础底部双向交叉钢筋长向设置在下，短向设置在上，独立基础长向的设置方向应见具体工程设计，平法中规定图面水平向为 x 向，竖向为 y 向。

6.5.2　基础梁JL纵向钢筋与箍筋构造

跨度值 l_0为左跨 l_{0i}和右跨 l_{0i+1}之较大值，其中 $i=1$，2，3，…（边跨端部计算用 l_0取边跨跨度值）；节点区内箍筋按梁端箍筋设置，同跨箍筋有多种时，各自设置范围按具体设计注写值，当纵向筋需要采用搭接连接时，在受拉搭接区域的箍筋间距不应大于搭接钢筋较小直径的5倍，且不应大于100mm，在受压搭接区域的箍筋间距不应大于搭接钢筋较小直径的10倍，且不应大于200mm，当需要判别受拉与受压搭接区域时，应由结构内力实际分布情况确定；当两毗邻跨的底部贯通纵向钢筋配置不同时，应将配置较大一跨的底部贯通纵向

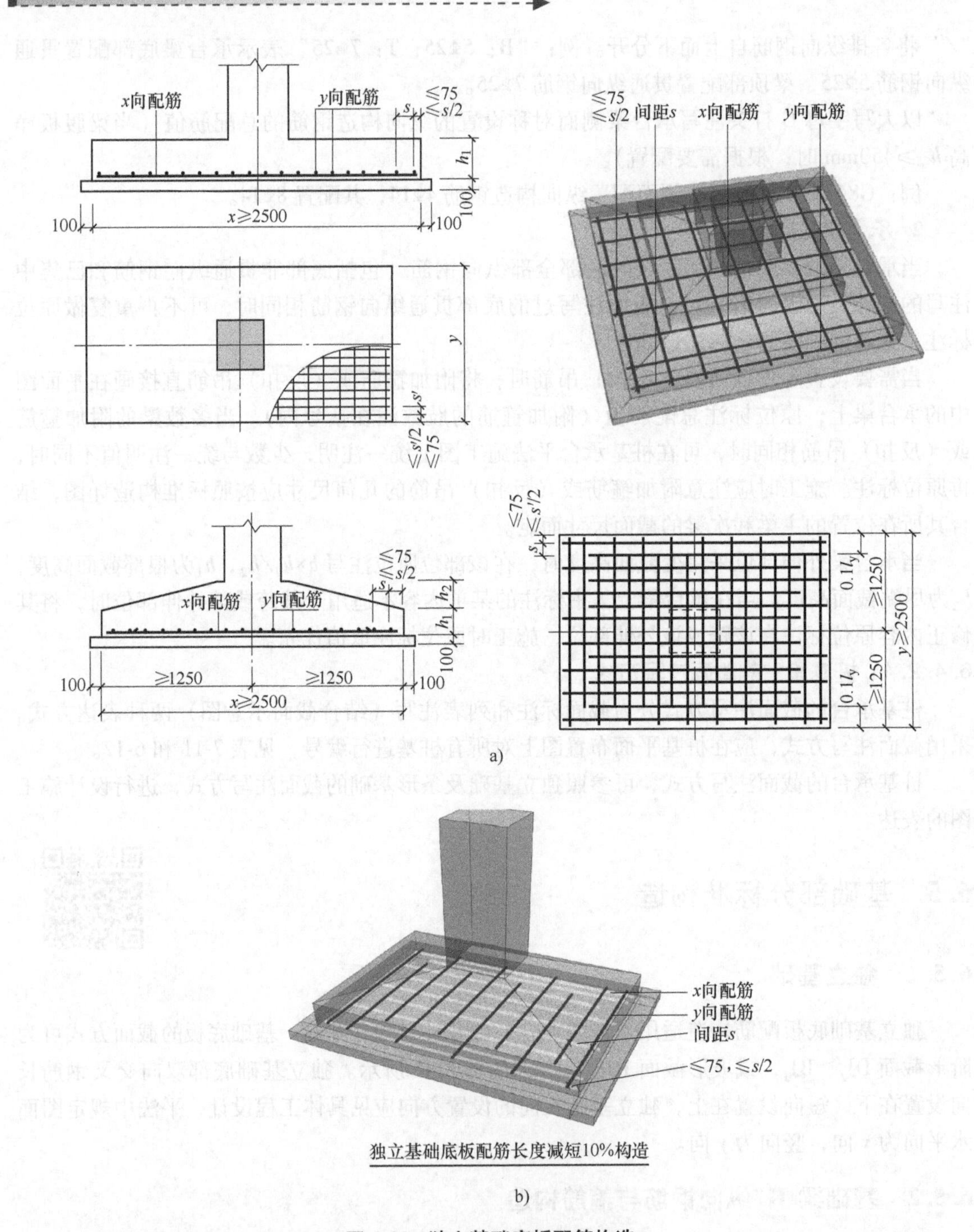

图 6-46　独立基础底板配筋构造

钢筋越过其标注的跨数终点或起点，延伸至配置较小的毗邻跨的跨中连接区域进行连接；当底部纵向钢筋多于两排时，第三排非贯通纵向钢筋向跨内的延伸长度值应注明；基础梁相交处位于同一层面的交叉纵向钢筋，何梁的纵筋在下，何梁的纵向钢筋在上，应按具体设计说明，如图 6-47 所示。

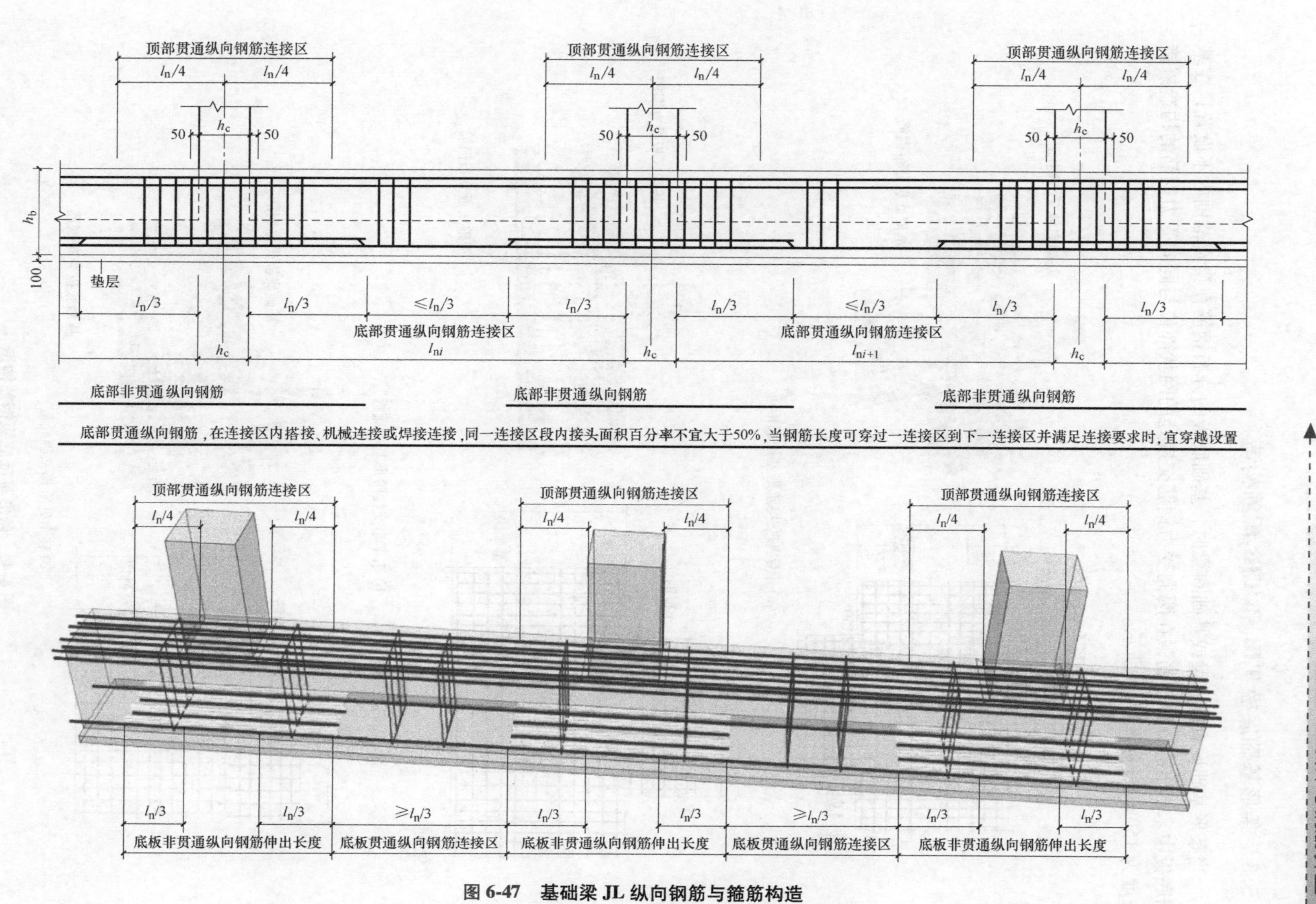

图 6-47 基础梁 JL 纵向钢筋与箍筋构造

6.5.3 条形基础底板 TJB_P和 TJB_J配筋构造

当条形基础设有基础梁或基础圈梁时，基础底板的分布钢筋在梁宽范围内不设置；在基础底板中未示出的分布钢筋，在两向受力钢筋交接处的网状部位与同向受力钢筋的构造搭接长度为150mm，如图6-48所示。

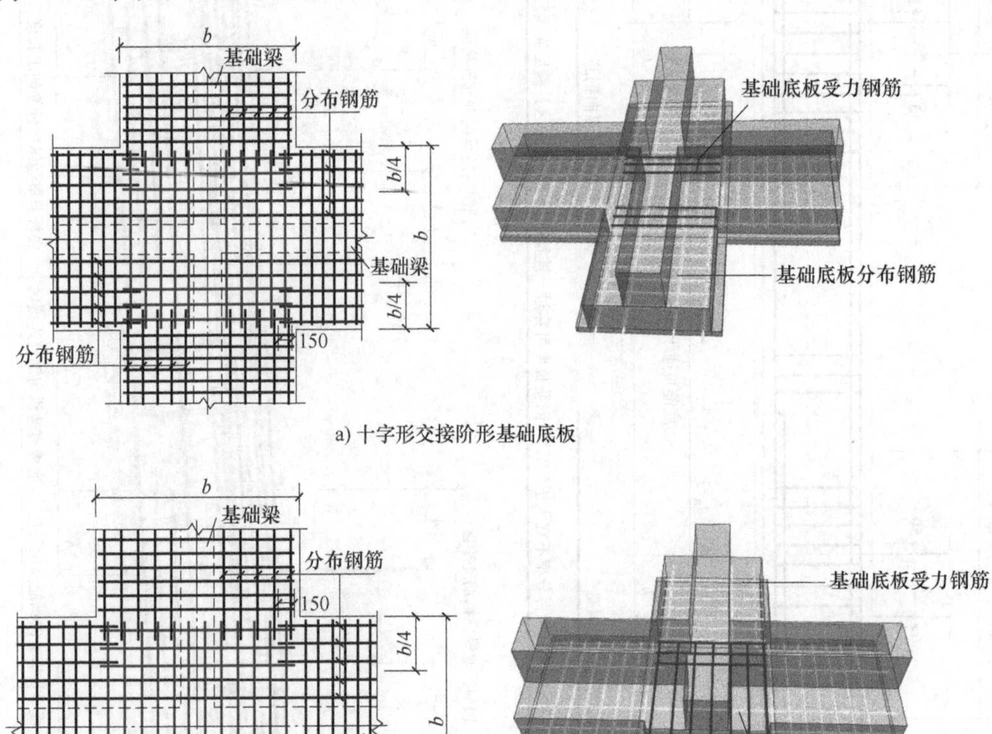

a) 十字形交接阶形基础底板

b) 丁字形交接阶形基础底板

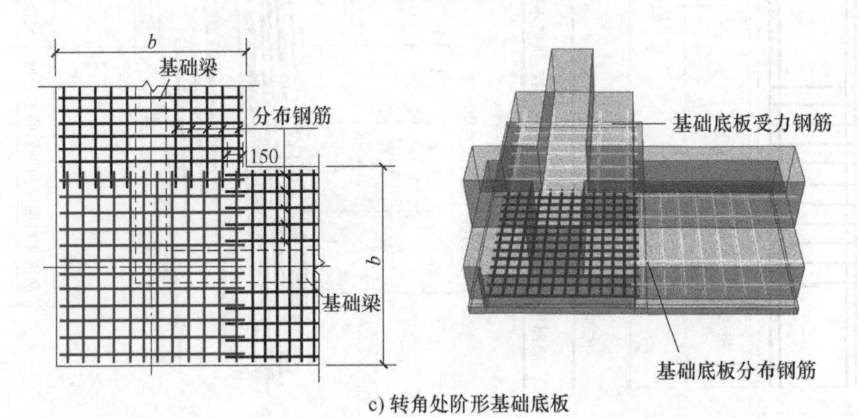

c) 转角处阶形基础底板

图 6-48 条形基础底板钢筋构造

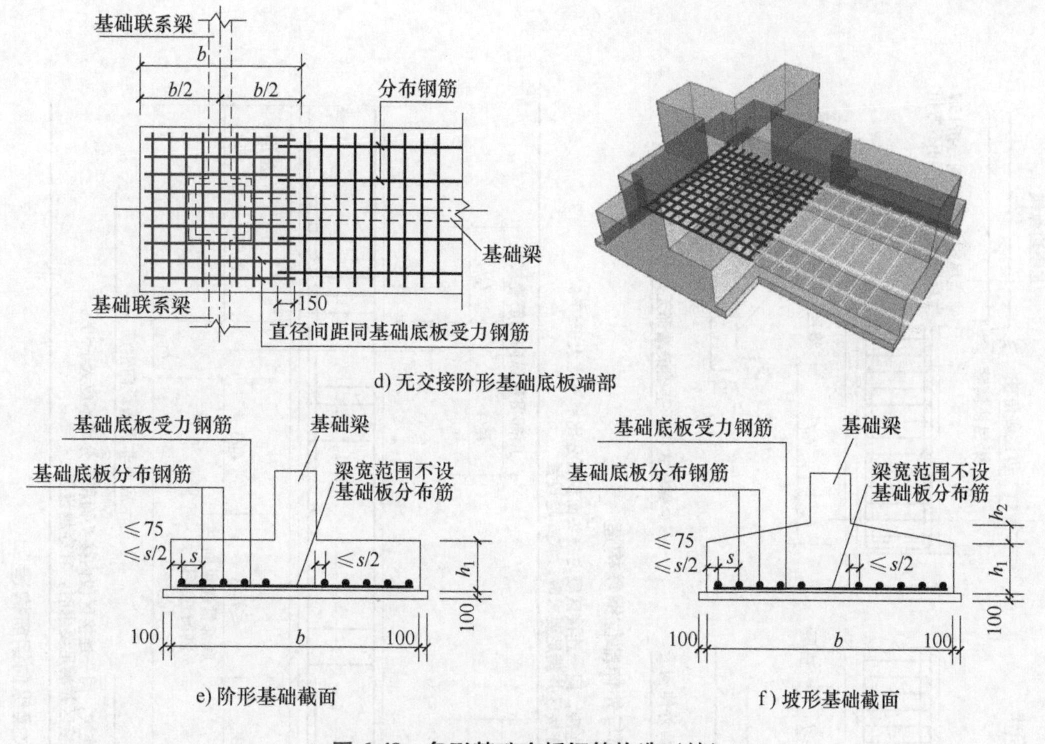

d) 无交接阶形基础底板端部

e) 阶形基础截面

f) 坡形基础截面

图 6-48　条形基础底板钢筋构造（续）

6.5.4　筏形基础构造

1. 梁板式筏形基础构造

梁板式筏形基础主梁纵向钢筋构造同钢筋混凝土梁的构造，如图 6-47 所示，梁板式筏形基础梁端部与外伸部位钢筋构造如图 6-49 所示，梁板式筏形基础次梁纵向钢筋构造如图 6-50 所示，梁板式筏形基础次梁端部与外伸部位钢筋构造如图 6-51 所示，梁板式筏形基础钢筋构造。三维图如图 6-52 所示，梁板式筏形基础平板 LPB 钢筋构造（柱下区域）如图 6-53 所示，梁板式筏形基础平板 LPB 钢筋构造（跨中区域）如图 6-54 所示。

2. 平板式筏形基础构造

平板式筏形基础构造分为跨中区域平板 BPB 钢筋构造和柱下区域平板 BPB 钢筋构造两部分，平板式筏形基础平板 BPB（跨中区域）钢筋构造如图 6-55 所示，平板式筏形基础平板 BPB（柱下区域）钢筋构造如图 6-56 所示。

6.5.5　桩基础构造

桩基础构造主要分为承台构造、灌注桩桩身配筋构造、钢筋混凝土灌注桩桩顶与承台连接构造三部分。

1. 承台构造

承台构造分为矩形承台 CT_J和 CT_P、等边三桩承台 CT_J、等腰三桩承台 CT_J及六边形承台 CT_J配筋构造。

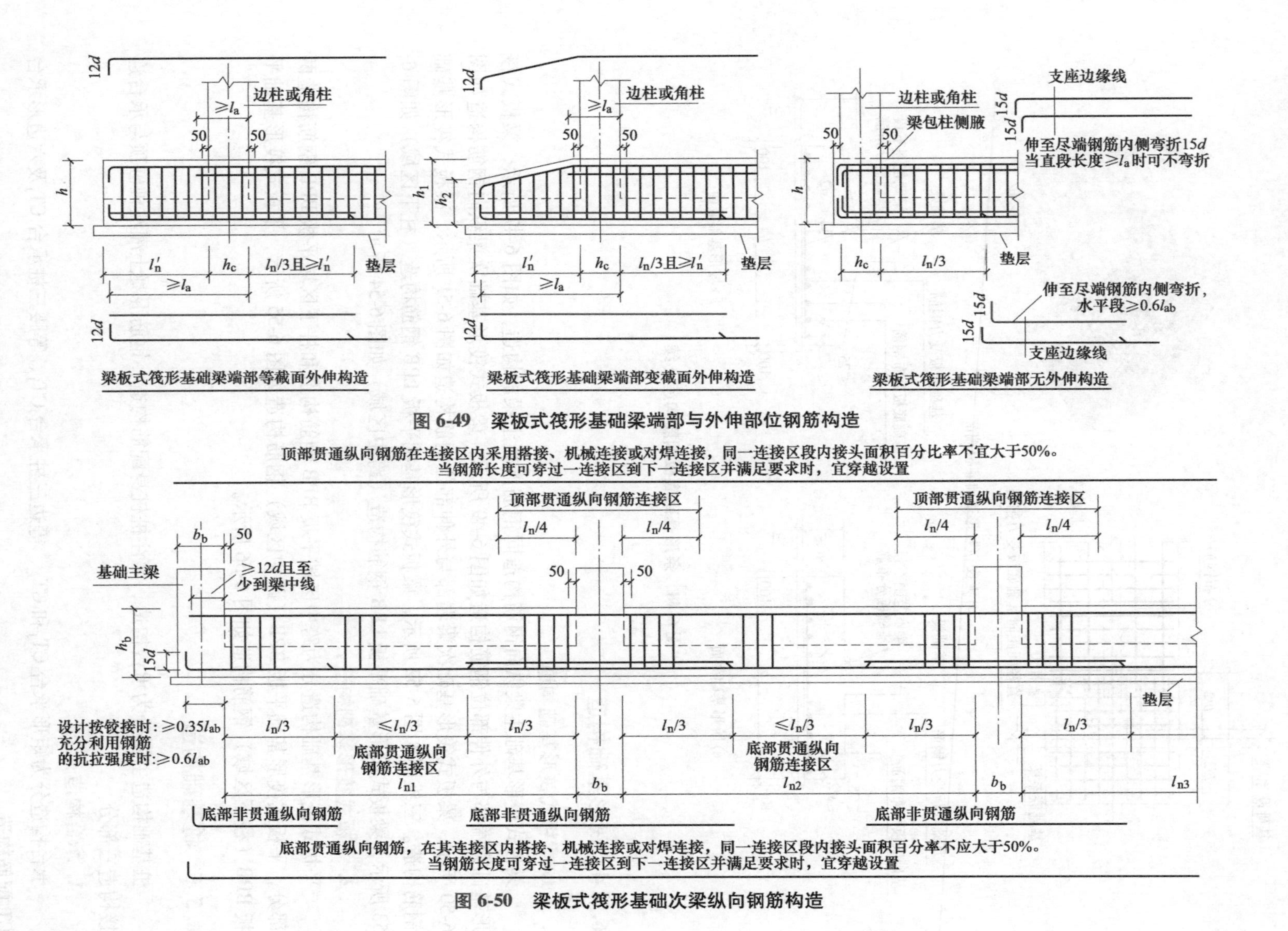

图 6-49　梁板式筏形基础梁端部与外伸部位钢筋构造

图 6-50　梁板式筏形基础次梁纵向钢筋构造

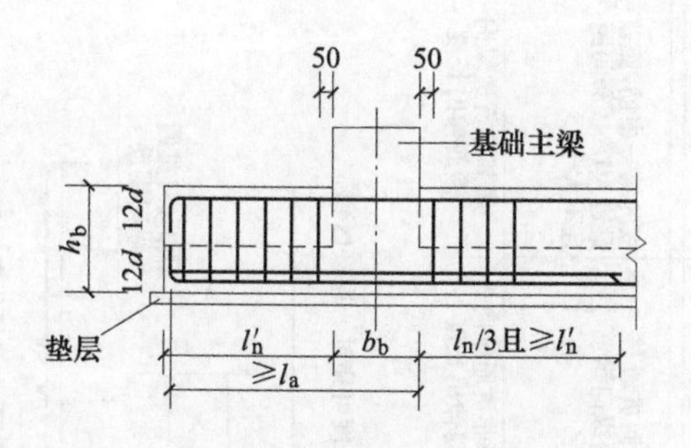

a) 端部等截面

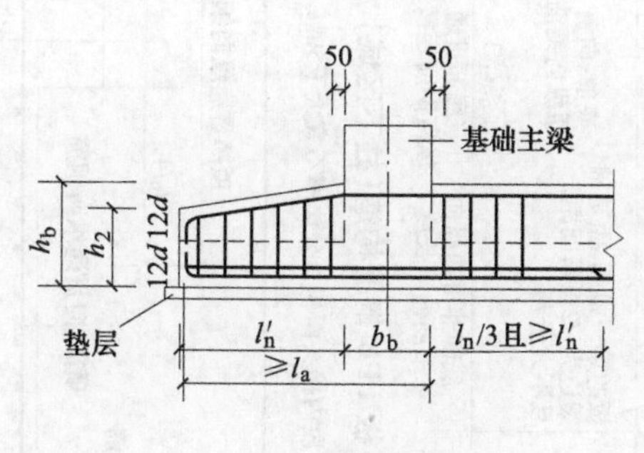

b) 端部变截面

图 6-51　梁板式筏形基础次梁端部与外伸部位钢筋构造

图 6-52　梁板式筏形基础钢筋构造三维图

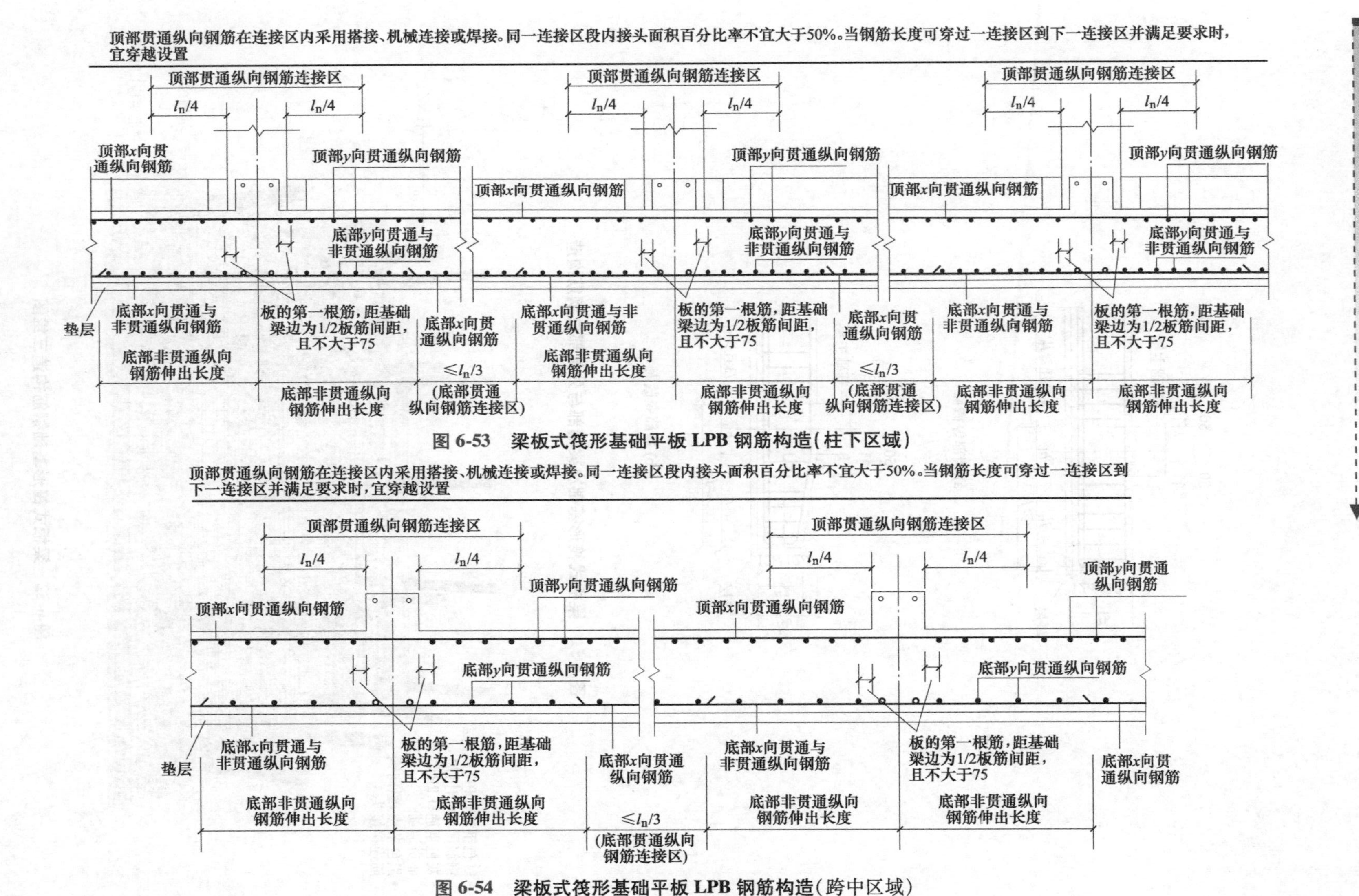

图 6-53　梁板式筏形基础平板 LPB 钢筋构造(柱下区域)

图 6-54　梁板式筏形基础平板 LPB 钢筋构造(跨中区域)

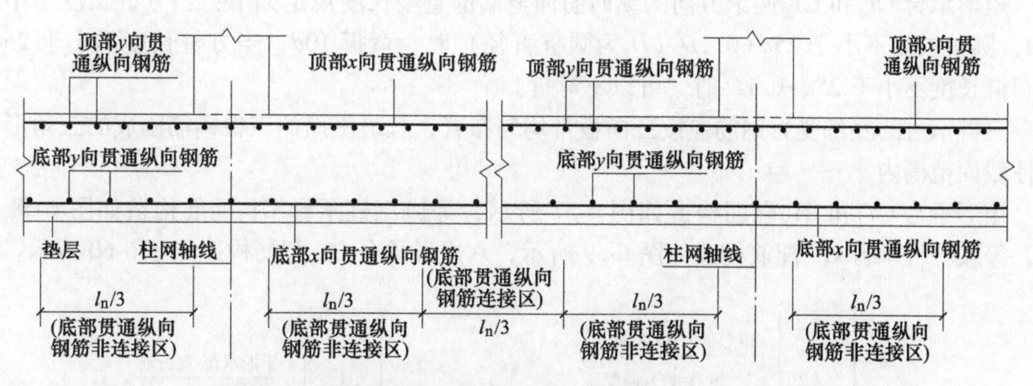

图 6-55　平板式筏形基础平板 BPB（跨中区域）钢筋构造

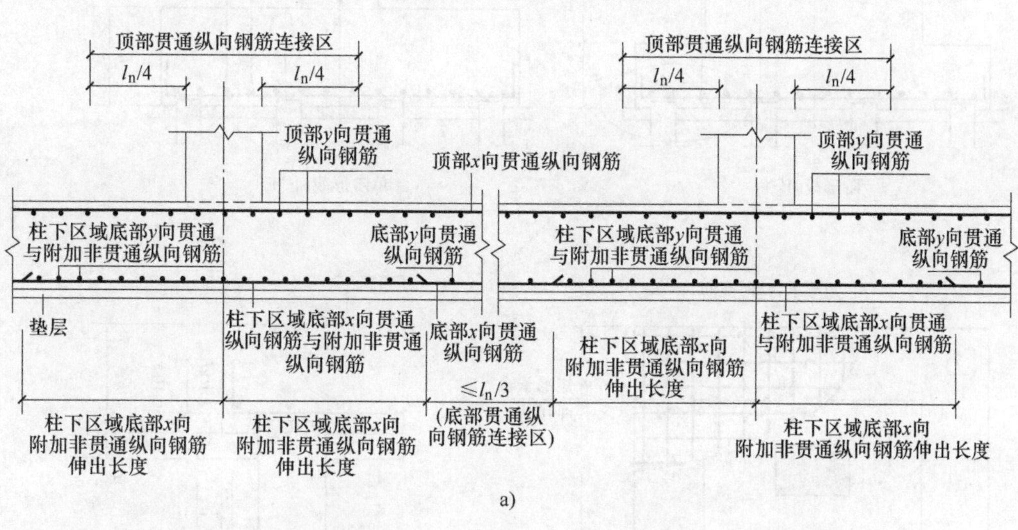

a)

b)

图 6-56　平板式筏形基础平板 BPB（柱下区域）钢筋构造

当桩直径或桩截面边长小于 800mm 时，桩顶嵌入承台 50mm；当桩直径或桩截面边长不小于 800mm 时，桩顶嵌入承台 100mm。

矩形承台 CT_J 和 CT_P 两个方向的纵向筋伸至端部直段长度规定如下：当方桩长度不小于 25d，圆桩长度不小于 25d+0. 1D（D 为圆桩直径）时，弯折 10d；当方桩长度不小于 25d，或圆桩长度不小于 25d+0. 1D 时，可以不弯折。

三桩承台的底部受力钢筋应按三向板带均匀布置，且最里面的三根钢筋围成的三角形应在柱截面范围内。

矩形承台 CT_J 和 CT_P 配筋构造如图 6-57 所示，等边三桩承台 CT_J 配筋构造如图 6-58 所示，等腰三桩承台 CT_J 配筋构造如图 6-59 所示，六边形承台 CT_J 配筋构造如图 6-60 所示。

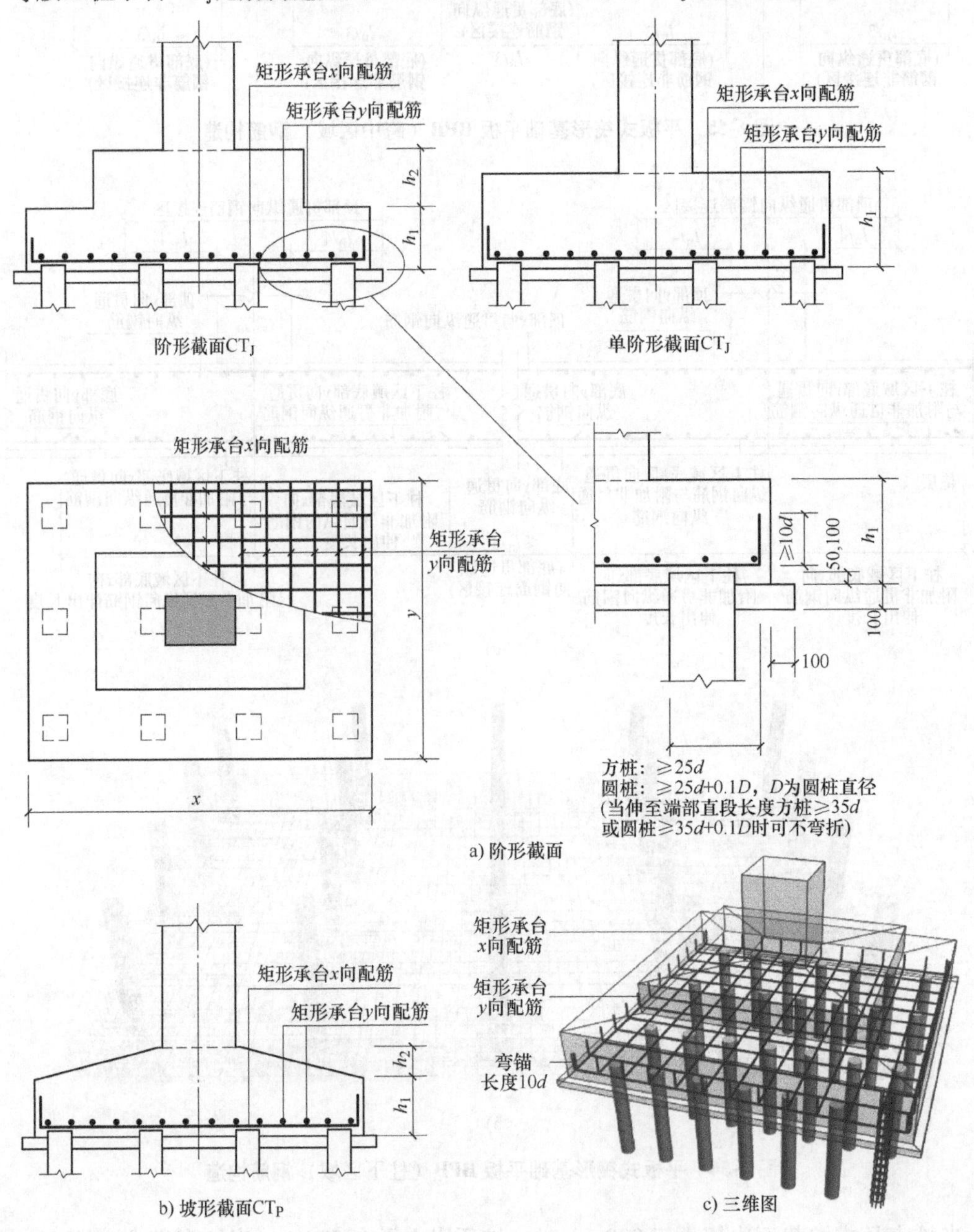

图 6-57　矩形承台 CT_J 和 CT_P 配筋构造

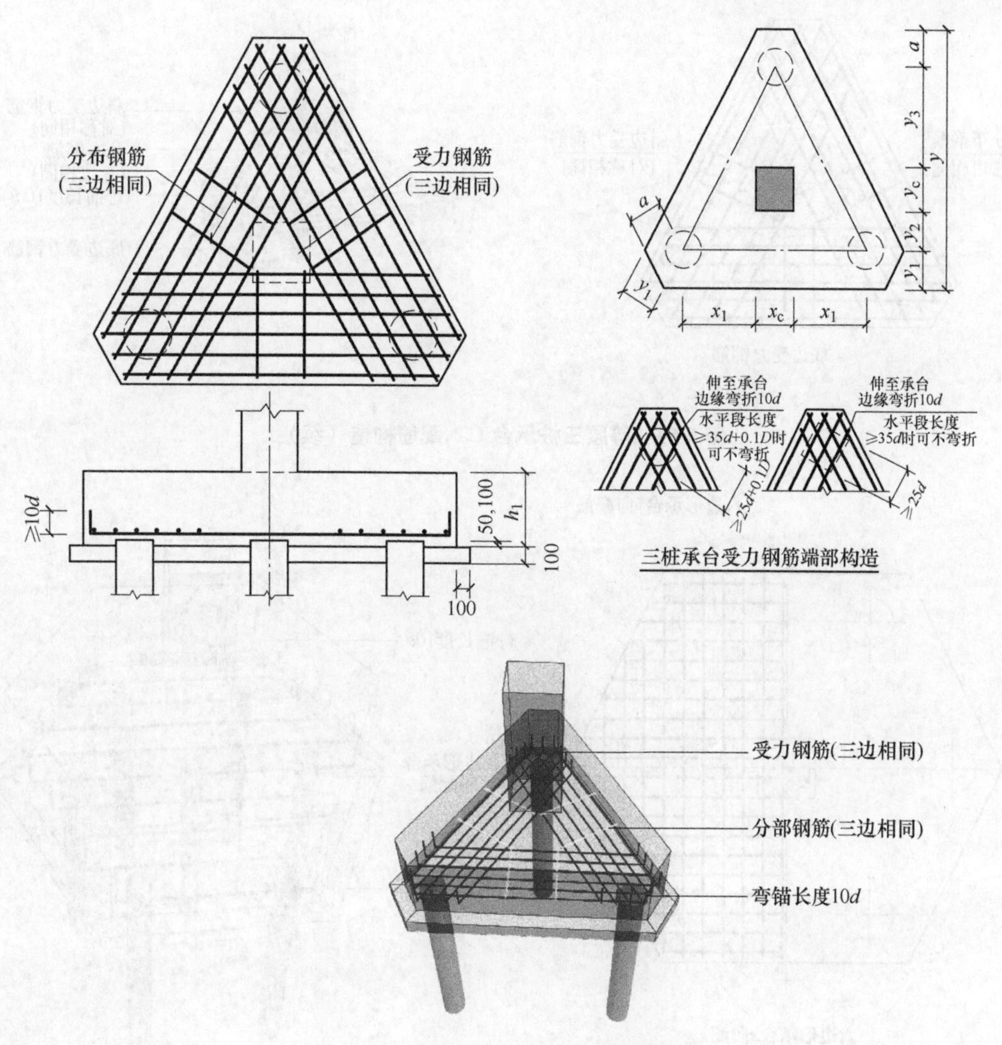

图 6-58　等边三桩承台 CT_J 配筋构造

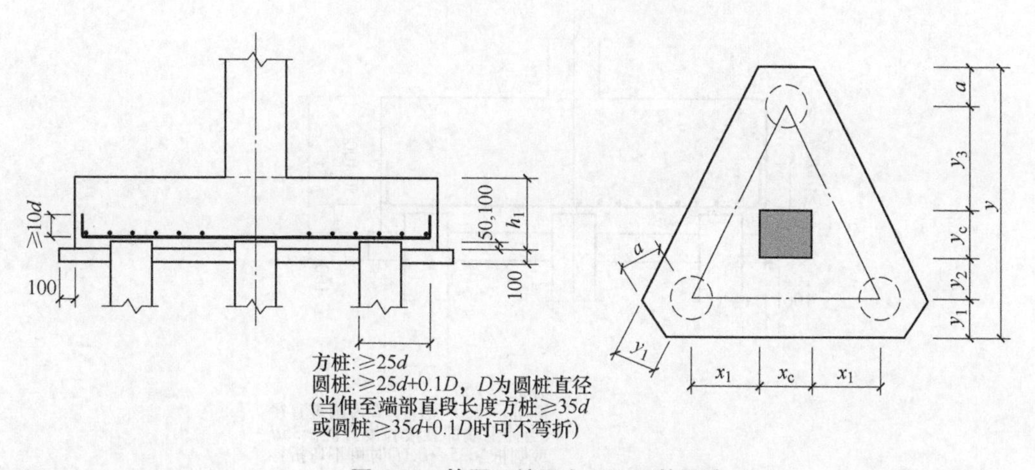

图 6-59　等腰三桩承台 CT_J 配筋构造

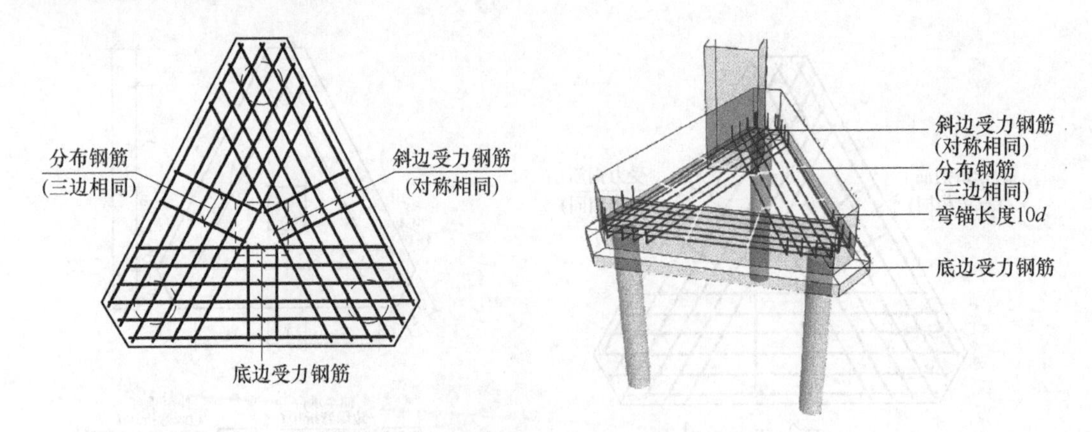

图 6-59　等腰三桩承台 CT_J 配筋构造（续）

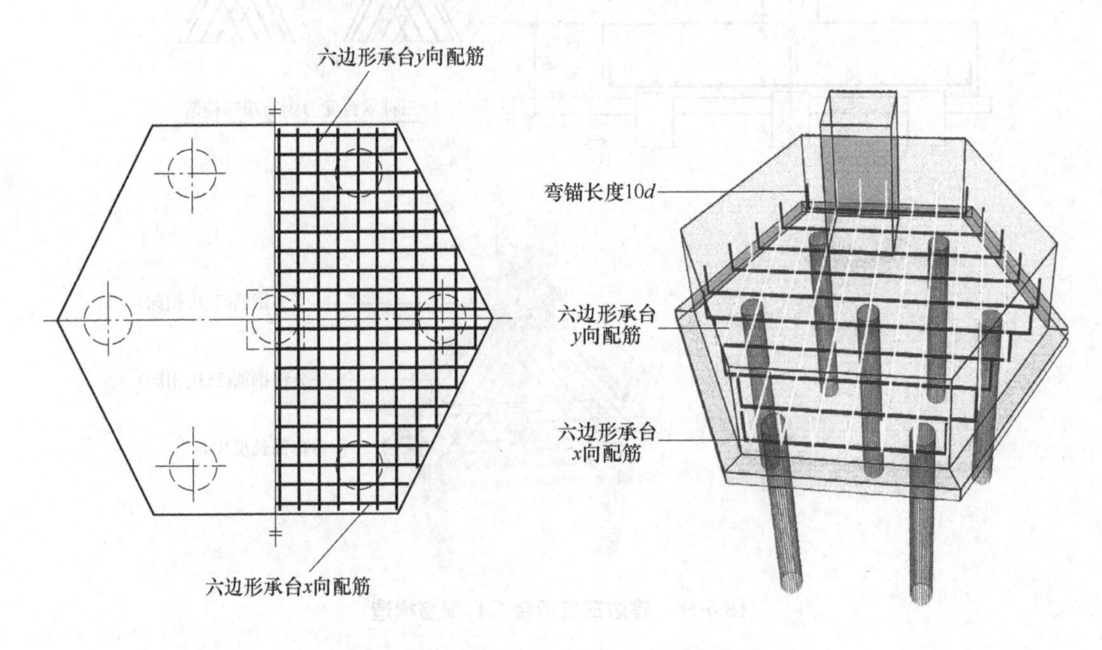

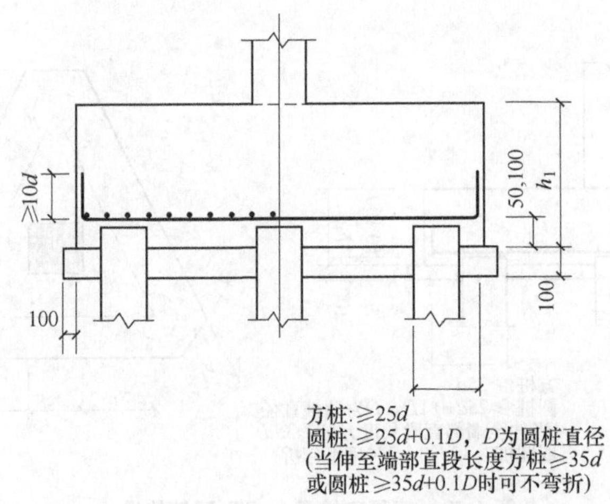

图 6-60　六边形承台 CT_J 配筋构造

2. 灌注桩桩身配筋构造

灌注桩桩身配筋构造分灌注桩通长等截面配筋构造和灌注桩通长变截面配筋构造两种情况。桩身距离承台底面标高不小于5D（D为桩直径）的范围属于箍筋加密区，沿桩身全长每隔2000mm的距离，必须设一个焊接加劲箍，置于纵向钢筋内侧。桩身纵向钢筋距离桩底部必须留有不小于30mm且不小于c（c为混凝土保护层厚度）的距离。灌注桩通长等截面配筋构造如图6-61所示，灌注桩通长变截面配筋构造如图6-62所示。

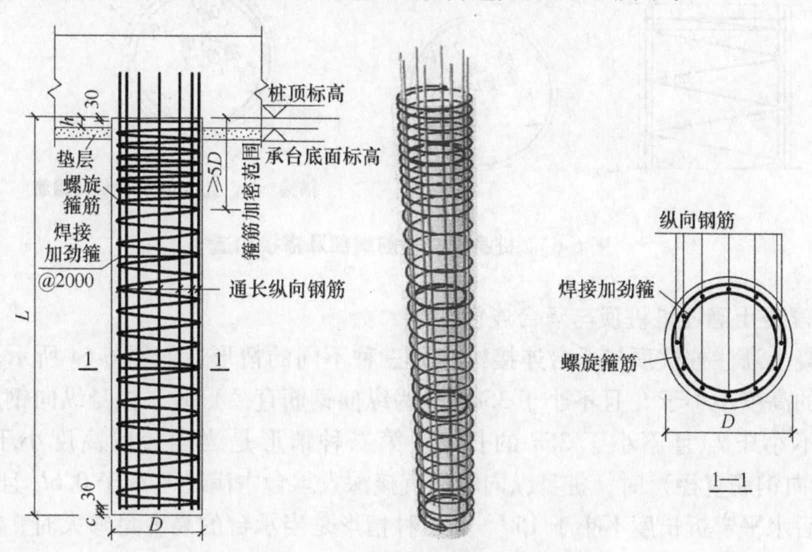

图6-61　灌注桩通长等截面配筋构造

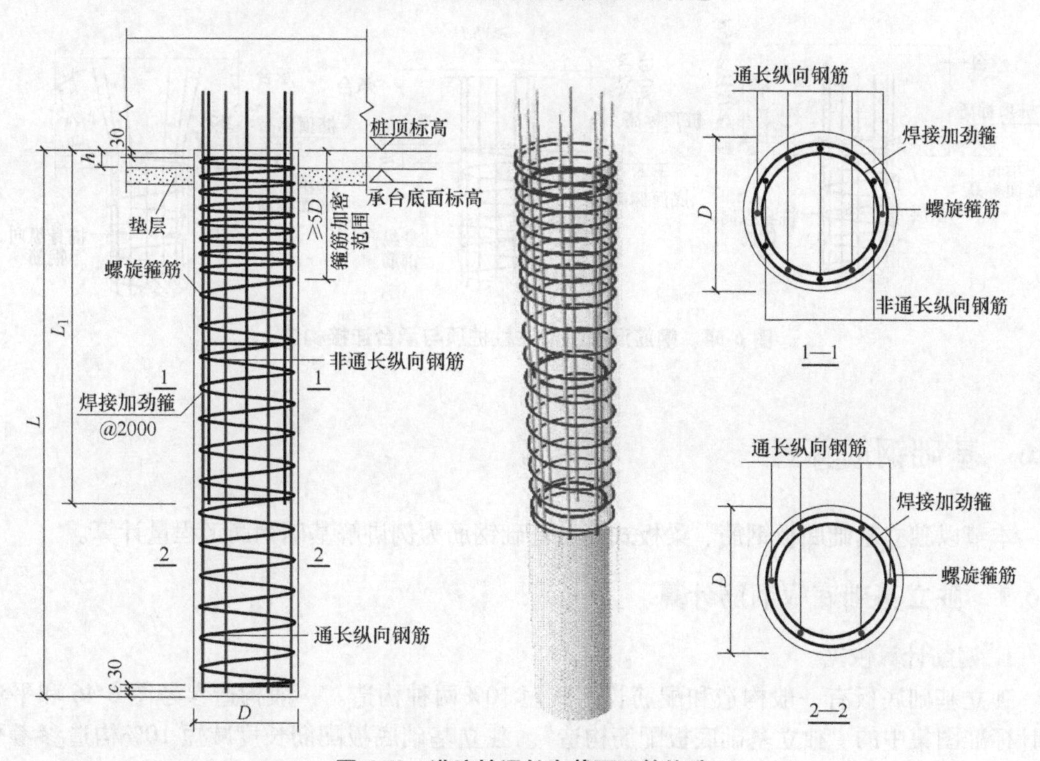

图6-62　灌注桩通长变截面配筋构造

桩身螺旋箍筋开始和结束位置应有水平管，其长度不应小于一圈半。端部及搭接构造如图 6-63 所示，桩身螺旋箍筋端部应做 135°弯钩，平直段长度不小于 10d 和 75mm 两者之中的大值；桩身螺旋箍筋搭接长度为不小于 l_l 和 300mm 两者之中的大值，搭接两端部应做 135°弯钩，平直段长度不小于 10d 和 75mm 两者之中的大值。

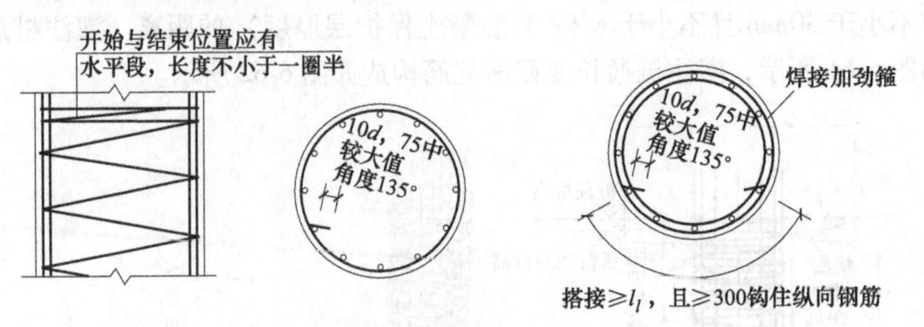

图 6-63 桩身螺旋箍筋端部及搭接构造

3. 钢筋混凝土灌注桩桩顶与承台连接构造

钢筋混凝土灌注桩桩顶与承台连接构造分三种不同的情形，如图 6-64 所示。第一种情形是当承台的高度不小于 l_a 且不小于 35d（d 为纵向钢筋直径）时，桩身纵向钢筋直接深入承台中满足不小于 l_a 且不小于 35d 的长度。第二种情形是当承台的高度小于 l_a 且小于 35d（d 为纵向钢筋直径）时，桩身纵向钢筋直接深入承台中满足不小于 0.6l_a 且不小于 20d 的长度，然后水平弯折长度不小于 15d。第三种情形是当承台的高度足够大时，桩身纵向钢筋呈不小于 75°外倾角，向上直接深入承台中满足不小于 l_a 且不小于 35d 的长度。

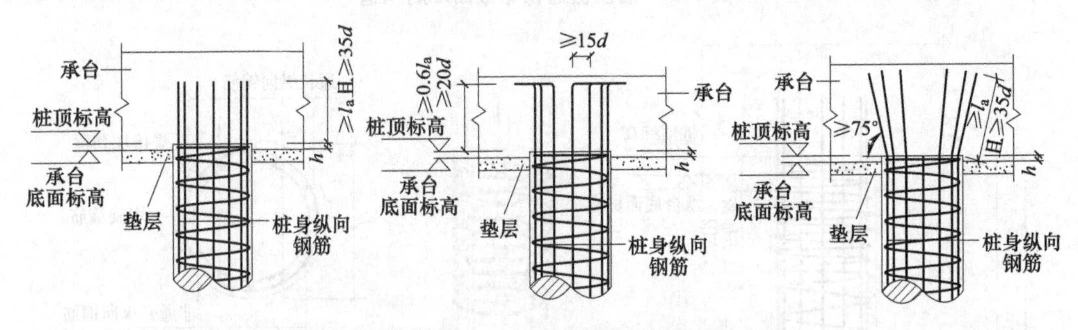

图 6-64 钢筋混凝土灌注桩桩顶与承台连接构造

6.6 基础钢筋算量

本节以独立基础底板钢筋、梁板式筏形基础钢筋为例讲解基础钢筋工程量计算。

6.6.1 独立基础底板钢筋计算

1. 钢筋计算依据

独立基础底板有一般构造和配筋长度减短 10%两种构造。一般构造参考图 6-46 和平法设计标准图集中的“独立基础底板配筋构造”。独立基础底板配筋长度减短 10%构造参考平法设计标准图集。

2. 钢筋计算公式

（1）独立基础钢筋底板一般构造钢筋计算公式

x 向钢筋长度 = x 向基础长度 − 2 × 保护层厚度

x 向钢筋根数 =「(y 向基础长度 − 2 × 起步距离)/x 向钢筋间距 + 1」

y 向钢筋长度 = y 向基础长度 − 2 × 保护层厚度

y 向钢筋根数 =「(x 向基础长度 − 2 × 起步距离)/y 向钢筋间距 + 1」

起步距离 = min(75mm，s/2)，s 为对应方向钢筋间距。

（2）独立基础钢筋底板钢筋长度减短 10%构造钢筋计算公式

x 向外侧钢筋长度 = x 向基础长度 − 2 × 保护层厚度

x 向外侧钢筋根数 = 2 根

x 向内侧钢筋长度 = x 向基础长度 × 0.9

x 向内外侧钢筋根数 =「(y 向基础长度 − 2 × 起步距离)/x 向钢筋间距 − 1」

y 向计算公式参照 x 向。

3. 钢筋计算实例

【例 6-1】 矩形独立基础 DJ_P1 平法施工图如图 6-65 所示，DJ_P1 传统施工图如图 6-66 所示。普通阶形独立基础，两阶高度为 500/300mm，保护层厚度 c = 40mm，计算独立基础 DJ_P1 钢筋工程量。

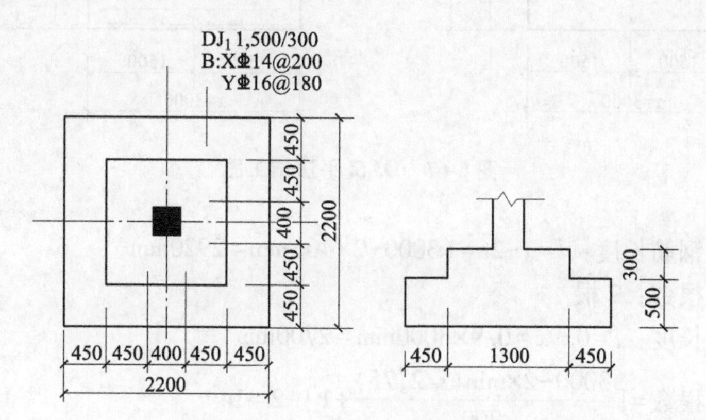

图 6-65　DJ_P1 平法施工图

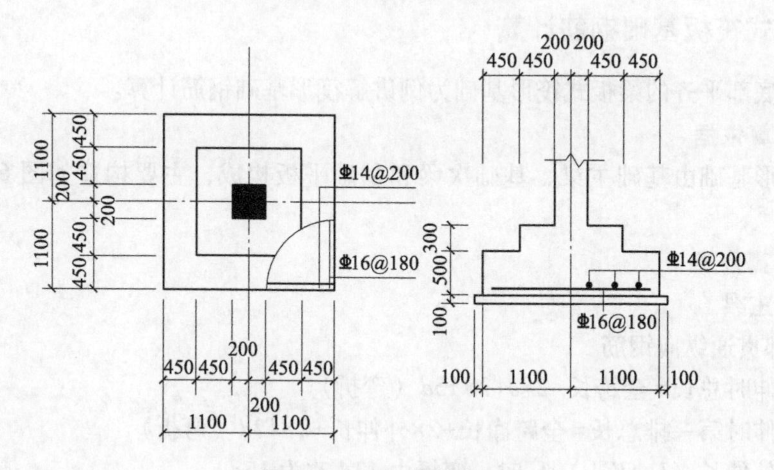

图 6-66　DJ_P1 传统施工图

解：（1）x 向钢筋

长度：$l=(2200-2\times40)\text{mm}=2120\text{mm}$

根数：$\lceil\frac{2200\text{mm}-2\times\min(s/2,75\text{mm})}{200\text{mm}}+1\rceil=12$

（2）y 向钢筋

长度：$l=(2200-2\times40)\text{mm}=2120\text{mm}$

根数：$\lceil\frac{2200\text{mm}-2\times\min(s/2,75\text{mm})}{180\text{mm}}+1\rceil=13$

【例 6-2】 DJ_P2 平法施工图如图 6-67 所示，保护层厚度 $c=40\text{mm}$，钢筋间距为 s，计算 x 向钢筋的长度和根数。

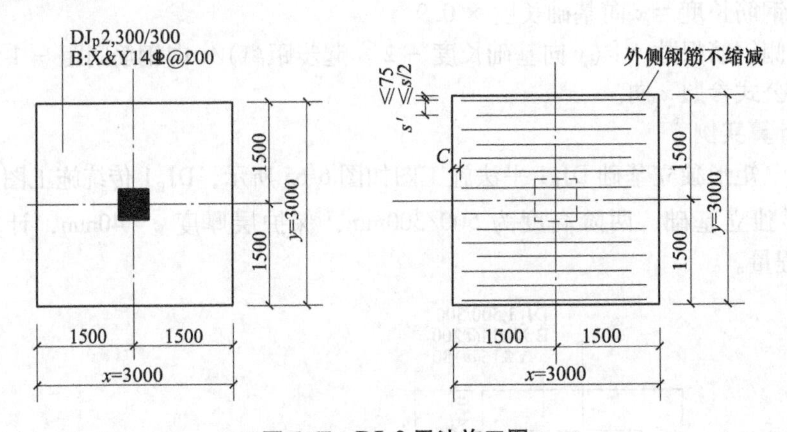

图 6-67 DJ_P2 平法施工图

解：x 向外侧钢筋长度：$l=x-2c=(3000-2\times40)\text{mm}=2920\text{mm}$

x 向外侧钢筋根数：2 根

x 向其余钢筋长度：$l=0.9x=0.9\times3000\text{mm}=2700\text{mm}$

x 向其余钢筋根数$=\lceil\frac{3000-2\times\min(s/2,75)}{200}+1\rceil-2=14$

6.6.2 梁板式筏板基础钢筋计算

本小节以底部平齐的梁板式筏形基础为例讲解筏形基础钢筋计算。

1. 钢筋计算依据

梁板式筏形基础由基础主梁、基础次梁和基础平板构成，主要构造如图 6-49 ~ 图 6-54 所示。

2. 钢筋计算公式

（1）基础主梁

1）梁底部贯通纵向钢筋

端部无外伸时总长=全跨长$-2\times c+2\times15d$（弯折）

端部有外伸时第一排总长=全跨净长$+2\times$外伸长$+2\times12d$（弯折）

注意，当外伸长（$h_c+l'_n-c$）$<l_a$ 时，弯折由 $12d$ 改为 $15d$。

端部有外伸时第二排总长=全跨净长+2×外伸长（不弯折）

2）梁顶部贯通纵向钢筋。

端部无外伸时总长=全跨长−2×c+2×15d（弯折）

端部无外伸时总长=全跨长−2×c，当（h_c-c）≥l_a时，可不弯折。

端部有外伸时第一排总长=全跨净长+2×外伸长+2×12d（弯折）

端部有外伸时第二排总长=全跨净长+2×l_a（不弯折）

外伸长=$h_c+l'_n-c$，外伸有等截面外伸和变截面外伸两种形式，变截面外伸时，外伸长由直段和斜段组成。

3）梁支座底部非贯通纵向钢筋。

端部无外伸长=端部构造（同底部贯通纵向钢筋）+延伸长度（l_n/3）

端部有外伸长=外伸段构造（同底部贯通纵向钢筋）+里跨延伸长度（l_n/3）

中间部位长=支座宽度+两侧延伸长度（l_n/3）

4）梁箍筋。基础主梁箍筋计算基本同KL，注意：两向基础主梁相交的柱下区域，应有一向截面较高的基础主梁按梁端钢筋贯通设置；当两向基础主梁高度相同时，任选一向基础主梁箍筋贯通设置。基础主梁其余钢筋的计算方法参照KL。

（2）基础次梁　基础次梁钢筋长度的计算基本同基础主梁，不同之处在于无外伸时梁顶部贯通纵向钢筋的计算。

无外伸的梁顶部贯通纵向钢筋长度=全跨净长+max（b_b/2，12d），b_b为基础主梁宽。

（3）基础平板　基础平板主要配置x向、y向的底部B和顶部T贯通纵向钢筋，以及板底部附加非贯通纵向钢筋和板封边钢筋。

1）底部贯通纵向钢筋。

x向端部无外伸时总长=x向全跨长−2×c+2×15d（弯折）

x向端部有外伸时总长=x向全跨净长+2×外伸长+2×12d（弯折）

注意，当外伸长（$h_c+l'_n-c$）<l_a时，弯折由12d改为15d。

x向底部贯通纵向钢筋根数=⌈（y向本跨净长度−2×起步距离）/x向钢筋间距+1⌉

起步距离=min（75mm，s/2），s为x方向钢筋间距。底部贯通纵向钢筋在基础主（次）梁位置不布置。

y向底部贯通纵向钢筋计算方法参照x向。

2）顶部贯通纵向钢筋。

x向端部无外伸时总长=x向全跨净长+max(b_b/2，12d)，b_b为主梁宽。

x向顶部贯通纵向钢筋等截面外伸和变截面外伸（板底平齐）计算同x向底部贯通筋。

y向顶部贯通纵向钢筋计算方法参照x向。

3）板底部附加非贯通纵向钢筋。

端部无外伸长=端部构造（同底部贯通纵向钢筋）+延伸长度（设计标注）

端部有外伸长=外伸段构造（同底部贯通纵向钢筋）+ 延伸长度（设计标注）

中间部位长=2×延伸长度（设计标注）

根数=⌈（分布范围净长−2×起步距离）/钢筋间距+1⌉

起步距离=min（75mm，s/2），s为钢筋间距。

4）板封边钢筋。筏形基础平板的悬挑边应进行封边处理，并在封边处设置纵向构造钢筋。

封边处理方式有两种，采用U形钢筋封边或将板上、下纵向钢筋搭接150mm作为封边钢筋。

U形封边钢筋长=板厚−2×保护层厚度+2×max（15d，200mm）

U形封边钢筋间距一般同底部和顶部贯通纵向钢筋。

3. 钢筋计算实例

【例6-3】 筏形基础主梁JL01平法施工图如图6-68所示，JL01传统施工图如图6-69所示，基础梁的保护层厚度c=30mm。计算基础主梁钢筋工程量。

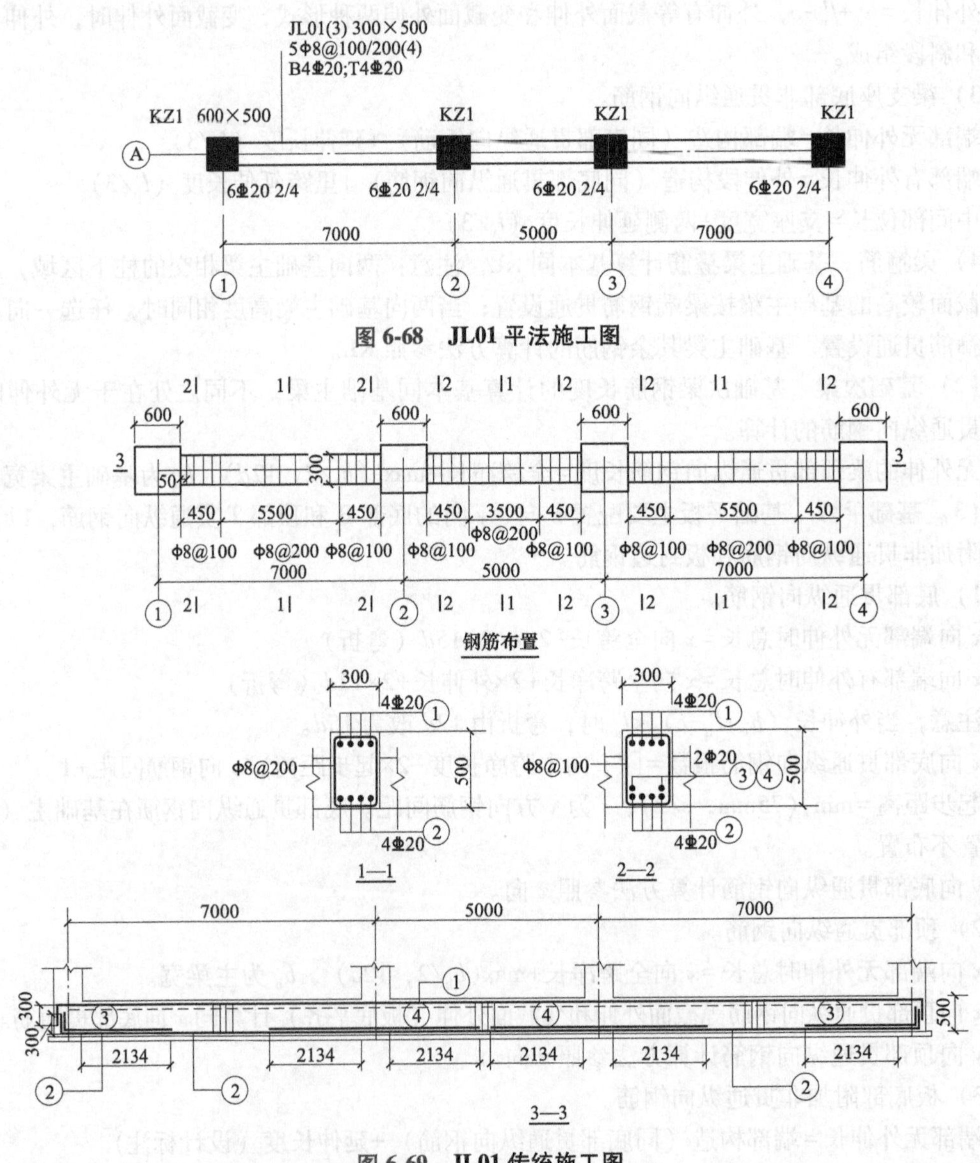

图6-68 JL01平法施工图

图6-69 JL01传统施工图

解：JL01为端部无外伸构造。

（1）顶部贯通纵向钢筋（即①号钢筋）

$$l=(7000+5000+7000+300\times2-30\times2+15\times20\times2)\text{mm}=20140\text{mm}$$

（2）底部贯通纵向钢筋（即②号钢筋）

$l=[7000+5000+7000+300\times2-(30+20+25)\times2+15\times20\times2]\mathrm{mm}=20050\mathrm{mm}$

（3）支座1、4底部非贯通纵向钢筋（③号钢筋）

$$l=[(7000-600)/3+600-30-20-25-20-25]\mathrm{mm}=2614\mathrm{mm}$$

（4）支座2、3底部非贯通纵向钢筋（④号钢筋）

$$l=[600+2\times(7000-600)/3]\mathrm{mm}=4867\mathrm{mm}$$

（5）箍筋长度

外大箍长度：

$$l=(300-2\times30-8)\times2\mathrm{mm}+(500-2\times30-8)\times2\mathrm{mm}+2\times11.9\times8\mathrm{mm}=1519\mathrm{mm}$$

内小箍长度：

$$l=(500-2\times30-8)\times2\mathrm{mm}+2\times11.9\times8\mathrm{mm}+[(300-2\times30-2\times8-20)/3+20+8)]\times2\mathrm{mm}=1247\mathrm{mm}$$

（6）第一、三净跨箍筋根数

单跨每边5根间距100mm的箍筋两端共10根。

单跨跨中箍筋根数=⌈[7000−600−(50+100×4)×2]/200−1⌉=27

（7）第二净跨箍筋根数

单跨每边5根间距100mm的箍筋两端共10根。

单跨跨中箍筋根数=⌈[5000−600−(50+100×4)×2]/200−1⌉=17

（8）支座内箍筋根数　按梁端第一种箍筋增加设置，不计入总道数。

整梁箍筋根数=(10+27)×2+(10+27)=101

【例6-4】　LPB01平法施工图如图6-70所示，LPB01传统施工图如图6-71所示，板的保护层厚度$c=40\mathrm{mm}$，起步距离min（75mm，s），取75mm，钢筋间距为s。计算基础平板钢筋。

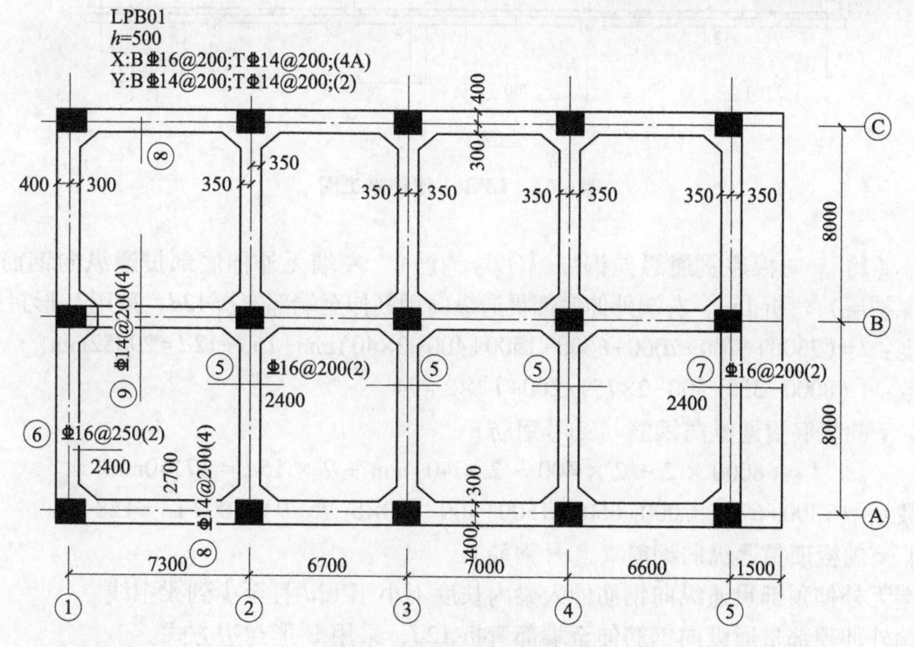

图6-70　LPB01平法施工图

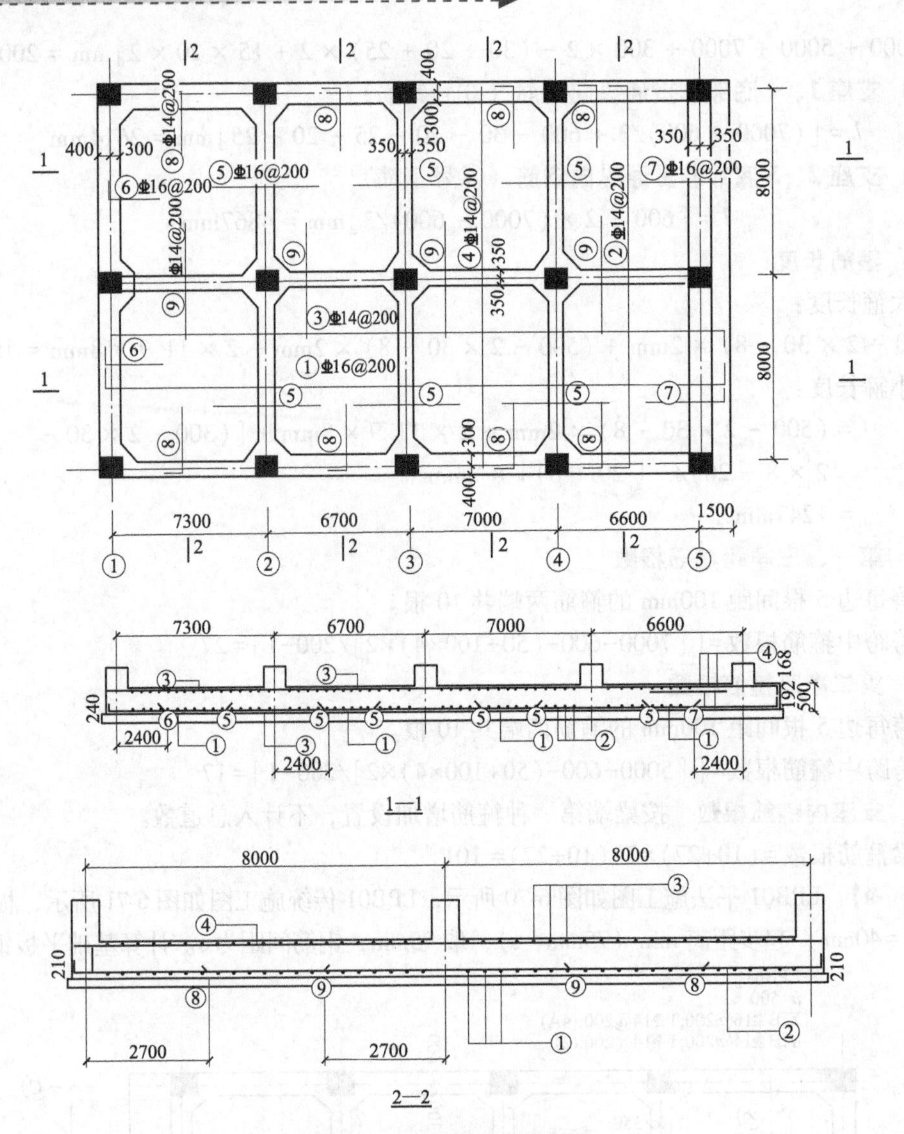

图 6-71　LPB01 传统施工图

解：（1）*x* 向板底贯通纵向钢筋（①号钢筋）　左端无外伸底部贯通纵向钢筋伸至端部（留保护层）弯折 15*d*。右端外伸底部贯通纵向钢筋伸至端部弯折 12*d*，采用 U 形封边方式。

长度：$l=(7300+6700+7000+6600+1500+400-2\times40)\text{mm}+15d+12d=29852\text{mm}$

根数：$\lceil(8000-350-300-2\times75)/200+1\rceil\times2=74$

（2）*y* 向板底贯通纵向钢筋（②号钢筋）

$$l=(8000\times2+2\times400-2\times40)\text{mm}+2\times15d=17140\text{mm}$$

根数：$\lceil(7300+6700+7000+6600+1500+400-700\times5-75\times9)/200+1\rceil=128$

（3）*x* 向板顶贯通纵向钢筋（③号钢筋）

左端无外伸顶部贯通纵向钢筋伸入梁内长度不小于 12*d* 且至少到梁中线。

右端外伸顶部贯通纵向钢筋伸至端部弯折 12*d*，采用 U 形封边方式。

$$l=(7300+6700+7000+6600+1500-300+350-40)\text{mm}+12d=29278\text{mm}$$

根数：$\lceil(8000-300-350-2\times75)/200+1\rceil\times2=74$

(4) y 向板顶贯通纵向钢筋（④号钢筋）

$$l=(8000\times2-2\times300+350\times2)\text{mm}=16100\text{mm}$$

根数：$\lceil(7300+6700+7000+6600+1500+400-700\times5-75\times9)/200+1\rceil=128$

(5) 板底中间支座负筋（⑤号钢筋）

$$l=(2400\times2)\text{mm}=4800\text{mm}$$

纵向基础梁两侧先布置①号筋，则⑤号筋一跨内

$$根数：\lceil(800-300-350-75\times2-100\times2)/200+1\rceil=36$$

总根数：36×6=216

(6) 板底左端支座负筋（⑥号钢筋）

$$l=(2400+400-40+15\times16)\text{mm}=3000\text{mm}$$

根数：72（计算原理同⑤号钢筋）

(7) 板底右端支座负筋（⑦号钢筋）

$$l=(2400+1500-40)\text{mm}+12d=4052\text{mm}$$

根数：72（计算原理同⑤号钢筋）

(8) 板底边支座负筋（⑧号钢筋）

$$l=(2700+400-40)\text{mm}+15d=3270\text{mm}$$

①~②轴线根数：$\lceil(7300-300-350-2\times75)/200+1\rceil\times2=66$（其余②~⑤轴线计算略）

(9) 板底中间支座负筋（⑨号钢筋）

$$l=(2700\times2)\text{mm}=5400\text{mm}$$

①~②轴线根数：$\lceil(7300-300-350-2\times75)/200+1\rceil\times2=66$（其余②~⑤轴线计算略）

(10) 右边悬挑端U形封边筋

$$l=板厚-上下保护层厚度+2\times\max(15d,200\text{mm})=(500-40\times2+2\times200)\text{mm}=820\text{mm}$$

(11) 右边悬挑端U形封边侧部构造筋

$$l=(8000\times2+400\times2-2\times40)\text{mm}=16720\text{mm}$$

根数：2

6.7　本章小结

1）独立基础、条形基础、筏形基础及桩基承台，在平面布置图上以平面注写方式为主，以截面注写方式为辅。

2）对独立基础、条形基础、筏形基础及桩基承台的编号规则需详细了解。

3）独立基础、条形基础、筏形基础及桩基承台的平面注写方式都分为集中标注和原位标注。

4）集中标注内容包括必注内容和选注内容，必注内容为基础编号、截面竖向尺寸、配筋三项；选注内容为当基础底面标高与基础底面基准标高不同时的相对标高高差和必要的文字注释。

5）不同的基础的原位标注内容有不同，须注意如有原位注写修正内容，则施工时以原位标注取值为准；对相同编号的基础，可选择一个进行原位标注。

6）截面注写方式可分为截面标注和列表注写（结合截面示意图）两种表达方式。

7）独立基础、条形基础、筏形基础及桩基承台钢筋算量与梁、板的钢筋算量方法一致，计算时注意其特殊构造。

拓展动画视频

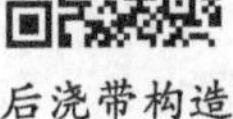

后浇带构造

机械钻孔灌注桩施工

筏形基础（板式）构造

箱形基础构造

钢筋笼制作

锥形独立基础构造

阶梯形独立基础构造

思考题

6-1 独立基础、条形基础及桩基承台底面标高分别如何规定的？

6-2 结构层楼（地）面标高如何确定？

6-3 当设置后浇带时，应注明哪些特殊要求？

6-4 对于普通独立基础和杯口独立基础的集中标注，在基础平面图上集中引注那些内容？

6-5 DJ_P××表示什么基础？其竖向尺寸为 300/280，又包含了什么信息？

6-6 标注 B：X&Y⌀16@150 表达了什么含义？

6-7 描述标注 O：4⌀20/⌀16@220/⌀16@200，⌀10@150/300。

6-8 当为双柱独立基础时，钢筋如何配置？

6-9 当双柱独立基础为基础底板与基础梁相结合时，基础梁应注写的内容是什么？

6-10 基础梁宽度宜比柱截面宽度大多少比较合适？

6-11 独立基础的截面注写方式分为哪两类？

6-12 独立基础底板配筋长度减短 10%的规定是什么？

6-13 基础梁的集中标注内容有哪些？

6-14 基础梁标注 9⌀16@100/9⌀16@150/⌀16@200（6）表达什么含义？

6-15 基础梁底部、顶部及侧面纵向钢筋有什么规定？

6-16 基础梁钢筋标注 B：4⌀28；T：12⌀28 7/5 表达什么含义？

6-17 基础梁的贯通纵向钢筋如何搭接？

6-18 “底部一平”是什么意思？

6-19 原位标注基础梁端或梁在柱下区域的底部全部纵向钢筋注写规定是什么？

6-20 条形基础底板配筋长度可减短 10%的规定是什么？

6-21 当绘制桩基承台平面布置图时，应将哪些内容一同绘制在平面布置图中？

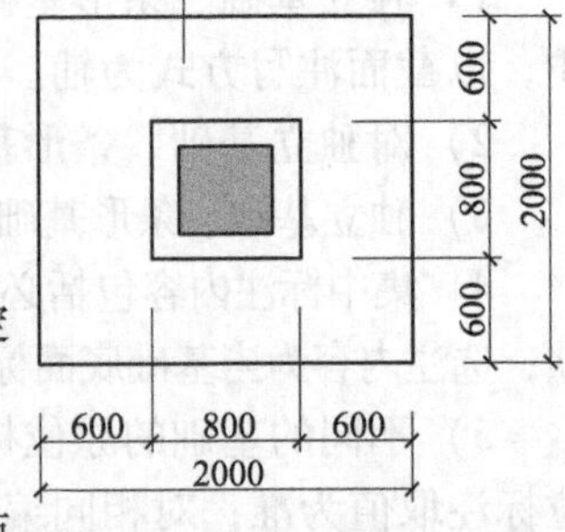

图 6-72 DJ_P1 平法施工图

6-22 计算图 6-72 中 DJ_P1 基础底板钢筋的长度和根数。

6-23 计算图 6-73 中长螺旋钻孔灌注桩和承台的钢筋工程量。混凝土强度等级为 C30，$H=15m$。

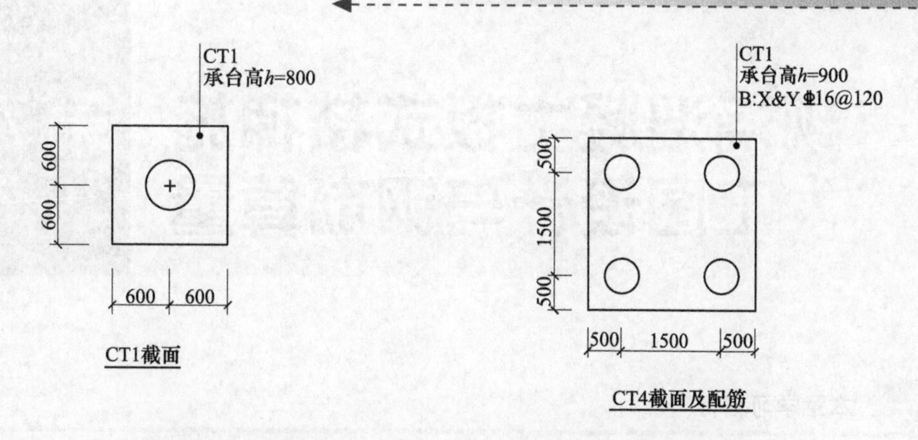

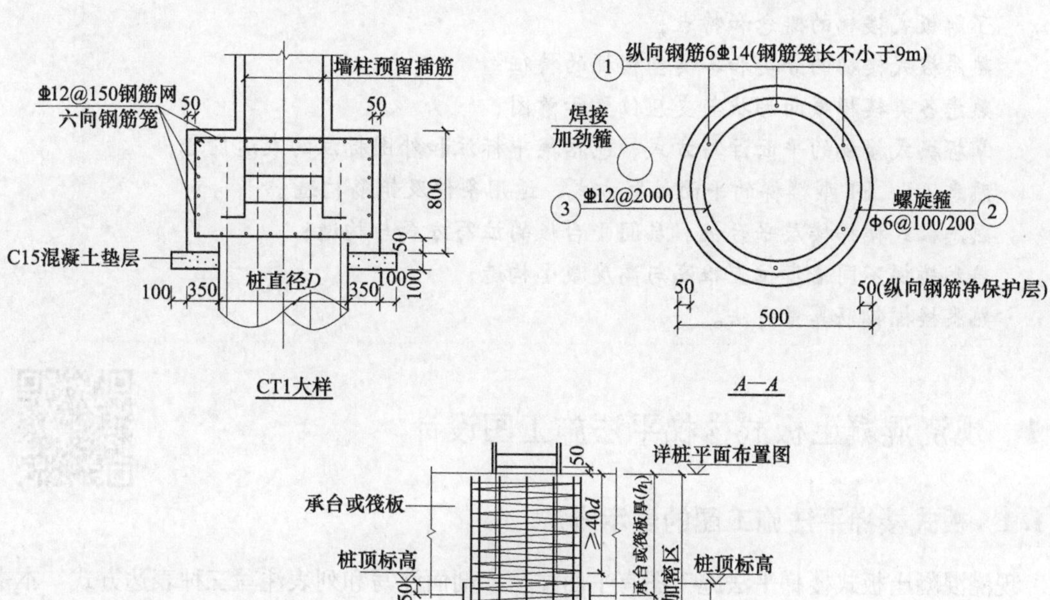

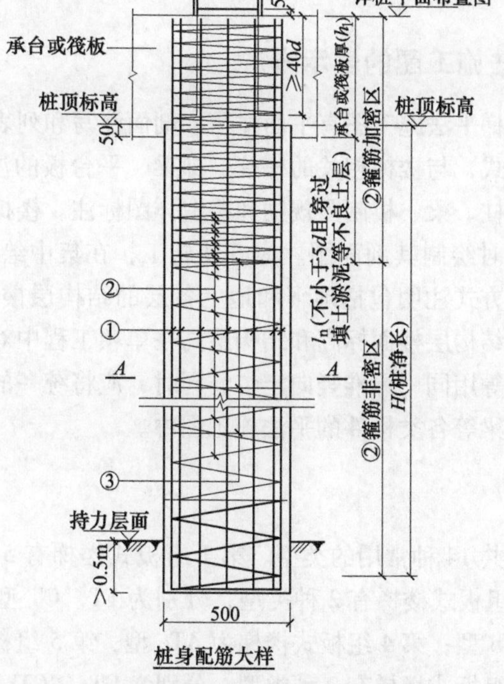

图 6-73　长螺旋钻孔灌注桩及承台配筋图

第7章 现浇混凝土板式楼梯施工图设计与钢筋算量

本章学习目标

了解板式楼梯的概念和特点；
熟悉板式楼梯的分类和各类型楼梯的特征；
熟悉各类楼梯截面形状与支座位置示意图；
掌握板式楼梯的平面注写方式，包括集中标注和外围标注的表达内容；
熟悉 AT、FT 型楼梯的平面注写方式、适用条件及钢筋构造；
熟悉板式楼梯楼层平台板、层间平台板的注写方式与构造；
熟悉楼梯不同踏步位置推高与高度减小构造；
熟悉楼梯钢筋算量方法。

7.1 现浇混凝土板式楼梯平法施工图设计

7.1.1 板式楼梯平法施工图的表示方法

现浇混凝土板式楼梯平法施工图有平面注写、剖面注写和列表注写三种表达方式。本书主要表述梯板的表达方式，与楼梯相关的梯柱、梯梁、平台板的注写方式参见第2章、第3章及第5章现浇混凝土柱、梁、板制图规则和构造详图标注。楼梯平面布置图应采用适当比例集中绘制，并在必要时绘制其剖面图。为方便施工，在集中绘制的板式楼梯平法施工图中，应当用表格或其他方式注明包括地下和地上各层的结构层楼（地）面标高、结构层高及相应的结构层号。其结构层楼面标高和结构层高在单项工程中对应关系必须一致，以保证基础、柱与墙、梁、板等用同一标准竖向定位。同时，应将统一的结构层楼面标高和结构层高分别标注在柱、墙、梁等各类构件的平法施工图中。

7.1.2 楼梯类型

板式楼梯包括6组共14种常用的类型。第1组板式楼梯有5种类型，分别为AT、BT、CT、DT、ET型；第2组板式楼梯有2种类型，分别为FT、GT型；第3组板式楼梯有2种类型，分别为ATa、ATb型；第4组板式楼梯为ATc型；第5组板式楼梯有2种类型，分别为BTb、DTb型；第6组板式楼梯有2种类型，分别为CTa、CTb型。

第1组AT~ET型板式楼梯具备以下特征（见图7-1）：

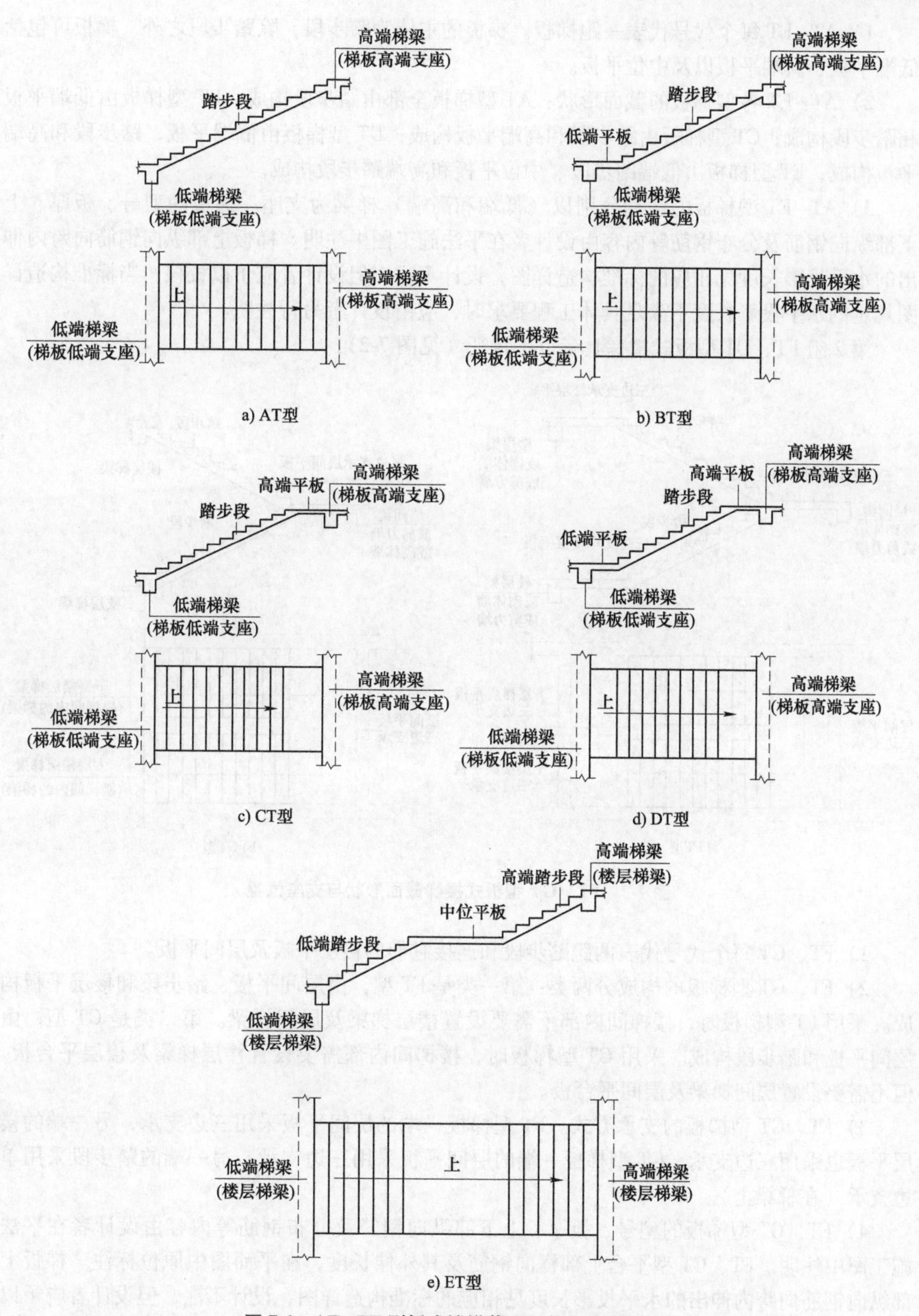

图7-1　AT~ET型板式楼梯截面形状与支座位置

1）AT~ET 每个代号代表一跑梯板。梯板的主体为踏步段，除踏步段之外，梯板可包括低端平板、高端平板以及中位平板。

2）AT~ET 各型梯板的截面形状：AT 型梯板全部由踏步段构成；BT 型梯板由低端平板和踏步段构成；CT 型梯板由踏步段和高端平板构成；DT 型梯板由低端平板、踏步段和高端平板构成；ET 型梯板由低端踏步段、中位平板和高端踏步段构成。

3）AT~ET 型梯板的两端分别以（低端和高端）梯梁为支座。梯板的型号、板厚、上下部纵向钢筋及分布钢筋等内容由设计者在平法施工图中注明。梯板上部纵向钢筋向跨内伸出的水平投影长度见相应的标准构造详图，设计不注，但设计者应予以校核；当标准构造详图规定的水平投影长度不满足具体工程要求时，应由设计者另行注明。

第 2 组 FT、GT 型板式楼梯具备以下特征（见图 7-2）：

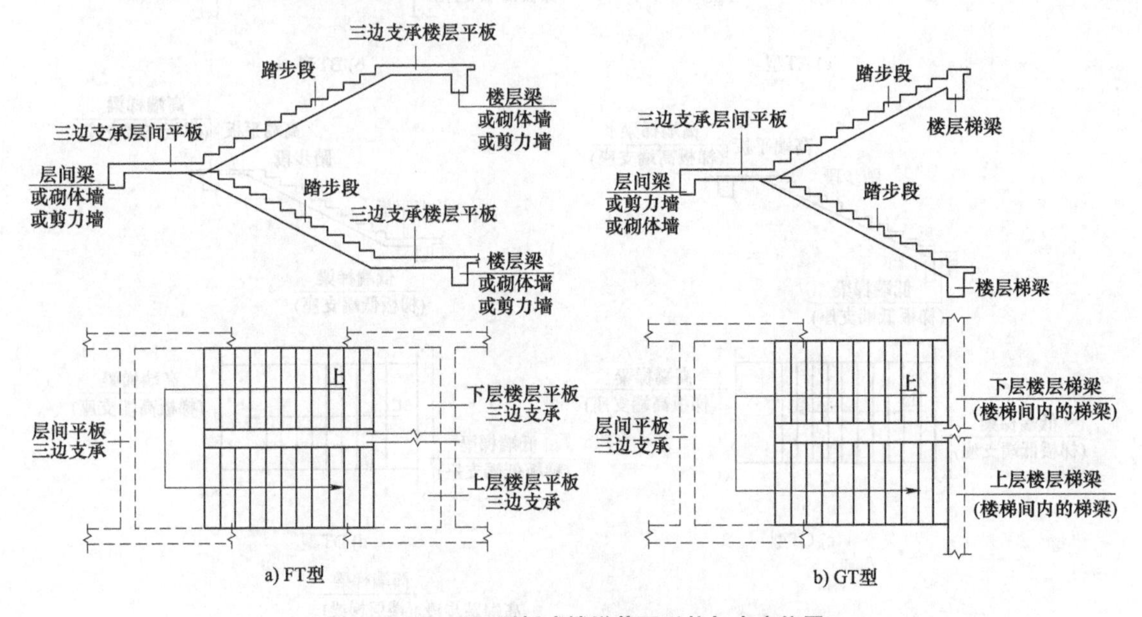

图 7-2　FT、GT 型板式楼梯截面形状与支座位置

1）FT、GT 每个代号代表两跑踏步段和连接它们的楼层平板及层间平板。

2）FT、GT 型梯板的构成分两类：第一类是 FT 型，由层间平板、踏步段和楼层平板构成。采用 FT 型梯板时，楼梯间内部不需要设置楼层梯梁及层间梯梁。第二类是 GT 型，由层间平板和踏步段构成。采用 GT 型梯板时，楼梯间内部需要设置楼层梯梁及楼层平台板，但不需要设置层间梯梁及层间平台板。

3）FT、GT 型梯板的支承方式。FT 型梯板一端的层间平板采用三边支承，另一端的楼层平板也采用三边支承。GT 型梯板一端的层间平板采用三边支承，另一端的踏步段采用单边支承（在梯梁上）。

4）FT、GT 型梯板的型号、板厚、上下部纵向钢筋及分布钢筋等内容由设计者在平法施工图中注明。FT、GT 型平台上部横向钢筋及其外伸长度，在平面图中原位标注。梯板上部纵向钢筋向跨内伸出的水平投影长度见相应的标准构造详图，设计不注，但设计者应予以校核；当标准构造详图规定的水平投影长度不满足具体工程要求时，应由设计者另行注明。

第 3 组：ATa、ATb、ATc 型板式楼梯具备以下特征（见图 7-3）：

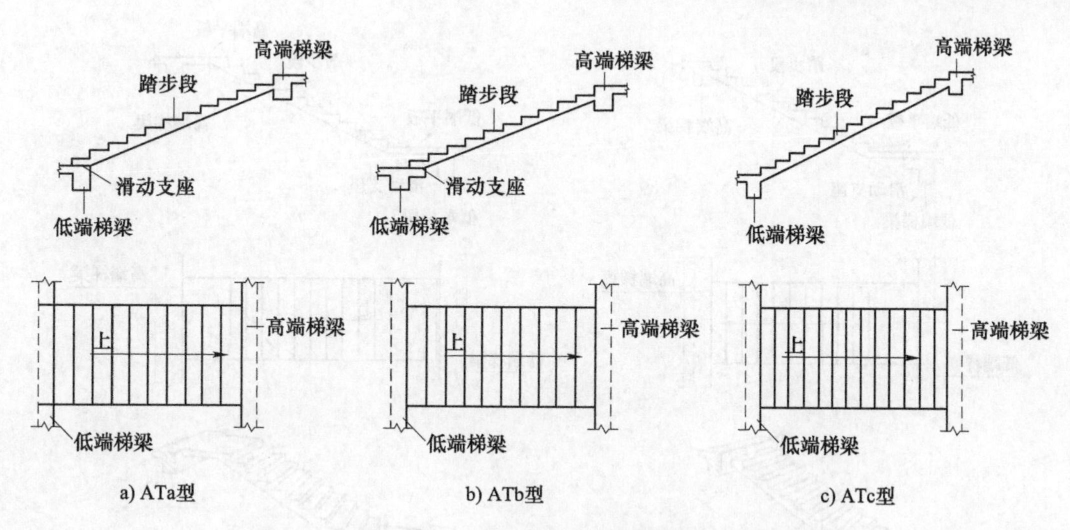

图7-3　ATa、ATb、ATc型板式楼梯截面形状与支座位置

1）ATa、ATb型为带滑动支座的板式楼梯，梯板全部由踏步段构成，其支承方式为梯板高端均支承在梯梁上，ATa型梯板低端带滑动支座支承在梯梁上，ATb型梯板低端带滑动支座支承在挑板上。

2）滑动支座做法见22G101-2，采用何种做法应由设计者指定。滑动支座垫板可选用聚四氟乙烯板、钢板和厚度不小于0.5mm的塑料片，也可选用其他能保证有效滑动的材料，其连接方式由设计者另行处理。

3）ATa、ATb型梯板采用双层双向配筋。

第4组：ATc型板式楼梯具备以下特征（见图7-3）：

1）梯板全部由踏步段构成，其支承方式为梯板两端均支承在梯梁上。

2）楼梯休息平台与主体结构可连接，也可脱开。

3）梯板厚度应按计算确定，且不宜小于140mm；梯板采用双层双向配筋。

4）梯板两侧设置边缘构件（暗梁），边缘构件的宽度取1.5倍板厚。边缘构件纵向钢筋数量根据抗震等级调整，当抗震等级为一、二级时不少于6根，当抗震等级为三、四级时不少于4根。纵向钢筋直径不小于12mm且不小于梯板纵向受力钢筋的直径，箍筋直径不小于6mm，间距不大于200mm。平台板按双层双向配筋。

5）ATc型楼梯作为斜撑构件，钢筋均采用符合抗震性能要求的热轧钢筋，钢筋的抗拉强度实测值与屈服强度实测值的比值不应小于1.25，钢筋的屈服强度实测值与屈服强度标准值的比值不应大于1.3，且钢筋在最大拉力下的总伸长率实测值不应小于9%。

第5组：BTb、DTb型板式楼梯具备以下特征（见图7-4）：

1）BTb、DTb型为带滑动支座的板式楼梯。BTb型板式楼梯梯板由踏步段和低端平板构成，其支承方式为梯板高端支承在梯梁上，梯板低端带滑动支座支承在挑板上。DTb型板式楼梯梯板由低端平板、踏步段和高端平板成，其支承方式为梯板高端平板支承在梯梁上，梯板低端带滑动支座支承在挑板上。

2）BTb、DTb型梯板均采用双层双向配筋。

3）滑动支座做法见22G101-2，采用何种做法应由设计指定。

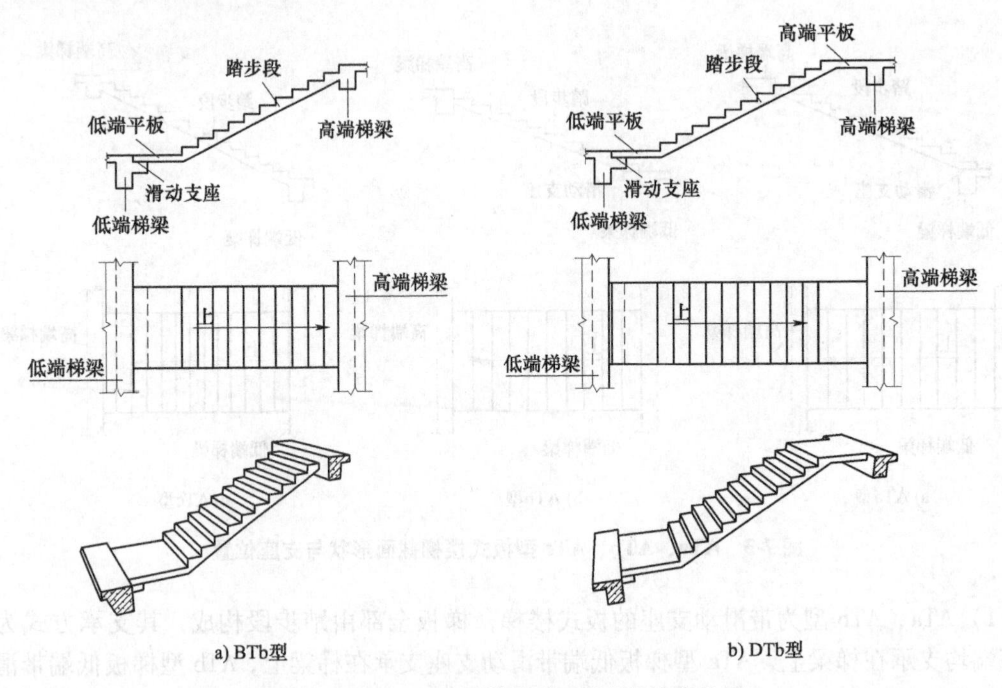

a) BTb型　　b) DTb型

图 7-4　BTb、DTb 型楼梯截面形状与支座位置

第 6 组：CTa、CTb 型板式楼梯具备以下特征（见图 7-5）：

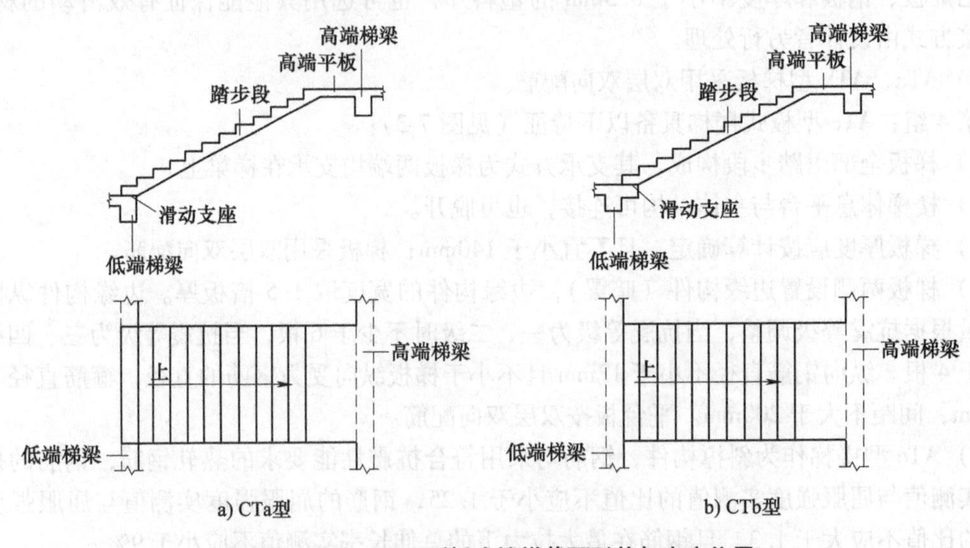

a) CTa型　　b) CTb型

图 7-5　CTa、CTb 型板式楼梯截面形状与支座位置

1）CTa、CTb 型为带滑动支座的板式楼梯，梯板由踏步段和高端平板构成，其支承方式为梯板高端均支承在梯梁上，CTa 型梯板低端带滑动支座支承在梯梁上，CTb 型梯板低端带滑动支座支承在挑板上。

2）滑动支座做法见 22G101-2，采用何种做法应由设计者指定。滑动支座垫板可选用聚四氟乙烯板、钢板和厚度不小于 0.5mm 的塑料片，也可选用其他能保证有效滑动的材料，其连接方式由设计者另行处理。

3）CTa、CTb型梯板采用双层双向配筋。梯梁支承在梯柱上时，其构造应符合第3章中框架梁KL的构造做法，箍筋宜全长加密。

各类楼梯的适用范围详见表7-1。

表7-1 楼梯类型表

梯板代号	适用范围		是否参与结构整体抗震计算
	抗震构造措施	适用结构	
AT、BT、CT、DT、ET、FT、GT	无	剪力墙、砌体结构	不参与
ATa	有	框架结构、框剪结构中框架部分	不参与
ATb			不参与
ATc			参与
CTa	有	框架结构、框剪结构中框架部分	不参与
CTb			不参与
DTb	有	框架结构、框剪结构中框架部分	不参与

7.1.3 楼梯平面注写方式

平面注写内容包括集中标注和外围标注。集中标注表达梯板的类型代号及序号、梯板的竖向几何尺寸和配筋；外围标注表达楼梯间的平面几何尺寸、楼层结构标高、层间结构标高、楼梯上下方向、梯板的平面几何尺寸、平台板配筋、梯梁及梯柱配筋等。

7.2 各型楼梯的注写方式、适用条件及钢筋构造

在绘制板式楼梯平法施工图的时候，要首先区分各类型楼梯的适用条件以正确选择楼梯类型。本节以AT、FT、ATa、ATb型楼梯为例来说明其注写方式、适用条件及钢筋构造。

7.2.1 AT型楼梯平面注写方式、适用条件及钢筋构造

AT型楼梯适用条件为：两梯梁之间的一跑矩形梯板全部由踏步段构成，即踏步段两端均以梯梁为支座。凡是满足该条件的楼梯均可视为AT型，如图7-6所示双分平行楼梯、交叉楼梯、剪刀楼梯、图7-7所示双跑楼梯等。

AT型楼梯平面注写方式如图7-7a所示，其中集中注写的内容有4项：第1项为梯板类型代号与序号AT××；第2项为梯板厚度h；第3项为踏步段总高度H_s/踏步级数$m+1$, $H_s=h_s\times(m+1)$，式中h_s为踏步高，$m+1$为踏步数目；第4项为上部纵向钢筋和下部纵向钢筋；第5项为楼板分布筋。

梯板的分布钢筋注写在图名的下方，设计示例如图7-7b所示。其要点：

1）标准构造详图中，AT型楼梯梯板支座端上部纵向钢筋按下部纵向钢筋的1/2配置，且不小于ϕ8@200。

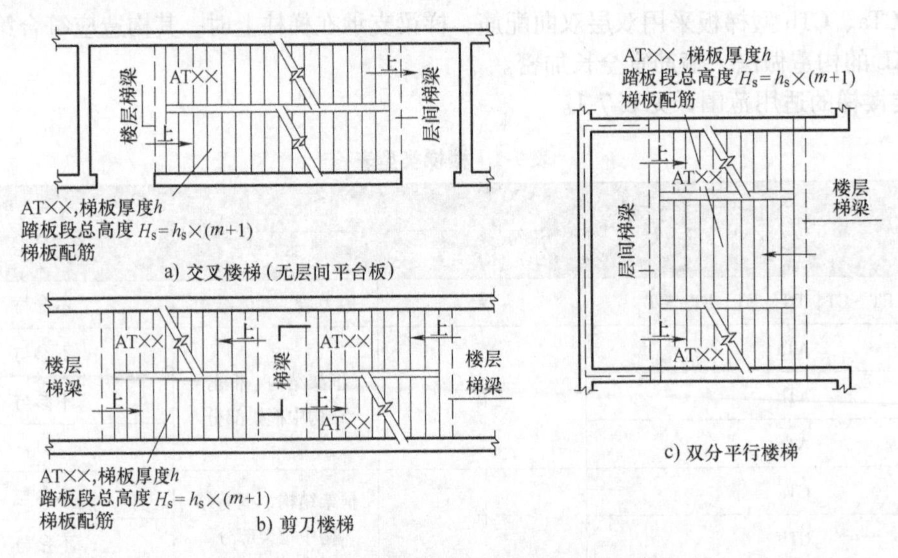

图 7-6　双分平行楼梯、交叉楼梯、剪刀楼梯

2）踏步段自第一级踏步起整体斜向推高值与最上一级踏步高度的减小值见图 7-19。楼梯与扶手连接的钢预埋件位置与做法应由设计者注明。

AT 型楼梯板钢筋构造如图 7-8 所示。其要点：

1）图中上部纵向钢筋锚固长度 $0.35l_{ab}$ 用于按铰接设计的情况，括号内 $0.6l_{ab}$ 用于考虑充分发挥钢筋抗拉强度设计的情况，具体工程中设计者应指明采用何种情况。

2）上部纵向钢筋需伸至支座对边再向下弯折。

3）上部纵向钢筋有条件时可直接伸入平台板内锚固，从支座内边算起总锚固长度不小于 l_a，如图 7-8a 中虚线所示。

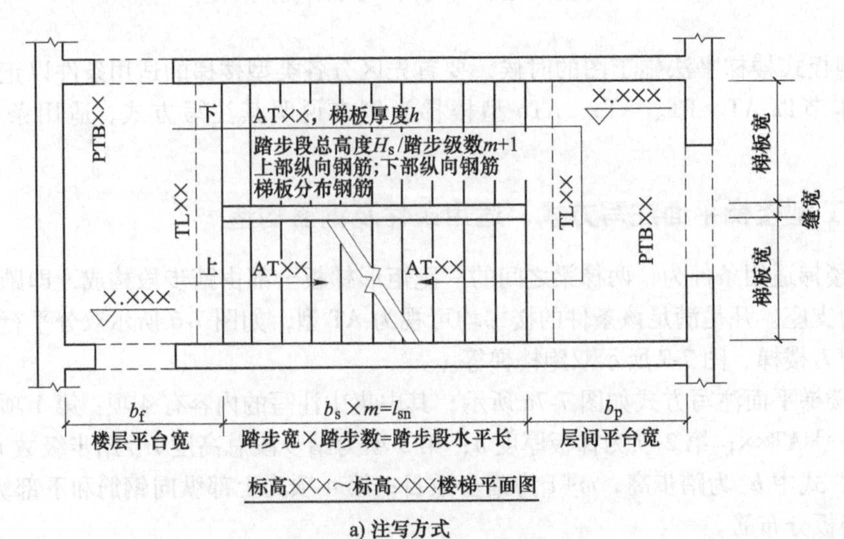

a) 注写方式

图 7-7　AT 型楼梯平面注写方式

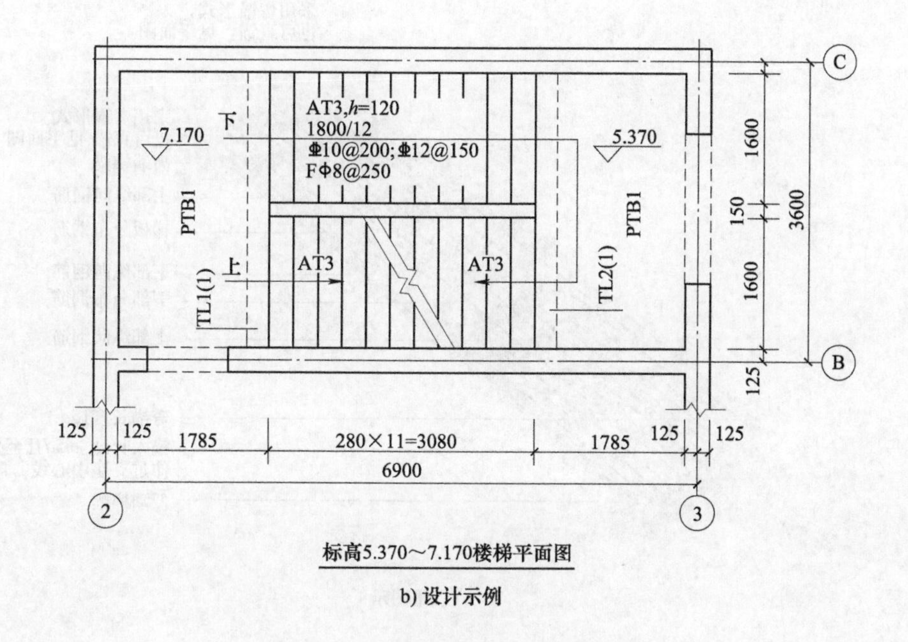

标高5.370～7.170楼梯平面图

b) 设计示例

图 7-7　AT 型楼梯平面注写方式（续）

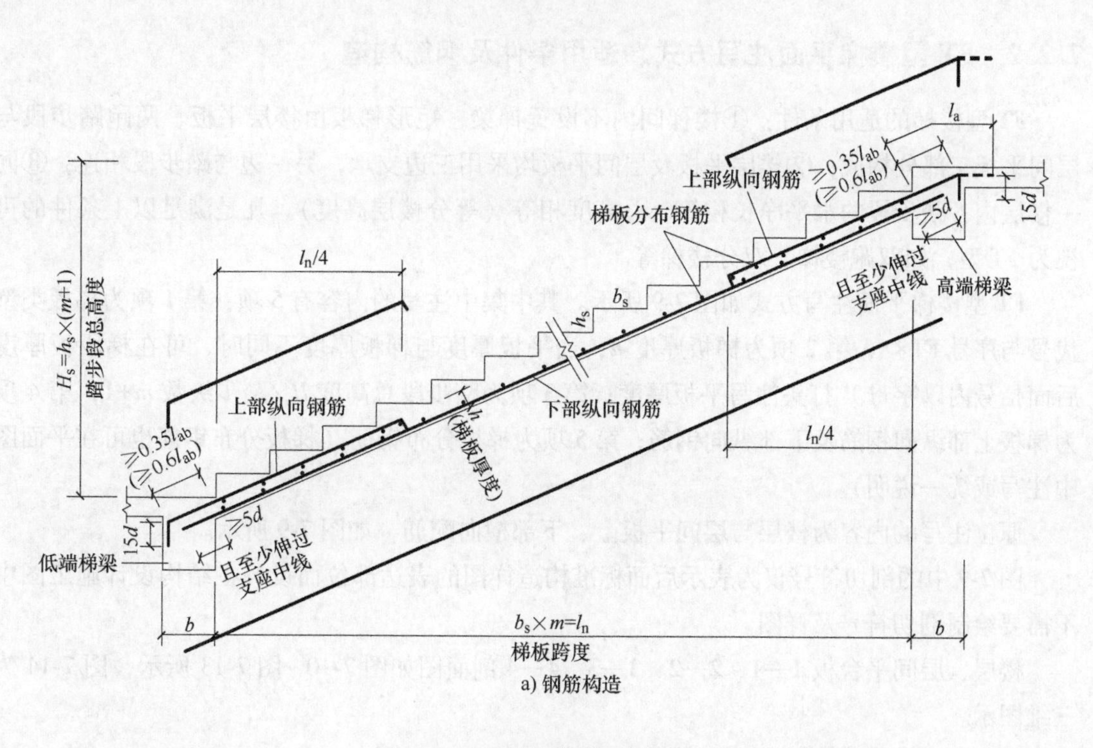

a) 钢筋构造

图 7-8　AT 型楼梯板钢筋构造

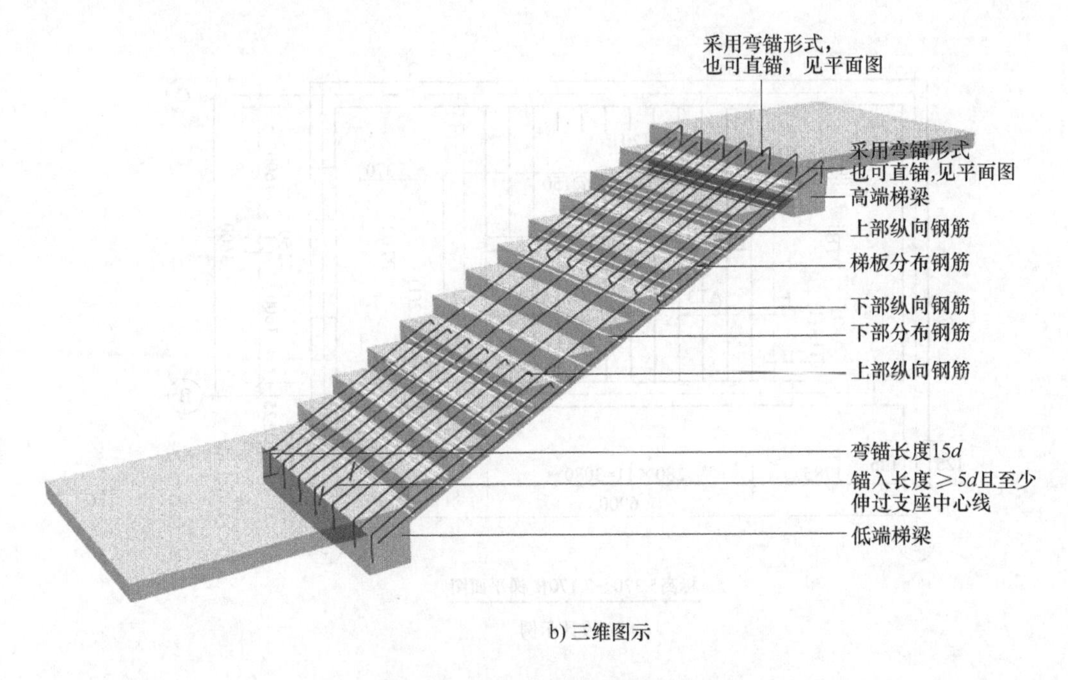

b) 三维图示

图 7-8　AT 型楼梯板钢筋构造（续）

7.2.2　FT 型楼梯平面注写方式、适用条件及钢筋构造

FT 型楼梯的适用条件：①楼梯间内不设置梯梁，矩形梯板由楼层平板、两跑踏步段与层间平板三部分构成；②楼层平板及层间平板均采用三边支承，另一边与踏步段相连；③同一楼层内各踏步段的水平净长相等，总高度相等（等分楼层高度）。凡是满足以上条件的可视为 FT 型，如双跑楼梯、双分楼梯等。

FT 型楼梯平面注写方式如图 7-9 所示。其中集中注写的内容有 5 项：第 1 项为梯板类型代号与序号 FT××；第 2 项为梯板厚度 h，当平板厚度与梯板厚度不同时，可在梯段板厚度后面括号内以字母 P 打头注写平板厚度；第 3 项为踏步段总高度 H_s/踏步级数 m+1；第 4 项为梯板上部纵向钢筋及下部纵向钢筋；第 5 项为梯板分布钢筋（梯板分布钢筋也可在平面图中注写或统一说明）。

原位注写的内容为楼层与层间平板上、下部横向配筋，如图 7-9 所示。

图 7-9 中的剖切符号仅为表示后面标准构造详图的表达部位而设，在结构设计施工图中不需要绘制剖切符号及详图。

楼层、层间平台板 1—1、2—2、3—3、4—4 剖面图如图 7-10～图 7-13 所示，图 7-14 为三维图示。

FT 型楼梯板钢筋构造设计要点为：

1）图中上部钢筋锚固长度 0.35l_{ab}用于按铰接设计的情况，括号内 0.6l_{ab}用于考虑充分发挥钢筋抗拉强度设计的情况。具体工程中设计者应指明采用何种情况。

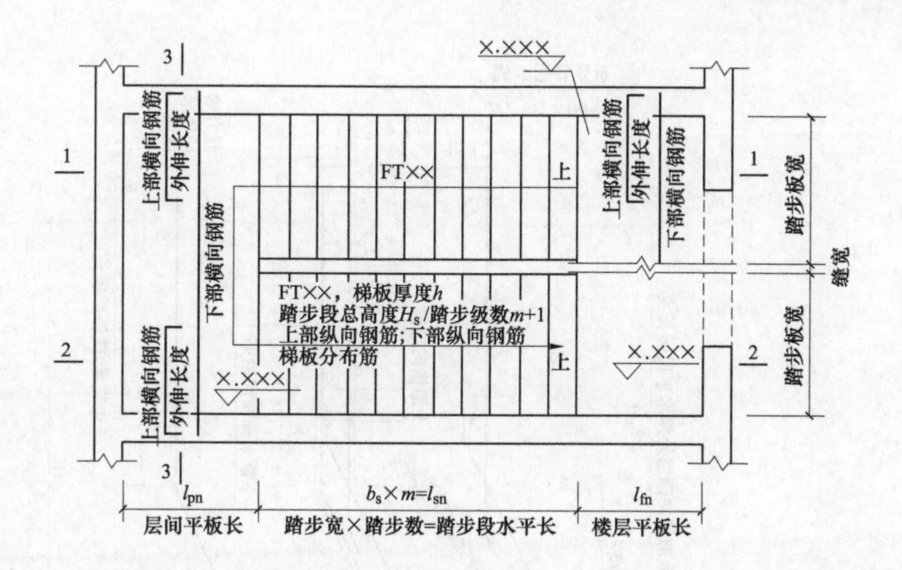

a) 注写方式1

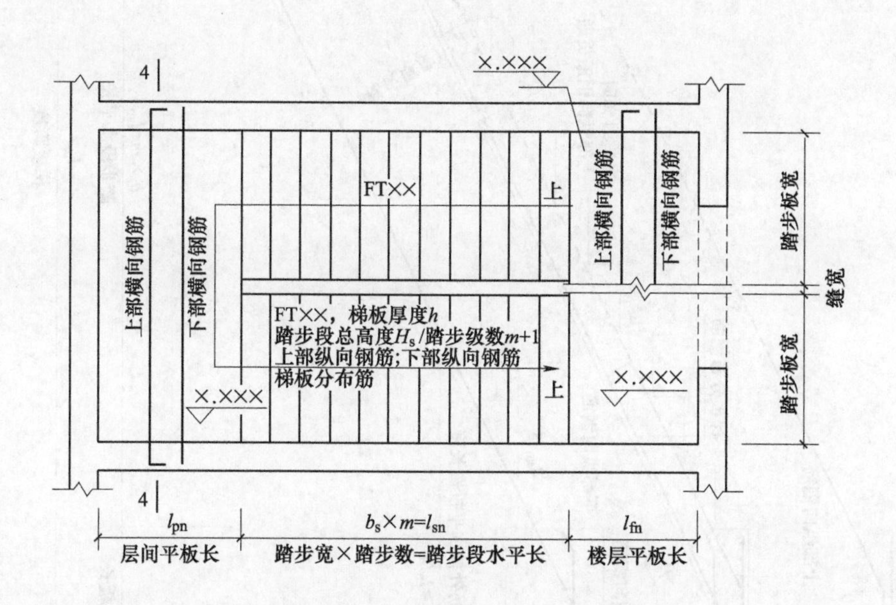

b) 注写方式2

图 7-9　FT 型楼梯平面注写方式

2）上部纵向钢筋伸至支座对边再向下弯折。

3）上部纵向钢筋有条件时可直接伸入平台板内锚固，从支座内边算起总锚固长度不小于 l_a，如图 7-10 中虚线所示。

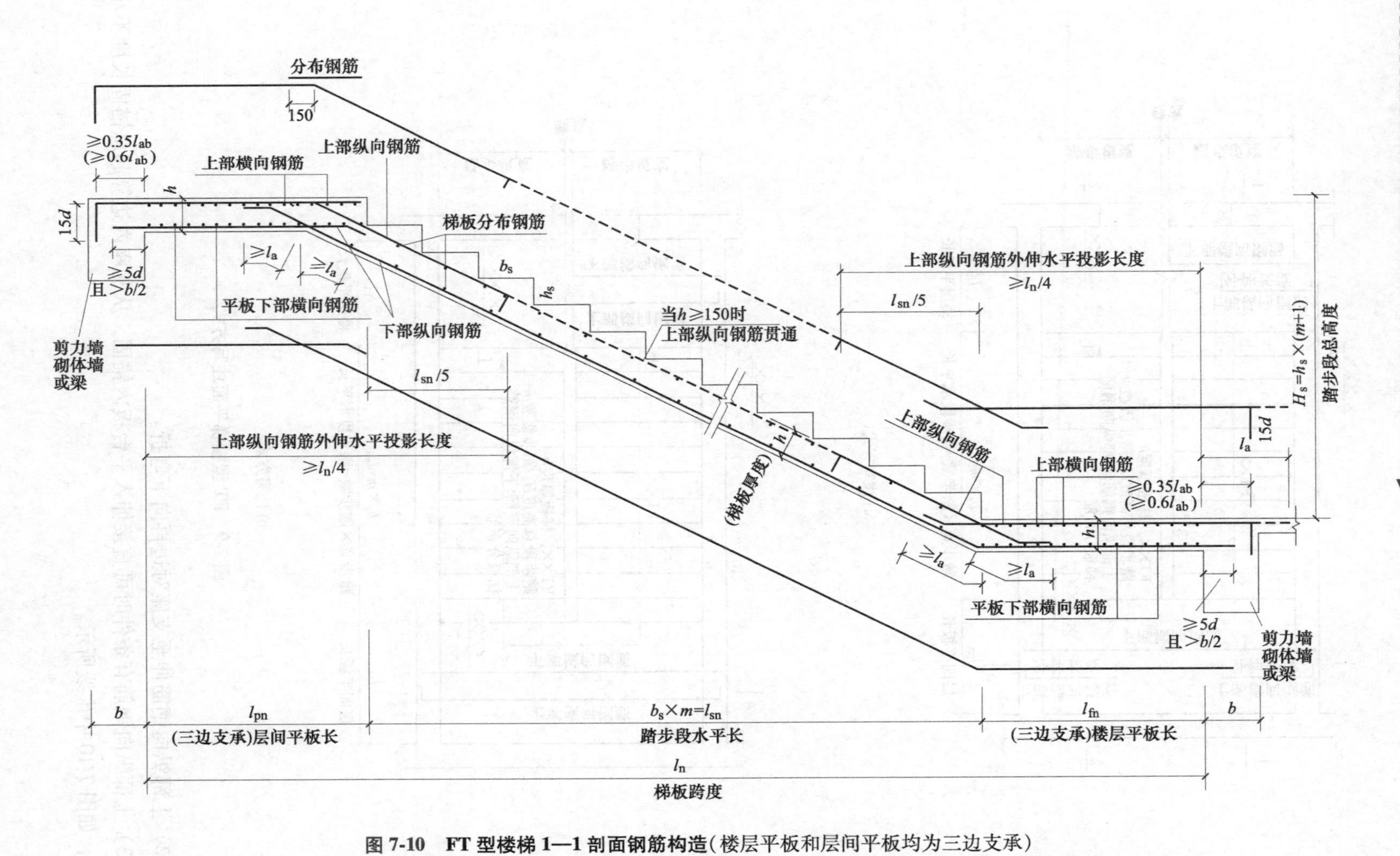

图 7-10　FT 型楼梯 1—1 剖面钢筋构造（楼层平板和层间平板均为三边支承）

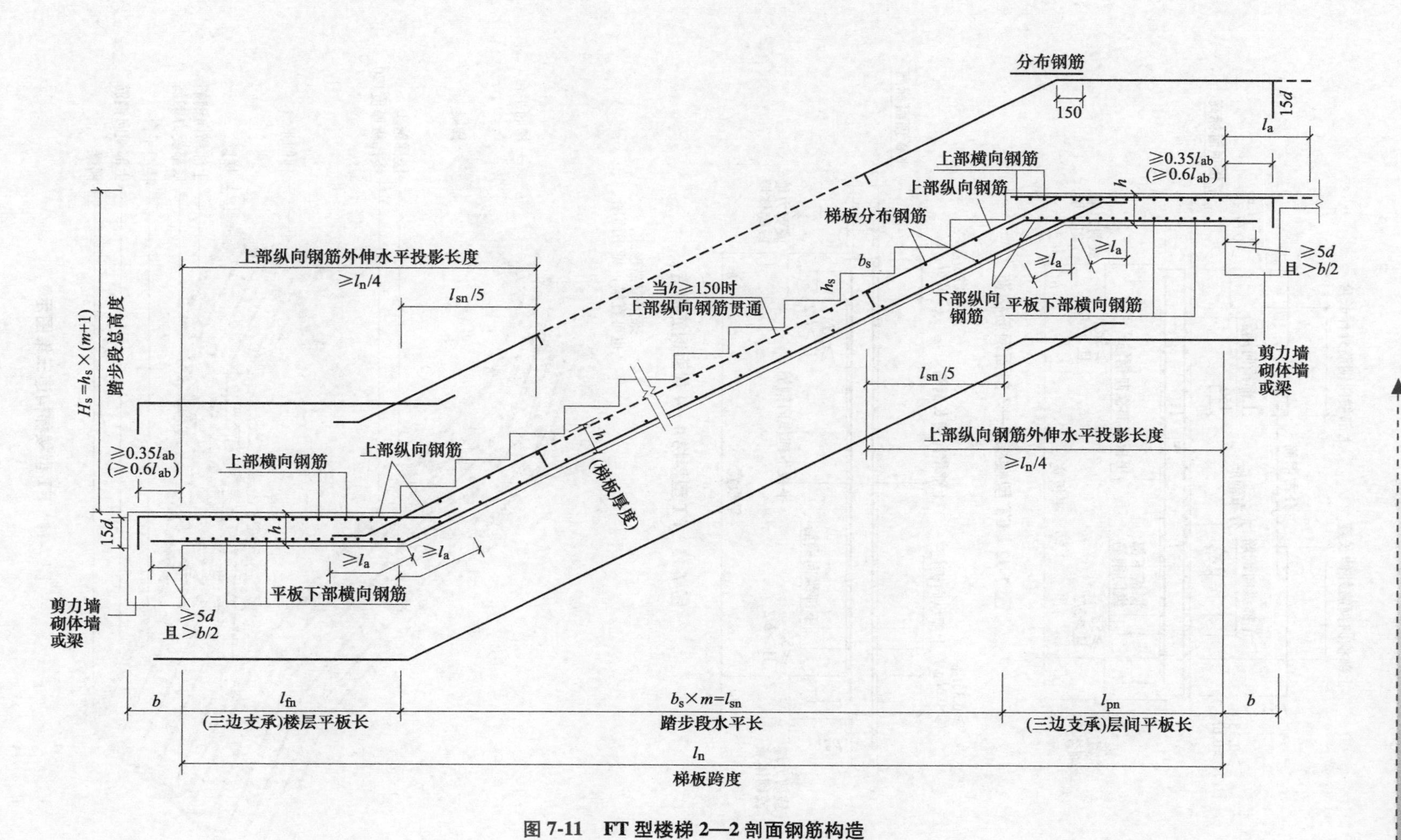

图 7-11 FT 型楼梯 2—2 剖面钢筋构造

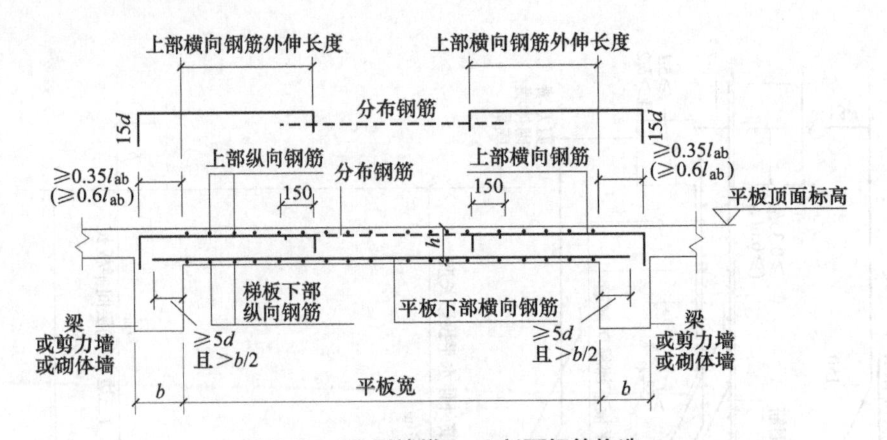

图 7-12　FT 型楼梯 3—3 剖面钢筋构造

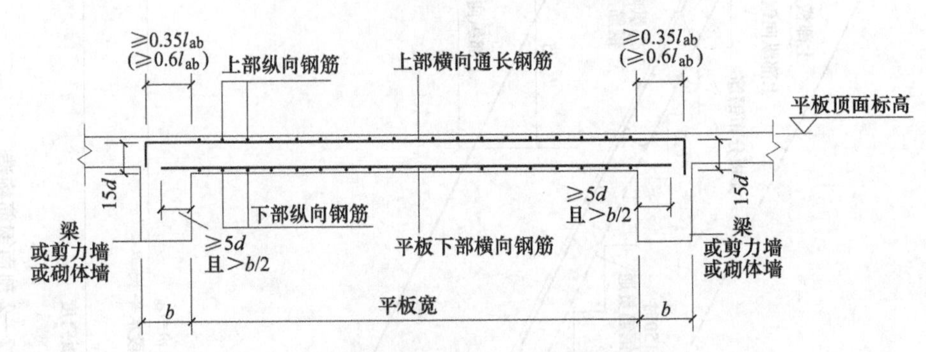

图 7-13　FT 型楼梯 4—4 剖面钢筋构造

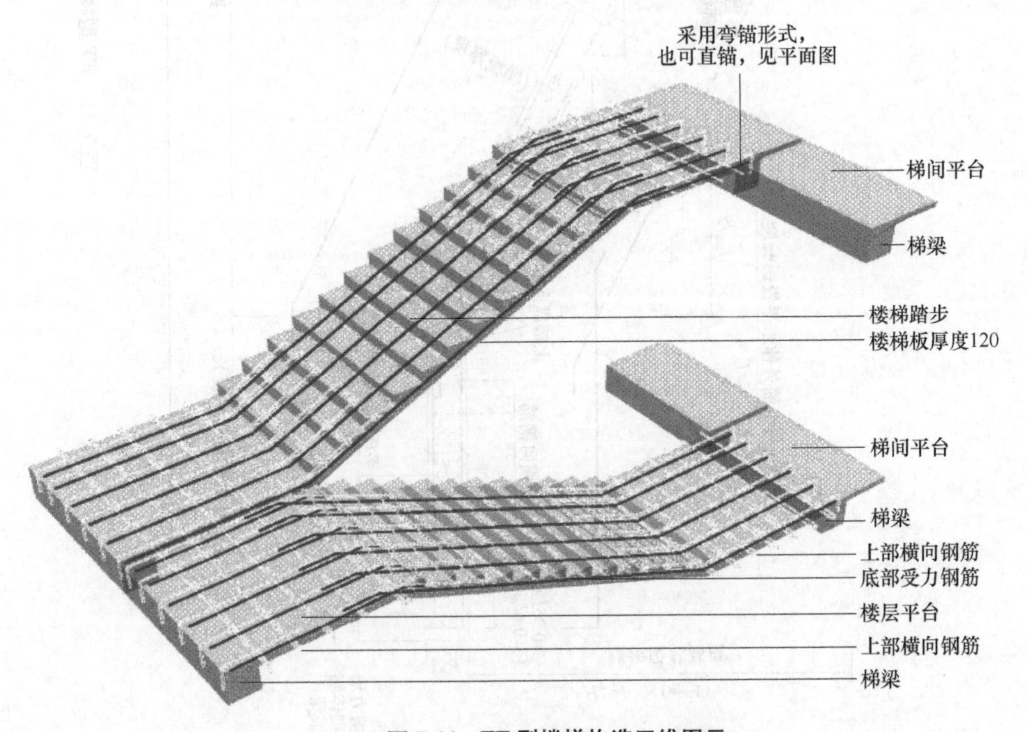

图 7-14　FT 型楼梯构造三维图示

7.2.3　ATa、ATb型楼梯平面注写方式、适用条件及钢筋构造

ATa、ATb型楼梯设滑动支座，不参与结构整体抗震计算，其适用条件：两梯梁之同的矩形梯板全部由踏步段构成，即踏步段两端均以梯梁为支座，且梯板低端支承处做成滑动支座。ATa型楼梯滑动支座直接落在梯梁上，ATb型楼梯滑动支应落在挑板上或框架结构中，楼梯中间平台通常设梯柱、梁，中间平台可与框架柱连接。

楼梯平面注写方式如图7-15和图7-16所示。其中集中注写的内容有5项：第1项为梯板类型代号与序号ATa××（ATb××）；第2项为梯板厚度；第3项为踏步段总高度H_s/踏步级数m+1；第4项为梯板上部纵向钢筋及下部纵向钢筋；第5项为梯板分布钢筋（梯板分布钢筋也可在平面图中注写或统一说明）。

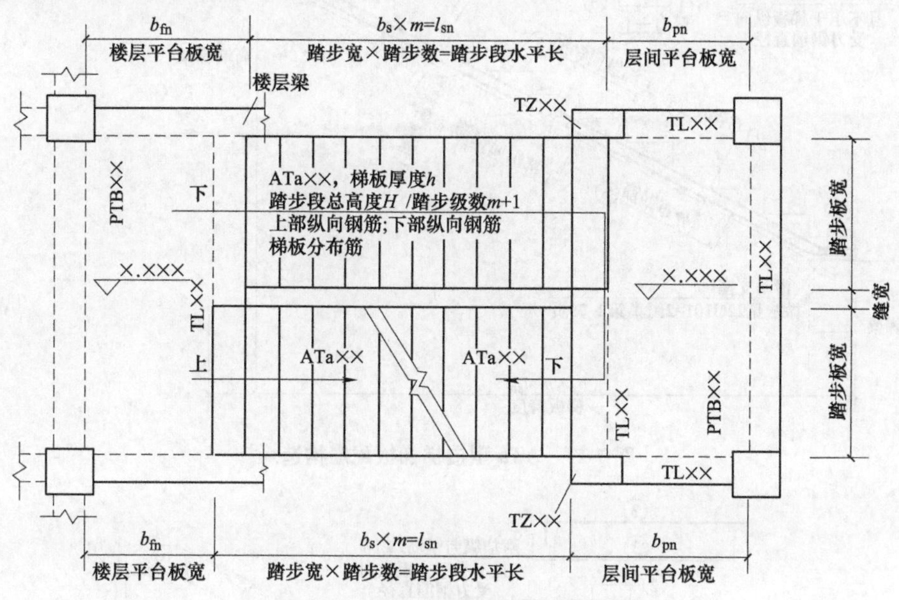

图7-15　ATa型楼梯平面注写方式

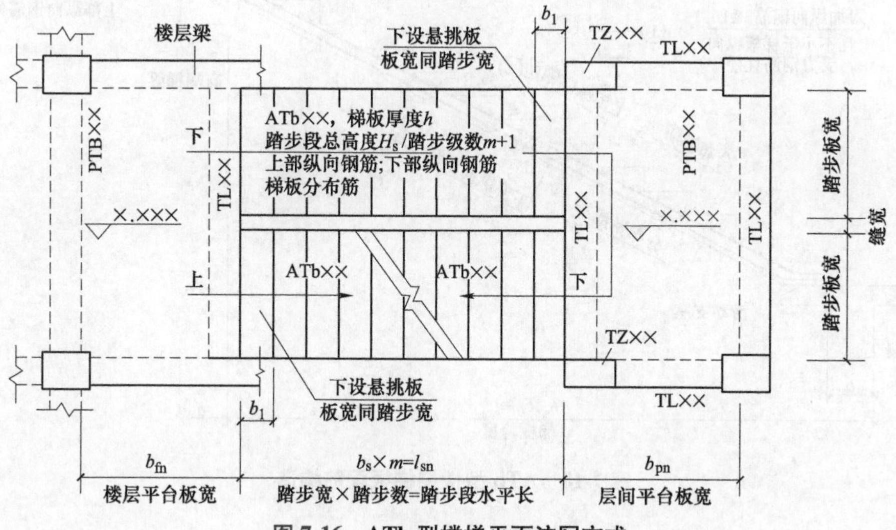

图7-16　ATb型楼梯平面注写方式

ATa、ATb 型楼梯梯板配筋构造如图 7-17、图 7-18 所示，梯柱 TZ、梯梁 TL、平台板 PTB 配筋可参照第 2 章、第 3 章、第 5 章制图规则和构造详图标注。滑动支座做法由设计者指定，当采用与 22G101-2 图集不同的做法时由设计者另行给出。滑动支座做法的建筑构造应保证梯板滑动要求。地震作用下，ATb 型楼梯悬挑板承受梯板传来的附加竖向作用力，设计时应对挑板及与其相连的平台梁采取加强措施。

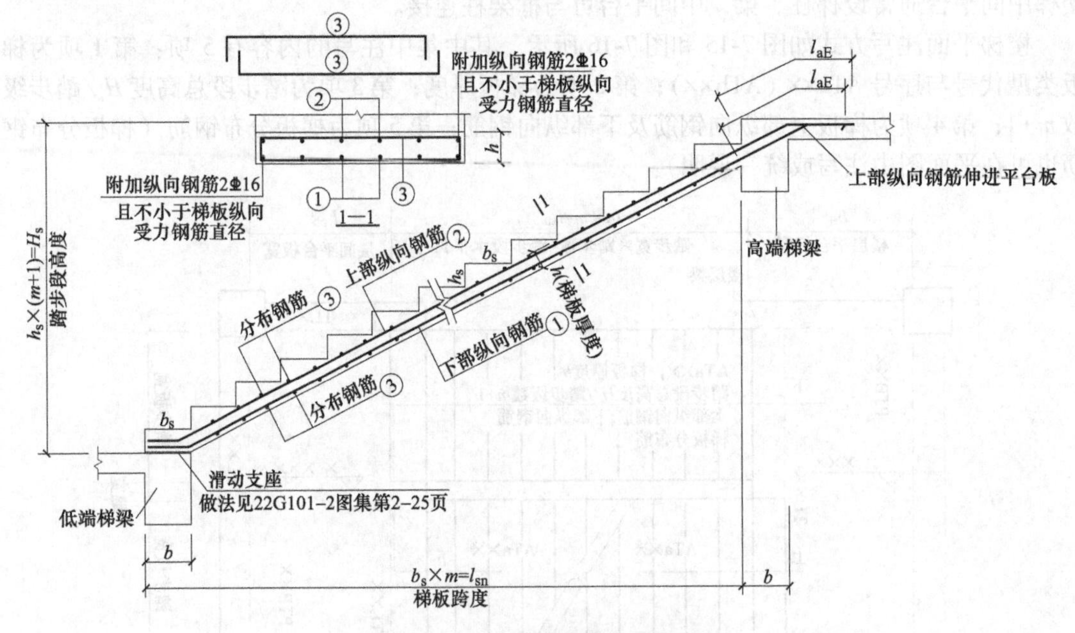

图 7-17　ATa 型楼梯梯板配筋构造

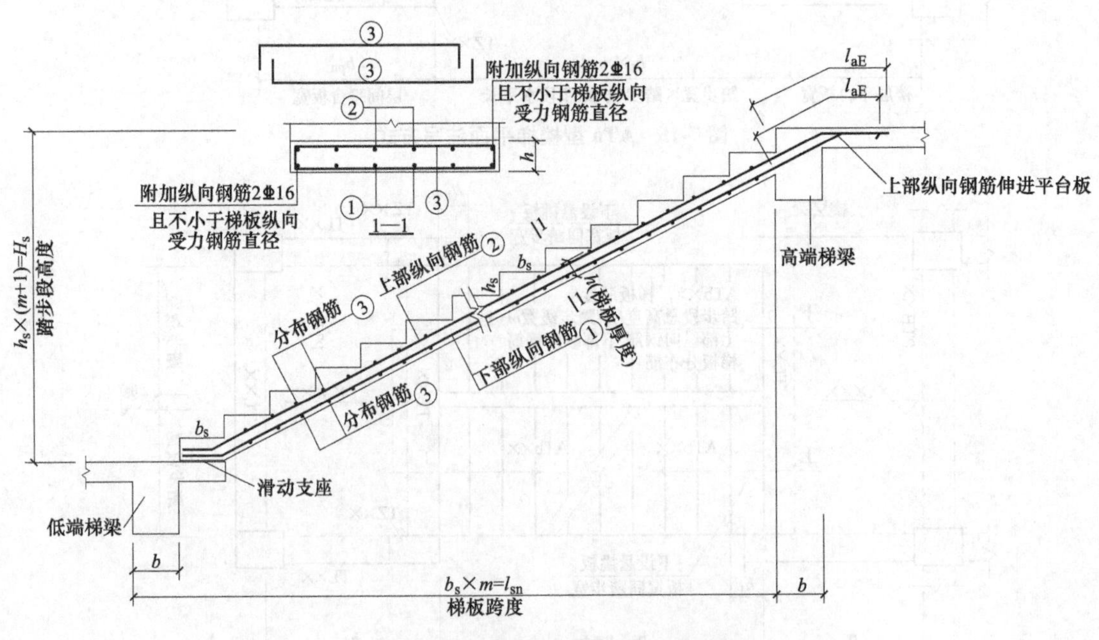

图 7-18　ATb 型楼梯梯板配筋构造

7.3　不同踏步位置推高与高度减小构造

由于踏步段上下两端板的建筑面层厚度不同，且楼梯踏步面层厚度也不一样。为使面层完工后各级踏步等高等宽，必须减小最上一级踏步的高度，因为第一级踏步结构高度增加而将其余踏步整体斜向推高，不同踏步位置推高与高度减小构造如图 7-19 所示。整体推高的（垂直）高度值 $\delta_1=\Delta_1-\Delta_2$，高度减小后的最上一级踏步高度 $h_{s2}=h_s-(\Delta_3-\Delta_2)$。

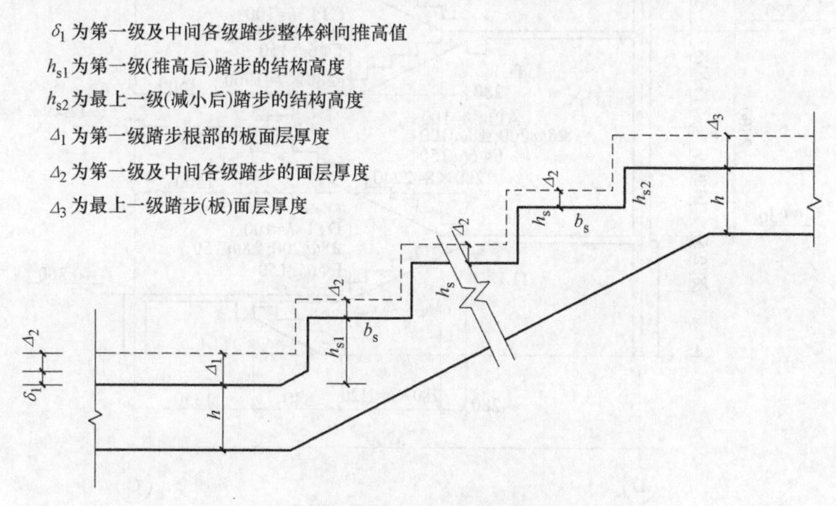

δ_1 为第一级及中间各级踏步整体斜向推高值
h_{s1} 为第一级(推高后)踏步的结构高度
h_{s2} 为最上一级(减小后)踏步的结构高度
Δ_1 为第一级踏步根部的板面层厚度
Δ_2 为第一级及中间各级踏步的面层厚度
Δ_3 为最上一级踏步(板)面层厚度

图 7-19　不同踏步位置推高与高度减小构造

7.4　剖面注写方式

剖面注写方式需在楼梯平法施工图中绘制楼梯平面布置图和楼梯剖面图，注写方式分平面注写、剖面注写。

楼梯平面布置图注写内容包括楼梯间的平面尺寸、楼层结构标高、层间结构标高、楼梯的上下方向、梯板的平面几何尺寸、梯板类型及编号、平台板配筋、梯梁及梯柱配筋等。

楼梯剖面图注写内容包括梯板集中标注、梯梁和梯柱编号、梯板水平及竖向尺寸、楼层结构标高、层间结构标高等。

梯板集中标注的内容有四项，具体规定是：

1）梯板类型及编号，如 AT××。

2）梯板厚度，注写为 h=××。当梯板由踏步段和平板构成，且踏步段梯板厚度和平板厚度不同时，可在梯板厚度后面括号内以字母 P 打头注写平板厚度。

3）梯板配筋，注明梯板上部纵向钢筋和梯板下部纵向钢筋，用“；”将上部与下部纵向钢筋的配筋分隔开来。

4）梯板分布筋，以 F 打头注写分布钢筋具体值，该项也可在图中统一说明。

5）对于 ATc 型楼梯，应注明梯板两侧边缘构件纵向钢筋及箍筋。

AT～DT 型楼梯施工图剖面注写示例如图 7-20 所示。

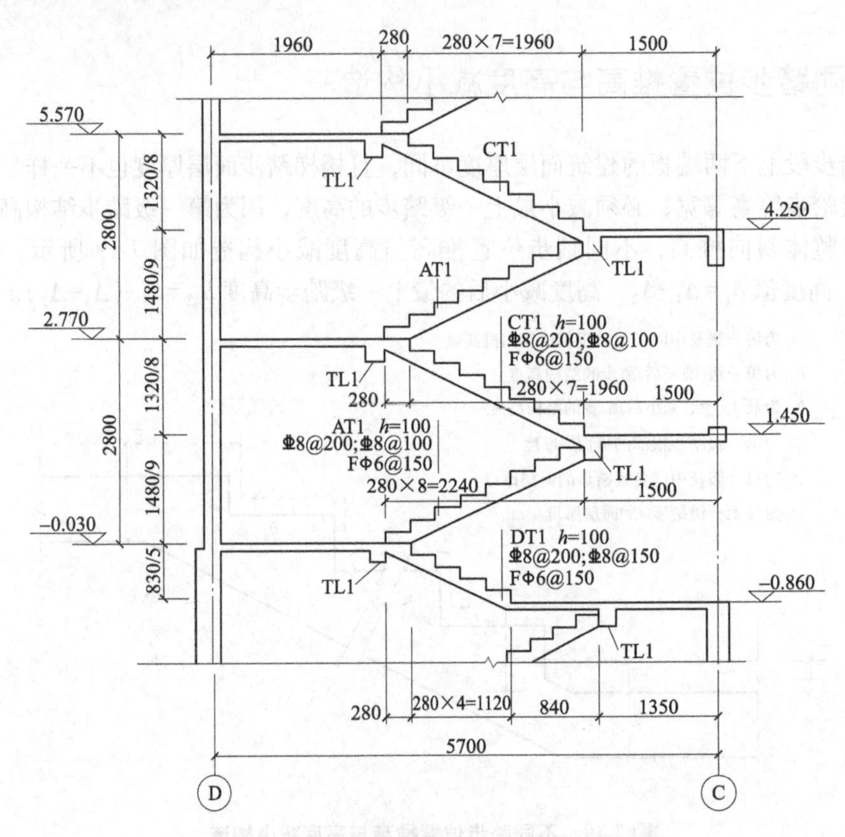

图 7-20　AT~DT 型楼梯施工图剖面注写示例

7.5　列表注写方式

列表注写方式是用列表方式注写梯板截面尺寸和配筋具体数值的方式来表达楼梯施工图。列表注写方式的具体要求同剖面注写方式，仅将剖面注写方式中集中标注各项内容改为列表注写即可，图 7-20 所示 AT~DT 型楼梯施工图列表注写示例见表 7-2。

表 7-2　图 7-20 所示 AT~DT 型楼梯施工图列表注写示例

梯板编号	踏步段总高度/踏步级数	板厚 h/mm	上部纵向钢筋	下部纵向钢筋	分布钢筋
AT1	1480/9	100	Φ8@200	Φ8@100	Φ6@150
CT1	1320/8	100	Φ8@200	Φ8@100	Φ6@150
DT1	830/5	100	Φ8@200	Φ8@150	Φ6@150

7.6　楼梯钢筋算量

7.6.1　AT 型楼梯板配筋构造

AT 型楼梯钢筋板配筋构造如图 7-21 所示。

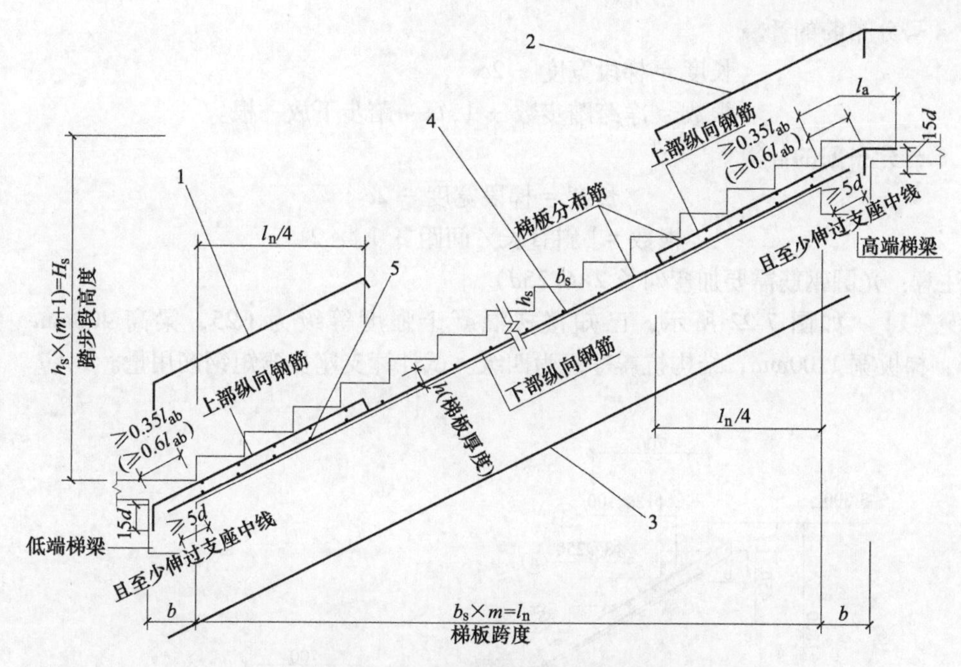

图 7-21 AT 型楼梯钢筋板配筋构造

注：1. 图中上部纵向钢筋锚固长度 $0.35l_{ab}$ 用于设计按铰接的情况，括号内数据 $0.6l_{ab}$ 用于设计考虑充分发挥钢筋抗拉强度的情况，具体工程中设计应指明采用何种情况。

2. 上部纵向钢筋有条件时可直接伸入平台板内锚固，从支座内边算起总锚固长度不小于 l_a。

3. 踏步两头高度调整见 22G101-2 图集第 2-39 页。

7.6.2 楼梯钢筋计算

楼梯的休息平台和楼梯梁可参考板和梁的算法。下面以图 7-21 所示 AT 型楼梯为例介绍踏步段钢筋的算法。

1. 1 号上部纵向钢筋的计算

长度 = 直钩长 + 斜直长 + 锚固长度

$$= (h - 2c) + (l_n/4)/\cos\alpha + \text{锚固长度}$$

锚固长度 = 支座宽度 - 保护层厚度 + 15d

根数 = ⌈(楼梯板宽 - 2c)/间距 + 1⌉

2. 2 号上部纵向钢筋的计算

长度 = 直钩长 + 斜直长 + l_a(或同 1 号计算)

$$= (h - 2c) + (l_n/4)/\cos\alpha + l_a$$

根数同 1 号钢筋计算。

3. 3 号下部纵向钢筋的计算

长度 = 楼梯段净斜长 + 伸至梁中的长度(上、下梁)

伸至梁中的长度 = max[(梁宽/2)/cosα, 5d]

根数同 1 号钢筋计算。

4. 4号分布筋的计算

长度 = 梯段宽度 − $2c$

根数 = 净跨踏步数 + 1,每一踏步下放一根。

5. 5号分布筋的计算

长度 = 梯段宽度 − $2c$

根数 =「斜直长 / 间距 + 1˥× 2

（注意：光圆钢筋需要加弯勾长 $2\times6.25d$）

【例 7-1】 如图 7-22 所示，已知楼梯混凝土强度等级为 C25，梁高 400mm，梁宽 200mm，梯板宽 1100mm，结构抗震等级为四级。试计算支座负弯矩钢筋用量。

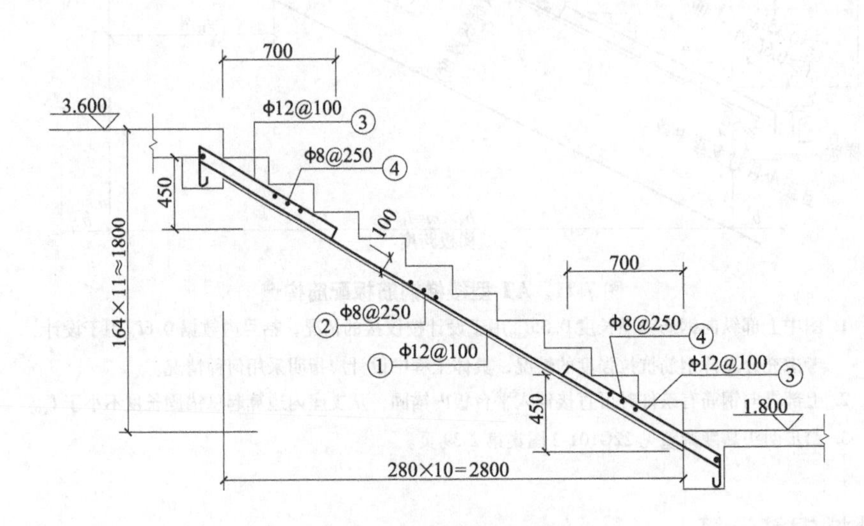

图 7-21 楼梯平法施工图

解：查规范得，图 7-22 所示钢筋的基本锚固长度为 $34d$，混凝土保护层厚度为 15mm，钢筋起步距离为其间距的 1/2。计算结果详见表 7-3。

表 7-3 楼梯斜跑梯板钢筋长度计算表

钢筋种类	长度/m	根 数
梯板下部纵向钢筋	$\sqrt{2.8^2+1.64^2}+0.1\times\frac{\sqrt{2.8^2+1.64^2}}{2.8}+6.25\times0.012\times2=3.63$	$\lceil(1.1-0.015\times2)\div0.1+1\rceil=12$
梯板下部分布钢筋	$1.1-0.015\times2=1.07$	$\lceil(\sqrt{(2.8^2+1.64^2)}-2\times\frac{0.25}{2})\div0.25+1\rceil=13$
梯板支座负弯矩钢筋	$\sqrt{0.7^2+0.45^2}+0.1-0.015\times2+6.25\times0.012+(0.2-0.015)\times\frac{\sqrt{2.8^2+1.64^2}}{2.8}+15\times0.012=1.37$	$\lceil(1.1-0.015\times2)\div0.1+1\rceil\times2=24$
梯板上部分布钢筋	$1.1-0.015\times2=1.07$	$\lceil(\sqrt{0.7^2+0.45^2}-2\times\frac{0.25}{2})\div0.25+1\rceil\times2=8$

7.7　本章小结

1）板式楼梯平法施工图是在楼梯平面布置图上（或与相应标准层的梁平法施工图一起绘制）采用平面注写方式表达设计内容。常见的板式楼梯分为6组，它们具有各自的截面形状和支座位置特征。

2）楼梯平法标注包括集中标注和外围原位标注两部分内容，集中标注表达梯板的类型代号及序号、梯板的竖向几何尺寸和配筋；外围原位标注表达梯板的平面几何尺寸及楼梯间的平面尺寸。

3）绘制施工图时，首先要正确区分各类型楼梯的适用条件，以正确选择楼梯类型。凡是满足下面条件的楼梯均可视为AT型楼梯：两梯梁之间的一跑矩形梯板全部由踏步段构成，即踏步段两端均以梯梁为支座。AT型楼梯平面注写内容有梯板类型代号与序号、梯板厚度、踏步段总高度和梯板配筋。凡是满足下面条件的楼梯均可视为FT型楼梯：楼梯间内不设置梯梁，矩形梯板由楼层平板、两跑踏步段与层间平板三部分构成；楼层平板及层间平板均采用三边支承，另一边与踏步段相连；同一楼层内各踏步段的水平净长相等，总高度相等。FT型楼梯梯板配筋包括下部纵向钢筋和下部横向钢筋。FT型楼梯原位注写的内容为楼层与层间平板支座上部纵向与横向钢筋，横向钢筋的外伸长度。

4）楼梯楼层、层间平台板的平面注写在板中部注写的内容有平台板代号与序号、平台板厚度、平台板下部短跨和长跨方向配筋。在板内四周原位注写的内容为构造配筋与伸入板内的长度。

5）由于踏步段上下两端板的建筑面层厚度不同，为使面层完工后各级踏步等高等宽，必须减小最上一级踏步的高度，并将其余踏步整体斜向推高，设计和施工时应予注意。

6）楼梯钢筋算量包括平台梁、平台板和斜板（踏步）三部分的计算，平台梁钢筋计算参见梁的钢筋计算，平台板的钢筋计算参见板的钢筋计算，斜板钢筋计算包括板底受力钢筋、受力钢筋上的分布钢筋及每级踏步分布钢筋、板面支座负弯矩钢筋及分布钢筋的计算。

拓展动画视频

板式楼梯构造

梁式楼梯构造

思考题

7-1　现浇钢筋混凝土楼梯有哪几种结构形式？各有何特点？

7-2　简述AT~ET各型梯梯板配筋构造要求。

7-3　楼梯平法施工图中平面注写包括哪几类？分别表达的内容是什么？

7-4　下述楼梯平面标注的含义是什么？

AT7，$h=120$
150×12＝1800
ϕ12@ 125

7-5　若图 7-19 中的 $\Delta_1=50$mm，$\Delta_2=25$mm，$\Delta_3=45$mm，$h_s=125$mm。请问该踏步段的第一级踏步的结构高度 h_{s1}应为多少？其余踏步的整体推高值为多少？最上一级踏步的结构高度 h_{s2}应为多少？

7-6　计算图 7-23 所示楼梯钢筋工程量（参数见表 7-4）。

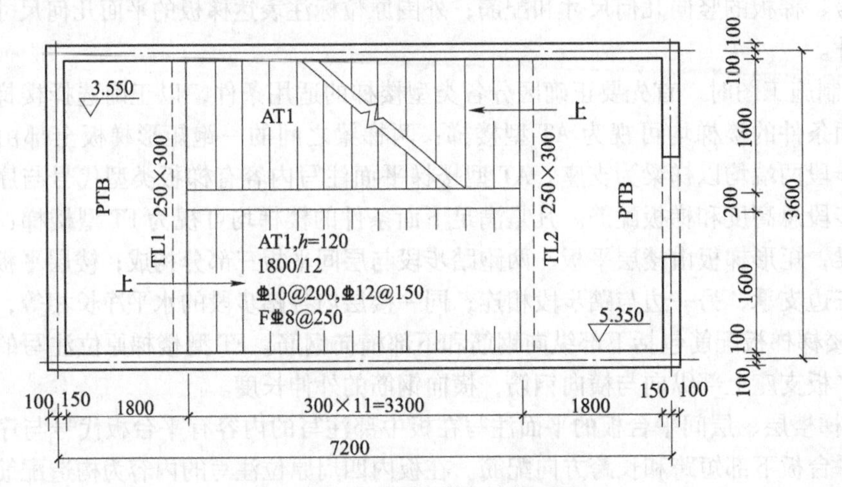

图 7-23　AT 型楼梯平法施工图

表 7-4　AT 型楼梯平法施工部分参数

梯板净跨度/mm	梯板净宽度/mm	梯板厚度/mm	踏步宽度/mm	踏步高度/mm	斜坡系数
l_n	b_n	h	b_s	h_s	k
3300	1600	120	300	150	1. 118

第8章 结构施工图平面整体设计及钢筋算量示例

建筑结构施工图平面整体设计方法是把结构构件的尺寸和配筋等按照平面整体表示方法制图规则，整体直接表达在各类构件的结构平面布置图上，再与标准构造详图相配合的新型完整的结构设计方法。

本工程采用平面整体表示法和传统表示法相结合进行设计。本工程相关制图规则及构造详图参照设计标准图集22G101-1~3。

8.1 结构施工图概述

本工程为某学校学生宿舍，共4层，各层功能均为宿舍。各层层高均为3.6m，室内外高差0.45m。平面长36.00m，平面宽16.50m。结构体系为框架结构。结构施工图共11张（见书后插页），分别为结施01—结构设计总说明，结施02—基础施工图，结施03—柱平法施工图，结施04—二层梁平法施工图，结施05—二层板平法施工图，结施06—三、四层梁平法施工图，结施07—三、四层板平法施工图，结施08—屋面梁平法施工图，结施09—屋面板平法施工图，结施10—1#楼梯平法施工图，结施11—2#楼梯平法施工图。

8.2 结构设计总说明

每一单项工程应编写一份结构设计总说明，对多子项工程应编写统一的结构设计总说明。当工程以钢结构为主或包含较多的钢结构时，应编制钢结构设计总说明。当工程较简单时，也可将总说明的内容分散写在相关部分的图样中。

本工程结构设计总说明包括12部分内容：

1）工程概况。包括本工程的项目名称、项目建设地点、主要建筑功能、项目各单体（或分区）建筑的正负零的绝对标高、地上与地下层数、各层层高、建筑高度、结构类型及基础类型等。当项目采用装配式结构时，还应说明结构类型及采用的预制构件类型等。

2）设计总则。主要为与本结构施工图有关的总原则。

3）设计依据。包括本工程所遵循的国家及地方规范、规程、标准和图集、地勘报告及其他设计依据。

4）结构设计主要技术指标。包括设计使用年限、建筑分类等级及抗震设防的相关参数等。

5）主要荷载（作用）取值。列出本工程的活荷载标准值、风荷载及雪荷载等自然条件。

6）结构设计采用的软件。列出本工程所采用的结构计算软件。

7）主要结构材料。分别列出本工程对混凝土、钢材及砌体等材料的相关要求。

8）地基、基础。说明本工程基础形式、基坑开挖及回填的注意事项等。

9）混凝土结构的构造要求。说明本工程混凝土结构钢筋锚固及连接的要求，柱梁板等构件的共性规定等。

10）非结构构件的构造要求。说明本工程对砌体填充墙的相关要求，包括砌筑质量、构造柱、圈梁、过梁等构件的技术要求。

11）混凝土结构施工要求。

12）其他。

8.3 基础施工图

本工程采用柱下独立基础，基础施工图采用平面注写的表达方式。首层墙体采用墙下条形基础，采用大样图的表达方式。图中另外附有基础设计说明，用于描述本工程的基础持力层的情况、材料等级及其他要求。

当绘制基础平面图时，应将独立基础平面与基础所支承的柱一起绘制。墙下条形基础可根据图面的疏密情况，将条形基础与基础平面图一起绘制，或将条形基础布置图单独绘制。在基础平面布置图中，应标注基础定位尺寸，编号相同且定位尺寸也相同的基础，可仅选择一个进行标注。

本工程一共有 8 种独立基础和一种条形基础，具体做法详见插页基础施工图。

8.4 柱平法施工图

8.4.1 柱平法施工图基本要求

按平法绘制柱施工图时，应当用表格或其他方式注明包括地下和地上各层的结构层楼（地）面标高、结构层高及相应的结构层号。其结构层楼面标高和结构层高在单项工程中必须统一，以保证基础、柱与墙、梁、板、楼梯等用同一标准竖向定位。为施工方便，应将统一的结构层楼面标高和结构层高分别放在柱、墙、梁、板等各类构件的平法施工图中。其中，结构层楼面标高指将建筑图中的各层地面和楼面标高值扣除建筑面层及垫层做法厚度后的标高，结构层号应与建筑层号对应一致。当框架柱嵌固部位在基础顶面时，无须在结构层楼面标高和结构层高表中注明；当框架柱嵌固部位不在基础顶面时，在层高表嵌固部位标高下使用双细线注明，并在层高表下注明上部结构嵌固部位标高；当框架柱嵌固部位不在地下室顶板，但仍需考虑地下室顶板对上部结构实际存在嵌固作用时，可在层高表地下室顶板标高下使用双虚线注明，此时首层柱端箍筋加密区长度范围及纵向钢筋连接位置均按嵌固部位要求设置。

8.4.2 柱平法施工图设计

本工程柱平法施工图是在柱平面布置图上采用截面注写方式表达，见插页柱平法施工图。截面注写方式需要在相同编号的柱中选择一根柱，将其在原位放大绘制“截面配筋图”，并在其上直接引注几何尺寸和配筋，对于其他相同编号的柱仅需标注编号和偏心尺寸。框架柱编号为KZ1~KZ8。

下面以KZ1为例说明柱的截面注写方式。

1）直接引注内容。

KZ1 400×400 4⏀18 ⏀8@100

上述标注注明了柱编号（KZ1）、截面尺寸（$b×h$=400mm×400mm）、纵向钢筋（角筋4⏀18）、箍筋（⏀8@100）。

2）原位标注内容。b边标注1⏀14，h边标注1⏀14；对称布置，所以只在一侧标注。

3）结构层楼面标高和结构层高表。

8.4.3 柱平法施工图构造

以①轴交Ⓐ轴的KZ1为例。

1. 抗震柱插筋构造

由说明可知：本工程抗震等级三级，基础混凝土强度C30，最小抗震锚固长度为l_{abE}=37d=37×18mm=666mm，独立基础竖向允许锚固深度为（450−40）mm=410mm<666mm，基础高度不满足柱纵向钢筋直锚要求，柱内所有纵向钢筋均应伸至基础板底部，支承在底板钢筋网上，钢筋端部设90°弯钩，弯钩平直段长度不小于15d=270mm，纵向钢筋直锚段长度最小要求为0.6l_{abE}=0.6×666mm=400mm<410mm，直锚段长度满足构造要求。柱插筋的其他构造要求详见22G101-3第2-10页。

2. 抗震柱纵向钢筋连接

KZ1跨越4个楼层，等截面，钢筋根数直径不变，分层连接详见22G101-1第2-9页。

3. 抗震柱屋面端节点构造

①轴交Ⓐ轴的KZ1为角柱，两侧与WKL1和WKL7相连，梁高分别为600mm、500mm，从梁底算起1.5l_{abE}=1.5×666mm=999mm>500mm+400mm，超过柱内侧边缘，柱外侧纵向配筋率不大于1.2%，抗震框架柱屋面端节点构造详见22G101-1第2-4页②号节点做法。

4. 抗震柱箍筋构造

抗震柱箍筋端部弯钩构造详见22G101-1第2-7页“封闭箍筋及拉筋弯钩构造”，柱箍筋复合方式详见22G101-1第2-17页。

抗震框架柱箍筋加密区构造详见22G101-1第2-11页，抗震框架柱箍筋加密区范围非底层应为max(H_n/6、h_c、500mm)（H_n为柱竖向高度，h_c为柱截面高度），底层应不小于H_n/3。

8.5 中间层梁平法施工图

8.5.1 中间层梁平法施工图设计

本工程的二层梁平法施工图和三、四层梁平法施工图（见插页）都属于中间层框架梁平法施工图。梁的类型分别有楼层框架梁 KL 和非框架梁 L，同一类型的梁编号均从 1 开始，编号遵循的原则是从左到右，从下到上顺序编号，先编数字轴（y 方向），再编字母轴（x 方向）。

通过结构层楼面标高和结构层高表可知各层的结构标高分别为二层 3.570m、三层 7.170m、四层 10.770m。对于轴线未居中的梁，在原位标注了其偏心定位尺寸（贴柱边的除外）。

中间层梁配筋平面图采取的是平面注写方式来表达梁结构设计内容的。平面注写方式是在梁平面布置图上，直接注写截面尺寸和配筋的具体数值，整体表达该中间层梁平法施工图的一种方式。平面注写内容包括集中标注和原位标注两部分，集中标注主要表达通用于梁各跨的设计数值，原位标注主要表达梁本跨的设计数值及修正集中标注中不适用于本跨梁的内容。施工时，原位标注取值优先。

下面以第二层 KL1(3) 为例说明梁的平面注写方式。

1. 集中标注内容

KL1（3） 250×650 ф8@100/200（2） 2ф20 N4ф12

上述标注意义如下：

1）KL1(3) 表示梁的编号为 KL1，跨数为 3 的多跨梁。

2）250×650 表示梁截面尺寸宽和高，即 $b \times h = 250\text{mm} \times 650\text{mm}$。

3）ф8@100/200(2) 表示加密区间距为 100mm，非加密区间距为 200mm。箍筋直径为 8mm 的双肢箍。

4）2ф20 表示上部跨中通长筋为 2ф20，无梁下部通长筋。

5）N4ф12 表示 4 根ф12 的侧面抗扭腰筋。

2. 原位标注

1）梁支座上部纵向钢筋：第 1 跨左支座无原位标注，配筋为集中标注的 2ф20；第 1 跨右支座与第 2 跨左支座配筋相同，为 2ф20+2ф18；第 2 跨右支座与第 3 跨左支座配筋相同，为 4ф20；第 3 跨右支座配筋为 4ф20。

2）梁下部纵向钢筋：第 1 跨为 3ф18，第 2 跨为 4ф18，第 3 跨为 3ф18。

3）附加箍筋或吊筋：1 轴和 C 轴相交处设有附加箍筋，依据插页二层梁平法施工图说明，图中未原位引注的附加箍筋的间距为 50mm，钢筋等级、直径和肢数均与该主梁的箍筋相同，因此每侧密箍为3⌀8@50(2)。

4）修正集中标注中某项或某几项不适用于本跨的内容：第1跨修正了集中标注的梁截面尺寸，由250×650修正为250×500；第3跨修正了集中标注的箍筋，由⌀8@100/200(2)修正为⌀8@100(2)。

8.5.2 中间层梁平法施工图构造

从结施01—结构设计总说明可知，本工程为三级抗震，柱和梁混凝土强度等级均为C30，梁的主筋保护层厚度为20mm。

下面以第二层的KL1(3)为例说明梁的构造。

1. 抗震KL纵向钢筋构造

KL1(3)纵向钢筋包括左支座负筋、中间支座负筋、上部通长钢筋、侧面抗扭钢筋和下部钢筋，其构造详见22G101-1第2-33页和第2-41页，选用三级抗震等级楼层框架梁构造。纵向钢筋在支座处的锚固：由于锚固长度=max（$37d$=37×18mm=666mm，$0.5h_c+5d$=0.5×400mm+5×18mm=290mm）=666mm>支座宽400mm，支座上部筋和下部筋均应采用弯锚。抗扭钢筋N4⌀12构造详见22G101-1第2-41页第3条，搭接长度为l_{lE}，锚固长度均为l_{aE}。

2. 抗震KL箍筋、附加箍筋构造

KL1（3）箍筋、附加箍筋构造详见22G101-1第2-39页。注意当设有梁侧面钢筋时必须同时设拉筋，拉筋构造详见22G101-1第2-41页。

第2层非框架梁纵向钢筋、箍筋、附加箍筋、吊筋构造、拉筋构造详见22G101-1第2-40~43页。

8.6 屋面梁配筋平面图

8.6.1 屋面梁平法施工图设计

屋面框架梁并不一定指位于屋面部位的框架梁，严格意义上说，建筑物当中的框架梁柱节点处，框架柱不再继续向上一层延伸时，此层即为顶层，则此框架节点处的框架梁应按屋面框架梁的构造设计。如果在梁柱节点处，框架柱继续向上一层延伸，则不论此框架梁的位置是不是在屋面处，均应按中间层楼面框架梁的构造设计。

屋面梁配筋平面图由屋面梁配筋平面图和设计说明组成。屋面梁配筋平面图同楼层框架梁一样，采用平面注写方式来表达梁结构的设计内容。编号规则及标注方法也与楼层框架梁一致。

8.6.2 屋面梁平法施工图构造

1. 抗震WKL纵向钢筋构造

本工程顶层框架梁属于屋面框架梁，屋面框架梁的构造有别于楼层框架梁构造，具体见表8-1及22G101-1第2-34页。

表 8-1　楼层框架梁和屋面框架梁的区别

	楼层框架梁	屋面框架梁
纵向钢筋锚固方式不同	弯锚和直锚	上部纵向钢筋弯锚 下部纵向钢筋弯锚和直锚
	上部和下部纵向钢筋锚固方式相同	上部和下部纵向钢筋锚固方式不相同
上部、下部纵向钢筋具体锚固长度不同	楼层框架梁上下部纵向钢筋在端支座弯锚长度：$0.4l_{aE}+15d$	屋面框架梁上部纵向钢筋端支座有弯至梁底（且下弯折不小于 $15d$）和下弯折 $1.7l_{aE}$ 两种构造
变截面梁顶有高差时纵向钢筋锚固不同	直锚 max（l_{aE}，$0.5h_c+5d$）	直锚 max（l_{aE}，$0.5h_c+5d$）
	弯锚 $0.4l_{aE}+15d$	弯锚 $l_{aE}+\Delta h$

下面以屋面梁的 WKL1（3）为例说明 WKL 的构造：WKL1（3）纵向钢筋构造详见 22G101-1 第 2-34 页。由于框架柱顶采用了纵向钢筋构造为 22G101-1 第 2-18 页的②号节点做法，因此 WKL1（3）端支座的上部纵向钢筋采用弯锚至梁底的做法。

2. 抗震 WKL 箍筋、附加箍筋构造

抗震 WKL 箍筋、附加箍筋、吊筋构造同抗震 KL，详见 22G101-1 第 2-39 页。梁侧面构造钢筋构造详见 22G101-1 第 2-41 页第 3 条，搭接长度为 l_{lE}，锚固长度均为 l_{aE}。

8.7　钢筋计算示例

（1）独立基础　以Ⓔ轴/①轴上 DJ3 为例，具体计算过程见表 8-2。

表 8-2　DJ3 钢筋计算

筋号	级别	直径	钢筋图形	计算公式	根数	单长/m	总长/m	总质量/kg
横向底筋 1	⌀	16	2720	2800−40−40	2	2.72	5.44	8.595
横向底筋 2	⌀	16	2520	0.9×2800	32	2.52	80.64	127.41
横向面筋 1	⌀	12	2720	2800−40−40	2	2.72	5.44	4.83
横向面筋 2	⌀	12	2520	0.9×2800	32	2.52	80.64	71.61
纵向底筋 1	⌀	16	4920	5000−40−40	2	4.92	9.84	15.55
纵向底筋 2	⌀	16	4500	0.9×5000	17	4.5	76.5	120.87
纵向面筋 1	⌀	12	4920	5000−40−40	2	4.92	9.84	8.74
纵向面筋 2	⌀	12	4500	0.9×5000	17	4.5	76.5	67.93

注：表中总长=根数×单长，总质量=总长×钢筋单位质量；横向底筋 1 长度=净长−2×保护层厚度，横向面筋 1、纵向底筋 1、纵向面筋 1 同上；横向底筋 2、横向面筋 2 长度=0.9×基础底长；纵向底筋 2、纵向面筋 2 长度=0.9×基础底宽。

（2）柱 以①轴/Ⓔ轴上 KZ-4 为例，具体计算过程见表 8-3~表 8-6。

表 8-3 KZ-4 基础插筋计算

筋号	级别	直径	钢筋图形	计算公式	根数	单长/m	总长/m	总质量/kg
边筋插筋	Φ	14	210 3474	4020/3+1×(0.3×52×d+52×d)+52×d+500-40+15×d	4	3.68	14.74	17.83
角筋插筋	Φ	18	270 1800	4020/3+500-40+15×d	4	2.07	8.28	16.56
箍筋	Φ	8	340 340	2×(340+340)+2×(11.9×d)	2	1.55	3.10	1.22

注：边筋长度=上层露出长度+错开距离+搭接+基础厚度-保护层厚度+弯折长度

角筋长度=上层露出长度+基础厚度-保护层厚度+弯折长度

表 8-4 KZ-4 首层钢筋计算

筋号	级别	直径	钢筋图形	计算公式	根数	单长/m	总长/m	总质量/kg
边筋	Φ	14	4558	4670-3014+52×d+max(2950/6,400,500)+1×(0.3×52×d+52×d)+52×14	4	4.558	18.23	22.06
角筋	Φ	18	3830	4670-1340+max(2950/6,400,500)	4	3.83	15.32	30.64
箍筋	Φ	8	360 360	2×(360+360)+2×(11.9×d)	54	1.63	88.02	34.77

注：边筋长度=层高-本层的露出长度+与下层钢筋的搭接长度+上层露出长度+错开距离+与上层钢筋的搭接长度

角筋长度=层高-本层的露出长度+上层露出长度

上述公式中的层高为基础顶面到第一层楼板面之间的高度，对于本工程应该是 4670mm。

表 8-5 KZ-4 二层/三层钢筋计算

筋号	级别	直径	钢筋图形	计算公式	根数	单长/m	总长/m	总质量/kg
边筋	Φ	14	4328	3600-2174+52×d+max(2950/6,400,500)+1×(0.3×52×d+52×d)+52×14	4	4.328	17.31	20.95
角筋	Φ	18	3600	3600-500+max(2950/6,400,500)	4	3.6	14.40	28.80
箍筋	Φ	8	360 360	2×(360+360)+2×(11.9×d)	44	1.63	71.72	28.33

注：边筋长度=层高-本层的露出长度+与下层钢筋的搭接长度+上层露出长度+错开距离+与上层钢筋的搭接长度

角筋长度=层高-本层的露出长度+上层露出长度

表 8-6 KZ-4 顶层钢筋计算

筋号	级别	直径	钢筋图形	计算公式	根数	单长/m	总长/m	总质量/kg
H 边纵向钢筋	⌀	14	2134	3600−2174+52×*d*−650+650−20	2	2. 134	4. 268	5. 164
角筋 1	⌀	18	360 3080 144	3600−500−650+650−20+400−40+8×*d*	1	3. 584	3. 584	7. 168
角筋 2	⌀	18	216 3080	3600−500−650+650−20+12×*d*	1	3. 296	3. 296	6. 592
角筋 3	⌀	18	369 3080	3600−500−650+650−20+max（1. 5×37×*d*−650+20，15×*d*）	2	3. 449	6. 898	13. 796
B 边纵向钢筋	⌀	14	210 2134	3600−2174+52×*d*−650+650−20+max（1. 5×37×*d*−650+20，15×*d*）	2	2. 344	4. 688	5. 672
箍筋	⌀	8	360 360	2×（360+360）+2×（11. 9×*d*）	44	1. 63	71. 72	28. 329

注：①轴/Ⓔ轴 KZ-4 为角柱。

H 边纵向钢筋长度=层高-本层的露出长度+与下层钢筋的搭接长度-节点高+节点高-保护层厚度

角筋 1 长度=层高-本层的露出长度-节点高+节点高-保护层厚度+柱尺寸-2 倍保护层厚度+柱内侧纵向钢筋顶层弯折长度

角筋 2 长度=层高-本层的露出长度-节点高+节点高-保护层厚度+柱内侧纵向钢筋顶层弯折长度

角筋 3 长度=层高-本层的露出长度-节点高+节点高-保护层厚度+柱外侧纵向钢筋顶层弯折长度

B 边纵向钢筋长度=层高-本层的露出长度+与下层钢筋的搭接长度-节点高+节点高-保护层厚度+柱外侧纵向钢筋顶层弯折长度

(3) 梁 以首层⑤轴上的 KL-4(2) 为例，见表 8-7。

表 8-7 KL-4(2) 钢筋计算

筋号	级别	直径	钢筋图形	计算公式	根数	单长/m	总长/m	总质量/kg
1 跨左支座筋（第一排）	⌀	18	270 3147	400−20+15×*d*+8300/3	2	3. 417	6. 834	13. 668
1 跨左支座筋（第一排）	⌀	20	300 3147	400−20+15×*d*+8300/3	2	3. 447	6. 894	17. 028
1 跨左支座筋（第二排）	⌀	18	270 2455	400−20+15×*d*+8300/4	2	2. 725	5. 450	10. 900

（续）

筋号	级别	直径	钢筋图形	计算公式	根数	单长/m	总长/m	总质量/kg
1 跨跨中筋	Φ	25	5366	52×d−8300/3+8300+52×d−8300/3	2	5.366	10.732	41.318
1 跨右支座筋（第一排）	Φ	20	300 5747	8300/3+500+2100+400−20+15×d	4	6.047	24.188	59.7445
1 跨右支座筋（第二排）	Φ	20	300 5055	8300/4+500+2100+400−20+15×d	4	5.355	21.42	52.908
侧面构造筋	Φ	12	11260	15×d+10900+15×d+180	6	11.44	68.640	60.953
1 跨下部钢筋	Φ	20	300 9420	400−20+15×d+8300+37×d	10	9.72	97.200	240.084
2 跨下部钢筋	Φ	20	300 3220	37×d+2100+400−20+15×d	3	3.52	10.560	26.083
1 跨吊筋	Φ	12	240 45.00 350 660	250+2×50+2×20×d+2×1.414×(700−2×20)	2	2.697	5.394	4.790
1 跨箍筋	Φ	10	660 260	2×[(300−2×20)+(700−2×20)]+2×(11.9×d)	58	2.078	120.524	74.364
2 跨箍筋	Φ	8	660 260	2×[(300−2×20)+(700−2×20)]+2×(11.9×d)	21	2.03	42.630	16.839
拉筋	Φ	6	260	(300−2×20)+2×(75+1.9×d)	99	0.433	42.867	11.146

附　录

附录A　混凝土结构的环境类别

环境类别	条　件
一	室内干燥环境；无侵蚀性静水浸没环境
二a	室内潮湿环境；非严寒和非寒冷地区的露天环境；非严寒和非寒冷地区与无侵蚀性的水或土壤直接接触的环境；严寒和寒冷地区的冰冻线以下与无侵蚀性的水或土壤直接基础的环境
二b	干湿交替环境；水位频繁变动环境；严寒和寒冷地区的露天环境；严寒和寒冷地区冰冻线以上与无侵蚀性的水或土壤直接接触的环境
三a	严寒和寒冷地区冬季水位变动区环境；受除冰盐影响环境；海风环境
三b	盐渍土环境；受除冰盐作用环境；海岸环境
四	海水环境
五	受人为或自然的侵蚀性物质影响的环境

注：1. 室内潮湿环境是指构件表面经常处于结露或湿润状态的环境。
2. 严寒和寒冷地区的划分应符合 GB 50176—2016《民用建筑热工设计规范》的有关规定。
3. 海岸环境和海风环境宜根据当地情况，考虑主导风向及结构所处迎风、背风部位等因素的影响，由调查研究和工程经验确定。
4. 受除冰盐影响环境是指受到除冰盐盐雾影响的环境；受除冰盐作用环境是指被除冰盐溶液溅射的环境以及使用除冰盐地区的洗车房、停车楼等建筑。
5. 暴露的环境是指混凝土结构表面所处的环境。

附录B　混凝土保护层的最小厚度

构件中普通钢筋及预应力筋的混凝土保护层厚度应满足下列要求：

1）构件中受力钢筋的保护层厚度不应小于钢筋的公称直径 d。

2）设计使用年限为50年的混凝土结构，最外层钢筋的保护层厚度应符合附表B的规定；设计使用年限为100年的混凝土结构，最外层钢筋的保护层厚度不应小于附表B中数值的1.4倍。

附表 B　混凝土保护层的最小厚度　　（单位：mm）

环境类别	板、墙、壳	梁、柱、杆
一	15	20
二 a	20	25
二 b	25	35
三 a	30	40
三 b	40	50

注：1. 混凝土强度等级不大于 C25 时，表中保护层厚度数值应增加 5mm。

2. 钢筋混凝土基础宜设置混凝土垫层，基础中钢筋的保护层厚度应从垫层顶面算起，且不应小于 40mm。

附录 C　约束边缘构件沿墙肢的长度 l_c

项　目	一级（9 度）		一级（6、7、8 度）		二、三级	
	$\mu_N \leqslant 0.2$	$\mu_N > 0.2$	$\mu_N \leqslant 0.3$	$\mu_N > 0.3$	$\mu_N \leqslant 0.4$	$\mu_N > 0.4$
l_c（暗柱）	$0.20h_w$	$0.25h_w$	$0.15h_w$	$0.20h_w$	$0.15h_w$	$0.20h_w$
l_c（翼墙或端柱）	$0.15h_w$	$0.20h_w$	$0.10h_w$	$0.15h_w$	$0.10h_w$	$0.15h_w$

注：1. μ_N为墙肢在重力荷载代表值作用下的轴压比，h_w为墙肢的长度。

2. 剪力墙的翼墙长度小于翼墙厚度的 3 倍或端柱截面边长小于 2 倍墙厚时，按无翼墙、无端柱查表。

3. l_c为约束边缘构件沿墙肢的长度。为暗柱时不应小于墙厚和 400mm 的较大值；有翼墙或端柱时，不应小于翼墙厚度或端柱沿墙肢方向截面高度加 300mm。

附录 D　受拉钢筋基本锚固长度 l_{ab}、抗震设计时受拉钢筋基本锚固长度 l_{abE}

附表 D-1　受拉钢筋基本锚固长度 l_{ab}

钢筋种类	混凝土强度等级							
	C25	C30	C35	C40	C45	C50	C55	≥C60
HPB300	34*d*	30*d*	28*d*	25*d*	24*d*	23*d*	22*d*	21*d*
HRB400、HRBF400、RRB400	40*d*	35*d*	32*d*	29*d*	28*d*	27*d*	26*d*	25*d*
HRB500、HRBF500	48*d*	43*d*	39*d*	36*d*	34*d*	32*d*	31*d*	30*d*

附表 D-2　抗震设计时受拉钢筋基本锚固长度 l_{abE}

钢筋种类	抗震等级	混凝土强度等级							
		C25	C30	C35	C40	C45	C50	C55	≥C60
HPB300	一、二级	39d	35d	32d	29d	28d	26d	25d	24d
	三级	36d	32d	29d	26d	25d	24d	23d	22d
HRB400 HRBF400	一、二级	46d	40d	37d	33d	32d	31d	30d	29d
	三级	42d	37d	34d	30d	29d	28d	27d	26d
HRB500 HRBF500	一、二级	55d	49d	45d	41d	39d	37d	36d	35d
	三级	50d	45d	41d	38d	36d	34d	33d	32d

注：1. 四级抗震时，$l_{abE}=l_{ab}$。

2. 当锚固钢筋的保护层厚度不大于5d时，锚固钢筋长度范围内应设置横向构造钢筋，其直径不应小于d/4（d为锚固钢筋的最大直径）；对梁、柱等构件间距不应大于5d，对板、墙等构件不应大于10d，且均不应大于100mm（d为锚固钢筋的最小直径）。

附录 E　受拉钢筋锚固长度 l_a、受拉钢筋抗震锚固长度 l_{aE}

附表 E-1　受拉钢筋锚固长度 l_a

钢筋种类	混凝土强度等级															
	C25		C30		C35		C40		C45		C50		C55		≥C60	
	d≤25	d>25	d≤25	d>25	d≤25	d>25	d≤25	d>25	d≤25	d>25	d≤25	d>25	d≤25	d>25	d≤25	d>25
HPB300	34d	—	30d	—	28d	—	25d	—	24d	—	23d	—	22d	—	21d	—
HRB400、HRBF400、RRB400	40d	44d	35d	39d	32d	35d	29d	32d	28d	31d	27d	30d	26d	29d	25d	28d
HRB500、HRBF500	48d	53d	43d	47d	39d	43d	36d	40d	34d	37d	32d	35d	33d	34d	30d	33d

附表 E-2　受拉钢筋抗震锚固长度 l_{aE}

钢筋种类	抗震等级	混凝土强度等级															
		C25		C30		C35		C40		C45		C50		C55		≥C60	
		d≤25	d>25	d≤25	d>25	d≤25	d>25	d≤25	d>25	d≤25	d>25	d≤25	d>25	d≤25	d>25	d≤25	d>25
HPB300	一、二级	39d	—	35d	—	32d	—	29d	—	28d	—	26d	—	25d	—	24d	—
	三级	36d	—	32d	—	29d	—	26d	—	25d	—	24d	—	23d	—	22d	—
HRB400 HRBF400	一、二级	46d	51d	40d	45d	37d	40d	33d	37d	32d	36d	31d	35d	30d	33d	29d	32d
	三级	42d	46d	37d	41d	34d	37d	30d	34d	29d	33d	28d	32d	27d	30d	26d	29d

（续）

钢筋种类	抗震等级	混凝土强度等级																
		C20	C25		C30		C35		C40		C45		C50		C55		≥C60	
		$d\leq25$	$d\leq25$	$d>25$	$d\leq25$	$d>25$	$d\leq25$	$d>25$	$d\leq25$	$d>25$	$d\leq25$	$d>25$	$d\leq25$	$d>25$	$d\leq25$	$d>25$	$d\leq25$	$d>25$
HRB500 HRBF500	一、二级	—	55*d*	61*d*	49*d*	54*d*	45*d*	49*d*	41*d*	46*d*	39*d*	43*d*	37*d*	40*d*	36*d*	39*d*	35*d*	38*d*
	三级	—	50*d*	56*d*	45*d*	49*d*	41*d*	45*d*	38*d*	42*d*	36*d*	39*d*	34*d*	33*d*	33*d*	36*d*	32*d*	35*d*

注：1. 当为环氧树脂涂层带肋钢筋时，表中数据应乘以 1.25。

2. 当纵向受力钢筋在施工过程中易受扰动时，表中数据应乘以 1.1。

3. 当锚固长度范围内纵向受力钢筋周边保护层厚度为 3*d*、5*d*（*d* 为锚固钢筋直径）时，表中数据可分别乘以 0.8、0.7；中间时按内插值。

4. 当纵向受力普通钢筋锚固长度修正系数（注 1~注 3）多于一项时，可按连乘计算。

5. 受拉钢筋的锚固长度 l_a 和 l_{aE} 计算值不应小于 200mm。

6. 四级抗震时 $l_a=l_{aE}$。

7. 当锚固钢筋的保护层厚度不大于 5*d* 时，锚固钢筋长度范围内应设置横向构造钢筋，其直径不应小于 *d*/4（*d* 为锚固钢筋的最大直径）；对梁、柱等构件间距不应大于 5*d*，对板、墙等构件不应大于 10*d*，且均不应大于 100mm（*d* 为锚固钢筋的最小直径）。

附录 F　纵向受力钢筋搭接长度 l_l

钢筋种类及同一区段内搭接钢筋面积百分率		混凝土强度等级															
		C25		C30		C35		C40		C45		C50		C55		C60	
		$d\leq25$	$d>25$	$d\leq25$	$d>25$	$d\leq25$	$d>25$	$d\leq25$	$d>25$	$d\leq25$	$d>25$	$d\leq25$	$d>25$	$d\leq25$	$d>25$	$d\leq25$	$d>25$
HPB300	≤25%	41*d*	—	36*d*	—	34*d*	—	30*d*	—	29*d*	—	28*d*	—	26*d*	—	25*d*	—
	50%	48*d*	—	42*d*	—	39*d*	—	35*d*	—	34*d*	—	32*d*	—	31*d*	—	29*d*	—
	100%	54*d*	—	48*d*	—	45*d*	—	40*d*	—	38*d*	—	37*d*	—	35*d*	—	34*d*	—
HRB400 HRBF400 RRB400	≤25%	48*d*	53*d*	42*d*	47*d*	38*d*	42*d*	35*d*	38*d*	34*d*	37*d*	32*d*	36*d*	31*d*	35*d*	30*d*	34*d*
	50%	56*d*	62*d*	49*d*	55*d*	45*d*	49*d*	41*d*	45*d*	39*d*	43*d*	38*d*	42*d*	36*d*	41*d*	35*d*	39*d*
	100%	64*d*	70*d*	56*d*	62*d*	51*d*	56*d*	46*d*	51*d*	45*d*	50*d*	43*d*	48*d*	42*d*	46*d*	40*d*	45*d*
HRB500 HRBF500	≤25%	58*d*	64*d*	52*d*	56*d*	47*d*	52*d*	43*d*	48*d*	41*d*	44*d*	38*d*	42*d*	32*d*	41*d*	36*d*	40*d*
	50%	67*d*	74*d*	60*d*	66*d*	55*d*	60*d*	50*d*	56*d*	48*d*	52*d*	45*d*	49*d*	43*d*	48*d*	42*d*	46*d*
	100%	77*d*	85*d*	69*d*	75*d*	62*d*	69*d*	58*d*	64*d*	54*d*	59*d*	51*d*	56*d*	50*d*	54*d*	48*d*	53*d*

注：1. 表中数值为纵向受拉钢筋绑扎搭接接头的搭接长度。

2. 两根不同直径钢筋搭接时，表中 *d* 取较细钢筋直径。

3. 当为环氧树脂涂层带肋钢筋时，表中数据应乘以 1.25。

4. 当纵向受力钢筋在施工过程中易受扰动时，表中数据应乘以 1.1。

5. 当搭接长度范围内纵向受力钢筋周边保护层厚度为 3*d*、5*d*（*d* 为锚固钢筋直径）时，表中数据可分别乘以 0.8、0.7；中间时按内插值。

6. 当上述修正系数（注 3~注 5）多于一项时，可按连乘计算。

7. 任何情况下，搭接长度不应小于 300mm。

附录 G 抗震框架柱和小墙肢箍筋加密高度选用表

柱净高 H_t/mm	柱截面长边尺寸 h_c 或圆柱直径 D																		
	400	450	500	550	600	650	700	750	800	850	900	950	1000	1050	1100	1150	1200	1250	1300
1500																			
1800	500																		
2100	500	500	500																
2400	500	500	500	550															
2700	500	500	500	550	600	650								箍筋全高加密					
3000	500	500	500	550	600	650	700												
3300	550	550	550	550	600	650	700	750	800										
3600	600	600	600	600	600	650	700	750	800	850									
3900	650	650	650	650	650	650	700	750	800	850	900	950							
4200	700	700	700	700	700	700	700	750	800	850	900	950	1000						
4500	750	750	750	750	750	750	750	750	800	850	900	950	1000	1050	1100				
4800	800	800	800	800	800	800	800	800	800	850	900	950	1000	1050	1100	1150			
5100	850	850	850	850	850	850	850	850	850	850	900	950	1000	1050	1100	1150	1200	1250	
5400	900	900	900	900	900	900	900	900	900	900	900	950	1000	1050	1100	1150	1200	1250	1300
5700	950	950	950	950	950	950	950	950	950	950	950	950	1000	1050	1100	1050	1200	1250	1300
6000	1000	1000	1000	1000	1000	1000	1000	1000	1000	1000	1000	1000	1000	1050	1100	1150	1200	1250	1300
6300	1050	1050	1050	1050	1050	1050	1050	1050	1050	1050	1050	1050	1050	1050	1100	1150	1200	1250	1300
6600	1100	1100	1100	1100	1100	1100	1100	1100	1100	1100	1100	1100	1100	1100	1100	1150	1200	1250	1300
6900	1150	1150	1150	1150	1150	1150	1150	1150	1150	1150	1150	1150	1150	1150	1150	1150	1200	1250	1300
7200	1200	1200	1200	1200	1200	1200	1200	1200	1200	1200	1200	1200	1200	1200	1200	1200	1200	1250	1300

注：1. 表内数值未包括框架嵌固部位柱根部箍筋加密区范围。

2. 柱净高（包括因嵌砌填充墙等形成的柱净高）与柱截面长边尺寸（圆柱为截面直径）的比值 $H_n/h_c \leq 4$ 时，箍筋沿全高加密。

3. 小墙肢即墙肢长度不大于墙厚 4 倍的剪力墙。矩形小墙肢的厚度不大于 300mm 时，箍筋全高加密。

参考文献

［1］中华人民共和国住房和城乡建设部．混凝土结构设计规范（2015 年版）：GB 50010—2010［S］．北京：中国建筑工业出版社，2015.

［2］中华人民共和国住房和城乡建设部．建筑抗震设计规范（2016 年版）：GB 50011—2010［S］．北京：中国建筑工业出版社，2016.

［3］中华人民共和国住房和城乡建设部．高层建筑混凝土结构技术规程：JGJ 3—2010［S］．北京：中国建筑工业出版社，2011.

［4］中华人民共和国住房和城乡建设部．建筑结构制图标准：GB/T 50105—2010［S］．北京：中国建筑工业出版社，2010.

［5］中华人民共和国住房和城乡建设部．建筑地基基础设计规范：GB 50007—2011［S］．北京：中国建筑工业出版社，2012.

［6］中国建筑标准设计研究院．混凝土结构施工图平面整体表示方法制图规则和构造详图（现浇混凝土框架、剪力墙、梁、板）：16G101—1［S］．北京：中国计划出版社，2016.

［7］中国建筑标准设计研究院．混凝土结构施工图平面整体表示方法制图规则和构造详图（现浇混凝土板式楼梯）：16G101—2［S］．北京：中国计划出版社，2016.

［8］中国建筑标准设计研究院．混凝土结构施工图平面整体表示方法制图规则和构造详图（独立基础、条形基础、筏形基础、桩基础）：16G101—3［S］．北京：中国计划出版社，2016.

［9］中国建筑标准设计研究院．混凝土结构施工钢筋排布规则与构造详图（现浇混凝土框架、剪力墙、梁、板）：18G901—1［S］．北京：中国计划出版社，2018.

［10］中国建筑标准设计研究院．混凝土结构施工钢筋排布规则与构造详图（现浇混凝土板式楼梯）：18G901—2［S］．北京：中国计划出版社，2018.

［11］中国建筑标准设计研究院．混凝土结构施工钢筋排布规则与构造详图（独立基础、条形基础、筏形基础、桩基础）：18G901—3［S］．北京：中国计划出版社，2018.

［12］陈青来．钢筋混凝土结构平法设计与施工规则［M］．北京：中国建筑工业出版社，2009.

［13］沈蒲生．混凝土结构设计原理［M］．5 版．北京：高等教育出版社，2020.

［14］沈蒲生．高层建筑结构设计［M］．3 版．北京：中国建筑工业出版社，2017.

［15］赵明华．基础工程［M］．3 版．北京：高等教育出版社，2017.

［16］中华人民共和国住房和城乡建设部．高层建筑箱形与筏形基础技术规范：JGJ 6—2011［S］．北京：中国建筑工业出版社，2011.

［17］彭利英．建筑结构平面整体设计方法［M］．北京：机械工业出版社，2010.

［18］中国建筑标准设计研究院．混凝土结构施工图平面整体表示方法制图规则和构造详图（现浇混凝土框架、剪力墙、梁、板）：22G101-1［S］．北京：中国标准出版社，2022.

［19］中国建筑标准设计研究院．混凝土结构施工图平面整体表示方法制图规则和构造详图（现浇混凝土板式楼梯）：22G101-2［S］．北京：中国标准出版社，2022.

［20］中国建筑标准设计研究院．混凝土结构施工图平面整体表示方法制图规则和构造详图（独立基础、条形基础、筏形基形、桩基础）：22G101-3［S］．北京：中国标准出版社，2022.